云南省普通高等学校"十二五"规划教材

丽江师范高等专科学校资助出版

动物生物学

主　编　高培仁
副主编　张莉萍
参　编　莫新春　杨金兰　寇　灿

U0234684

北京理工大学出版社
BEIJING INSTITUTE OF TECHNOLOGY PRESS

内 容 提 要

本书共分六章，主要内容为绪论、动物生物学概述、动物的主要类群、动物的生命活动、动物的进化、动物与环境。本书系统介绍了动物生物学的基本知识，包括动物形态学、分类学、解剖学、细胞学、组织学、胚胎学、生理学、生态学、动物地理学、生物多样性保护及进化等。本书编写过程中，注重吸收和反映学科领域研究的最新成果，力求简明扼要，在知识系统完整、脉络清晰的基础上，使学生掌握动物生物学基本理论及基本知识，为学习后续课程打下基础。

图书在版编目（CIP）数据

动物生物学 / 高培仁主编. 一北京：北京理工大学出版社，2017.8（2023.2重印）
ISBN 978-7-5682-4322-3

Ⅰ.①动…　Ⅱ.①高…　Ⅲ.①动物学－教材　Ⅳ.①Q95

中国版本图书馆CIP数据核字(2017)第144396号

出版发行 / 北京理工大学出版社有限责任公司
社　　址 / 北京市海淀区中关村南大街5号
邮　　编 / 100081
电　　话 / (010)68914775（总编室）
　　　　　　(010)82562903（教材售后服务热线）
　　　　　　(010)68944723（其他图书服务热线）
网　　址 / http://www.bitpress.com.cn
经　　销 / 全国各地新华书店
印　　刷 / 北京紫瑞利印刷有限公司
开　　本 / 787毫米×1092毫米　1/16
印　　张 / 19
字　　数 / 501千字
版　　次 / 2017年8月第1版　2023年2月第2次印刷
定　　价 / 65.00元

责任编辑 / 封　雪
文案编辑 / 封　雪
责任校对 / 周瑞红
责任印制 / 边心超

前　言　Foreword

国内已出版的多种动物生物学教材，在动物生物学教育教学中发挥了重要作用。随着教育教学改革的不断深入，培养应用型、复合型人才已成为高校人才培养模式改革的重要内容。为适应高等教育人才培养模式改革的要求，编写一本理论知识够用、注重与地方经济社会发展结合紧密、突出实践能力培养的动物生物学教材，是动物生物学教育教学改革的迫切需要。

本书注重拓宽知识面、强化基础理论，做到理论联系实际以强化学生能力的培养，系统介绍动物生物学的基本知识，包括动物形态学、分类学、解剖学、细胞学、组织学、胚胎学、生理学、生态学、动物地理学、生物多样性保护及进化等。在编写过程中注重形态与机能的结合、理论与实际的结合，在强化基础的同时，适当拓宽口径，介绍一些新观点、新知识，以激发学生的学习兴趣，培养创新意识。

编者在10多年的教学实践中所使用的讲义基础上，通过征求多名同行专家的意见，根据学科发展的前沿动态，删减了陈旧知识，精练了经典理论，吸收了动物生物学研究的新成果，着力使教材与本学科发展相适应。同时，注意本书前后内容以及与后续课程的承前启后。每章开头列出"学习目的"，每章结束又列出"本章小结"和"复习与思考"，方便学生预习和复习。

本书第一、二章由张莉萍编写，第三章、第五章由高培仁编写，第四章由莫新春、寇灿编写，第六章由杨金兰编写。全书由高培仁统稿。

由于动物生物学涉及面广，加之编者知识水平有限，书中存在的不妥之处，恳请读者不吝赐教。

　　本书为云南省普通高等学校"十二五"规划教材，编写过程中得到了云南师范大学生命科学学院范丽仙教授的悉心指导，由丽江师范高等专科学校资助出版，在此一并致以诚挚的谢意！

编　者

目 录 Contents

第一章 绪 论

⚕ **学习目的**

掌握生物的基本特征；理解生命活动的物质基础；认识动物生物学的定义、性质及任务。

第一节 生物的基本特征

自然界的生物是丰富多彩的，花草树木、虫鱼鸟兽等种类繁多的生物使地球充满了生机。它们都具有以下特征：

一、生物体具有严整的结构

除了病毒等少数种类以外，生物体都是由细胞构成的，细胞是生物体的结构和功能的基本单位。

二、生物体具有新陈代谢作用

新陈代谢(metabolism)是生命的最根本特征，是维持生物体生长、生殖、运动等生命活动过程的生理生化变化的总称。通过新陈代谢，生物体与环境之间不断地进行物质和能量交换。生物都因新陈代谢而具有生命活性；新陈代谢一旦停止，生命则终止，个体也随之死亡。

新陈代谢又分为同化作用(或称合成代谢，assimilation)和异化作用(或称分解代谢，dissimilation)。在新陈代谢过程中，生物体将从外界摄取的养料转换成自身组成物质并储存能量的过程，称为同化作用。相反，生物体分解自身组成物质，释放能量并将分解物排出体外的过程，称为异化作用。新陈代谢保证了生物体的不断自我更新。新陈代谢是在酶的催化作用下完成的，并且需要经历许多复杂的中间反应，这些中间反应总称为"中间代谢"(intermediary metabolism)。

三、生物具有生长、生殖和发育现象

生长(growth)是指生物体或细胞的体积由小到大、结构由简单到复杂、质量逐渐增加的过程。在生长时，细胞经分裂而使数目增多，同时由于细胞合成大量原生质而使体积加大。生长通常伴随着发育过程的细胞分化和形态结构的建成。生物体或细胞在生命周期中，结构和功能从简单到复杂的变化过程，称为发育(development)。

动物的生殖(reproduction)是求偶、交配、产卵(崽)、育幼等生理和行为过程的总称。每一种生物都有生有死，其种族则大多数延续不断，这就要靠生殖。通过生殖，生物繁衍了与其相似的子代。生物生殖后代的现象是生物体的基本特征之一。

四、生物具有遗传、变异和进化的特征

遗传(heredity)通常是指亲代的性状在后代中得到表现的现象。简单地说，遗传就是"种瓜得瓜，种豆得豆"。在生物生殖过程中，遗传保证了物种的延续性和保守性，使物种世代相传并保持稳定。

同一物种的不同生物个体之间存在的形态、生理或行为的差异，称为变异(variation)。环境相同但遗传物质不同时会产生变异，遗传物质相同但环境不同时也会产生变异，即遗传变异和环境变异。变异使后代异于亲体，这是生物界进化发展的源泉。

遗传和变异既相互对立又相互渗透，二者都是生物发生进化的前提条件。生物种类从古至今一直处于逐渐变化的过程中，随着变异的长期积累，生物由低等到高等、由简单到复杂，种类由少到多，旧的物种消失，新的物种产生，这个过程就称为进化(evolution)。进化是生物多样性的来源。

五、生物体具有应激性

生物体接受外来刺激，通过身体内在的兴奋和调节，发生相应的反应，即应激性(irritability)。例如，植物的向光性；动物听到异常响动而逃避；绿眼虫对弱光表现为正趋光性，而对强光表现为负趋光性；随着季节、光照、温度、食物等变化而出现的候鸟的迁徙等。

六、生命具有稳态性

稳态(homeostasis)是指生物系统内部的各种组成成分能够相互协调，保持相对稳定的动态平衡。它是生物系统的重要特性，细胞、器官、个体、种群和生态系统都具有稳态性。当能量和物质的输入、输出或流通在一定范围内发生改变时，系统各成分发生变化而进行自我调节，使系统恢复稳态或达到另一种新的稳态。稳态这一术语经常用来反映生物个体内部环境的稳定或平衡。内环境稳态是指机体对某些物质的吸收和排出的动态平衡，收支相抵；体内平衡是指机体内部保持了某些关键成分的含量和水平的相对稳定，如体温、血糖、氧、体液等。例如，在进行体育锻炼时，身体迅速地消耗氧将导致血液含氧量下降，这时，肺呼吸和心脏跳动就会加深加快，保证了肺的供血，肺和心脏的活动必须在时间和速度上相互协调，才能保持内环境中血液含氧量的稳态。可见，稳态是保证生物系统稳定与功能正常，维持生物进行正常代谢和生理活动的必要条件。一旦这种平衡被破坏，生物就出现病变，甚至发生死亡。

所谓反馈(feedback)，是指系统中的某一成分变化引起其他成分发生一系列的变化，而后者的变化最终又反过来影响前者变化的成分。各种类型的系统都有反馈现象。如果反馈的作用能够抑制或减少最早发生变化的成分的改变，这种反馈就称为负反馈(negative feedback)；如果反馈的作用能够加剧或增加最早发生变化的成分的改变，则称为正反馈(positive feedback)。负反馈抑制变化能够维持系统的稳态，正反馈加剧变化使系统更加偏离稳态。

七、生物体具有适应性

所有目前存活的生物，它们的身体结构和生活习性都是与环境相适应的，不然就要被环境所淘汰；同时，生物的生命活动，也会使环境发生变化，生物与环境是密切相关的，生物适应环境，环境反过来影响生物。

第二节 生命活动的物质基础

生物体的组成从微观到宏观的基本线索是：化学元素→化合物→原生质→细胞→组织→器官→系统→个体→种群→群落→生态系统→生物圈。可见，组成生物体的化学元素和化合物是生物体生命活动的物质基础。

一、构成生命的化学元素

在地球上存在的 118 种化学元素中，构成生物体的化学元素接近 60 种。其中 27 种化学元素在生物体内较常见，称为生物元素。生物元素都是在自然界中含量丰富、容易得到的元素。第一类元素：碳(C)、氢(H)、氧(O)和氮(N)，约占生物体总质量的 96％以上，称为最基本的元素。第二类元素：硫(S)、磷(P)、氯(Cl)、钙(Ca)、钾(K)、钠(Na)和镁(Mg)，是组成生命体的基本元素。以上 11 种元素含量较多，称为常量元素，其中碳(C)、氢(H)、氧(O)、氮(N)、硫(S)、磷(P)、钙(Ca)的含量约占细胞总质量的 99.35％。第三类元素：铁(Fe)、铜(Cu)、钴(Co)、锰(Mn)和锌(Zn)，是生物体内存在的主要少量元素。第四类元素：铝(Al)、砷(As)、硼(B)、溴(Br)、铬(Cr)、氟(F)、镓(Ga)、碘(I)、钼(Mo)、硒(Se)、硅(Si)等，称为微量元素。2010 年 12 月 3 日，美国国家航空航天局宣布，发现一种能够利用有毒元素砷(As)生存和繁殖的微生物——变形菌纲的 GFAJ-1 菌株，它的细胞成分构成中 As 代替了 P。

C、H、O 是构成糖类、脂类的组成元素，C、H、O、N、S 是蛋白质的组成成分，C、H、O、N、P 是核酸的组成成分。N 是组成蛋白质(包括酶和某些激素)、磷脂、ATP、$NADP^+$、核酸、叶绿素等的重要元素；P 是组成 ATP、NADPH、磷酸肌酸、磷脂、核酸等的重要元素，与动植物的呼吸作用及植物的光合作用等生命活动有关；人体内的 K^+ 不仅在维持细胞内液的渗透压上起决定性作用，而且在维持心肌舒张、保持心肌正常兴奋性等方面有重要作用。当血钾含量过低时，表现出心肌自动节律异常，并导致心律失常等。经常进食新鲜的蔬菜和水果(香蕉)，既可满足机体对 K^+ 的需要，又可防止坏血病的发生。哺乳动物的血液中必须有一定量的钙盐，如果血液中钙盐含量太低，就会导致肌肉兴奋性过强而出现抽搐，若血钙过高，则会引起肌无力等疾病。碳酸钙是动物和人体的骨骼、牙齿中的重要成分，儿童缺钙时，会造成骨质生长障碍、骨化不全的佝偻病；成年人缺钙时，表现为骨质软化病；老年人缺钙时，会引起骨质疏松症。其他如 Mn、I、Mo、Co、Zn、Se、Cu、Cr、Sn、V、Si 及 F 等 12 种元素，它们的含量虽少，但在生物大分子中处于关键地位，如 Mo、Fe 分布在固氮酶分子中、Mg 分布在叶绿素分子中、Fe 分布在血红蛋白分子中、Zn 分布在胰岛素分子中、Co 分布在维生素 B_{12} 分子中、I 分布在甲状腺素分子中等，这些元素对有关分子的生物学功能是不可缺少的，也是不可取代的。如缺 Mo 则固氮酶不能产生，缺 Fe 则血红蛋白不能合成，人体缺 Fe 易患贫血。I 是合成甲状腺激素不可缺少的原料，缺 I 时，人易患大脖子病，又叫地方性甲状腺肿。

由表 1-1 可知，组成细胞的化学元素中，C、H、O 含量最多。组成细胞的化学元素在地壳中都普遍存在，没有一种化学元素是细胞特有的，这一事实说明生物界与非生物界具有统一性；然而，同一元素在细胞和地壳中含量相差甚远，这一事实说明生物界与非生物界具有差异性。

表 1-1　地壳里和生物细胞中的化学元素组成　　　　　　　　　　　%（质量分数）

化学元素	生物细胞中	地壳里	化学元素	生物细胞中	地壳里
O	65	48.60	S	0.25	0.53
C	18	0.087	Na	0.15	2.74
H	10	0.76	Mg	0.05	2.00
N	3	0.03	Fe	0.70	4.75
Ca	1.15	3.45	Si	0.17	26.30
P	1.0	0.75	其他	微量	1.20
K	0.35	2.47			

二、组成生命的化合物

组成生命的化合物包括无机化合物和有机化合物，见表 1-2。

表 1-2　组成生命的化合物

化合物	水	无机盐	蛋白质	脂质	糖类及其他有机物	核酸
质量分数/%	70~90	1~1.5	7~10	1~2	0.4	1.1

从表 1-2 可以看出，构成细胞的化合物中含量最多的是水，占 70%~90%。不同的生物细胞含水量不同，干燥的种子含水量一般较低，仅有 10%~14%；而海蜇的含水量可高达 98%。同一生物不同器官的细胞含水量有较大差异，如成年人骨骼细胞含水量约为 23%，肌肉细胞中为 76%，脑细胞中为 86%。

(一)无机化合物

无机化合物包括水和无机盐。

1. 水

水是生命存在的环境条件，同时也是生活物质本身化学反应所必需的成分，水对于维持生物体的正常生理活动有着重要的意义，因此水是生物体不能缺少的物质。

(1)水是细胞内的良好溶剂，生物体内的大部分无机物及一些有机物，都能溶解于水。细胞内的各种代谢过程，如营养物质的吸收、代谢废物的排出以及一切生物化学反应等，都必须在水溶液中才能进行。

(2)水的其他作用：①由于水分子的极性强，能使溶解于其中的许多种物质解离成离子，这样也就有利于体内化学反应的进行。②由于水溶液的流动性大，水在生物体内还起到运输物质的作用，将吸收来的营养物质运输到各个组织中去，并将组织中产生的废物运输到排泄器官，排出体外。③水的比热大，1 g 水从 15 ℃上升到 16 ℃时需要 4.18 J 的热量，比同量其他液体所需要的热量多，因而水能吸收较多的热而本身温度的升高并不多；水的蒸发热较大，1 g 水在 37 ℃时完全蒸发需要吸收 2.40 kJ 的热量，所以动物蒸发少量的汗就能散发大量的热。再加上水的流动性大，能随血液循环迅速分布到全身，因此水对于维持生物体温的稳定起很大作用。④水还有润滑作用。⑤水对生物体的生命活动起重要的调控作用。生物体内水的含量的多少以及水的存在状态的改变，都影响着新陈代谢的进行。一般情况下，代谢活跃时，生物体内的含水量在 70%以上，含水量降低，则生命活动不活跃或进入休眠期。当自由水比例增加时，生物体的代谢活跃，生长迅速，而当自由水向结合水转化较多时，代谢强度就会下降，抗寒、抗热、抗旱的性能提高。

2. 无机盐

无机盐既是细胞的重要组成成分，又是维持细胞生存环境的重要物质。细胞中的无机盐含量很少，约占细胞总质量的 1%。

无机盐在细胞中常以离子状态存在，少数以化合状态存在。其功能：一是为复杂化合物的重要组成部分。同蛋白质或脂类结合组成具有特定功能的结合蛋白，参与细胞的生命活动，作为酶促反应的辅助因子；二是维持细胞的形态、功能；三是维持酸碱平衡，对血液和组织液 pH 起缓冲作用；四是调节渗透压，以保持细胞正常的生理活动。

(二)有机化合物

组成细胞的有机化合物包括糖类、脂质、蛋白质和核酸。

1. 糖类

糖类(saccharides)是含有多羟基的醛或酮及其衍生物，分子中碳、氢、氧三者比例为 1∶2∶1，故习惯上称为碳水化合物(carbohydrates)，一般通式为 $C_n(H_2O)_n$。但一些糖，如脱氧核糖、鼠李糖等并不符合上述通式，而一些非糖物质，如乙酸却与上述通式相符。

糖类广泛分布于自然界，以植物中的含量最为丰富，可达干重的 85%～95%，动物体中的含糖量较低，一般不超过干重的 2%。糖类是生物体的构成成分和主要的供能物质，其衍生物是细胞壁和分泌物的主要成分。

按水解情况划分，糖类可分为单糖、低聚糖和多糖及其衍生物。

(1)单糖。单糖(monosaccharide)不能分解为更小的分子。最简单的单糖是丙糖(甘油醛、二羟丙酮)，最常见的是己糖(即六碳糖)，如葡萄糖、果糖；其次是戊糖，如核糖、脱氧核糖等。其中葡萄糖分布最广，也最重要。单糖不仅是生物体内糖的储存形式淀粉(starch)、糖原(glycogen)等的基本组成单位，也是体内糖的主要运输形式和利用形式(如血糖)，其代谢的中间产物又可转变成其他单糖及非糖物质。

(2)低聚糖。低聚糖能被水解为少数几个单糖。按聚合的单糖数目划分，低聚糖可分为二糖(双糖)、三糖、四糖等。双糖的分子式为 $C_{12}H_{22}O_{11}$，麦芽糖、乳糖、蔗糖和纤维二糖等均为双糖。双糖是最简单的寡糖(oligosaccharide)，其他能水解为几个单糖的糖类也统称为寡糖。寡糖常包含复杂的糖成分和糖衍生物成分。

寡糖常与蛋白质结合成糖蛋白，有的与脂质结合成糖脂。这种结合物经常在细胞的外表面出现，成为细胞的标志物。细菌或细胞所带的标志物都有特异性，故各类细菌和(或)各种细胞具有"个性"，是细胞"识别"、细胞免疫、细胞特异反应的决定因子。

(3)多糖。多糖(polysaccharide)可水解产生许多个单糖分子。最常见的多糖有淀粉、纤维素、糖原等。

多糖分两大类：一类为纯多糖(homopolysaccharide)，由单一的单糖聚合而成。其中由葡萄糖聚合而成的多糖称为葡聚糖，如淀粉、糖原等；另一类为杂多糖(heteropolysaccharide)，由多种糖的衍生物聚合而成。

淀粉普遍存在于植物界，分为直链淀粉(amylose)和支链淀粉(amylopectin)两种类型，前者在籼米中含量多，后者在糯米中含量多。直链淀粉在热水中呈糊状，遇碘液起蓝色反应；支链淀粉易溶于水，与碘液起紫红色反应。

糖原类似于淀粉，广泛存在于动物体内和酵母中等。肝和肌肉中含糖原较多。糖原是动物和真菌的储存糖类，是代谢中可利用的物质。

淀粉和糖原都是生物可水解和利用的多糖，故称为营养性葡聚糖；纤维素也是葡聚糖，不溶于水、酸或碱，一般不被动物消化，坚固性强，是植物细胞壁的主要成分，其功能是支持并巩固细胞结构，故称为结构性葡聚糖。动物界只有海鞘有类纤维素。

其他结构性多糖还有木聚糖(xylo)、果胶(pectin)、几丁质(chitin，也称壳多糖)等。其中几丁质是节肢动物外骨骼的构成材料。

2. 脂质

脂质(lipid)是脂肪酸与醇(甘油、神经氨基醇、胆固醇等)形成的酯类(ester)及其衍生物，主要包括脂肪(fat)和类脂(lipoid)，是生物体不可缺少的成分。除磷脂(phospholipid)外，皆难溶于水，而溶于油剂，密度比水小。

脂质的特征组成成分是脂肪酸(fatty acid)。生物体含有的脂质分为以下四大类：

(1)蜡、高级醇及高级脂肪酸。蜡(wax)，是高级醇和高级脂肪酸所形成的酯，在细胞或器官表面(特别是植物界)常形成一层蜡质。蜡、高级醇及高级脂肪酸的物理化学性质稳定，不溶于水、不透气、不传热、难导电，是细胞很好的保护物。

(2)中性脂肪。又名脂肪、"真脂""甘油三酯"或"三酰甘油"。脂肪在体内完全氧化所产生的能量比同量的糖或蛋白质高1倍以上，因而所占体积小，是动物贮能的最佳形式，还有保温作用。

(3)磷脂。分子中含有脂肪酸和磷酸酯成分的类脂物称为磷脂，如脑磷脂、卵磷脂等。磷脂分子有非极性的脂肪酸部和强极性的磷酸酯部，因此既具有亲水性，又有向水体表面集中为膜层的倾向。磷脂的这种二重性使其成为生物表膜(质膜)的基本构成物，是生命物质基本成分之一。磷脂的另一重要功能是溶化脂肪，促进脂肪代谢和储存。人体血液中磷脂含量下降会导致动脉硬化。

(4)固醇。亦称甾醇(sterol)，是一类含羟基的环戊烷多氢菲类衍生物，以游离状态或与脂肪酸结合成酯存在于生物体内，如胆固醇(动物)、植物固醇(植物)及其衍生的甾体激素等。固醇类既是细胞表面膜的重要构成部分，又是动物激素和维生素D等重要生物活性物质的合成原料。

3. 蛋白质

蛋白质(protein)是细胞和生物体的重要组成成分，组成蛋白质的基本单位是氨基酸(amino acid)，大多数蛋白质含有约20种氨基酸，氨基酸由碳、氢、氧、氮4种元素组成，个别还含有硫。蛋白质分子是由许多氨基酸分子通过肽键相互连接而成的。肽键是一个氨基酸的羧基与另一个氨基酸的氨基脱去一分子水结合而成的键。

蛋白质含氮量高，相对分子质量巨大，结构复杂种类多，性能多样。蛋白质的重要功能有：

(1)构成蛋白。它是生物体的构成物质，细胞内的各种构造都有各自的构成蛋白，因此构成蛋白的种类繁多。构成蛋白可以是结缔组织的主要构成者或肌肉组织的组成物，可以与脂质结合构成细胞质膜或与糖类结合构成糖蛋白，也可以分布于血浆中或结合在染色体上等。

(2)功能蛋白(具有特定功能的蛋白)。各种生命活动的实施均由功能蛋白来主持。生物体内部代谢反应过程的催化剂称为酶。每一种酶都是结构不同的蛋白质，种类很多，能催化各种反应，是主要的功能蛋白。动物的呼吸依赖于血红蛋白，血红蛋白也是一种功能蛋白。

(3)调节因子。机体细胞内含有大量的各式各样的调节因子。如一些蛋白质或多肽类构成的激素(hormone)，在生命活动中起着非常重要的调节作用。激素是指动物腺体中的腺体细胞直接分泌渗透到血液或淋巴的分泌物。多种多样的调节因子之间可能是相互促进的，也可能相互抑制，从而协调细胞和机体的正常代谢和各项生命活动。生命活动调节控制机制的研究是当今生命科学的重大课题之一。

(4)储存蛋白。动物生殖过程所产的卵，如鸟蛋的蛋清和蛋黄中的大部分蛋白都属于储藏蛋白，是胚胎发育的营养源。

蛋白质的各种功能并不是截然分开的，如肌肉蛋白既是构成蛋白又是 ATP 酶，有些酶对其他酶的产生或活化有调节作用，这类酶既是功能蛋白又是调节因子。

4. 核酸

核酸既是生命大分子的主要成分，又是生命信息的载体和传递工具。蛋白质的多态性和多功能能性都与核酸有密切关系。

核酸由核苷酸(nucleotide)通过磷酸二酯键连接而成。核酸的生物学作用由核苷酸的结构和排列顺序所决定，这种排列顺序称为核苷酸序列。

每个核苷酸由戊糖(又称五碳糖)、碱基(又称有机碱)和磷酸组成。戊糖中有核糖(ribose)和脱氧核糖(deoxyribose)，碱基也分嘌呤(purine)和嘧啶(pyrimidine)两类。由于核酸所含碱基和戊糖的差异，核酸可分为两大类：脱氧核糖核酸(DNA)和核糖核酸(RNA)。DNA 多分布在细胞核内(真核生物)或在染色体内(原核生物)，蕴藏着无数的遗传信息；细胞中的 RNA，主要分布在细胞质中，细胞核中较少，现已知有三种：①信使 RNA(messenger RNA，mRNA)，作用是从细胞核内的 RNA 分子上转录遗传信息，带到细胞质的核蛋白上，作为进行蛋白质合成的模板；②转移 RNA(transfer RNA，tRNA)，作用是在细胞合成蛋白质的过程中，把氨基酸分子运输到核蛋白体的 mRNA 上；③核蛋白体 RNA(ribosomal RNA，rRNA)，是构成蛋白体的主要成分，也可能是核蛋白体中蛋白质合成的模板。

第三节　动物生物学的定义、性质及学习任务

一、动物生物学的定义及性质

动物生物学(Animal Biology)是以生物学观点和生物技术进行动物生命活动研究的一门科学，是生物学(Biology)的一个分支学科，是自然科学的基础学科之一。它研究的动物生命系统涵盖细胞、器官、个体、种群、群落和生态系统等多个层次；涉及的研究方向包括动物生命活动的各个领域，如形态、解剖、生理、分类、发育、生态、地理、行为、进化、遗传及资源保护等。动物生物学的各个研究领域目前已经形成相应的分支学科。

随着科学技术的发展，动物生物学与生命科学的其他分支学科如细胞生物学、分子生物学、生物化学、生理学、生态学、分类学、解剖学、胚胎学、古生物学以及遗传学等，都在向纵深方向发展；同时，各分支科学也不断地互相融合、互相渗透、互相促进。因此，动物生物学研究在应用其他学科如化学、物理学、信息科学和计算机科学的新理论与新技术的同时，也必须吸收生命科学其他分支学科的研究成果，不断地充实和丰富自己。

生命科学与技术是 21 世纪的支柱科学之一。动物生物学研究动物界演变规律、动物生命本质、动物生命活动规律、人类的健康和长寿，对推动物质文明和精神文明建设起着重要作用。动物生物学的研究与农业、林业、渔业、环境保护、医药及工业等生产部门有着密切关系，是这些部门的科学基础。农林业的除害、禽畜的饲养、鱼虾贝蟹的养殖、各种动物资源的保护与合理利用及新品种培育改良等，都离不开动物生物学的基本知识。人是由动物进化而来的，同样也符合动物生命活动的基本规律。动物生物学研究有利于改善人类的膳食营养、疾病防治、促进健康长寿，探索人类起源等。为不断改良品质培育新品种，与其他学科交叉不断产生新技术。如自从

帕米特(R. D. Palmiter)于1982年将大鼠的生长激素基因注入小鼠的受精卵内培育出巨型小鼠以来,转基因鱼、兔、猪、羊等不断取得新进展。1996年历史上第一只克隆羊"多莉"(Dolly)在苏格兰诞生后,举世瞩目,轰动科学界。此后,克隆鼠、克隆牛、克隆猪等克隆动物在世界各地相继问世。人类改造动物的工作进入到一个新的水平,为农业、林业、渔业、医药及工业等部门的技术革新、新产品的开发和产业结构调整开拓了新领域和新途径,为国民经济的发展和人民生活质量的提高做出了贡献。

当前,全球气候异常、人口膨胀、环境污染、外来物种入侵、生物灭绝和生物灾害爆发等问题的加剧,不仅严重威胁动物的生存,而且影响着人类健康、农业可持续发展和人类生存环境。动物生物学在解决21世纪人类所面临的人口膨胀、资源短缺、环境污染等危机与挑战方面将大有作为。

二、动物生物学的学习任务

(1)了解自然界的动物,认识其生命活动的规律(包括分布、数量、生理、遗传、发育、生态、行为、进化等)。

(2)合理利用与保护动物资源。如动物新品种培育、禽畜饲养、水产养殖、野生动物保护等。

(3)有害动物的防治。农业、林业的有害动物控制,畜牧业、水产养殖业的寄生虫病防治等。

(4)促进医学生物学的发展。人也是一种有智慧的高等动物,动物生命活动的基本规律也同样适用于人类。动物生物学研究有利于改善人类的膳食营养、疾病防治,促进健康长寿,探索人类起源等。

(5)改善人类生活质量。动物是生态系统的重要组成成分,动物生态学的研究有利于解决人口膨胀、环境污染、资源短缺等重大社会问题,改善人类生活环境。

◉ 本章小结

1. 生物体都具有严整的结构,新陈代谢作用,生长、生殖和发育现象,遗传、变异和进化的特征,应激性,稳态性及能适应一定的环境,也能影响环境的基本特征。

2. 生物体内较常见的组成元素有27种,构成无机化合物的两大类化合物是水和无机盐。有机化合物包括糖类、脂质、蛋白质和核酸。糖类(saccharides)是含有多羟基的醛或酮及其衍生物,分子中碳、氢、氧三者比例为$1:2:1$,故习惯上称为碳水化合物(carbohydrates),一般通式为$C_n(H_2O)_n$。脂质(lipid)是脂肪酸与醇(甘油、神经氨基醇、胆固醇等)形成的酯类(ester)及其衍生物,主要包括脂肪(fat)和类脂(lipoid),是生物体不可缺少的成分。除磷脂(phospholipid)外,皆难溶于水,而溶于油剂,密度比水小。蛋白质(protein)是细胞和生物体的重要组成成分,组成蛋白质的基本单位是氨基酸(amino acid),大多数蛋白质含有约20种氨基酸,氨基酸由碳、氢、氧、氮4种元素组成,个别还含有硫。蛋白质分子是由许多氨基酸分子通过肽键相互连接而成的。肽键是一个氨基酸的羧基与另一个氨基酸的氨基脱去一分子水结合而成的键。核酸既是生命大分子的主要成分,又是生命信息的载体和传递工具。蛋白质的多态性和多功能性都与核酸有密切关系。核酸由核苷酸(nucleotide)通过磷酸二酯键连接而成。核酸的生物学作用由核苷酸的结构和排列顺序所决定,这种排列顺序称为核苷酸序列。每个核苷酸由戊糖(又称五碳糖)、碱基(又称有机碱)和磷酸组成。戊糖中有核糖(ribose)和脱氧核糖(deoxyribose),碱基也分嘌呤(purine)和嘧啶(pyrimidine)两类。由于核酸所含碱基和戊糖的差异,核酸可分为两大类:脱氧核糖核酸(DNA)和核糖核酸(RNA)。

3. 动物生物学(Animal Biology)是以生物学观点和生物技术进行动物生命活动研究的一门科学。研究动物界演变规律、动物生命本质、动物生命活动规律、人类的健康和长寿,对推动物质文明和精神文明建设起着重要作用。动物生物学的研究与农业、林业、渔业、环境保护、医药及工业等生产部门有着密切关系,是这些部门的科学基础。农林业的除害、禽畜的饲养、鱼虾贝蟹的养殖、各种动物资源的保护与合理利用及新品种培育改良等,都离不开动物生物学的基本知识。人是由动物进化而来的,同样也符合动物生命活动的基本规律。动物生物学研究有利于改善人类的膳食营养、疾病防治,促进健康长寿,探索人类起源等。

◉复习与思考

1. 生物与非生物有哪些区别?
2. 生命的基本特征是什么?
3. 构成生物的元素有哪些? 其中哪些是基本元素,哪些是微量元素?
4. 机体内含水量很高,水是生物的命脉,试述水在生物体内的作用。
5. 组成细胞的有机化合物有哪些? 试述它们的主要功能。
6. 简述动物生物学的定义和任务。你打算如何学好这门课程?

第二章 动物生物学概述

掌握动物细胞的基本结构、特点；掌握组织、器官和系统的概念；掌握各种组织的形态与结构的特点、分布及功能；掌握动物体的体制、分节、胚层、体腔的概念、形成演化及其在动物进化中的重要作用和意义；掌握动物早期胚胎发育的基本规律，掌握动物分类基本知识。

第一节 动物的基本结构与机能

动物体的结构分为五级，即细胞、组织、器官、系统和有机体。

一、细胞

细胞(cell)是动物体结构和功能的基本单位。细胞分为以下两大类：

(1)原核细胞(prokaryotic cell)。比较小，结构简单，没有典型的细胞核，即没有核膜将遗传物质与细胞质分隔开，细胞内也没有分化出现以膜为基础的具有专门结构与功能的细胞器和细胞核膜。由原核细胞构成的有机体称为原核生物(prokaryote)，如细菌、蓝藻、支原体、衣原体、立克次体及放线菌等。

(2)真核细胞(eukaryotic cell)。具定型的细胞核和完备的细胞器，以真核细胞为构成单位的生物，称为真核生物(eukaryote)。除病毒与原核生物外，其他现存生物都属于真核生物。

(一)细胞的大小和基本结构

1. 细胞的大小

细胞一般比较微小，要用放大镜或者显微镜才能看见，通常以微米计算其大小。但也有一些例外，如鸵鸟卵细胞的直径为 5 cm 左右，有些神经细胞的突起可长达 1 m。

分析动物细胞的大小，可以发现这样的规律：不论其种群的差异多大，同一器官与组织的细胞，其大小在一个恒定的范围之内。如所有哺乳动物的肾细胞、肝细胞，大小几乎相同。具体而言，细胞的体积受以下因素的制约：①细胞体积与相对表面积成反比，细胞体积越大，其相对表面积就越小，细胞与周围环境交换物质的效率就越低。②不论细胞体积大小相差多大，其细胞核的大小悬殊却不大，这是一种普遍存在的现象。因此一个细胞核能控制细胞质的量也必有一定限度，细胞质的体积不能无限增大。③细胞内物质的交流运输受制于细胞的体积，假如细胞体积很大，势必影响物质传递与交流的速度，细胞内部的生命活动就不能灵敏地调控与缓冲。

2. 细胞的形态

各种生物的细胞都有特定的形态。独立生活的细胞，具有自由表面，多呈球形、椭圆形；

细胞与细胞相结合时，结合面多为平面；有分生能力的细胞多呈圆球体或多面体。

动物细胞多种多样，胚胎细胞多呈柱状或球状，神经细胞常有分枝的树突和很长的轴突，血液中的白细胞往往能变形，平滑肌细胞多呈长梭状，体表上皮细胞呈扁平状等。活细胞的形态往往是可变的。

（二）细胞的基本结构

真核细胞以生物膜的分化为基础，细胞内部在亚显微结构水平上构建成三大基本结构体系：①以脂质及蛋白质成分为基础的生物膜结构系统；②以核酸（DNA 或 RNA）与蛋白质为主要成分的遗传信息表达系统；③由特异蛋白质分子装配构成的细胞骨架系统。这 3 种基本结构体系构成了细胞内部结构精密、分工明确、职能专一的各种细胞器，保证了细胞生命活动具有高度程序化与高度自控性。真核细胞的基本结构如图 2-1 所示。

1. 细胞膜与细胞表面特化结构

细胞膜（cell membrane）又称质膜（plasma membrane），是指围绕在细胞最外层，由脂质和蛋白质组成的生物膜（biomembrane）。真核细胞内部存在着由膜围绕构建的各种细胞器。细胞膜具有以下结构特征（图 2-2）：

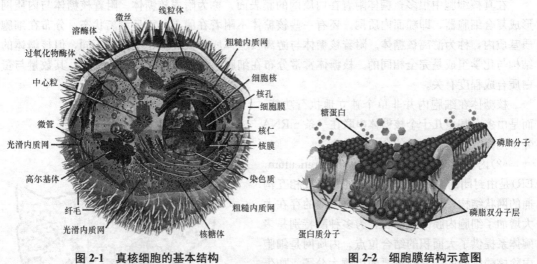

图 2-1 真核细胞的基本结构　　　　图 2-2 细胞膜结构示意图

（1）与疏水性非极性尾部相对，极性头部朝向水相的磷脂双分子层是组成生物膜的基本结构成分，尚未发现在生物膜结构中起组织作用的蛋白质。

（2）蛋白质分子以不同的方式镶嵌在磷脂双层分子中或结合在其表面，蛋白质的类型、分布的不对称性及其与磷脂分子的协同作用赋予生物膜各自的特性与功能。

（3）生物膜可看成蛋白质在双层磷脂分子中的二维溶液。然而膜蛋白与膜脂之间、膜蛋白与膜蛋白之间、膜蛋白与膜两侧其他生物大分子的复杂相互作用，在不同程度上限制了膜蛋白和膜脂的流动性。

细胞膜不仅是细胞结构上的边界，使细胞具有一个相对稳定的内环境，同时在细胞与环境之间进行物质、能量的交换及信息传递过程中也起着决定性的作用。

细胞膜的重要生理功能是半透性（semipermeability）或选择透过性（selective permeability），它有选择地允许物质通过扩散、渗透和主动运输等方式出入细胞，保证细胞正常代谢。此外，大多数细胞膜上还存在激素受体、抗原结合位点以及细胞外被（cell coat）[又称糖萼（glycocalyx）]

等细胞识别位点。细胞膜在激素作用、免疫反应和细胞通信等过程中起着重要作用。

2. 细胞质基质

在动物细胞的细胞质中，除去可分辨的细胞器以外的胶状物质，称为细胞质基质（cytoplasmic matrix 或 cytomatrix）。细胞与环境、细胞质与细胞核，以及细胞器之间的物质运输、能量交换、信息传递等都要通过细胞质基质来完成，很多重要的中间代谢反应也发生在细胞质基质中。此外，细胞质基质还担任着多种其他的重要功能，如蛋白质的修饰、蛋白质选择性的降解等。细胞质基质是细胞的重要的结构成分，其体积约占细胞质的一半。在细胞质基质中，主要含有与中间代谢有关的数千种酶类与维持细胞形态和细胞内物质运输有关的细胞质骨架结构。

3. 细胞器

（1）核糖体。核糖体（ribosome）是合成蛋白质的细胞器，其唯一的功能是按照 mRNA 的指令将氨基酸高效且精确地合成多肽链。核糖体几乎存在于各种细胞内，不论是原核细胞还是真核细胞，均含有大量的核糖体。真核细胞的线粒体和叶绿体内也含有核糖体。目前，仅发现在哺乳动物成熟的红细胞等极个别高度分化的细胞内没有核糖体。因此，可以说核糖体是细胞最基本的不可缺少的结构。

在真核细胞中很多核糖体附着在内质网的膜表面，称为附着核糖体。附着核糖体与内质网形成复合细胞器，即糙面内质网。还有一些核糖体不附着在膜上，而呈游离状态，分布在细胞质基质内，称为游离核糖体。附着核糖体与游离核糖体所合成的蛋白质种类不同，但核糖体的结构与化学组成是完全相同的。核糖体常常分布在细胞内蛋白质合成旺盛的区域，其数量与蛋白质合成程度有关。

核糖体在细胞内并非单个独立地执行功能，而是由多个甚至几十个核糖体串联在一条 mRNA 分子上高效地进行肽链的合成。

（2）内质网。内质网（endoplasmic reticulum，ER）是由封闭的膜系统及其围成的腔形成相互沟通的网状结构，如图 2-3 所示。内质网的存在大大增加了细胞内膜的表面积，为多种酶特别是多酶体系提供了大面积的结合位点。内质网是细胞内除核酸以外的一系列重要的生物大分子，如蛋白质、脂质和糖类合成的基地，其合成这些物质的种类与细胞质基质中合成的物质有明显的不同。根据结构与功能，内质网可分为两种基本类型，即糙面内质网（rough endoplasmic reticulum，rER）和光面内质网（smooth endoplasmic reticu-

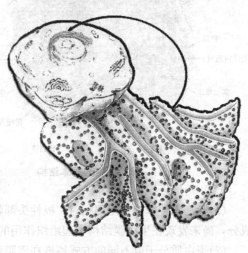

图 2-3　内质网结构示意图

lum，sER）。①糙面内质网多呈扁囊状，排列较为整齐，因在其膜表面分布着大量的核糖体而得名。糙面内质网是内质网与核糖体共同形成的复合机能结构，其主要功能是合成分泌性的蛋白和多种膜蛋白。因此在分泌细胞（如胰腺腺泡细胞）和分泌抗体的浆细胞中，糙面内质网非常发达，而在一些未分化的细胞与肿瘤细胞中则较为稀少。②表面没有核糖体结合的内质网称为光面内质网。光面内质网常为分支管状，形成较为复杂的立体结构。光面内质网是脂质合成的重要场所，细胞中几乎不含有单纯的光面内质网，它们只是作为内质网这一连续结构的一部分。光面内质网所占的区域通常较小，往往作为出芽的位点，将内质网上合成的蛋白质或脂质转移到高尔基体内。在某些细胞，如合成固醇类激素的细胞及肝细胞等中，光面内质网非常发达并具有特殊的功能。

(3)高尔基体。高尔基体(Golgi body)是比较普遍存在于真核细胞内的一种细胞器。高尔基体由大小不一、形态多变的囊泡体系组成，在不同细胞中，甚至在细胞生长的不同阶段，其形态组成都有很大的区别。高尔基体的主要功能是将内质网合成的多种蛋白质进行加工、分类与包装，然后分门别类地运送到细胞特定的部位或分泌到细胞外。内质网上合成的脂质一部分也要通过高尔基体向细胞膜和溶酶体膜等部位运输，因此，高尔基体是细胞内大分子物质运输的一个主要交通枢纽。此外，高尔基体还是细胞内糖类合成的工厂，在细胞生命活动中起多种重要的作用，如与细胞的分泌活动、蛋白质的糖基化及其修饰、蛋白质的水解及其加工过程以及细胞内的膜泡运输等有关。

(4)溶酶体。溶酶体(lysosome)是单层膜围绕、内含多种酸性水解酶类的囊泡状细胞器，如图 2-4 所示。溶酶体几乎存在于所有的动物细胞中。典型的动物细胞中约含有数百个溶酶体，但在不同的细胞内溶酶体的数量和形态有很大差异，即使在同一种细胞中，溶酶体的大小、形态也有很大区别，这主要是由于每个溶酶体处于其不同生理功能阶段的缘故。

溶酶体的基本功能是对生物大分子的强烈消化作用，这对于维持细胞的正常代谢活动及防御微生物的侵染都有重要意义。其作

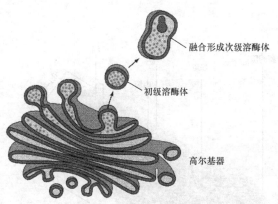

融合形成次级溶酶体

初级溶酶体

高尔基器

图 2-4 溶酶体结构示意图

用是：①清除无用的生物大分子、衰老的细胞器及衰老损伤和死亡的细胞；②溶酶体的防御功能是某些细胞特有的功能，这些细胞可以识别并吞噬入侵的病毒或细菌，在溶酶体作用下将其杀死并进一步降解；③溶酶体还具有其他的一些重要的生理功能，如作为细胞内的消化"器官"为细胞提供营养，分泌腺细胞的溶酶体可能参与分泌过程的调节，两栖类发育过程中蝌蚪尾巴的退化、哺乳类断奶后乳腺的退行性变化等过程都与溶酶体有关，此外，精子的顶体相当于特化的溶酶体。

(5)过氧化物酶体。过氧化物酶体(peroxisome)又称微体(microbody)，是由单层膜围绕的、内含一种或几种氧化酶类的细胞器。过氧化物酶体是一种异质性的细胞器，不同生物细胞中，甚至单细胞生物的不同个体中所含酶的种类及其行使的功能都有所不同。目前，对动物细胞中过氧化物酶体的功能了解很少，已知在肝细胞或肾细胞中，它可氧化分解血液中的有毒成分，起到解毒作用。例如，饮进人体内的酒精几乎半数是在过氧化物酶体中被氧化成乙醛的。

(6)线粒体。线粒体(mitochondria)是真核细胞内的一种重要和独特的细胞器，被称为细胞内的"能量工厂"。线粒体的形态、大小、数量与分布，在不同细胞内变动很大，就是同一细胞在不同生理状态下也不一样。线粒体在生活细胞中具有多形性、易变性、运动性和适应性等特点。

线粒体在电镜下观察是由两层单位膜套叠而成的封闭的囊状结构(图 2-5)，主要由外膜(outer membrane)、内膜(inner membrane)、膜间隙(intermembrance space)、基质(matrix)或内室(inner chamber)四部分组成，内膜向内形成嵴。线粒体的主要功能是进行氧化磷酸化，合成 ATP，为细胞生命活动提供直接能量。线粒体是糖类、脂肪和氨基酸最终氧化释能的场所。

4. 细胞核

细胞核是真核细胞内最大、最重要的细胞器，是细胞遗传与代谢的调控中心。细胞核大多呈球形或卵圆形，但也随物种和细胞类型不同而有很大变化。细胞核与细胞质的体积比通常较稳定，即细胞核的体积约占细胞总体积的10%，这被认为是制约细胞体积的主要因素之一。细胞核的大小依物种不同而变化，高等动物细胞核直径一般为5~10 μm。

细胞核主要由核膜(nuclear envelope)、染色质(chromatin)、核仁(nucleolus)、核基质(nuclear matrix)组成(图2-6)。细胞核是遗传信息的储存场所，在这里进行基因复制、转录和转录初产物的加工过程，从而控制细胞的遗传与代谢活动。

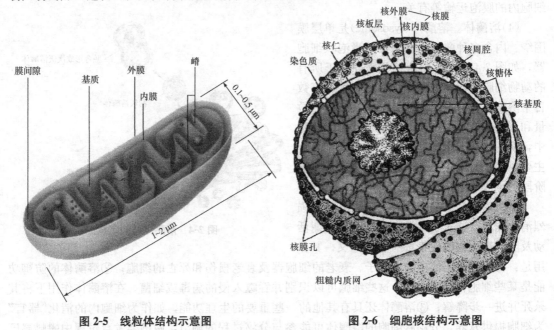

图2-5　线粒体结构示意图　　　　　图2-6　细胞核结构示意图

(1)核膜。核膜位于细胞核的最外层，是细胞核与细胞质之间的界膜。

(2)染色质。染色体是细胞在有丝分裂或减数分裂过程中，由染色质聚缩而成的棒状结构。它是间期细胞核内由 DNA、组蛋白、非组蛋白及少量 RNA 组成的线性复合结构，是间期细胞遗传物质存在的形式。

(3)核仁。核仁是真核细胞间期细胞核中最显著的结构。在光镜下，核仁通常表现为单一或多个匀质的球形小体。核仁的大小、形状、数目随生物的种类、细胞类型、细胞代谢状态而变化。

(4)核基质。在真核细胞的核内除染色质、核膜与核仁外，还有一个以蛋白质成分为主的网架结构体系，这一网架结构体系最初由 Coffey 和 Berezney 等(1974)从大鼠肝细胞核中分离出来，并被命名为核基质。因为其基本形态与胞质骨架很相似，又与胞质骨架体系有一定的联系，因此也被称为核骨架(nuclear skeleton)。核基质与 DNA 复制、基因表达及染色体的包装与构建有密切关系。

二、组织

组织(tissue)由一些形态类似、机能相同的细胞和细胞间质构成。动物组织根据其细胞形态、功能和发生情况分为四大类，即上皮组织(epithelial tissue)、结缔组织(connective tissue)、肌肉组织（muscular tissue）和神经组织（nervous tissue）。

（一）上皮组织

上皮组织简称上皮，主要由大量紧密而有规则排列的上皮细胞和极少量细胞间质组成，细胞间以特化的细胞彼此相连，将上皮细胞联系组成片层状的组织结构。上皮组织分布于体表及内脏器官和管道、上皮性囊腔的内表面，具有保护、吸收、排泄、分泌、呼吸及感觉等作用。根据功能、分布和形态结构，上皮组织可分为被覆上皮、腺上皮和感觉上皮。

（二）结缔组织

结缔组织由多种细胞和大量细胞间质构成，具有支持、连接、保护、营养、修复和物质运输等多种功能。结缔组织是一个分布广、功能多、形态结构差异大的组织类型。

结缔组织的主要类型有：疏松结缔组织、致密结缔组织、脂肪组织、网状结缔组织、软骨组织、骨组织、血液组织等。

1. 疏松结缔组织（loose connective tissue）

疏松结缔组织在动物体内分布极广，是由排列疏松的纤维与分散在纤维间的多种细胞构成的，纤维和细胞埋在基质中，在各器官和组织之间均有，并参与肌肉组织和神经组织的构成。纤维主要有胶原纤维和弹力纤维两种。疏松结缔组织在动物体内主要起支持、填充和联系的作用，此外，还有物质传递、防护以及参与创伤修复的作用。

2. 致密结缔组织（dense connective tissue）

致密结缔组织又称纤维组织（fibrous tissue），其特点是细胞和细胞基质少，纤维多且排列致密，主要有胶原纤维和弹性纤维两种。以胶原纤维为主的致密结缔组织有肌腱、被膜、真皮，以弹性纤维为主的有韧带、动脉管壁的弹性膜等。

3. 脂肪组织（adipose tissue）

脂肪组织由大量脂肪细胞聚集而成，由疏松结缔组织将其分隔成许多脂肪小叶。脂肪组织广泛分布在皮下、肠系膜、网膜等处，并包着肾、肾上腺等器官。脂肪组织具有储存脂肪、缓冲压力、维持体温及参与能量代谢等作用。

4. 网状结缔组织（reticular connective tissue）

网状结缔组织又称网状组织，分布在造血器官和淋巴器官中以及消化和呼吸管壁的淋巴组织内，形成器官内部的网状支架。除支持作用外，网状组织是机体防护系统的基本组成部分，具有防护机能。

5. 软骨组织（cartilagenous tissue）

软骨组织由软骨细胞（chondrocyte）、纤维和基质组成，表面包以致密结缔组织构成的软骨膜（perichondrium）（关节软骨除外）。软骨膜对软骨的营养和再生有很大作用。

6. 骨组织（osseous tissue）

骨组织是极坚硬的结缔组织，是脊椎动物机体的支架，保护体内的柔软组织，同时又是肌肉运动的杠杆。骨组织由骨细胞（osteocyte）、细胞间质构成，由致密结缔组织构成的骨膜包被。细胞间质是钙化的骨质，形成既坚实又有弹性的复杂结构。其中，纤维是胶原纤维；基质主要成分为多糖蛋白及其复合物，具有黏合纤维的作用，此外，还含有大量的无机盐（骨盐），以钙、磷元素为主。骨细胞的功能除形成骨基质外，还可以通过十分活跃的代谢以调整和维持血钙水平。

7. 血液组织（haemal tissue）

血液组织包括血液和淋巴液。血液是一种特殊的循环流动的结缔组织，由液体的细胞间质血浆(plasma)和悬浮于其中的血细胞组成。血浆是液体状的细胞间质,内含纤维蛋白原,在一定条件下纤维蛋白原可变为纤维蛋白而成纤维状的凝块促进血液凝固。不含纤维蛋白的血浆称为血清。血细胞有3个类型,即红细胞(erythrocyte)、白细胞(leukocyte)和凝血细胞血小板(platelet)。

淋巴液由淋巴浆与淋巴细胞组成。淋巴浆实际上是血浆在毛细血管动脉端的部分渗出液,蛋白含量低于血浆。在血液和组织间起传递物质的作用。

(三)肌肉组织

肌肉组织主要由特化的肌细胞组成。肌细胞细长,呈纤维状,也称为肌纤维(muscle fiber)。肌纤维是高度分化的细胞,细胞质中具有发达的司收缩运动的蛋白质,即肌动蛋白(actin)和肌球蛋白(myosin),由其形成肌原纤维(myofibril)。肌肉组织根据肌原纤维的分布、形态和功能的特点,可分为骨骼肌(skeletal muscle)、心肌(cardiac muscle)和平滑肌(smooth muscle)3种(图2-7),骨骼肌和心肌均有光镜下可见的横纹特征,故二者也称为横纹肌(striated muscle)。无脊椎动物除节肢动物外,主要肌肉是平滑肌,但昆虫等节肢动物具有大量的骨骼肌,而心肌是脊椎动物所特有的。

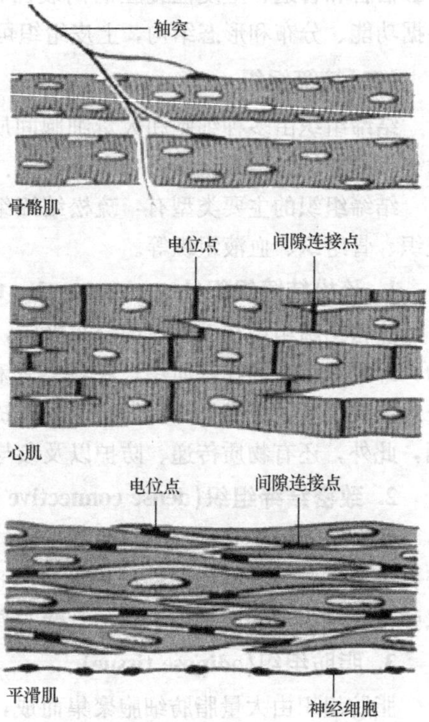

1. 骨骼肌

绝大多数骨骼肌通过腱附着在骨骼上,而表情肌(皮肌)、食管壁一些部位的肌层和肛门的外括约肌例外。骨骼肌受脑、脊神经支配,属随意肌。

2. 心肌

心肌为心脏所特有的肌肉,但也存在于大静脉与心脏的连接处。心肌由心肌纤维组成,受自主神经支配,属不随意肌,具有自动节律性。

图2-7　骨骼肌、心肌、平滑肌示意图

3. 平滑肌

平滑肌由平滑肌纤维组成,主要分布在内脏器官和血管、淋巴管的壁中。平滑肌细胞无横纹,属不随意肌。平滑肌收缩缓慢有节律,持久性强。

(四)神经组织

神经组织是构成神经系统的特有组织,主要由神经细胞(或称神经元,neuron)和神经胶质细胞(neuroglia cell)组成。神经元是高度特化的细胞,能感受刺激、整合信息和传导冲动。神经胶质细胞在人和哺乳动物中的数目比神经元多10倍,对神经元具有支持、信号绝缘(如形成髓鞘)、运送营养、排除代谢废物及修复损伤等多种重要的功能。神经元是神经系统的结构和功能的基本单位,包括胞体、树突(dendrite)和轴突(axon)3个部分。树突呈树枝状,短而分支多,由细胞膜和细胞质向外延伸形成,其功能是接受刺激,产生兴奋并向胞体传导。轴突细而长,但长短差异很大,运动神经元的轴突长达1 m,而有的神经细胞的轴突仅十余微米。轴突的末端与其他神经元的胞体或树突相接触,或伸入器官组织中形成神经末梢,其功能是将兴奋传出胞体,所以神经元对神经冲动的传导有方向性。每个神经元有1个至多个树突,而轴突仅1个(图2-8)。

三、器官和系统

(一)器官(organ)

器官是由几种不同类型的组织联合形成的，具有一定形态特征和生理机能的结构。如小肠是由上皮组织，疏松结缔组织、平滑肌以及神经、血管等形成的，外形呈管状，具有消化食物和吸收营养的功能。器官虽然是由几种组织所组成的，但不是各组织的机械结合，而是相互关联、相互依存，成为有机体的一部分，不能与有机体的整体相分割。如小肠的上皮组织有消化吸收作用，结缔组织有支持联系作用，其中的血液流经血管供给营养、运输营养并运出代谢废物，平滑肌收缩使小肠蠕动，神经纤维能接受刺激、起调节各组织的作用。这一切的综合才能使小肠完成消化和吸收的机能。

器官分为实体状器官和管状器官两大类。

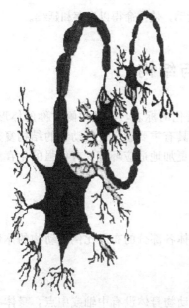

图 2-8　神经元结构及兴奋传递

1. 实体状器官

实体状器官是指没有空腔的器官，如肝、胰等。实体状器官内部充满着具有生理机能的组织，外被有由上皮和结缔组织或只由结缔组织构成的被膜，被膜的结缔组织伴随着血管、神经，伸进器官内的实质中，在器官内分支成为小梁或间隔膜，成为器官的支架，并且有的把器官的实质分隔成叶、小叶或束。小叶或束是执行主要机能的组织单位。

2. 管状器官

管状器官一般是指有管腔的器官，如消化管、血管、输尿管和输卵管等。这些器官中的组织是分层排列的。腔面是最重要的机能层，称为黏膜层。黏膜层的表面由湿润的单层或复层上皮组成。不同器官的上皮由于具有不同的机能而出现较大的分化。上皮层下面是支持和营养上皮的结缔组织，其中分布有大量的血管和神经。在结缔组织间常有肌肉层分布，可使器官收缩或蠕动。器官的外表面一般也有由上皮和结缔组织构成的被膜，起着保护以及与其他器官联系的作用。

(二)系统(system)

由机能上密切联系的器官组成并能完成特定生理机能的整体即为系统，如口、咽、食管、胃、小肠、大肠、肛门及肝、胰腺等消化腺组成了消化系统，它们彼此有机地结合起来，共同完成对食物的消化和营养吸收的功能。高等动物体(或人体)内有许多系统，主要有：皮肤系统(integumental system)、骨骼系统(skeletal system)、肌肉系统(muscular system)、消化系统(digestive system)、呼吸系统(respiratory system)、循环系统(circulatory system)、排泄系统(excretory system)、生殖系统(genital system)、内分泌系统(endocrine system)及神经系统(nervous system)等。

四、有机体

各系统在神经系统和内分泌系统的调节控制下，彼此相互联系、彼此协调，相互制约地执行不同的生理机能，并组成完整的动物机体，完成各项生命活动。只有这样，才能使整个有机体适应外界环境的变化和维持体内外环境的协调，完成整个生命活动，使生命得以生存和延续。

第二节 动物的形态与结构

动物体形的改变、体腔的出现和体节的形成都是动物进化的标志，其中两侧对称的体形、三胚层的出现、真体腔的形成和身体分节对动物发展进化都具有重要意义，使动物的结构复杂性、生理机能和代谢水平都进化到更高的一个层次，使动物更加地适应环境，有更强的生存能力，分布的环境和空间也随之扩大。

一、动物的形态

动物的体形通常指动物身体的对称性（symmetry），即机体各部分的布局比例。动物的体形多种多样，大致可归纳为：

1. 不对称（asymmetry）

单细胞动物（如草履虫、绿眼虫、变形虫等）和一些海绵动物身体没有中轴或中点，身体各部分的布局比例依生理状态或着生地点而异，其体制属于不对称。

2. 辐射对称（radial symmetry）

辐射对称是通过身体纵轴的任何平面都能把身体平分为相等的两部分。这种体形在腔肠动物的水螅、水母体、棘皮动物的海胆等比较典型。但棘皮动物的辐射对称是次生性的，其胚胎和幼体阶段是两侧对称的，成体则退化为辐射对称。两辐对称（biradial symmetry）是辐射对称的变形，通过身体纵轴只有两个切面可以把身体分为两个相等的部分。这在腔肠动物的珊瑚纲和栉水母动物中比较多见，是介于辐射对称和两侧对称的中间形式。

3. 两侧对称（bilateral symmetry）

两侧对称是通过身体纵轴只有一个切面可以把身体分为相等的两部分。在动物界从扁形动物开始出现两侧对称。这是运动定向和身体各部分分化和机能分工的结果。两侧对称的动物身体出现前、后、左、右和背、腹之分。前方分化为头部，神经、感官相对集中于此；后方为尾端。背部司保护，腹部司运动。由此可见，两侧对称使动物体进入一个新的更高的分化阶段，获得更广泛意义的适应。

二、动物的结构

（一）体腔（coelome）

体腔是动物体内脏器官周围的腔隙，体腔内充满液体，称为体腔液。体腔的形成在动物进化上具有重要意义：增进了机体的灵活性，扩大了容纳内脏器官的空间，使更多细胞处于表面，增加了其获得物质交换的机会，使动物具有更大的体积，使之更复杂。充满液体的体腔对某些动物起到流体静力学的骨架作用，从而提高动物的运动功能。此外，真体腔的形成，与循环、排泄、生殖等系统也有密切的关系。

体腔的形成与胚胎发育过程中的中胚层分化有关。未出现三胚层以前的多细胞动物，包括海绵动物、腔肠动物、栉水母动物不具有体腔。海绵动物的空腔是水沟系（canal system），是海绵动物特有的结构；腔肠动物有由内、外胚层围成的中央腔，即消化循环腔，具有消化和运输的功能[图 2-9(a)]。三胚层的出现，使内、外胚层之间出现一发达的中胚层，中胚层分化出肌肉层，为动物运动、消化和新陈代谢能力的提高打下基础；同时也引起一系列组织、器官、系统的分化，为动物体结构的发展和各器官生理的复杂化提供了必要条件，使动物达到器官系统水平；中胚层所形成的实质组织能储藏水分和养料，使动物能够抗干旱和耐饥饿，为动物由水生过渡到陆生创造了条件。但并非所有的三胚层动物都具有体腔。

可以将三胚层动物划分为下列 3 类：

1. 无体腔动物（acoelomata）

无体腔动物如扁形动物、纽形动物（Nemertinea）、颚胃动物（Gnathostomulida）等，具有发达的中胚层，为实质组织（parenchyma），而不形成体腔。实质组织有储藏水分和养料的功能，使动物能忍受干旱和饥饿[图 2-9(b)]。

2. 假体腔动物（primary coelome）

假体腔又称原体腔，是胚胎发育时囊胚腔（blastocoel）遗留的空腔成为成体的体腔，在体壁中胚层与肠壁内胚层之间无体腔膜（或称体腔上皮），肠壁上常缺乏肌肉层，腔内充满体腔液[图 2-9(c)]，可运输营养；体腔无孔道与外界相通，体腔液保持一定压力，起到静力骨架作用，使柔软的虫体保持一定的形状。腹毛类（Gastrotrich）、轮虫类（Rotifera）、线形动物（Nematoda）、棘头动物（Acanthocephala）、内肛动物（Entoprocta）等都属于假体腔动物。

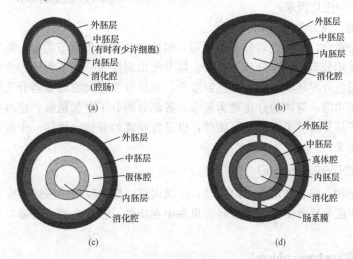

图 2-9　动物的体腔

(a)二胚层，无体腔；(b)三胚层，无体腔；(c)三胚层，假体腔；(d)三胚层，真体腔

3. 真体腔动物（coelomate）

真体腔又称裂体腔、次生体腔，是由中胚层之内所形成的腔[图 2-9(d)]。体腔形成时，体腔外侧的中胚层与外胚层合成体壁，体腔内侧的中胚层与内胚层合成肠壁，体壁和肠壁均有由中胚层形成的肌肉，内外均有起源于中胚层的肌肉和体腔上皮的包裹。真体腔动物消化管管壁有了肌肉，在体腔之内就可以盘转和自由蠕动，大大提高了消化的效率。有中胚层参与的消化管也为肠的分化和消化系统的复杂化提供了必要条件。此外，体腔的形成，对循环、排泄、生殖等器官的进一步复杂化都有重大意义，是高等无脊椎动物的重要标志之一。具有真体腔的动物称为真体腔动物，如环节动物、软体动物、节肢动物、棘皮动物和脊索动物等。

（二）体节（somite）

一些动物在胚胎发育后期出现沿身体纵轴方向的分段，每段即为一个体节。分节是特化的开始，每个体节内可容纳各种器官，特别是循环、排泄、生殖器官和神经等（图 2-10）。体节有同律分节（homonomous metamerism）和异律分节（heteronomous metamerism）两类。同律分节指除了身体的前两节和最后一节外，其余各体节形态基本相同，如环节动物的蚯蚓（*Pheretima*）、沙蚕（*Nereis*）等；异律分节即身体前后端的体节的形成和机能均不相同，各体节的生理分工较为显著，如多毛类的隐居目（Sedentaria）的种类、软体动物、节肢动物等。较高等的种类，身体分为头、胸、腹等部分。头部由若干体节组成，控制全身其他体节；胸部司运动，腹部司消化和生殖等。分节现象可能由低等蠕虫（如涡虫、纽虫）的假分节现象（pseudometamerism）进化而来。

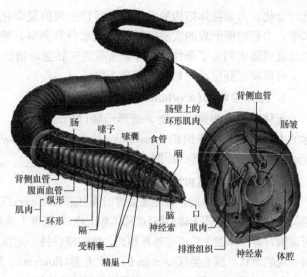

图 2-10　蚯蚓的体节

高等脊椎动物，在分节现象的基础上重新愈合或部分愈合，从外表看分节不明显，但体内如脊椎骨分节明显，附肢也分节。有的仅在胚胎期或幼体期分节，成体分节不显著。体节的出现使每一体节等于一个单位，这样对于加强新陈代谢和适应外界环境的能力有重要意义。异律分节使动物的生理分工更为显著，不同的体节群有不同的功能，身体的分化更为复杂，各部分的分工更加精细，这对有机体进一步分化为头、胸、腹等部分提供了广泛的可能性，也是发展成为节肢动物的一个重要前提，在动物演化上具有重要意义。

（三）头部形成（cephalization）

两侧对称的动物，向着特定的方向运动，一端向前，身体极化。感觉器官和神经系统逐渐集中在身体前端，成为感觉中心；取食器官也集中在前端，形成头部。头部与尾部之间形成明显的活跃性梯度。

（四）多态现象（polymorphism）

同种动物存在形态结构和功能不同的两类或多类个体的现象，称为多态现象。如腔肠动物出现水螅型个体和水母型个体；社会性昆虫，如蜜蜂有蜂后、雄蜂、工蜂；白蚁群体，包括具有生育能力的雌蚁、雄蚁和无生育能力的个体，有生育能力的雌蚁有翅，可以离开群体，交尾后翅脱落，成为蚁后，并开始建立新群体，无生育能力的个体都是无翅的，成为工蚁和兵蚁，兵蚁头大，上腭发达，担负着保卫群体的责任。

第三节　动物的生殖与发育

动物体通过生殖和发育，使种族得以延续。

一、动物的生殖

生物体产生自己的后代的过程，叫作生物的生殖。生物的生殖分为有性生殖和无性生殖两种。

（1）有性生殖。指经过两性生殖细胞（精子、卵细胞）的结合形成受精卵，再发育成新个体的生殖。两性生殖细胞的形成方式是减数分裂(meiosis)，即性细胞在分裂时，细胞连续分裂两次，染色体只复制一次，所形成的生殖细胞，染色体数目只有生物体细胞染色体的一半，染色体的数目减少了二分之一的一种特殊的分裂方式。不同于有丝分裂和无丝分裂，减数分裂仅发生在生命周期某一阶段，它是进行有性生殖的生物性母细胞成熟、形成配子的过程中出现的。受精时雌雄配子结合，恢复亲代染色体数，从而保持物种染色体数的恒定。

在减数分裂过程中，通过同源染色体非姐妹染色单体的交叉互换，非同源染色体的自由组合，增加了基因变异种类，增强了群体的遗传多样性，为自然选择提供更多的原材料。

(2)无性生殖。指不通过两性生殖细胞，由母体直接产生新个体。常见的无性生殖方式有：分裂生殖，如变形虫、草履虫、细菌的生殖；出芽生殖，如酵母菌、水螅的生殖；孢子生殖，如青霉、曲霉、衣藻的生殖；营养生殖，如马铃薯茎块、草莓的匍匐茎的生殖。

进行无性生殖的生物，新个体所含的遗传物质与母体相同，因而新个体能够保持母体的一切性状。

二、动物的发育

发育(development)是生物体在生命周期中，结构和功能从简单到复杂的变化过程。除了无性生殖以外，动物的发育过程都是从受精(fertilization)开始的。通常又把高等动物的个体发育分为：①胚前发育时期(proembryonic development)，这个时期是雌雄配子的分化与成熟过程。生殖细胞经过增殖、生长和成熟3个阶段，成为具有受精能力的精子或卵子。②胚胎发育时期(embryonic development)，是指在卵膜或母体内，由一个受精卵发育成能单独生活的幼体的过程。③胚后发育时期(post-embryonic development)，是指从卵孵化或从母体分娩出来后的胎儿，经过幼年期、青春期，直到性成熟的过程。

动物发育的阶段划分为：

1. 受精

受精是新的生命的起点，是指精子和卵子各自的单倍体基因组相融合形成二倍体合子的过程。在精子和卵子融合即卵子受精成为受精卵之前，这两种生殖细胞都经历了一个自身发育的过程。然而，精子和卵子都不具备独立发育成个体的能力，一旦它们从睾丸或卵巢中释放出来，它们的生命就只能维持几分钟或数小时，只有当精卵融合成合子，才具备发育成新个体的能力。

在通常情况下，受精过程包括精卵相遇，精子穿入卵子，引发卵子发生一系列变化，最终二者原核融合，形成二倍体合子。

2. 卵裂

卵子受精和激活之后发生卵裂。精卵融合后，受精卵仍然是单个细胞，经过多次分裂，形成很多细胞的过程，称为卵裂(cleavage)。卵裂形成的细胞，称为分裂球(blastomere)。卵裂与一般细胞分裂不同，是一系列迅速的细胞分裂。每次分裂之后，分裂球未及长大，又开始新的分裂，因此分裂的结果是，细胞数目越来越多，分裂球越来越小。卵裂时分裂沟从二倍体合子的表面内陷，形成分裂面(图2-11)。

3. 囊胚的形成

卵裂后分裂球形成中空的球状，称为囊胚(blastula)。中央的空腔称为囊胚腔(blastocoele)，由细胞组成的上皮样壁称为囊胚层。胚胎的这一发育期为囊胚期。因为卵子类型不同，分裂类型不同，所以形成的囊胚形态也各不相同，概括起来，可以分为以下4种：

(1)腔囊胚。均黄卵或少黄卵经多次全裂，形成皮球状的囊胚，中间有较大的囊胚腔，这种囊胚叫腔囊胚。凡全裂又等裂的类型，都形成腔囊胚。

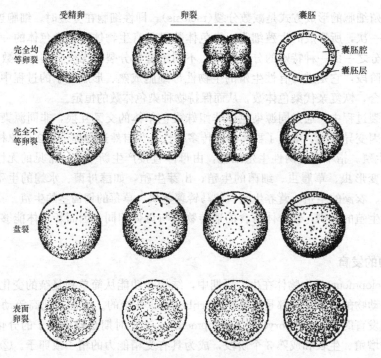

图 2-11　卵裂类型及囊胚形成

（2）实心囊胚。有些全裂卵，由于分裂球排列紧密，中间没有腔，或者分裂初期尚有裂隙存在，以后被分裂球挤紧而消失成为实心球体，这种囊胚称为实心囊胚。水螅、水母，某些环节动物和软体动物的囊胚属此类型。

（3）表面囊胚。中黄卵进行表面卵裂，到囊胚期由一层分裂球包在一团实体的卵黄外面，没有囊胚腔，如昆虫的囊胚。

（4）盘状囊胚。硬骨鱼类、爬行类、鸟类等典型的端黄卵动物进行盘状卵裂时，形成盘状的囊胚，盖于卵黄上，称为盘状囊胚。

从动物的进化来看，实心囊胚和原始的腔囊胚为较低等的类型，在海绵动物、腔肠动物、扁形动物和一些低等的环节动物中出现；两侧对称的腔囊胚见于低等脊椎动物和某些无脊椎动物，两栖类是更高等的端黄卵型的腔囊胚；由于卵黄的集中，从腔囊胚发展成为无脊椎动物中黄卵的表面囊胚和脊椎动物及某些无脊椎动物端黄卵的盘状囊胚。高等哺乳动物的腔囊胚是次生均黄卵形成的更高等的腔囊胚。

4. 原肠胚的形成

囊胚进一步发育开始形成原肠腔（gastrocoel），即将来形成消化腔。在这一阶段细胞内置进入囊胚腔，胚胎由单层细胞组成发展成两胚层或三胚层，内置的细胞形成原肠（内胚层）。这一阶段的胚胎称为原肠胚（gastrula），胚胎发育期为原肠期。原肠胚的细胞移动过程，称为原肠形成或原肠作用。原肠形成的方式，各类动物不完全相同，一般来说有以下几种典型的形成方法：

（1）内陷（invagination）。由囊胚植物极细胞向内陷入，形成两层细胞，外面的一层称为外胚层（ectoderm），向内陷入的一层称为内胚层（endoderm）。内胚层围绕的空腔将形成未来的肠腔，称为原肠腔。原肠腔与外界相通的孔称为原口或胚孔（blastopore）。

（2）内移（migration）。由囊胚的一部分细胞移入内部而形成内胚层。初始移入的细胞位于囊胚腔中，排列不规则，接着逐渐排列成规则的内胚层。内移法形成的原肠胚没有原口，以后在胚体的一端开孔，形成原口。

（3）分层（delamination）。囊胚细胞分裂时，细胞沿切线方向分裂，从而形成内、外两胚层。

（4）内转（involution）。通过盘裂形成的囊胚，分裂的细胞由一面边缘向内转，再伸展成内胚层。

（5）外包（epiboly）。动物极细胞分裂快，植物极细胞由于卵黄多分裂较慢，结果动物极细胞逐渐向下包围植物极，形成外胚层，被包围的植物极细胞形成内胚层。

以上几种原肠形成方法往往不是单一进行的，常常是两种或两种以上同时进行，最常见的是内陷与外包同时进行，分层和内移相伴进行。

三胚层动物在内、外两胚层形成之后继续发育，在内、外胚层之间形成中胚层（mesoderm）。在中胚层之间形成的空腔即体腔（真体腔）。中胚层的形成有以下两种方法（图2-12）：

（1）裂体腔法（schizocoelous method）。也称为端细胞法，所形成的体腔动物，称为裂腔动物（Schizocoela）。原口动物在胚胎发育中，以端细胞法形成中胚层，即在原口的两侧，内、外胚层交接处各有一个细胞分裂成很多细胞，形成索状，深入内、外胚层之间形成中胚层。其骨骼起源于外胚层，胚胎的原口后来发展成为成体的口，故此类动物又称为原口动物（Protostomia），包括环节、软体、节肢、帚虫及腕足等动物门。

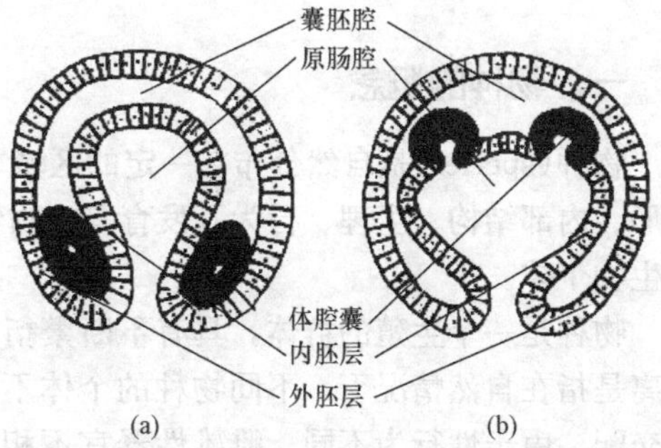

图2-12 中胚层的形成方法（仿刘凌云等，1997）
(a)端细胞法；(b)体腔囊法

（2）体腔囊法（coelesac method）。也称为肠体腔法，这类动物在胚胎发育中，以体腔囊法形成中胚层，在原肠胚背部两侧，内胚层向外突出成对的囊状突起，称为体腔囊。体腔囊脱离内胚层后，在内、外胚层之间扩展形成中胚层。其骨骼起源于中胚层，具有钙化；胚胎的原口后来成为成体的肛门或原口封闭，在相反的一端（成长后前端或口面）由外胚层内陷而形成口，故此类动物又称为后口动物（Deuterostomia），包括毛颚动物（Chaetognatha）、棘皮动物、半索动物和脊索动物。

原肠胚的形成是动物发生过程的一个重要阶段。囊胚期以前，胚胎的构造和生理作用都很简单，构成囊胚的细胞的结构基本类似，或仅有少许差别，代谢作用也很单纯。从原肠胚开始，细胞的分布及其形态结构均发生了变化。构造方面是胚层的分化，特别是中胚层出现，各种细胞初步特化，为以后复杂的组织和器官分化打下基础。在生理方面随着细胞构造的特化，新的蛋白质被合成，细胞的功能也有了分工。

从动物的系统发育来看，海绵动物和腔肠动物虽然是多细胞动物，但构造或生理活动都是比较简单的，相当于两个胚层的胚胎。扁形动物开始有中胚层，构造比较复杂，细胞分化明显，生理活动有显著改变。更高等的动物都是从有了3个胚层的胚胎发育的。可见，三胚层的出现是动物进化上的一个重要阶段。

5. 神经胚及器官形成

原肠胚形成后，胚胎背部中线上的外胚层细胞下陷，形成神经板，其两侧的外胚层细胞形成纵褶，靠拢，愈合形成神经管，前端将来形成脑，后端形成脊髓。同时，原肠背面向背方隆起，脱离原肠形成脊索，体腔囊也形成。

三胚层形成之后，外胚层形成神经系统、眼、内耳上皮，皮肤的表皮、毛发、羽、鳞、甲、皮肤腺等皮肤衍生物。中胚层形成肌肉、骨骼、脂肪、循环系统、生殖系统和气管等。内胚层形成消化管、肝、胰、肺等。

胚胎发育中3个胚层的变化以内胚层最为简单，中胚层最为复杂，而外胚层则最为特异。内胚层的变化大部分涉及膜的外凸和内凹，所形成的系统只限于消化、呼吸和部分内分泌器官，以及泄殖系统的一小部分。中胚层变化最大且形成的器官也最多。肌肉组织、结缔组织和上皮组织全都是由中胚层参与形成的。中胚层介于内、外胚层之间，与内胚层结合形成脏壁，与外胚层结合形成体壁。中胚层的生骨节和生肌节又形成了骨骼和肌肉组织。外胚层细胞分化是多种多样的，除了表皮及其衍生物外，外胚层还形成了神经细胞和感觉器官。

第四节　动物分类基本知识

一、物种的概念

物种(species)是自然分布在一定的区域、具有共同基因组成(由此具有共同的祖先，相似的外形、内部结构、生理、行为及发育等生物学特性)以及能够自然生殖出有生殖能力的后代的全部生物个体。

物种是一个生殖的群体，具有不断繁衍后代的能力。不同物种之间存在着生殖隔离。生殖隔离是指在自然情况下，不同物种的个体不发生杂交或杂交不育。生殖隔离的形式有：①不发生交配。由于性行为不同、雌雄性器官不相配合等。②配子不亲和。即使发生交配，但雌雄配子不能完成受精或受精后杂种胚胎不能正常发育。③杂种不育。杂种即使能够生长和发育，但不能生殖后代。例如，马和驴属于不同的物种，它们的形态特征不同，具有不同的基因库。马和驴的染色体数量分别为64条和62条，且染色体形态存在很大差别。雄驴和雌马杂交后产生的后代为骡(mule)，骡是不育的，其染色体数量为63条。可见，马和驴的基因库是不能混合的，双方因此都保持了物种所特有的基因库。

物种内部由于地理上充分隔离后所形成的形态上有一定差别的群体，称为亚种(subspecies)。如东北虎和华南虎。丰富的亚种保证了物种能够适应各种不同的生态环境。如果消除了地理隔离，亚种可互相交配和繁衍，经过人工选择，物种内部所产生的具有特定经济性状或形态的群体则称为品种(variety 或 breed)。如家鸭可分为肉用型(北京鸭)、卵用型(金定鸭)和卵肉兼用型(土北鸭)等不同品种。

遗传是相对稳定的，是物种存在和繁衍的根本。变异是绝对的，是物种进化和发展的根本原因。物种是生物存在的基本单位，具有相对的独立性和稳定性。

二、物种的命名(nomenclature)

物种的命名采用瑞典博物学家林奈(Carolus Linnaeus)创立的国际通用的"双名法"，亚种的命名法采用"三名法"，即物种的学名由两个拉丁字或拉丁化的文字所组成，第一个词是属名，相当于姓，第二个词是种名。一个完整的学名还需要加上最早给这个物种命名的作者名，第三个词是命名人，命名人名字也可省去，如黄嘴白鹭 Egretta eulophotes (Swinhoe)，前面为属名，首字母大写，后面为物种名，属名和物种名使用斜体，学名之后还附加该物种初定人的姓氏。如果物种的学名已经在原定学名的基础上发生了改变，那么，就在该物种初定人的姓氏上加上括号，如黄嘴白鹭就是在黄嘴白鹭原定学名 Herodias eulophotes Swinhoe 的基础上发生的改变。

亚种的命名法采用"三名法"，即在物种学名之后再加上亚种名，如华南虎是虎的一个亚种，其学名为 *Panthera tigris* amoyensis(Hilzheimer)。

三、物种的分类(classification)

动物的分类可以按照各种标准和方法进行。现行的自然分类系统(natural classification system)是以动物形态学或解剖学上的相似性和差异性的总和为基础的，也可以参考地理学、生态学、胚胎学、古生物学等学科的许多证据，目的在于反映出物种之间的自然类缘关系。近年来，分类学建立了不少新准则，如基于蛋白质类型差异的生物化学准则、遗传物质 DNA 的相似性准则、免疫学准则和行为学准则等。这些分类学新准则目前尚未普遍推广，但或许能够更为准确地确定出生物间的相互关系。可以预见，生物分类系统随着生物学新技术和新观念的发展和应用，也将有所变革和创新。

自然分类系统按照生物之间的异同程度、亲缘关系的远近，由大到小划分为界(kingdom)、门(phylum)、纲(class)、目(order)、科(family)、属(genus)、种(species)7 个等级或分类阶元(category)。在分类等级中，物种是分类的基本单元。几个相近的物种归并为同一属，几个相近的属归并为同一科。例如，白鹭(*Egretta garzetta*)属于：

动物界 Animalia
　脊索动物门 Chordata
　　鸟纲 Aves
　　　鹳形目 Ciconiiformes
　　　　鹭科 Ardeidae
　　　　　白鹭属 *Egretta*
　　　　　　白鹭 *Egretta garzetta*

为了更精确地表达物种的分类地位，上述阶元可以进一步细分。细分的方法一般是在原分类阶元之上加上"总"(super)，在原分类阶元之下加上"亚"(sub)。如目之上有总目(superorder)，之下有亚目(suborder)，其他阶元以此类推。

四、生物的分界及动物界的分类

(一)生物的分界

(1)二界系统。林奈的分类系统将生物分为植物界(Plants)和动物界(Animals)。

(2)三界系统。Haeckel 于 1886 年创立的，把生物分为三界，除动物界、植物界外，增加一个原生生物界(Protista)，后者包括所有单细胞生物和一些简单的多细胞动物和植物。

(3)五界系统(图 2-13)。1959 年，Whittaker 根据细胞结构和营养类型，将生物分为五界，即原核生物界(Monera)、原生生物界(Protista)、动物界、

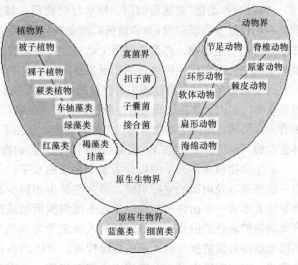

图 2-13　五界生物分类体系

真菌界(Fungi)和植物界。这五界进一步归属于2个总界：原核生物总界和真核生物总界。五界系统被较多的学者所接受。

(4)六界系统。1979年，我国学者陈世骧提出了六界系统。他将生物划分为三总界共六界，即无细胞生物总界，包括病毒1界；原核生物总界，包括细菌界和蓝藻界共2界；真核生物总界，包括植物界、真菌界和动物界3界。

生物生存时，都必须摄取能量和营养物质，占据一定的空间和生殖后代。生物解决这些问题的途径是多种多样的。就获得能量和营养物质而言，凡是能够通过生物合成，利用二氧化碳、氮以及无机盐合成有机物的生物都叫作自养生物(autotrophic organism)。绿色植物等是自养生物，也称为生产者，为其他生物提供食物。植物被植食性动物所食，而肉食性动物又从植食性动物获取营养。动物以植物或其他动物为食，最终的能量和营养物质来源于自养生物，属异养生物(heterotrophic organism)，是消费者。真菌等一些生物通过分解动植物尸体或有机物获得能量和营养物质，为分解者(decomposer)，把有机物分解成无机物返回自然。这三者保证了生物与环境之间的物质循环和能量流动，显示它们在生物进化发展中的营养联系的整体性和系统性。

在生物界中，类病毒不含蛋白质和酶，是纯的核糖核酸(RNA)，不能独立进行代谢，而与宿主细胞的核结合，利用宿主细胞代谢装置来生殖。已经发现的7种类病毒都是植物的致病因子，如马铃薯纺锤体块茎类病毒、柑橘剥皮症类病毒、黄瓜苍白症类病毒等，对宿主有专一性，即一种类病毒只寄生于一种植物。专一性的寄生表明类病毒有遗传性。

(二)动物界的分类

动物界包括一般能自由运动、以碳水化合物和蛋白质为食的所有生物。不同的生物学家对动物的分类有不同的看法，现在普遍认为，已发现的动物分为33个门，70多个纲，大约350目，174万种。

本书采用大多数的动物学家的分类观点，将动物界分为两大类群，即原生动物(Subkingdom gnotozoa)和后生动物(Subkingdom metazoa)。原生动物是动物界中最低等的一类真核单细胞动物，个体由单个细胞组成。与原生动物相对，一切由多细胞构成的动物，都称为后生动物。后生动物是除原生动物外所有其他动物的总称(后生动物亚界)。其特征是体躯由大量的形态有分化、机能有分工的细胞构成；与群体原生动物的兼有营养和生殖功能的细胞不同，其生殖细胞和营养细胞有明显的分化。依动物体制形态的对称情况，后生动物可分为不对称动物(多孔动物门)、辐射对称动物(腔肠动物门、栉水母动物门、棘皮动物门；后者的对称是次生的、栉水母和某些珊瑚是左右辐射对称)和两侧对称动物(其他所有门类)。个体微小需借助显微镜或放大镜才能看清的后生动物，称为微型后生动物。一些微型后生动物(如轮虫、线虫)常见于污水生物处理系统中，可用作生物处理的指示生物。

后生动物在胚胎发育过程中有胚层的分化，其中多孔动物门只有内胚层和外胚层的初步分化，腔肠动物门在内、外胚层间又有中胶层。自扁形动物门以后的门类都是三胚层动物门。根据体腔的有无和结构可将后生动物分为：无体腔动物，包括多孔动物门、腔肠动物门和扁形动物门；假体腔动物，包括线形动物门、腹毛动物门等；体腔动物，包括环节动物以后的所有动物门类。

后生动物根据形态结构可分为4个相应的水平：①实囊胚级水平，如中生动物有一些只是由一层细胞以及内部的空腔组成，另一些是由比较少数的细胞拥挤在一起形成实心的、管状的体躯或者形成一个由许多细胞以及若干层细胞所组成的板状构造。由于这些动物的细胞排列与高等动物的囊胚期的排列相似，故有人称之为实囊幼虫型动物。②细胞水平，如多孔动物门由两层细胞即外面的皮层和里面的胃层构成。身体的各种机能由或多或少独立生活的细胞如领细胞完成。③组织级水平，在组织内不仅有细胞，也有非细胞形态的物质(如基质、纤维等)。如腔肠动物开始分化出上皮组织（具有神经一样的传导功能）等。④器官系统级水平，从扁形动物门起，动物有了不同细胞、不同组织组成的结构和机能不同的器官系统。

此外，在后生动物中，纽虫最先具备完整的消化管，它的一端为口，另一端为肛门。

后生动物根据机体细胞的构成、胚层分化、体制、体腔、身体分节、附肢性状、脊索和脊椎构造等又分为若干门类。

◉ 本章小结

1. 细胞是动物体结构和功能的基本单位。真核细胞以生物膜的分化为基础，细胞内部在亚显微结构水平上构建成三大基本结构体系：①以脂质及蛋白质成分为基础的生物膜结构系统；②以核酸（DNA 或 RNA）与蛋白质为主要成分的遗传信息表达系统；③由特异蛋白质分子装配构成的细胞骨架系统。这 3 种基本结构体系构成了细胞内部结构精密、分工明确、职能专一的各种细胞器，保证了细胞生命活动具有高度程序化与高度自控性。

2. 上皮组织主要由大量紧密而有规则排列的上皮细胞和极少量细胞间质组成，细胞间以特化的细胞彼此相连，将上皮细胞联系组成片层状的组织结构。上皮组织分布于体表及内脏器官和管道、上皮性囊腔的内表面，具有保护、吸收、排泄、分泌、呼吸及感觉等作用。根据功能、分布和形态结构，上皮组织可分为被覆上皮、腺上皮和感觉上皮。

3. 结缔组织由多种细胞和大量细胞间质构成，具有支持、连接、保护、营养、修复和物质运输等多种功能。结缔组织的主要类型有：疏松结缔组织、致密结缔组织、脂肪组织、网状结缔组织、软骨组织、骨组织、血液组织等。

4. 肌肉组织主要由特化的肌细胞组成。肌细胞细长，呈纤维状，也称为肌纤维。肌纤维是高度分化的细胞，细胞质中具有发达的司收缩运动的蛋白质，即肌动蛋白和肌球蛋白，由其形成肌原纤维。肌肉组织根据肌原纤维的分布、形态和功能的特点，可分为骨骼肌、心肌和平滑肌 3 种，骨骼肌和心肌均有光镜下可见的横纹特征，故二者也称为横纹肌。无脊椎动物除节肢动物外，主要肌肉是平滑肌，但昆虫等节肢动物具有大量的骨骼肌，而心肌是脊椎动物所特有的。

5. 神经组织是构成神经系统的特有组织，主要由神经细胞（或称神经元）和神经胶质细胞组成。神经元是高度特化的细胞，能感受刺激、整合信息和传导冲动。神经胶质细胞在人和哺乳动物中的数目比神经元多 10 倍，对神经元具有支持、信号绝缘（如形成髓鞘）、运送营养、排除代谢废物及修复损伤等多种重要的功能。

6. 器官是由几种不同类型的组织联合形成的，具有一定形态特征和生理机能的结构。器官分为实体状器官和管状器官两大类。

7. 由机能上密切联系的器官组成并能完成特定生理机能的整体即为系统，如口、咽、食管、胃、小肠、大肠、肛门及肝、胰腺等消化腺组成了消化系统，它们彼此有机地结合起来，共同完成对食物的消化和营养吸收的功能。高等动物体（或人体）内有许多系统，主要有：皮肤系统、骨骼系统、肌肉系统、消化系统、呼吸系统、循环系统、排泄系统、生殖系统、内分泌系统及神经系统等。这些系统又都在神经和内分泌系统的调节控制下，彼此协调，执行不同的生理机能，并组成完整的动物机体，完成各项生命活动。

8. 动物的体形可归纳为不对称、辐射对称和两侧对称。动物的体腔形成与中胚层分化有关，因此动物身体有单细胞的、两胚层或三胚层的，也可以是无体腔、有假体腔或有真体腔的。身体分化形成体节，有同律分节和异律分节。两侧对称的体形、三胚层的出现、真体腔的形成和身体分节对动物发展进化都具有重大意义。

9. 物种是自然分布在一定的区域、具有共同基因组成(由此具有共同的祖先,相似的外形、内部结构、生理、行为及发育等生物学特性)以及能够自然生殖出有生殖能力的后代的全部生物个体。物种的命名法采用"双名法",亚种的命名法采用"三名法"。

10. 自然分类系统按照生物之间的异同程度、亲缘关系的远近,划分若干等级或分类阶元。通常,将生物分为原核生物、原生生物、动物、真菌和植物共五界。动物界分为单细胞的原生动物和多细胞的后生动物两个类型。

◉复习与思考

1. 原核细胞和真核细胞有什么区别?

2. 简述真核细胞的组成。

3. 细胞膜的基本结构如何,其功能有哪些?

4. 简述细胞质中各主要细胞器(核糖体、内质网、高尔基体、溶酶体、过氧化物酶体、线粒体)的结构特点及主要功能。

5. 细胞核包括哪些部分?各部分的结构特点及主要功能是什么?

6. 什么是组织?什么是器官?什么是系统?阐述细胞、组织、器官和系统之间的关系,理解生物体是统一的整体。

7. 动物有哪几类基本组织?简述其结构和特点。

8. 动物两侧对称体形的出现有何生物学意义?

9. 什么是体腔?三胚层动物可分为哪些类型?

10. 动物的分节对其发展进化有什么意义?

11. 简述中胚层即真体腔出现的意义。

12. 什么是生殖?动物的生殖有哪些类型?

13. 什么是发育?动物的发育经历哪些阶段,各有什么特点?

14. 简述中胚层形成的裂体腔法和体腔囊法的异同。

15. 简述动物三个胚层的变化及器官的形成。

16. 何谓物种?为什么说它是客观存在的?

17. "双名法"命名有什么好处?它是怎样给物种命名的?

18. 动物自然分类系统是以什么为依据进行分类的?为什么说它基本上反映了动物界的自然类缘关系?

第三章　动物的主要类群

掌握从原生动物到哺乳动物各类群的主要形态结构特征；掌握不同动物类群的机体结构和功能的进步性特征，并理解其系统关系和进化历程；理解动物在形态特征、生理机能、行为习性方面对其栖息环境的适应；掌握动物形态学、分类学的基本术语和基本知识；了解各门类动物的代表种、常见种和重要经济种；对动物界有一个比较完整的认识。

动物界已定名的物种约有 174 万种。根据构成动物机体的细胞数目和分化情况，动物界划分为原生动物和后生动物两大类。原生动物绝大多数种类是由一个细胞构成并独立完成各项生活机能；后生动物是多细胞动物，机体的细胞之间出现了结构和机能分化。

后生动物根据脊索(notochord)有无，分为脊索动物(Chordate)和无脊椎动物(Invertebrate)；无脊椎动物又根据胚层(germ layers)、体制(system of organization)、体腔(coelome)、体节(somite)和附肢(appendage)等的分化情况划分为若干门类(表 3-1)。

表 3-1　动物界分门

分类特征				序号	门的名称	种数
单细胞(原生动物)				1	原生动物门(Protozoa)	44 000
多细胞(后生动物)	中生动物			2	中生动物门(Mesozoa)*	50
	侧生动物			3	海绵动物门(Spongia)	5 000
				4	扁盘动物门(Placozoa)*	1
	真后生动物	二胚层、辐射对称		5	腔肠动物门(Coelenterata)	9 000
				6	栉水母动物门(Ctenophora)*	100
		三胚层、两侧对称	无体腔动物	7	扁形动物门(Platyhelminthes)	15 000
				8	纽形动物门(Nemertinea)	700
				9	颚胃动物门(Gnathostomulida)	100
			假体腔动物	10	腹毛动物门(Gastrotricha)	400
				11	轮虫动物门(Rotifera)	1 800
				12	动吻动物门(Kinorhyncha)	100
				13	线虫动物门(Nematoda)	15 000
				14	线形动物门(Nematomorpha)	250
				15	棘头动物门(Acanthocephala)	500
				16	内肛动物门(Entoprocta)	90

分类特征				序号	门的名称	种数
多细胞（后生动物）	真后生动物	三胚层、两侧对称	真体腔动物 — 裂体腔动物	17	软体动物门（Mollusca）*	110 000
				18	鳃曳动物门（Priapulida）	10
				19	星虫动物门（Sipunculida）	300
				20	螠虫动物门（Echiura）	100
				21	环节动物门（Annelida）*	9 000
				22	须腕动物门（Pogonophora）	100
				23	有爪动物门（Onychophora）	70
				24	缓步动物门（Tardigrada）	400
				25	舌形动物门（Pentastomida）	90
				26	节肢动物门（Arthropoda）	1 000 000
				27	外肛动物门（Ectoprocta）	20 000
				28	帚虫动物门（Phoronida）	10
				29	腕足动物门（Brachiopoda）	300
			肠体腔动物	30	毛颚动物门（Chaetognatha）	50
				31	棘皮动物门（Echinodermata）	6 000
				32	半索动物门（Hemichordata）	80
				33	脊索动物门（Chordata）	70 000

* 分类位置尚不确定，本表暂列于此（陈小麟，2008）。

第一节　单细胞动物——原生动物门

一、原生动物门的主要特征

1. 个体微小

原生动物主要生活在海水、淡水或潮湿的环境中，有的寄生在动植物的体内或体表。个体很小，一般不超过 250 μm，利什曼原虫长 2～3 μm，旋口虫长 3 mm。巴贝斯虫，在人的一个红细胞内寄生，数量可多达 12 个；引起黑热病的利什曼原虫，在一个细胞内数量可达几百个。

2. 由单个细胞或个体聚集而成，原始、低等

原生动物门（Protozoa）的动物机体通常由一个细胞构成，故又称单细胞动物（unicellular animal）。少数原生动物由几个或较多细胞聚合为群体，但它不同于多细胞动物，一般未出现细胞分化，各细胞在群体内各自独立。

3. 各种功能通过细胞器特化来完成

原生动物体表覆有具弹性的表膜（pellicle），有的表膜外还有纤毛（cilium）或鞭毛（flagellum），有的能变形伸出伪足（pseudopodium）。鞭毛较少较长，多着生于细胞的某一部位；纤毛较多较短，多着生于体表各个部位。表膜内有许多细胞器，如储蓄泡（reservoir）、眼点（stigma）、光感受器（photoreceptor）、溶酶体、高尔基体、内质网、线粒体、伸缩泡（contractile vacuole)及食物泡(food vacuole)等,有1个或多个细胞核,如图3-1所示。鞭毛、纤毛、伪足是运动器。自由生活的原生动物的摄食:鞭毛虫借鞭毛运动,以胞口(cytostome)来吞食;纤毛虫以体表短纤毛运动和捕食,食物由口沟(oral groove)经胞口、胞咽(cytopharynx)成为食物泡进入内质,在溶酶体的作用下被消化、吸收,入内质,残渣由胞肛(cytoproct)排出;变形虫以伪足完成运动和摄食,残渣随着身体运动由质膜从身体后方排出体外。一些裸口类纤毛虫的表膜结构中还有刺丝泡(trichocyst),泡内有刺丝(filament),当受到刺激时,刺丝便射出,捕捉或放出毒液麻醉来敌。

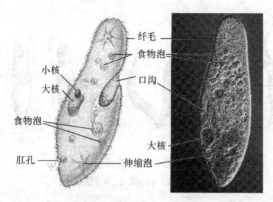

图 3-1　草履虫(*Paramecium*)结构示意图

此外,表膜还能通过渗透作用从周围水体吸收营养物质。寄生种类主要靠渗透方式从宿主获得营养,寄生的某些阶段还有以伪足或胞口摄取宿主的血细胞或肝细胞等为营养;鞭毛虫植鞭亚纲(Phytomastigina)的种类具有色素体,如叶绿体(chloroplast)等,能在有光的环境下进行光能自养(phototrophy)。

眼点是感光细胞器,对弱光有正趋向性;若遇强光,眼虫、变形虫、纤毛虫等均呈负趋光性。

伸缩泡收集体内多余的水分,通过表膜排出体外,以调节水分平衡,同时排出溶解于水中的代谢废物,但含氮废物主要通过体表排出。

无专门呼吸器官,以体表进行气体交换。

4. 普遍形成包囊

很多原生动物在不良环境条件下,如食物短缺、水池干涸、严寒或出现有毒物质时,虫体分泌一种保护性胶质,将自己包裹起来,形成包囊(cyst),以度过不良环境。

5. 具有应激性

原生动物可以对外界刺激做出反应,趋向或避开某些物质、光线等刺激。

6. 无性生殖和有性生殖

无性生殖(asexual reproduction)见于所有的原生动物,有的种类[如锥虫(*Trypanosoma*)]只有无性生殖。无性生殖方式常有二分裂(binary fission)(图3-2)、多分裂(multiple fission)、出芽生殖(budding reproduction)及质裂(plasmotomy)等。多分裂时,细胞核先分裂多次,形成多个子核,随后细胞质分裂,最后形成多个子细胞。多分裂也称裂殖生殖(schizogony),多见于孢子虫纲。出芽生殖实质是二分裂,只是两个子体大小不同,大的为母体,小的为芽体。质裂见于多核的种类,分裂时核不分裂,细胞质分裂并围绕部分核,形成若干个多核的子体,子体分开再恢复为多核的新虫体,如多核变形虫(*Pelomyxa*)、蛙片虫(*Opalina*)等。

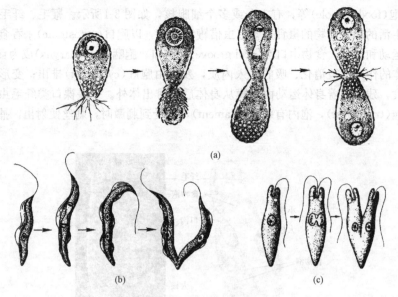

图 3-2 二分裂示意图

(a)鳞壳虫；(b)锥虫；(c)绿眼虫

有性生殖(sexual reproduction)主要有接合生殖(conjugation)和配子生殖(gamogenesis)。配子生殖存在于大多数原生动物中，虫体经减数分裂形成两性配子(gamete)，配子融合(syngamy)或受精(fertilization)发育为新个体。融合的两性配子的形状、大小相同称为同配生殖(isogamy)，形状、大小不同则称为异配生殖(heterogamy)。

接合生殖见于纤毛虫类，如草履虫(Paramoecium)。生殖时两虫腹面紧贴，部分细胞质融合，随即两虫大核崩解，小核经两次分裂(其中有一次为减数分裂)产生4个核，其中3个核随后消失，仅留近胞口的1个核。该核再进行一次有丝分裂，成为大小不同的两核，小的为雄核，大的为雌核。不久两虫体交换雄核，并与对方雌核融合，成为合子核。随后两虫分开，合子核分裂三次成为8个核，其中4个为小核，4个成为新的大核。小核中的3个退化消失。接着剩下的小核又进行一次有丝分裂，形成2个小核，虫体同时横分裂为2个，每个子体各携1个小核和2个大核，最后子体内小核再分裂一次，虫体也再横分裂一次。这样，两个草履虫经接合生殖形成了8个新虫(图3-3)。

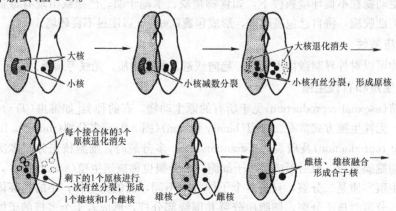

图 3-3 原生动物接合生殖示意图

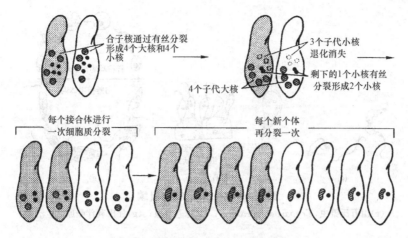

合子核通过有丝分裂形成4个大核和4个小核

3个子代小核退化消失

剩下的1个小核有丝分裂形成2个小核

4个子代大核

每个接合体进行一次细胞质分裂

每个新个体再分裂一次

图 3-3　原生动物接合生殖示意图（续）

二、原生动物门的分类

已知的原生动物约 64 000 种，其中 34 000 余种为化石种，现存的约 30 000 种。原生动物的分类至今意见不一。本书根据运动胞器等特征，将其分为鞭毛虫纲（Mastigophora）、肉足虫纲（Sarcodina）、孢子虫纲（Sporozoa）、丝孢子虫纲（Cnidospora）和纤毛虫纲（Ciliata）5 个纲。

（一）鞭毛虫纲

具鞭毛，根据营养方式又分为 2 个亚纲。

1. 植鞭亚纲（Phytomastigina）

虫体通常具色素体，能进行光合作用，属自养型。根据鞭毛着生位置，色素体构造和数目、体表质膜和细胞壁（cell wall）等构造，分为 6 个目，即：金滴虫目（Chrysomonadida），如钟罩虫（Dinobryon）；隐滴虫目（Cryptomonadida），如唇滴虫（Chilomonas）；腰鞭毛目（Dinoflagellida），如夜光虫（Noctiluca）、角鞭虫（Ceratium）、沟腰鞭虫（Gonyaulax）等为赤潮生物（图 3-4）；眼虫目（Euglenida），如绿眼虫（Euglena）；绿滴虫目（Chloromonadida），如空腔虫（Coelomonas）；团藻目（Volvocida），本目有单细胞和多细胞群体的种类，如盘藻（Gonium）、团藻（Volvox），显示是一种由单细胞向多细胞动物演进的过程。

2. 动鞭亚纲（Zoomastigina）

虫体一般无色素体，为异养型，许多种类营寄生生活。分 7 目，即领鞭毛目（Choanoflagellida），鞭毛基部具原生质领，如原绵虫（Proterospongia）；根足鞭毛目（Rhizomastigila），变形虫状，如变形鞭毛虫（Mastigamoeba）；动质体目（Kinetoplastida），如利什曼原虫（Leishmania），杜氏利什曼原虫（L. donovani）；曲滴虫目（Retortamonadida），如锥虫；双滴虫目（Diplomonadida），如贾第虫（Giardia）；毛滴虫目（Trichomonadida），如阴道滴虫；超鞭毛目（Hypermastigida），如披发虫（Trichonympha）。

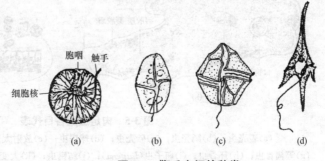

胞咽　触手

细胞核

(a)　　(b)　　(c)　　(d)

图 3-4　鞭毛虫纲的种类

(a)夜光虫；(b)裸甲腰鞭虫；(c)沟腰鞭虫；(d)角鞭虫；

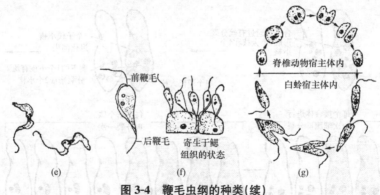

图 3-4　鞭毛虫纲的种类(续)

(e)伊万氏锥虫(*Trypanosoma evansi*)；(f)鳃隐鞭虫；(g)杜氏利什曼原虫生活史

(二)肉足虫纲

具伪足，细胞构造简单，生活中常出现带鞭毛的配子期(图3-5)，分2个亚纲。

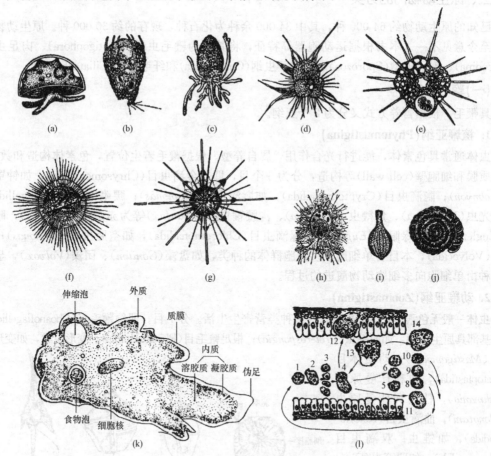

图 3-5　肉足虫纲各目代表

(a)表壳虫；(b)鳞壳虫；(c)砂壳虫；(d)球房虫；(e)放射太阳虫；(f)艾氏辐球虫；

(g)等辐骨虫；(h)环骨虫；(i)瓶子虫(*Lagena*)；(j)纺锤虫；(k)大变形虫；(l)痢疾内变形虫生活史

1：进入肠的四核包囊；2～4：小滋养体形成；5～7：含一、二、四核包囊；8～10：排出的一、二、四核包囊；

11：从人体排出的小滋养体；12：进入组织的大滋养体；13：大滋养体；14：排出的大滋养体

1. 根足亚纲（Rhizopoda）

伪足为无轴型，分 3 目，即变形虫目（Amoebina），如痢疾内变形虫（*Entamoebahistolytica*）；有壳目（Testacea），虫体具几丁质、拟壳质的单室外壳，如砂壳虫（*Difflugia*）；有孔虫目（Foraminiferida），虫体具碳酸钙、拟壳质的单室或多室外壳，壳上多乳。伪足由小孔伸出，种类和数量巨大，已知的约 2 万种，地中海一些海岸每克泥沙中含 5 万多个有孔虫壳。虫体死后，其坚硬的外壳沉积海底，形成富含钙质、硅质的特殊软泥。

2. 辐足亚纲（Actinopoda）

伪足为有轴型，有 2 目，即太阳虫目（Heliozoa），如太阳虫（*Actinophrys*），多淡水产；放射虫目（Radiolaria），如等棘虫（*Acanthometra*）。

有孔虫和放射虫是很古老的生物，自前寒武纪就已存在，它们不仅是海洋浮游生物的重要成员，而且参与海底沉积，根据其化石能揭示地层构造，寻找石油和确定油井位置。

(三)孢子虫纲

虫体无摄食消化胞器，全部寄生，具有与寄生相适应的顶复合器，生活史复杂。小配子期常具鞭毛，孢子多能变形运动(图 3-6)。分 2 个亚纲。

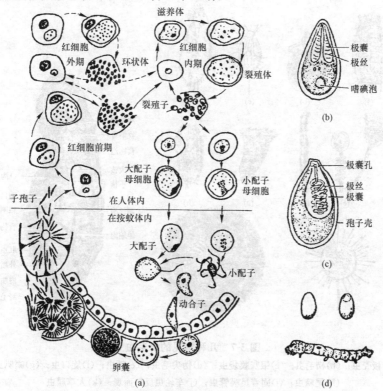

图 3-6 孢子虫纲和丝孢子虫纲的种类

(a)间日疟原虫生活史；(b)碘孢虫；(c)单极虫；
(d)蚕微粒子虫的新鲜孢子(上)和病蚕皮肤所表现的特殊斑点(下)

1. 晚孢子亚纲（Telosporea）

顶复合器发达，多细胞内寄生，分 2 目，即簇虫目（Gregarinidea），如簇虫（*Gregarina*）；球虫目（Coccidia），如间日疟原虫（*Plasmodium vivax*）。

2. 焦虫亚纲(Piroplasmia)

顶复合器不发达，无配子生殖和孢子生殖，仅1目，即焦虫目(Piroplasmida)，如巴贝斯焦虫(*Babesia*)。

(四)丝孢子虫纲

虫体具极囊或盘卷极丝。分2个亚纲。

1. 粘孢子亚纲(Myxospora)

具极囊，多寄生于鱼的体表，如碘孢虫(*Myxobolus*)、粘体虫(*Myxosoma*)等。

2. 微孢子亚纲

无极囊而具极丝，多寄生于节肢动物身上，如蚕微粒子(*Nosema bombycis*)和蜂微粒子(*Nosema apis*)。

(五)纤毛虫纲

体表具短纤毛，是构造最复杂的一类原生动物(图3-7)。根据纤毛模式和胞口构造等，分为3个亚纲7目。

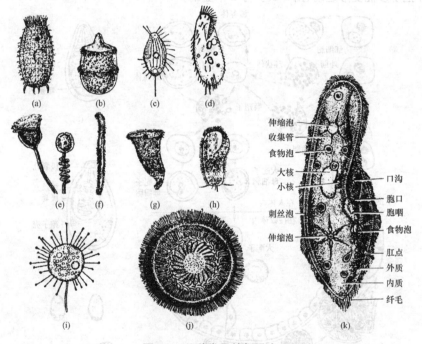

图3-7　几种常见的纤毛虫

(a)板壳虫；(b)栉毛虫；(c)银灰膜袋虫；(d)伪尖毛虫；(e)钟虫；(f)旋口虫；(g)喇叭虫；(h)尾棘虫；(i)固着足吸管虫；(j)车轮虫反口面观；(k)大草履虫

1. 动片亚纲(Kinetofragminophora)

体表纤毛均匀分布，无复合纤毛器。分4目：裸口目(Gymnostomata)，口区无纤毛，胞口直接开口于体表，如棒榧虫(*Dileptus*)；庭口目(Vestibulifera)，口区具前庭，如结肠肠袋虫(*Balantidium coli*)；下毛目(Hypostomata)，体前端有1对外质漏斗，其内有纤毛并伸入胞口、胞咽，如蓝管虫(*Nassfiula aurea*)；吸管虫目(Suctoria)，幼体具纤毛，自由生活、成虫无纤毛，具触手和柄，固着生活，如足吸管虫(*Podophrya*)[图3-7(i)]。

2. 寡毛亚纲(Cligohymenophora)

口区发达，多数具复合纤毛器。分2目：膜口目(Hymenostomatida)，口前腔中有纤毛构成小膜带或波动膜，如草履虫；缘毛目(Peritricha)，体表纤毛退化消失，虫体顶端具口盘，口盘周围有波动膜或口旁纤毛带，如车轮虫(*Trichodina*)[图3-7(j)]、独缩虫(*Carchesium*)。

3. 多膜亚纲(Polyhymenophora)

口区具显著的口旁小膜带，体表纤毛一致或成为复合纤毛结构，如棘毛(cirrus)。仅1目：旋毛目(Spirotricha)，如游仆虫(*Euplotes*)、尾棘虫(*Styionychia*)[图3-7(h)]等。

三、原生动物与人类关系

1. 自由生活的种类

大多数植鞭毛虫、纤毛虫和少数肉足虫是浮游生物的组成部分，是鱼类的自然饵料。海洋和湖泊中的浮游生物是形成石油的主要原料；有些原始动物，如眼虫可作为有机污染的指标动物。草履虫、四膜虫是研究真核细胞细胞器的重要实验材料。可利用原生动物对有机废物、有害细菌进行净化，对有机废水进行絮化沉淀。有些种类能污染水源，如淡水中的合尾滴虫、钟罩虫。海水中的一些腰鞭毛虫，如夜光虫、裸甲腰鞭毛虫等大量繁殖可造成赤潮，危害渔业。

2. 寄生的种类

寄生的原生动物有10 000种以上，对其他生物会造成危害。

锥虫(*Trypanosoma*)：柳叶形，具波动膜，多寄生于脊椎动物的血液和组织中。直接感染宿主或通过吸血昆虫传播。例如，冈比亚锥虫和罗得西亚锥虫寄生于人的脑脊髓，通过采采蝇吸血传播，导致嗜睡和昏睡，是非洲昏睡病的病原体；枯氏锥虫寄生于人体肌肉组织，通过锥蝽吸血时将含有感染性锥虫的粪便排在叮咬区周围，经皮肤创口或黏膜侵入人体，该病流行于中美洲和南美洲；伊氏锥虫寄生于马、牛、骆驼及其他哺乳动物(猪、犬、猫及某些野生动物和啮齿动物)的血液和淋巴液中，通过吸血昆虫如牛虻和螫蝇吸血时，将病蓄体内的病原体传播给健康家畜，分布于非洲、亚洲、中美洲和南美洲。

利什曼原虫：寄生于人、犬、多种啮齿类和蜥蜴的网状内皮组织或皮肤的巨噬细胞中。通过白蛉叮咬将虫体注入宿主体内。呈世界性分布，分布于我国的是杜氏利什曼原虫[图3-4(g)]，体小，呈椭圆形，寄生于人体内脏的巨噬细胞中，引发高热、贫血，以致死亡，称为黑热病。

疟原虫(*Plasmodium*)：寄生于人、灵长类、鸟类和爬行动物的红细胞和肝脏中。常见种类为间日疟原虫(*P. vivax*)[图3-6(a)]，以人和雌性按蚊为宿主，在人体的肝细胞和红细胞内进行裂体生殖并开始配子生殖，形成配子母细胞；在按蚊体内完成配子生殖，形成子孢子，进行孢子生殖。在人体内寄生引发疟疾(俗称"打摆子")，隔日发作，该病遍及全球分布。

刚地弓形虫(*Toxoplasma gondii*)：广泛寄生在200多种哺乳类动物和鸟类的多种细胞内。其中，以猫及野生猫科动物为终宿主，其他动物为中间宿主。通过被污染的食物或饮水，吞食孢子化的卵囊；吃食含有缓殖子和速殖子的另一种中间宿主的生肉；先天感染。在孕期宫内感染是导致胚胎畸形的重要病原体之一。呈世界性分布。

阴道滴虫(*Trichomonas vaginalis*)：寄生在人体阴道和尿道的鞭毛虫，主要引起滴虫性阴道炎，白带增多，外阴瘙痒，月经不调；滴虫性尿道膀胱炎，尿频、血尿，排尿灼样疼痛。是以性传播为主的一种传染病。

艾美球虫（*Eimeria spp.*）：寄生于多种动物体内，包括家畜、家禽和野生动物的上皮细胞中，特别是肠绒毛上皮。孢子化的卵囊为传播期，导致鸡、兔死亡率很高的球虫病。呈世界性分布。

痢疾内变形虫（*Entamoeba histolytica*）[图 3-5(l)]：寄生于人、蓄宿主的大肠腔、肠黏膜、肝脏、脑和其他组织中。四核包囊经口进入新宿主而被感染，能溶解肠壁组织引发痢疾。呈世界性分布。

此外，寄生原生动物还有引起家畜焦虫病的巴贝斯焦虫（*Babesia*）和泰勒焦虫（*Theileria*），引发鱼病的粘孢子虫（*Myxosporidia*）、小瓜虫（*Ichthyophthirius*）和车轮虫（*Trichodina*）。

附：中生动物门（Mesozoa）

中生动物是多细胞动物中结构最简单、尚无器官分化的一小类群，约 50 种，全部寄生在海洋无脊椎动物的体内。身长为 0.5～7 mm，体表具纤毛，全身仅 20～30 个细胞，排成两层，中央的一列为轴细胞（axial cell），外层为体细胞（somatic cell）。二胚虫（*Dicyema*）有两种生殖方式（图 3-8）；直泳虫（*Orthonecta*）有雌雄之别（图 3-9）。中生动物被认为是由原生动物向后生动物过渡的中间类型，与原生动物纤毛虫有一定的亲缘关系。

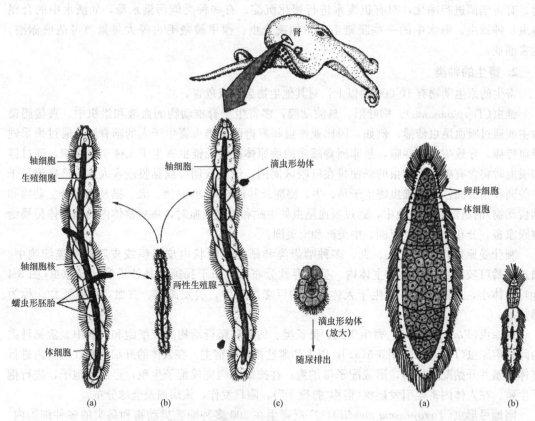

图 3-8 二胚虫目动物结构示意图
(a)二胚虫成体（无性生殖：生殖细胞→蠕虫形幼体）；
(b)蠕虫形幼体（寄生在软体动物头足类的肾内）；
(c)二胚虫成体（有性生殖：生殖细胞→两性生殖腺→配子→滴虫形幼体）

**图 3-9 直泳虫目
外形结构示意图**
(a)直尾虫（*Rhopalura*）雌性个体；
(b)直尾虫雄性个体

第二节 无体腔动物

无体腔动物(Acoelomata)包括海绵动物门、腔肠动物门和扁形动物门。

一、海绵动物门(Spongia)[多孔动物门(Porifera)]

(一)海绵动物门的主要特征

1. 水生固着生活

海绵动物体形多变,不规则,也不对称,多海产,单体或群体。

2. 海绵动物是低等的多细胞动物,细胞间保持着相对的独立性,尚无组织和器官的分化

每个个体由体壁和体壁围绕的中央腔构成。体壁由内、外两层细胞和中间的中胶层(mesoglea)构成(图 3-10)。两层细胞疏松地结合在一起。外层又称皮层(dermal epithelium),由单层扁平细胞(pinacocytes)组成,其来源与后生动物的表皮层不同,无基膜,细胞的边缘能收缩。皮层部分细胞特化为管状即孔细胞(porocyte),广泛分散在体表,故名多孔动物。孔细胞收缩,可控制水流。内层又称胃层(stomachic epithelium),由特殊的领细胞(choanocyte)构成。领细胞具一透明的细胞质突起形成的领(collar),领的中央有一鞭毛,鞭毛打动引起水流,水中的食物颗粒和氧气由领携入细胞内营细胞内消化。

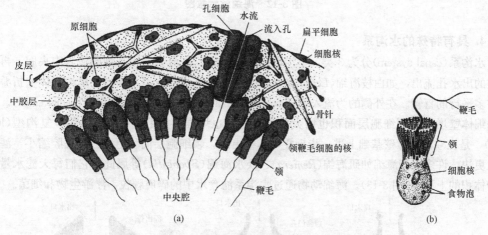

图 3-10 海绵动物的体壁和领鞭毛细胞结构示意图
(a)海绵动物的体壁结构示意图;(b)海绵动物的领鞭毛细胞结构示意图

3. 具有骨针及海绵丝组成的内骨骼

中胶层为胶状,其间散布有钙质、硅质骨针和类蛋白质的海绵丝及几种变形细胞(amoebocyte)。骨针(spicule)和海绵丝(spongin fiber)起支持作用,骨针形状多种,有单轴、三轴、四轴等(图 3-11)。一部分变形细胞能分泌形成骨针,称为造骨细胞(scleroblast);一部分能分泌海绵丝(图 3-12),称为海绵丝细胞(spongioblast);还有一部分变形细胞有排泄作用,或细胞内消化,有的还能形成精子和卵子。中胶层中还有一些星芒细胞(collencyte),可能有神经传导作用。

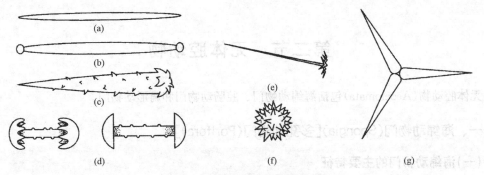

图 3-11　海绵动物骨针代表类型

(a)二尖骨针；(b)双头骨针；(c)单放多刺针；(d)双盘骨针；(e)二次三叉骨针；(f)球星形骨针；(g)三轴骨针

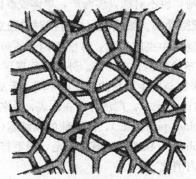

图 3-12　海绵丝示意图

4. 具有特殊的水沟系

水沟系(canal system)分为 3 类：单沟型(ascon type)，水流直接由孔细胞流入中央腔，再由中央腔的出水孔流出，如白枝海绵(*Leucosolenia*)；双沟型(sycon type)，相当于单沟型体壁折叠，形成许多平行的盲管。在外侧的为流入管(incurrent canal)，向中央腔的为辐射管(radial canal)。双沟型海绵体壁增厚，领细胞层面积也增大，滤食能力也增强，如毛壶(*Grantia*)等；复沟型(leucon type)，是在双沟型体壁基础上进一步折叠，体壁更厚，领细胞层面积更大，中央腔缩小，滤水速度也更快。许多大型海绵如矾海绵(*Reniera*)、淡水海绵(*Spongilla*)等属此，它们每天滤水量超过自身体积的上万倍(图 3-13)。海绵动物通过水沟系滤食水中的碎屑颗粒、浮游生物和细菌。

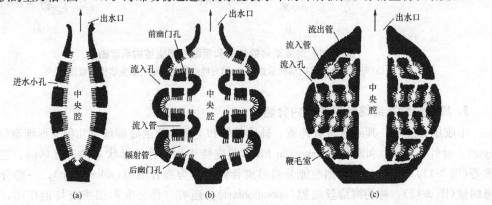

图 3-13　水沟系

(a)单沟型；(b)双沟型；(c)复沟型

5. 通过出芽(budding)和芽球(gemmule)进行无性生殖，通过卵和精子行有性生殖，胚胎发育过程中具胚层逆转现象

出芽是体壁局部向外突出成芽体，成熟后脱落长成新个体；芽球由中胶层生成，由若干原细胞(即变形细胞)聚成堆，外包几丁质膜或骨针。一个海绵可形成许多芽球，成体死后芽球能耐恶劣环境，一旦环境改善，芽球内的细胞便释放出来形成新个体。海绵再生(regeneration)能力很强，如白枝海绵只要碎片超过0.4 mm，具若干领细胞的碎片就能再重新长成新个体。

海绵中有性生殖很普遍，多雌雄同体，但精卵不同时成熟，少数雌雄异体。生殖细胞由中胶层的变形细胞形成，部分领细胞也可脱去鞭毛和原生质领后发育成精子。成熟精子随水流进入其他个体，由领细胞携入中胶层与卵结合。海绵的胚胎发育相当特殊，受精卵经多次卵裂形成囊胚，随后动物极小细胞向囊胚腔内生出鞭毛，植物极大细胞中间形成一开口，接着动物极小细胞从植物极大细胞开口处翻出，小细胞上的鞭毛翻到囊胚的表面，形成中空的两囊幼虫(amphiblastula)，并从母体的出水孔释放出来。随后具鞭毛的小细胞内陷成为胃层，大细胞留在外面形成表层。然后固着长成新海绵(图3-14)。

钙质海绵纲(Calcarea)的胚胎发育就经历两囊幼虫阶段。幼体固着后由单沟型原海绵(*Olynthus*)发育成双沟型，再形成复沟型成体；寻常海绵纲(Demospongiae)则要经历实心的实胚幼虫(parenchyrmula)。海绵动物胚胎发育的特殊地方在于，小的动物极细胞陷入形成内层，大的植物极细胞包在外面形成外层，这和其他所有的多细胞动物无例外的都是大的植物极细胞在内、小的动物极细胞在外相反，将海绵动物这种胚胎发育中的特殊现象，称为逆转现象(inversion)，并把其内、外两层细胞各称为胃层和皮层。海绵动物是动物进化的一个侧枝，未再进化，故为侧生动物(Parazoa)。

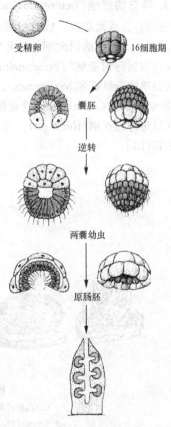

受精卵　　16细胞期
囊胚
逆转
两囊幼虫
原肠胚

图3-14　海绵动物的早期胚胎发育

(二)海绵动物门的分类

已知的海绵动物约1万种，有150余种生活在淡水中。根据骨针、水沟系等特征，分为3纲：钙质海绵纲、六放海绵纲和寻常海绵纲。

1. 钙质海绵纲

骨针钙质，水沟系简单，个体较小，多生活于浅海。分2目：

(1)同腔目(Homocoela)。单沟型，如白枝海绵(*Leucosolenia*)[图3-15(a)]。

(2)异腔目(Heterocoela)。双沟型、复沟型，如毛壶(*Grantia*)。

2. 六放海绵纲(Hexactinellida)

骨针六放，硅质，或由硅质丝联成网状。个体较大，单体，常对称，主要生活于450～900 m的深水或更深海底。分2目：

(1)六放星目(Hexasterophora)。骨针六放，如偕老同穴(*Euplectella*)[图3-15(d)]，个体

花瓶状或柱状,中央腔内有 1 对俪虾(*Spongicola*)营偏利共生。

(2)双盘目(Amphidiscophora)。骨针双盘型,两端具钩,如佛子介(*Hyalonema*)[图 3-15(e)]。

3. 寻常海绵纲(Demospongiae)

硅质骨针或海绵丝,或二者联合,骨针单轴或四射型,或两种骨针均存在,埋在海绵丝中,非六放型,95%海绵属此纲。目前分类意见不一,本书分 3 个亚纲。

(1)四射海绵亚纲(Tetractinellida)。骨针四放,无海绵丝,浅海产,如四射海绵(*Thenea*)。

(2)单轴海绵亚纲(Monaxonida)。骨针单轴,有或无海绵丝,大多数生活于浅海,少数生活于深海,如穿贝海绵(*Cliona*);淡水生活的种类全部属于本亚纲,如淡水海绵(*Spongilla*)[图 3-15(c)]。

(3)角海绵亚纲(Reratosa)。无骨针,海绵丝构成网状,群体较大,如浴海绵(*Euspongia*)[图 3-15(b)]。

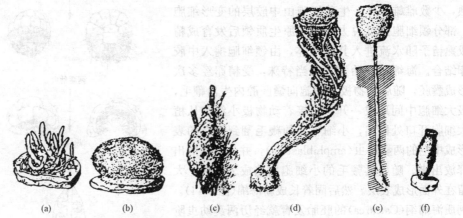

图 3-15 海绵动物种类示意图
(a)白枝海绵(附在木块上);(b)浴海绵(附在木片上);
(c)淡水海绵(附在木柱上);(d)偕老同穴;(e)佛子介;(f)樽海绵

(三)海绵动物与人类关系

海绵动物具有较强的再生能力。由于海绵动物的细胞在多细胞动物中分化程度低,常常作为发育生物学的研究材料和组织移植的实验材料。一些淡水海绵可作为水环境污染的监测生物。浴海绵的海绵丝富有弹性并具吸收液体的能力,工业和医药中用来吸收药液、血液和脓血。有的海绵的芽球可药用。附着在水道工程建筑物中的淡水海绵,能妨碍沟水畅流。海洋中生活的穿贝海绵固着于蚝蛤的贝壳上,其分泌物可腐蚀贝壳形成孔洞,还与贝类争食,对贝类养殖造成一定危害。出产海绵最著名的地方是地中海和墨西哥海湾,年产量曾达 1 500 t。

附:扁盘动物门(Placozoa)

1971 年,德国学者 Grell 将丝盘虫(*Trichoplax adhaerens* Schulze)建立为扁盘动物门。该虫的形状、大小、运动方式均与变形虫相似,但它属多细胞动物,最大个体仅 4 mm,无前后之分,也无口等器官,整个虫体覆一层具鞭毛的上皮细胞,背面细胞稍平扁,腹面细胞呈柱状,背腹上皮之内充满来源于腹面上皮的实质组织(parenchyma),内有许多变形细胞(图 3-16)。进行出芽生殖和有性生殖。胚胎发育无逆转现象。目前其分类地位未定,有的认为是吞噬动物门(Phagocytozoa),立为一个亚界;有的将其列入侧生动物,但又无逆转现象;我国学者将它置于多孔动物之后。事实上,扁盘动物比多孔动物与真后生动物的关系更为密切。

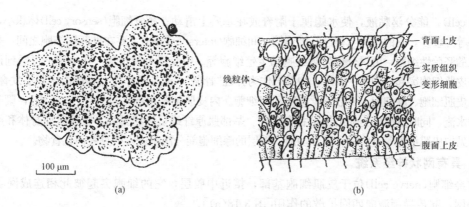

图 3-16 丝盘虫结构示意图

(a)背面观(仿 Grell);(b)横切面结构示意图

二、腔肠动物门(Coelenterata)

腔肠动物是多细胞动物中最为原始的一个类群,是真正后生动物的开始。

(一)腔肠动物门的主要特征

1. 海水或淡水中营固着或漂浮生活

2. 身体辐射对称(radial symmetry)

3. 具有二胚层,有简单的组织分化,具消化循环腔,有口无肛门

腔肠动物在动物的进化上居重要地位,首先出现了胚层分化,为二胚层动物;有简单的组织分化,其中上皮组织占优势,此外,还分化出了感觉细胞、腺细胞、消化细胞、刺细胞、间细胞、上皮肌肉细胞(epithelio-muscular cell)、神经网(nerve net)及消化循环腔(gastrovascular cavity)(图 3-17)。腔肠动物体壁由表皮层和胃层两层细胞以及两层之间发达的由内、外胚层分泌的中胶层组成。表皮层由外胚层发育而来,主要有上皮细胞,其基部有肌原纤维沿身体纵轴排列,它的收缩使身体和触手变短,故上皮细胞又称皮肌细胞。皮肌细胞之间分布有腺细胞

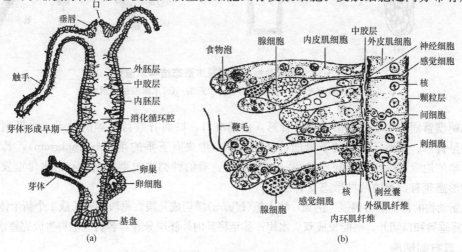

图 3-17 水螅的纵切和横切结构示意图

(a)水螅的纵切结构示意图;(b)水螅的横切结构示意图

(gland cell)，能分泌黏液，使水螅便于附着或在基质上滑动；感觉细胞(sensory cell)体积小，在口和触手等处较多，它的基部与神经纤维连接。间细胞(interstitial cell)主要在外胚层细胞之间，是一种未分化的胚胎性细胞，可以分化为刺细胞和生殖细胞等。中胶层为胶状物，在电镜下可看到许多小纤维，皮肌细胞突起也伸入中胶层。中胶层作为弹性"骨骼"，起支持作用。胃层由内胚层发育而来，包括内皮肌细胞、腺细胞、少数感觉细胞和间细胞。内皮肌细胞顶端多具鞭毛(1～5 根)，鞭毛摆动能激动水流，同时皮肌细胞伸出伪足吞食食物。基部肌原纤维呈环状排列，收缩时使身体和触手变细。可见内皮肌细胞兼有收缩和营养功能。胃层的腺细胞能分泌酶进入中央腔消化食物。

4. 具有网状神经系统

神经细胞(nerve cell)位于皮肌细胞基部，接近中胶层，它的细胞突起彼此相连成网状，构成神经网，起传导刺激向四周扩散的作用[图 3-18(a)]。

5. 生活史中出现两种基本形态

生活史中出现的两种基本形态，即水螅型(hydroid type)和水母型(medusa type)[图 3-18(b)和(c)]。无性生殖以出芽或横裂方式进行。母体一部分向外突出形成芽体，芽体长大后脱离母体发育成新个体。有的芽体不与母体脱离，形成群体(如珊瑚)。进行有性生殖的种类多为雌雄异体(水螅为雌雄同体)，由外胚层或内胚层形成临时的生殖腺，分别产生卵子和精子，体外受精，幼体发育经浮浪幼虫(planula)阶段。浮浪幼虫体内充满内胚层细胞，无消化循环腔，体表由外胚层覆盖，布满纤毛，能游泳。浮浪幼虫固着在其他物体上，长成水螅型个体。这种有性世代和无性世代交替出现的现象，称为世代交替(alternation of generation)。

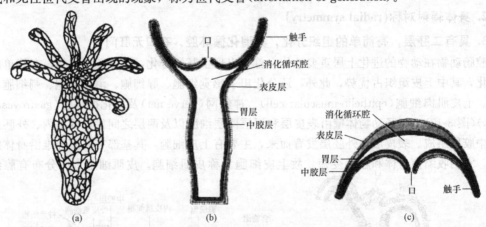

图 3-18　腔肠动物的两种基本形态结构示意图
(a)水螅的神经系统；(b)水螅型结构示意图；(c)水母型结构示意图

水螅型营固着生活，多呈筒形、管形，顶端有口，口周有数目不等的触手。水母型营漂浮生活，呈铃形、伞形，凹入的下伞面(subumbrella)中央有下垂的垂唇(manubrium)，其游离端为口，伞的边缘具缘膜(velum)、触手及感觉器等。有的种类水螅型发达，有的水母型发达，有的两种形态兼有，有的两种形态交替出现。

腔肠动物的再生能力很强。例如，将水螅(Hydra)横切成几段，每段均能长成 1 个新个体；沿身体纵轴将垂唇和口切开，则能长成双头水螅；甚至将其内外胚层分开，各自也能再生成完整水螅。

6. 具有刺细胞

刺细胞(cnidoblast)是腔肠动物所特有的，分布于体表皮肌细胞之间，以触手上为多。刺细胞内有刺丝囊(nematocyst)，囊内有毒液和一盘旋的刺丝(图 3-19)。遇到刺激，囊内刺丝翻出，注射毒液或缠卷外物，有利于防御和捕食(图 3-20)。

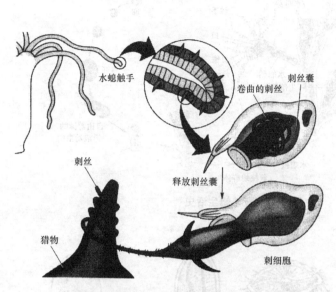

图 3-19 腔肠动物刺细胞结构示意图

图 3-20 腔肠动物刺丝囊类型示意图

(二)腔肠动物门的分类

现生的腔肠动物约 11 000 种，除少数淡水生活外，其余皆海产，且多数为浅海种类。分 3 纲：水螅纲、钵水母纲和珊瑚虫纲。

1. 水螅纲(Hydrozoa)

水螅纲动物水螅型发达，个体小，基部附着端为基盘(basal disk 或 pedal disk)，多为海产，少数淡水产；水母型个体小，有缘膜，触手基部有平衡囊(statocyst)，胃腔中无刺细胞。分 2 个亚纲 8 个目：

(1)水螅水母亚纲(Hydromedusae)。个体小，多有世代交替，单体或群体，生殖腺来自外胚层。分 5 个目：花水母目(Anthomedusae)，体呈高钟形，缘膜发达，多数有眼点，无平衡囊，生殖腺位于垂管或胃壁上，如真囊水母(*Euphysora*)、帆水母(*Velella*)；软水母目(Leptomedusae)，体呈半球形或扁形，生殖腺位于辐管上，伞缘有感觉棒或平衡囊，无眼点，有世代交替，如薮枝螅(*Obelia*)(图 3-21)、多管水母(*Aequorea*)；淡水水母目(Limnomedusae)，有世代交替，生殖腺在胃壁上，从主辐叶延伸到辐管，或仅在辐管上，如帽铃水母(*Tiaricodon*)、钩手水母(*Gonionemus*)(图 3-22)；硬水母目(Trachymedusae)，生殖腺仅在辐管上，伞缘不分叶，缘膜发达，如壮丽水母(*Aglaura*)、怪水母(*Geryonia*)；筐水母目(Narcomedusae)，伞缘分叶，胃宽大，无辐管，触手实心，如筐水母(*Aegina*)。

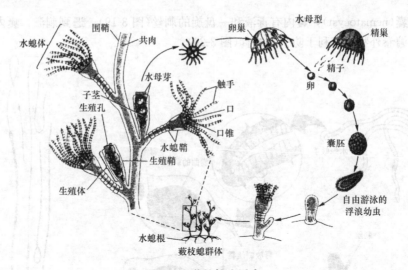

图 3-21　薮枝螅生活史

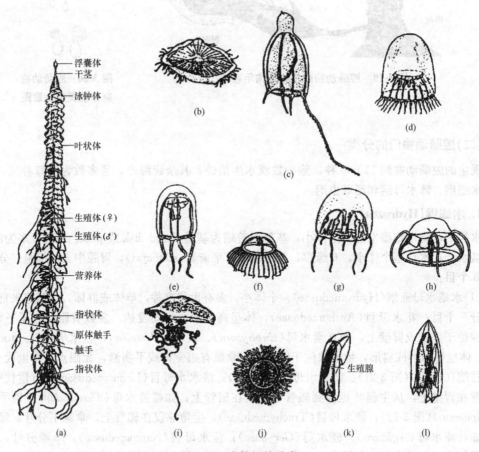

图 3-22　水螅纲的种类

(a)管水母(*Agalma elegans*)；(b)帆水母；(c)真囊水母；(d)锥状多管水母(*Aequorea conica*)；

(e)帽铃水母；(f)钩手水母；(g)枝管怪水母(*Geryonia proboscidalis*)；

(h)四手筐水母(*Aegina citrea*)；(i)僧帽水母；(j)银币水母；

(k)瓜室水母；(l)双生水母

（2）管水母亚纲(Siphonophorae)。此纲动物是独特的一类，无世代交替，但有多态现象(polymorphism)，有3目：囊泳目(Cystonectae)，群体顶部有胞囊状浮囊体，且具一小孔，无叶状体，芽区仅在浮囊体基部一侧，如僧帽水母(*Physalia*)、银币水母(*Porpita porpita*)[图 3-22(i)、(j)]；胞泳目(Physonectae)，浮囊体呈椭圆形，无顶孔，气囊内有隔片，芽区在浮囊体基部两侧，如盛装水母(*Agalma*)；钟泳目(Calycophorae)，群体顶部有泳钟体和叶状体，无浮囊体，如瓜室水母(*Chelophyes appendiculata*)、双生水母(*Diphyes chamissonis*)[图 3-22 (k)、(l)]。

2. 钵水母纲(Scyphozoa)

钵水母纲动物的生活史主要阶段是单体水母型，水螅型阶段不发达或完全消失。体形较大，无缘膜，消化循环腔构造复杂，有发达的辐射管(radial canal)(图 3-23)，具有由内胚层来源的胃丝(gastric filament)，上有刺细胞。全部海产。

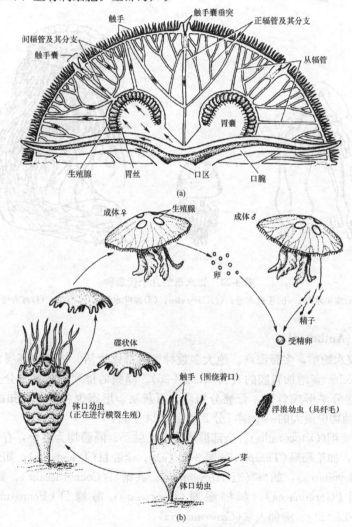

图 3-23　海月水母及其生活史

(a)海月水母口面观；(b)海月水母生活史

生殖细胞由内胚层发育而来。分5个目：十字水母目(Stauromedusae)，如喇叭水母(*Haliclystus*)[图 3-24(a)]；立方水母目(Cubomedusae)，如手曳水母(*Chiropsalmus*)[图 3-24(b)]；冠

水母目(Coronatae)，如缘叶水母(*Periphylla*)[图 3-24(d)]；旗口水母目(Semaeostomae)，如海月水母(*Aurelia*)、霞水母(*Cyanea*)[图 3-24(f)]；根口水母目(Rhizostomae)，如海蜇(*Rhopilema*)[图 3-24(e)]，体形大，富含胶质和维生素 B，脱水后为名贵食品。

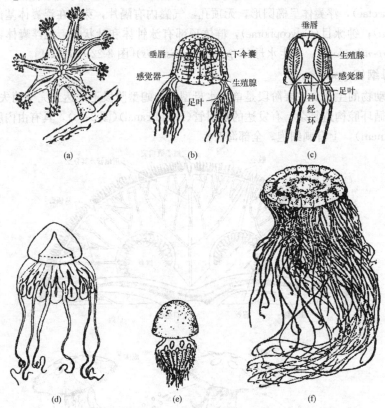

图 3-24　钵水母的几个代表种

(a)喇叭水母；(b)手曳水母；(c)*Carybdea*；(d)缘叶水母；(e)海蜇；(f)霞水母

3. 珊瑚虫纲(Anthozoa)

无水母型，仅水螅型，多暖海产。绝大多数种类为群体生活。体壁内胚层向胃腔延伸形成许多隔膜(mesenteries)，增加胃腔的表面积(图 3-25)。隔膜的排列和数量是分类的主要依据之一。外胚层细胞能分泌形成骨骼，骨骼分角质、石灰质，形态也各异。已知的珊瑚纲动物约7 000种，是腔肠动物中最大的一个纲，分 2 个亚纲 14 个目：

(1)八放珊瑚亚纲(Octocorallia)。全部群体生活，触手、隔膜均为 8 个，有 6 个目：匍匐珊瑚目(Stolonifera)，如笙珊瑚(*Tubipora*)[图 3-26 (e)]；全腔目(Telestarea)，如全腔珊瑚(*Telesto*)；软珊瑚目(Alcyonacea)，如海鸡冠(*Alcyonium*)；共鞘目(Coenothecalia)，如苍珊瑚(*Heliopora*)；柳珊瑚目(Gorgonacea)，如柳珊瑚(*Gorgonia*)；海鳃目(Pennatulacea)，如海鳃(*Pennatula*)[图 3-26(c)]、海仙人掌(*Cavernularia*)。

(2)六放珊瑚亚纲(Hexacorallia)。单体或群体，触手、隔膜均为 6 个或 6 的倍数，具骨骼的种类骨骼均分布在体外，现有 5 个目：海葵目(Actiniaria)，如绿海葵(*Sagartia*)；石珊瑚目(Scleractinia)，如石芝(*Fungia*)、鹿角珊瑚(*Acropora*)、脑珊瑚(*Meandrina*)[图 3-27 (a)]；六放珊瑚目(Zoanthidea)，如六放虫(*Zoanthid*)；角珊瑚目(Antipatharia)，如角珊瑚(*Antipathes*)；角海葵目(Cerianthria)，如角海葵(*Cerianthus*)。

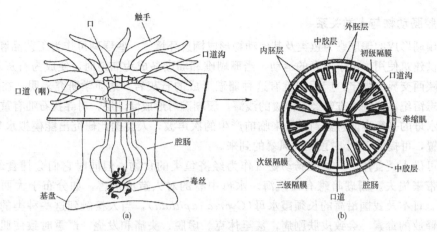

图 3-25 海葵纵横切面结构示意图

(a)海葵纵切面结构示意图；(b)海葵横切面结构示意图

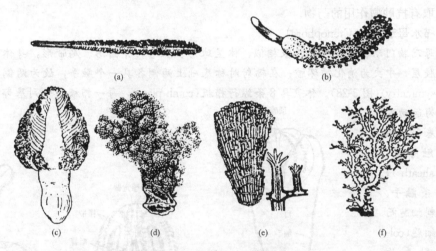

图 3-26 八放珊瑚亚纲种类

(a)海笔(*Virgularia gustaviana* Herkolts)；(b)仙手海葵(*Cavernularia haberi* Moroff)；

(c)中华海鳃；(d)海鸡头(*Nephthya sp.*)；(e)笙珊瑚；(f)日本红珊瑚(*Corallium japonicum* Kishinouye)

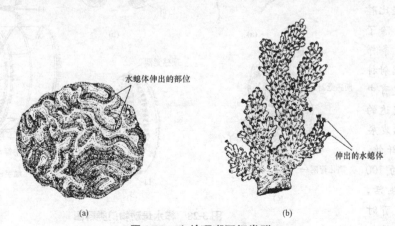

图 3-27 六放珊瑚亚纲类群

(a)脑珊瑚；(b)一种六放珊瑚(*Astraea pallida*)

(三)腔肠动物与人类关系

造礁珊瑚形成的珊瑚礁为鱼类及其他动物形成栖息环境。一些珊瑚可作为工艺品和装饰品。珊瑚石可供建筑使用。由于地壳的运动，当珊瑚礁和珊瑚岛成为陆地时，便成为石灰岩。我国的四川和陕西交界的强宁、广元间就有这种珊瑚形成的石灰岩。地质学研究表明，在距今2.2亿年前的志留纪，这些地方曾经是温暖的浅海。珊瑚礁可形成储油层，对寻找石油有重要意义。

由于水母的平衡囊能感觉到风暴来临前产生的次声波，人类据此研究出能模拟水母感受次声波的装置，可提前15小时预测到风暴的到来。

海蜇可供人类食用。一些腔肠动物可作为经济鱼类的食物，但同时它们会捕食幼鱼，给渔业生产带来损失。珊瑚暗礁有碍航海。水母中有的对人造成危害，如分布于大西洋北部、波罗的海、日本及我国沿海的长须霞水母(*Cyanea capillata*)，当人接触到这些种类的触手后，其刺细胞释放的毒素，会致皮肤剧痛，甚至休克、虚脱、头痛和发烧，严重时致使肌肉痉挛、呼吸困难、麻痹，几分钟内心跳停止而死亡。水母的毒素有心脏毒素、神经毒素和肌肉毒素，化学成分主要为蛋白质、酶和多肽，人们对其进行生物医学化合物的研究，已在多种腔肠动物体内提取有抗肿瘤作用的药物。

附：栉水母动物门(Ctenophora)

栉水母动物门动物与腔肠动物很相似，体呈球形、瓜形、卵圆形、扁带形，身体分内、外胚层及中胶层，中央为消化循环腔；在辐射对称基础上两侧各具一个触手，故为两侧辐射对称(bilateral symmetry)(图3-28)。体表具8条纵行栉板(comb plate)，每一栉板由一列基部相连的纤毛组成，为运动器官。触手基部有触手囊（或触手鞘，tentacle sheath），囊内有一条触手，触手上无刺细胞而富有黏液细胞(colloblast)，触手为捕食器官。反口面有感觉器官，司平衡作用。神经比腔肠动物进步，除了神经网外，8条栉板下各有一辐射神经索。胚胎发育中开始出现不发达的中胚层，随后发展为成体的肌纤维。全部海产，约100种，营浮游生活，雌雄同体，发育时无浮浪幼虫阶段。

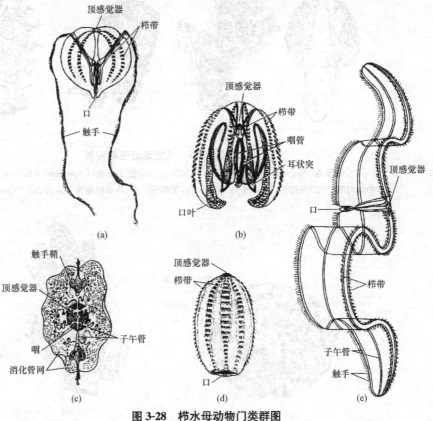

图3-28 栉水母动物门类群图

(a)侧腕栉水母(*Pleurobrachia*)；(b)*Mnemiopsis*；(c)扁栉水母(*Ctenoplana*)；

(d)瓜水母(*Beroe*)；(e)带栉水母(*Cestum*)

三、扁形动物门（Platyhelminthes）

（一）扁形动物门的主要特征

1. 背腹扁平，三胚层，具皮肤肌肉囊，无体腔，两侧对称，自由生活或寄生生活

在内外胚层基础上，扁形动物出现了中胚层（mesoderm）。中胚层的出现引起了一系列组织、器官、系统的分化。扁形动物中胚层为实质组织（parenchyma），能储藏水分和养料，机体抗干旱、耐饥饿能力大大提高。中胚层分化形成了复杂的肌肉组织，如环肌（circular muscle）、纵肌（longitudinal muscle）、斜肌（diagonal muscle），它们与外胚层形成的表皮层紧贴而成为皮肤肌肉囊（dermo-muscular sac），强化了运动机能（图 3-29）。两侧对称使动物运动定向，机体各部分结构和机能分化，出现了明显的前、后、左、右，背、腹之分，背部司保护，腹部司运动，神经和感官向前方集中，机体的机能和效率明显提高。

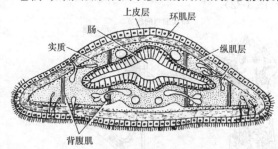

图 3-29 涡虫横切结构示意图

扁形动物自由生活的种类（涡虫纲）分布于海水、淡水或潮湿的土壤中；寄生种类（吸虫纲、绦虫纲）则寄生于人、家畜、家禽或其他动物的体内或体表。

2. 具有完善的器官系统

扁形动物具不完全消化系统（incomplete digestive system），通向外界的开孔是口，又作肛门。口后是咽，咽壁肌肉发达，能伸缩，咽与肠相连。扁形动物的肠分为 4 类：无明显肠道，咽后仅一团吞噬细胞，呈合胞体状，即无肠类；肠呈管状或囊状不分支，即单肠类；肠管分三主干，一支向前，两支向后，各主干又有侧盲突，即三肠类；无明显主干，呈多分支状肠管，即多肠类（图 3-30）。食物消化后的残渣经口排出体外。

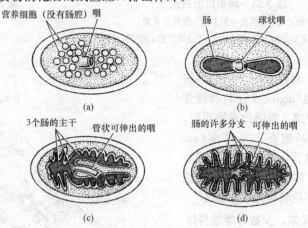

图 3-30 涡虫纲的分类

（a）无肠类；（b）单肠类；（c）三肠类；（d）多肠类

多数扁形动物具有原肾管系统（protonephridium system），即身体两侧由外胚层内陷形成的一对或数对排泄管（excretory canal），沿途一再分支形成网状，每个分支末端由帽状细胞（cap cell）和管细胞

(tubule cell)组成盲管，帽状细胞盖在管细胞上，并伸出2条或多条鞭毛悬垂于管细胞中央腔中；管细胞壁具有许多微细小孔，管细胞后端与原肾管分支相连，原肾管沿途有成对的肾孔(nephridiopores)开口于身体背方两侧。帽状细胞鞭毛摆动似火焰，故又名焰细胞(flame cell)(图3-31)。鞭毛摆动驱动组织中水分进入管细胞，并沿原肾管流向肾孔排出。实验证明，原肾管系统主要用以调节体内水分，又具排泄作用，淡水种类原肾管发达，海产种类不发达。

3. 具有梯状神经系统，出现感觉器官

扁形动物体前端有1对发达的脑神经节(cranial ganglion)，由它向后发出若干纵行神经索(neural chord)，索间有许多横神经相连，形成梯状神经系统(ladder-type nervous system)支配全身(图3-32)。

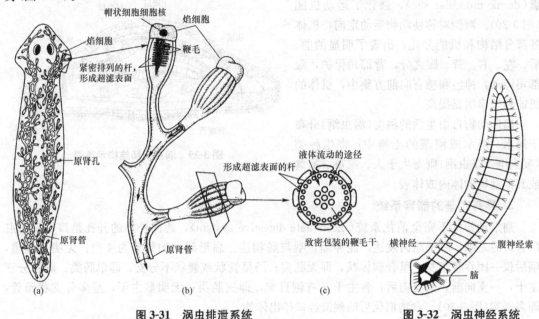

图3-31　涡虫排泄系统

(a)涡虫(淡水自由生活种类)的排泄系统；
(b)几个焰细胞(箭头示液体流动方向)；(c)焰细胞的横切(过鞭毛束)

图3-32　涡虫神经系统

体前端背侧有1对眼点(eyespot)，构造简单，由色素细胞(pigment cell)和视觉细胞(sensory cell)构成，能感知光线明暗，不能成像。体前端两侧有1对耳突(ear rising)，司昧觉和嗅觉；脑神经节附近有平衡囊(statocyst)，体表各处分布有感觉细胞，能感受触觉、化学刺激、水流等。

4. 多数为雌雄同体，少数为雌雄异体

扁形动物无性生殖很普遍，多缢缩断裂成2个，靠再生形成新个体。多数雌雄同体(图3-33)，血吸虫为雌雄异体，生殖器官构造比较复杂。

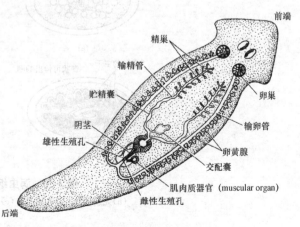

图3-33　涡虫生殖系统

(二)扁形动物门的分类

扁形动物有 25 000 余种，分 3 个纲：涡虫纲、吸虫纲和绦虫纲。

1. 涡虫纲(Turbellaria)

涡虫纲动物多自由生活，多栖息潮间带石下或海藻丛中，一些种类也侵入养殖地(蛏田)，成为蛤(*Ruditapes*)、蛏(*Sinonovacula*)等贝类的养殖敌害。其生殖器官构造复杂(图3-33)。涡虫身体两侧有许多精巢(testis)连着输精小管(vas efferens)，再汇成一对输精管(deferent duct)纵行于体侧，其末端各膨大为贮精囊(seminal vesicle)，左右贮精囊汇会为肌肉质阴茎(penis)，最后开口于生殖腔(atrium genitals)，终止于腹部中线的生殖孔(gonopore)。雌性生殖器官：卵巢(ovary)一对位于体前端两侧，后接输卵管(oviduct)，输卵管沿途接收许多卵黄腺(vitellaria)分泌物，在身体后端两侧输卵管汇合为阴道(vagina)进入生殖腔。阴道前方伸出一膨大的交接囊(copulatory bursa)，供交配时储藏对方的精子。涡虫类雌雄同体，但需异体交配，卵子在输卵管上段受精，受精后沿输卵管下行，并被卵黄腺分泌物包裹成卵荚(ovisac)，每个卵荚中有几个至几十个受精卵。不具卵黄腺的种类，产的卵较少，受精卵在生殖腔中被黏液粘裹成卵块产出。淡水种类直接发育，海产种类螺旋形卵裂(spiralcleavage)，外包法形成实心原肠胚，经牟勒氏幼虫(Muller's larva)发育为成体(图3-34)。涡虫纲分类意见尚不一致，近年有的学者主张以生殖系统为主，结合消化管结构将其分为4个目。

(1)无肠目(Acoela)。无明显肠道，口后有一堆吞噬细胞，行细胞内消化，无肾管，直接发育，如旋涡虫(*Convoluta*)。

(2)单肠目(Rhabdocoele)。肠管状或囊状不分支，如直口涡虫(*Stenostomum*)。

(3)三肠目(Tricladida)。肠管分三主干，一前二后，有侧盲突，如真涡虫(*Dugesia*)。

(4)多肠目(Polycladida)。肠主干不明显，多分支，发育经牟勒氏幼虫，如平角涡虫(*Planocera*)。

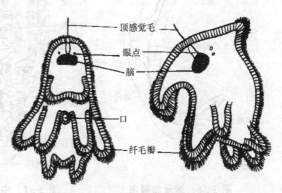

图3-34 牟勒氏幼虫

2. 吸虫纲(Trematoda)

吸虫纲动物营寄生生活，体表的纤毛、腺细胞退化，出现了吸盘(sucker)、吸钩(hooks)，消化系统趋退化，体表被有保护和兼吸收营养的皮膜(integumental membrane)。生活史复杂。分3个亚纲：

(1)单殖亚纲(Monogenea)。绝大多数体外寄生，在鱼类、两栖类、软体动物的体表、鳃等处寄生，前后端均有一黏附器(sticking organ)。如三代虫(*Gyrodactylus*)、指环虫(*Dactylogyrus*)(图3-35)。

(2)复殖亚纲(Digenea)。成虫具口吸盘

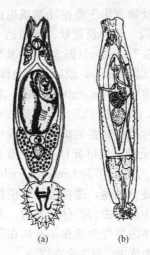

(a)   (b)

图3-35 三代虫和指环虫

(a)三代虫；(b)指环虫

(oral sucker)和腹吸盘(ventral sucker)，生活史复杂，有2～4个宿主，终宿主多为脊椎动物。本亚纲超过6 000种，是吸虫纲中最大的一类，其中许多是人、畜体内寄生虫。如日本血吸虫(*Schistosoma japonicum*)、埃及血吸虫(*S. haematobium*)(图3-36)和曼氏血吸虫(*S. mansoni*)。在我国流行的只有日本血吸虫、布氏姜片吸虫(*Fasciolopsis buski*)、肝片吸虫(*Fasciola hepatica*)、中华枝睾吸虫(*Clonorchis sinensis*)(图3-37)。

（3）盾殖亚纲(Aspidogastraea)。体腹部为一巨大腹吸盘，吸盘上纵横肌将吸盘分为许多小室，种类少，主要寄生在鱼类、软体动物和海龟等体表或消化、排泄系统中，与宿主关系不密切，如盾腹虫(*Aspidogaster*)(图3-38)。

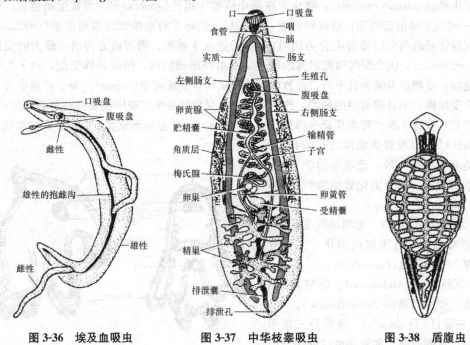

图3-36　埃及血吸虫　　　　图3-37　中华枝睾吸虫　　　　图3-38　盾腹虫

3. 绦虫纲(Cestoida)

绦虫纲动物寄生于脊椎动物肠道内，无自由生活阶段。体为长带状，可长达12 m，前端为球状头节(scolex)(图3-39)，其后一段为不分节的颈区(neck)，颈后为节裂体(strobial)，由许多节片(proglottid)组成。节片数目依种而异，少的仅4节，多的达4 000多节。每个节片都有完整的雄性和雌性生殖系统，能自体受精，也可异体受精(图3-40)。受精后发育为妊娠节片(gravid proglottid)，由身体后端逐节脱落，随宿主的粪便排出体外。幼虫在中间宿主(猪)体内发育，再移到终宿主(人)体内发育为成虫；有的在同一宿主体内发育为成虫。分2个亚纲：

（1）单节绦虫亚纲(Cestodaria)。形如蠕

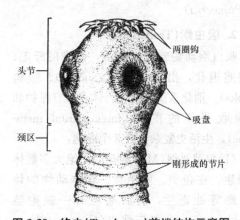

图3-39　绦虫(*Taenia sp.*)前端结构示意图

虫不分节,发育经十钩蚴(decacanth),如旋缘绦虫(*Gyrocotyle*)。

(2)多节绦虫亚纲(Eucestoda)。成体具节片,发育经六钩蚴(hexacanthembryo),如牛绦虫(*Raeniasaeinata*)、猪绦虫(*T. solium*)(图3-40)等。

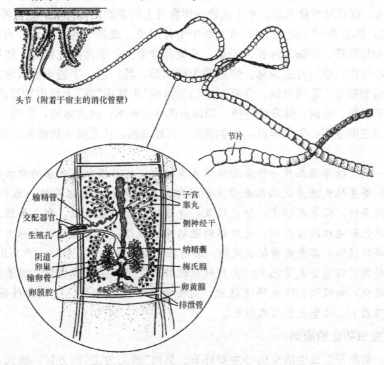

头节(附着于宿主的消化管壁)

节片

输精管
交配器官
生殖孔
阴道
卵巢
输卵管
卵膜腔

子宫
睾丸
侧神经干
纳精囊
梅氏腺
卵黄腺
排泄管

图 3-40 猪绦虫结构示意图

(三)扁形动物与人类关系

很多吸虫和绦虫引起人、家畜和家禽的寄生虫病,不仅危害健康,还造成重大经济损失。主要的寄生虫有:

(1)日本血吸虫。终寄主是人、畜和多种野生哺乳动物,中间寄主为钉螺。成虫寄生在人肝门静脉和肠系膜静脉内,卵发育成内含毛蚴的胚胎卵后,卵内毛蚴分泌酶,溶解周围组织,穿过肠壁进入消化道,随粪便排出。卵入水后孵化成毛蚴,毛蚴钻入中间寄主钉螺体内进行无性繁殖,产生母胞蚴和子胞蚴,子胞蚴成熟后释放出尾蚴,尾蚴接触到人和牲畜皮肤时,利用吸盘及头腺分泌物钻入体内,脱去尾部变成童虫,侵入静脉系统和淋巴系统,在体内移行,到达肠系膜静脉后继续发育。寄生于人体引起肝脾肿大、肝腹水;成人丧失劳动力;妇女不孕;儿童患侏儒症;重症病人死亡。此病在我国流行,在云南近20个县、市(如大理、丽江、楚雄等)曾为发病区。控制和预防措施:全面普查、治疗病人,消灭虫源;消灭钉螺;做好粪便、水源管理;加强防卫意识,防止感染。

(2)布氏姜片虫。终寄主是人,寄生于小肠黏膜;第一中间寄主为扁卷螺,第二中间寄主是茭白、荸荠。生活史:毛蚴──→(扁卷螺)──→胞蚴──→雷蚴──→尾蚴(水中)──→囊蚴(茭白、荸荠等)──→经口感染。

(3)中华枝睾吸虫。成虫寄生在人、猪、猫、犬、鼠等的肝及胆管内。第一中间寄主是豆螺,第二中间寄主是虾、鱼。这类吸虫受精卵内含毛蚴(miracidium),入水后发育为胞蚴(sporocyst),胞蚴体内有许多胚球(germ cell),各发育成雷蚴(redia),雷蚴体内的胚球发育为尾蚴(cercaria),再发育为囊蚴(metacercaria)，最后发育为成虫，致人患肝腹水、侏儒症。一般在尾蚴阶段侵入人、畜体内。中间宿主多为钉螺(*Oncomelania*)、扁卷螺(*Hippeutis*)、锥实螺(*Lymnaea*)等。

(4)肝片吸虫。成虫寄生在牛、羊等草食动物和人的肝、胆管内；中间宿主为锥实螺(*Lymnaea*)。人、畜通过吞食水草、水生植物而误食其上的囊蚴而被感染。呈世界性分布。

(5)猪绦虫。体长2~4 m，由700~1 000个节片组成。成熟节片近方形，内有雌雄生殖器官、神经系统和排泄管；妊娠节片长大于宽，其他器官消失，子宫内充满卵。猪绦虫的终寄主是人，寄生于小肠内；中间寄主为猪。囊尾蚴为卵圆形，乳白色，半透明的囊泡，头节凹陷在泡内，可见小钩和吸盘，是感染期。含囊尾蚴的猪肉叫"米猪肉"或"米粉肉""豆肉"，误食致感染。引起消化道疾病、癫痫，阵发性昏迷，局部肌肉酸痛麻木；视力障碍，失明。

寄生虫对寄主的危害：争夺养料，化学刺激，机械刺激，传播微生物激发病变。

附：寄生

寄生是指一种生物寄居在另一种生物的体表或体内，从而摄取被寄居的生物体的营养以维持生命的现象。寄生性生活方式必然会带来动物体形态结构和生理机能的一系列相应的变化。寄生生活的环境条件：简单而稳定；适应结果：身体的结构部分退化，部分加强。取食方便而直接，寄生虫消化和运动器官退化；对外界刺激的感应减弱，其神经系统和感觉器官退化；为抵御寄主体内酶的侵蚀，其表皮特化成皮膜；固着在寄主体内的寄生部位，产生固着器官吸盘、钩等；寄主在转换过程中会大量死亡，其生殖系统特别发达，生殖能力强。随着寄生程度的发展，退化愈趋退化，如吸虫、绦虫肠道退化；随着寄生程度的发展，强化愈趋强化，如绦虫：孕节内全为生殖器官，体壁皮膜形成微毛。

(四)对寄生虫防止的原则

总体原则：切断寄生虫生活史的各主要环节。贯彻"预防为主"的方针，加大卫生宣传教育的工作力度，全面采取综合性防止措施。

(1)减少传染源。使用药物治疗患者和带虫者，治疗或处理保虫寄主。

(2)切断传播途径，杀灭和控制中间寄主及病媒，加强对粪便及饮水的管理，改变生产方式和生活习惯。

(3)防止被传染，进行积极的个人防护(如服药预防、涂防护剂等)，注意个人卫生和饮食卫生，如保护水源，饭前便后洗手，不喝生水、不食生的瓜果蔬菜和生肉及未煮熟的肉等。

附：纽形动物门

纽形动物(Nemertinea)身体结构与涡虫相似，均为三胚层，两侧对称，无体腔，排泄器官为原肾系统(图3-41)。但它的消化系统除了口之外还有第二个开孔——肛门，在肠的背面有一能外翻的吻(proboscis)，吻外有吻鞘(proboscis sheath)，其上肌肉发达，使吻能伸缩，但吻不与肠道相通；具有无心脏的闭管式血管系统(closed vascular system)，少数种类血细胞有血色素，多数种类血液无色。肌肉系统比扁形动物发达，在表皮和肌肉之间有真皮层(dermis)，为结缔组织。多数种类雌雄异体，生殖腺沿身体两侧成对与体侧的侧囊间隔排列，形成假分节现象(pseudometamerism)。发育经帽状幼虫(pilidium larva)。

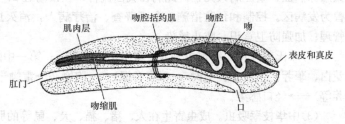

图3-41 纽形动物结构模式图

第三节　假体腔动物

一、假体腔动物的主要特征

假体腔动物(Pseudocoelomata)又名原腔动物(Protocoelomata)，是构造复杂、数量庞大的一个类群。它们共同的特点是：具有假体腔(pseudo coelom)，胚胎发育中的囊胚腔(blastocoel)遗留到成体，成为成体的体腔。它的体壁具中胚层起源的肌肉层，而肠壁无中胚层，也无肠系膜(mesenterium)，原体腔中充满体腔液(coelom fluid)，或含有胶质和间质细胞(mesenchymal cell)，无体腔膜，由体腔液将体壁和肠道分开。体腔液不仅可输送营养物质，还起到静力骨骼的作用，使虫体保持一定的形态。

假体腔动物多呈蠕虫形，两侧对称，体不分节，体表被有非细胞结构的角质膜，有的种类膜上有棘、刚毛、鳞片或纤毛；角质膜下为一合胞体的表皮层。具皮肤肌肉囊(图3-42)。消化系统完全，无特殊的消化腺。寄生种类消化系统退化。无任何形式的循环系统和呼吸器官。排泄器官仍属原肾系统，有的种类仍保留原肾管和焰细胞，有的种类原肾细胞特化为管状，属细胞内管。神经系统比扁形动物集中，有咽部神经环，向前向后各发出6条神经，向后6条神经之间有横神经连合(图3-43)。感觉器官不发达，主要是唇部乳突和生殖腔周围的生殖乳突(genital papillae)。多数雌雄异体、异形，生殖器官为单管型或双管型(图3-44)，生活史简单，有的经多种幼虫阶段和转移宿主。

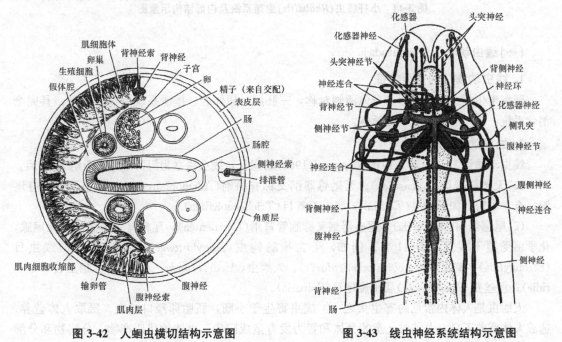

图 3-42　人蛔虫横切结构示意图　　　**图 3-43　线虫神经系统结构示意图**

二、假体腔动物的分类

假体腔动物有18 000余种，划分为7个门：线虫动物门、线形动物门、棘头动物门、腹毛动物门、轮虫动物门、动吻动物门和内肛动物门。

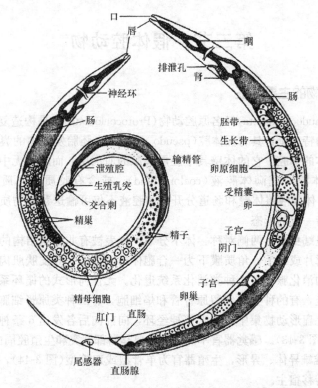

图 3-44　小杆线虫(*Rhabditis*)生殖系统及内部结构示意图

(一)线虫动物门(Nematoda)

1. 线虫动物门的主要特征

营寄生生活或自由生活。身体两侧对称，三胚层，假体腔。排泄系统为原肾管型。具完全消化系统，有口有肛门。雌雄异体。

2. 线虫动物门的分类

线虫动物约 15 000 种，根据 Maggenti(1981)的意见，线虫独立为门，下分 2 个纲 20 个目。

(1)无尾感器纲(Aphasnida)。无尾感器纲又称有腺纲(Ademophorea)，无尾感器，但有尾腺，有 9 个目，如人鞭虫(*Trichuris*)属于毛首目(Trichocephalida)。

(2)尾感器纲(Phasmida)。尾感器纲又称胞管肾纲(Ecernentea)，尾端具一尾感器，无尾腺，化学感受器不发达。有 11 目。例如，十二指肠钩虫(*Ancylostoma duodenale*)属圆线虫目(Strongylida)；蛲虫(*Enterobius vermicularis*)、人蛔虫(*Ascaris lumbricoides*)属于蛔虫目(Ascaridia)；血丝虫(*Wuchereria*)属于旋尾目(Spiruria)。

人蛔虫是人体内常见的寄生虫之一。成虫寄生于小肠，胚胎卵经口感染。摄取人体营养，造成人体营养不良，尤其对儿童的身体和智力发育造成阻碍。虫体的代谢产物、分泌物和分解产物产生的毒素作用：刺激神经系统引起失眠、磨牙、抽筋、头痛、神经痛等；刺激肠道影响肠道的正常蠕动，引起肠痉挛、肠套叠，产生腹痛、恶心、呕吐等。大量的蛔虫寄生可阻塞肠道，引起机械性肠梗阻，产生腹绞痛。幼虫在人体内移行，可造成一系列机械损伤，引起炎症和全身性过敏反应，出现咳嗽、发热、荨麻症等，严重时可引起暴发性哮喘、肺炎。蛔虫受药物刺激时可窜入肝脏、胆囊、脑等处，引起急性炎症和绞痛。

十二指肠钩虫具有大而发达的口和口囊，口囊内有2对钩齿和1对板齿。成虫寄生于宿主小肠，叮咬吸附于肠黏膜，分泌抗凝血素，使伤口流血不止；更换咬啮部位的习性导致宿主大量失血，致贫血、营养不良、肠溃疡及腹泻等消化道反应。宿主经土壤中卵孵化发育成的丝状蚴钻入皮肤感染。呈世界性分布。

蛲虫，在儿童中感染普遍，引发蛲虫病。宿主因误食虫卵而感染。成虫寄生于人的盲肠、阑尾、结肠、直肠及回肠下段。雌虫夜间移行至肛门附近产卵，儿童因搔抓被虫卵污染手指，经口食入致自身感染。产卵引起肛门及会阴皮肤瘙痒及继发性炎症，致烦躁不安、失眠、食欲减退等，影响儿童健康成长。呈世界性分布。

血丝虫是由昆虫传播的一种寄生线虫。成虫寄生于人体淋巴系统、皮下组织、腹腔心包膜等处，常见于下肢浅部淋巴系统。致淋巴液回流受阻，出现下肢象皮肿。雌虫卵胎生，产出的微丝蚴经中间宿主如按蚊或库蚊吸入体内，经发育，当其吸血时将感染期幼虫经皮肤进入终宿主体内，再发育为成虫。常见人体丝虫有马来丝虫和班氏丝虫。分布于热带、亚热带。

旋毛虫（*Trichinella spiralis*）寄生于人和多种哺乳动物。成虫和幼虫均寄生于同一宿主体内，不需在外界发育，但必须更换宿主才能完成生活史。成虫寄生于宿主十二指肠，雌雄交配后胎生幼虫，幼虫经血液、淋巴分布至全身，最后在横纹肌中才能发育。幼虫卷曲在肌纤维中，形成包囊。因误食含有旋毛虫幼虫的包囊的肌肉而被感染。潜伏期能引起恶心、呕吐、腹泻并出汗。幼虫迁移时会致宿主全身肌肉疼痛、淋巴结肿大。幼虫结囊时，引起水肿、脱水、血压下降。呈世界性分布，以欧洲、北美洲发病率较高。

毛首鞭形线虫（*Trichiura triciti*）是人体常见的寄生线虫之一。成虫寄生于盲肠，引起鞭虫病。宿主因误食虫卵而被感染。成虫可引起机械性损伤，如肠黏膜组织充血、水肿、出血等。

寄生于植物的线虫有小麦线虫（*Anguina tritici*）。寄生于小麦麦穗上，使麦粒形成虫瘿，一个虫瘿中有数千条幼虫，一旦误播入农田，将导致小麦不能抽穗或死亡，严重影响小麦产量。

(二)线形动物门(Nematomorpha)

体线形，与线虫门的圆虫相似，但体腔周围有实质组织，成虫排泄器官、消化器官退化。铁线虫目（Gordiodea）（图3-45）生活于淡水、土壤中；游线虫目（Nectonematoidea）营远洋浮游生活。

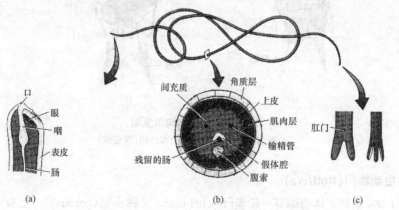

图3-45 拟铁线虫(*Paragordius*)结构示意图
(a)前端纵切示意图；(b)横切示意图；(c)雄性(左)、雌性(右)后端外形示意图

(三)棘头动物门(Acanthocephala)

棘头动物体前端具吻,吻上有刺钩(图3-46),成虫和幼虫均体内寄生。分原棘头虫目(Archiacanthocephala)、古棘头虫目(Palaeacanthocephala)、始棘头虫目(Eocanthocephala)3个目。

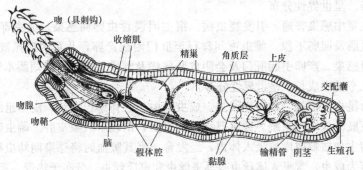

图3-46 棘头动物结构示意图

(四)腹毛动物门(Gastrotricha)

腹毛动物水生、小型,体圆筒形,不分节,体表具刚毛或鳞片,腹部刚毛强壮,故此而得名。它是在扁形动物和原腔动物之间起桥梁作用的类群。分2个目:大鼬目(Macrodasyida),体带状,咸水生活;鼬虫目(Chaetonotida)(图3-47),体瓶状,多淡水产。

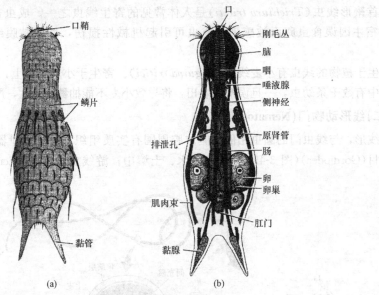

(a)   (b)

图3-47 鼬虫结构示意图
(a)鼬虫背面观;(b)鼬虫内部结构(腹面观)

(五)轮虫动物门(Rotifera)

轮虫有1 800余种,体前端有一轮盘[trochal disc,又称头冠(corona)],上有1~2圈纤毛,躯干和尾部表面有环纹,尾部细,末端具分叉的趾(toe),为附着器,内有足腺(pedal gland),能分泌黏液(图3-48)。分2个纲:双巢纲(Digononta),雌体两个卵巢,如旋轮虫(Philodina);单巢纲(Monogonta),雌体卵巢仅1个,如臂尾轮虫(Brachionus)、龟甲轮虫(Keratella)、晶囊轮虫(*Asplanchna*)等。

轮虫是许多鱼类、虾类幼体的重要饲料，但养鳗池中大量出现时，会导致水质恶化；软体动物面盘幼虫期，因轮虫大量出现，可导致鱼苗死亡。

轮虫的生殖有两种方式：一是春夏季的孤雌生殖(parhenogenesis)，此时产的卵为夏卵或非需精卵(amictic egg)，不必受精直接发育成全雌后代，即不混交雌体(amictic female)；二是夏末秋初的有性生殖，此时雌虫称混交雌体(mictic female)，能同时产出两种大小不同的卵子，具单倍染色体，即需精卵(mictic egg)。受精的大卵发育为雌体，不受精的小卵发育为雄体，雌雄虫交配后雄虫即死亡，雌虫继续生活，体内受精卵具大量卵黄并被厚壳，产卵后雌虫也死亡，而卵能耐冬季低温，称冬卵或休眠卵(resting egg)，到翌春温度回升，冬卵发育为雌虫。

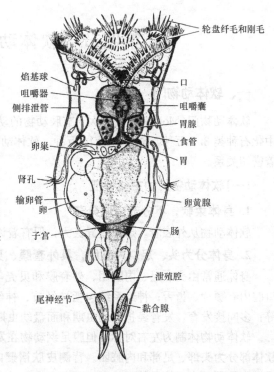

图 3-48　水轮虫(*Epiphanes senta*)结构示意图

（六）动吻动物门（Kinorhyncha）

体表分节带，无纤毛(图3-49)，我国在东海大陆架及沿海发现有10余种，均为有棘目(Cyclorhagida)，如烟台、大连、青岛沿海产的棘皮虫(*Echinoderes tchefouensis*)。

（七）内肛动物门（Entoprocta）

体分萼部(calyx)、柄部(stalk)和基部的附着盘(attachment disk)，萼部前方有触手冠(tentacularcrown)，肛门开口于触手冠之内(图3-50)，故名。我国记录的有3科4属9种，如巴伦支海虫。

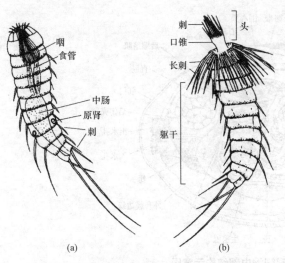

(a)　　　　　　　　(b)

图 3-49　动吻虫(*Echinoderella*)结构示意图

(a)头缩回；(b)头伸出

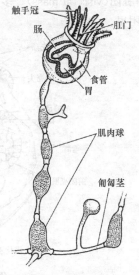

图 3-50　内肛动物

(Anthropodaria)结构示意图

第四节　软体动物和环节动物

一、软体动物门

软体动物门(Mollusca)是仅次于节肢动物的动物界第二大门。已知的种类达 13 万多种，其中化石种类 3.5 万种，现存的近 10 万种。软体动物的形态和生活方式多种多样，与人类生活有着密切关系。

(一)软体动物门的主要特征

1. 身体柔软，不分节或假分节

软体动物从外表看，形态差异甚大，但有着许多共同的结构，如身体柔软不分节或假分节。

2. 身体分为头、足、内脏团，具外套膜、贝壳，两侧对称

身体通常由头、足、内脏团、外套膜和贝壳等几部分构成；除瓣鳃纲(Lamellibranchia)外，口腔内有颚片、齿舌；神经系统包括神经节、神经索和围绕食管的神经环；体腔退化为围心腔等；多间接发育，发育经担轮幼虫期和面盘幼虫期。

软体动物体制为左右对称，但腹足纲动物在发育过程中发生扭转而变得不对称。身体柔软，软体部分为头部、足部和内脏团。背侧皮肤褶襞向下延伸成为外套膜，由外套膜分泌形成石灰质贝壳，覆盖在身体最外面。

(1)头部。位于身体前端，具摄食和感觉器官。行动快速的种类头部发达，如乌贼；行动迟缓的种类头部退化，如石鳖、角贝等；有的种类头部完全消失，如河蚌等。

(2)足部。位于身体腹面的肌肉质运动器官，在本纲形态变化甚大：适于基质上匍匐爬行的，如鲍、石鳖等足底平蹠；适于底质上潜掘栖居者，如瓣鳃纲的足为斧状，掘足纲为柱状；游泳生活者，如头足类足包围在口的四周呈腕状；一些附着生活者，如贻贝足不发达，足部具足丝腺，能分泌足丝；营固着生活者，如牡蛎成体足完全退化。

(3)内脏团(visceral mass)。多位于足的背面(图 3-51)，软体动物的消化、生殖等内脏器官都在内脏团里。

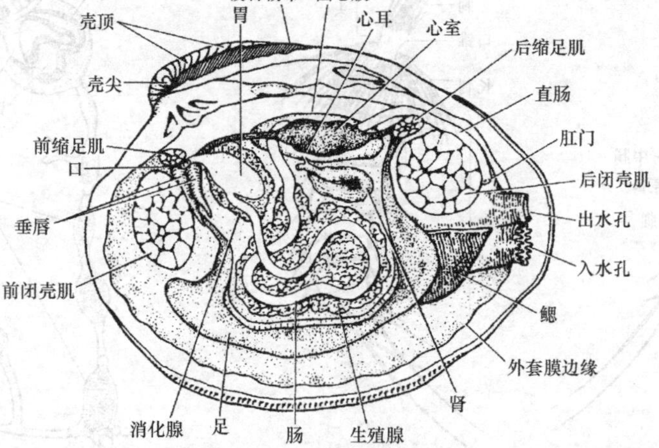

图 3-51　瓣鳃纲内部结构示意图

(4)外套膜(mantle)。身体背侧皮肤延伸形成包被内脏团、鳃等器官的薄膜，通常分3层，外层和内层为表皮细胞层，中间层为肥厚的结缔组织。外套膜的外侧表皮层能分泌珍珠质形成贝壳，珍珠就是由外套膜分泌的珍珠质形成的(图3-52)。水生种类外套膜表面或边缘密生纤毛，借其摆动而激起水流，从而进行呼吸、滤食、排泄等活动；陆生种类外套膜富有血管，能进行气体交换。外套膜所包裹的空腔称为外套腔(mantle cavity)，内有鳃、足等器官，还有消化、排泄、生殖器官的开口。头足类的外套膜厚实，富含肌肉，其收缩时能挤压外套腔中的水从漏斗射出，借水流反作用力而前进。

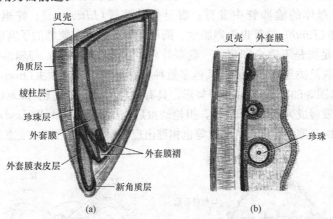

图3-52　贝壳、外套膜结构与珍珠的形成
(a)瓣鳃纲贝壳、外套膜结构示意图；(b)珍珠的形成

(5)贝壳(shell)。软体动物除极少数种类外，绝大多数都有贝壳，其通常位于身体的最外面，具保护作用。但不同种类，贝壳的数目、形态变化很大，如无板类无壳，腹足类、单板类、掘足类具1片贝壳，瓣鳃类有2片贝壳，头足类贝壳退化为内壳或在成体贝壳完全消失，多板类有8片贝壳。贝壳的形态及其上的纹、刺、肋、齿等是分类的依据之一。贝壳通常分3层，外层称壳皮，为角质层(periostracum)，由贝壳素(conchiolin)构成，起保护贝壳的作用；中间一层为棱柱层(prismatic layer)，较厚、质地疏松、占贝壳的大部分，故又称壳层(ostracum)；内层为珍珠层(pearl layer)，由薄片状霰石(aragonite)结晶组成，又称壳底(hypostracum)，其表面光滑，具珍珠色彩(图3-52)。整个贝壳主要由碳酸钙组成，占90%~98%；贝壳素约占5%；还含有少量其他微量元素。随着个体的生长，外套膜不断分泌，使贝壳不断地加大加厚。外套膜分泌旺盛时，贝壳生长也快，反之生长减慢，于是在贝壳表面形成了疏、密的生长纹，可作为生长情况和年龄测定的依据。

3. 具真体腔，缩小退化

软体动物是真体腔动物，真体腔又称次生体腔(secondary coelom)。但其真体腔退缩局限于围心腔、生殖腔和排泄器官的内腔。初生体腔与次生体腔同时出现，存在于身体各器官组织之间。这些组织间隙充满的不是体腔液而是血液，故名血窦(blood sinus)或血腔(haemocoel)，血液由心室流出经动脉进入血窦，再由静脉引出，血窦无血管壁包围，因此软体动物的血液不全在血管中流动，而是经过血窦，为开管式循环系统。

4. 出现专门的呼吸器官：鳃和肺

鳃由外套腔中的上皮伸展形成，结构多变，肺亦由外套膜演化而成。

5. 大多数雌雄异体，发育经历担轮幼虫和面盘幼虫阶段

软体动物多数雌雄异体，少数雌雄同体，但异体受精。腹足类和头足类还有雌雄异形现象。

生殖系统包括一对生殖腺、生殖管和生殖孔，但在腹足类中有一些种类没有生殖管，生殖细胞由肾管排到外套腔。

生殖方式有卵生（oviparous）和卵胎生（ovoviviparous）等。卵生方式是成熟精卵直接排到体外，受精、胚胎和幼体发育均在体外水中进行。但也有一些种类，雄体排出的精子被雌体吸入，在雌体的鳃腔或输卵管中受精，在鳃腔中发育，鳃腔成了"育儿室"（brood room），发育为独立生活的幼虫才离开母体，这种生殖方式叫卵胎生。头足类和部分腹足类需经过交尾（coition），雄体有交接突起，交尾时将精子送入雌体，卵受精多在外套腔中进行。但甲石鳖（Lorica）中的个别种类的受精卵在雌体的输卵管中发育；腹足类的滨螺（Littorina）、蛇螺（Vermetus）、黑螺（Melania）、海蜗牛（Janthina）等也为卵胎生。圆田螺的胚螺是在雌螺的子宫中发育成长的。

软体动物除头足类是不完全卵裂——盘裂外，多数是完全卵裂，与扁形动物、环节动物相似。头足类和某些腹足类是直接发育，其他多数种类发育经历担轮幼虫（trochophore）和面盘幼虫（veliger larva）阶段（图 3-53）。担轮幼虫呈梨形，具有典型的口前纤毛轮（prototroch），到面盘幼虫阶段，口前纤毛轮发展成为面盘（veliger），担轮幼虫后期出现壳腺（shell gland），该腺分泌贝壳并逐渐包被全身，同时足部、头部、外套膜等也相继出现。面盘幼虫后期经变态发育成幼体。

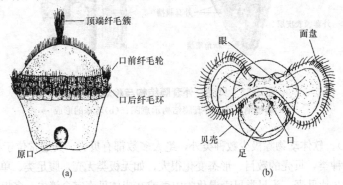

图 3-53　软体动物（Patella sp.）的担轮幼虫和面盘幼虫结构示意图
(a)担轮幼虫；(b)面盘幼虫

（二）软体动物门的分类

软体动物门分为 7 个纲：无板纲、多板纲、单板纲、瓣鳃纲、掘足纲、腹足纲和头足纲。

1. 无板纲（Aplacophora）

无板纲也称为沟腹纲（Solenogasters），为软体动物中的原始类型。体似蠕虫，无贝壳，腹面中央通常具一腹沟，外套膜发达，表面具角质层及各种石灰质骨刺（图 3-54）。神经系统由围绕食管的神经环和由其向后延伸的 2 对神经索组成。种类不多，约 250 种，全部海产，分布于低潮线以下至数百米深海。如我国南海产的龙女簪（Proneomenia）。

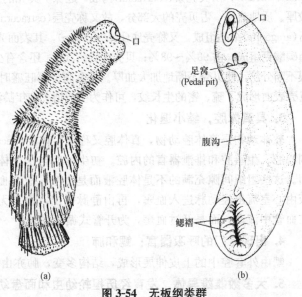

图 3-54　无板纲类群
(a)Falcidens sp.；(b)隆线新月贝

2. 多板纲(Polyplacophora)

多板纲也为原始类型。身体背面具 8 个覆瓦状排列的板状贝壳。体呈椭圆形，左右对称，口和肛门分别位于身体的前后端。多板类的贝壳不能覆盖整个身体，在贝壳和外套膜边缘之间裸露的部分称"环带"(cycle band)。环带表面具角质层或石灰质的鳞片、骨针、角质毛等(图 3-55)。足在身体腹面，肥大；鳃位于足周围的外套沟中，数目多。神经系统与无板纲相似。海产，约 600余种，另有 350 种左右为化石种。如鳞侧石鳖(*Lepidopleurus*)、毛肤石鳖(*Acanthochiton*)、鬃毛石鳖(*Mopalia*)等。

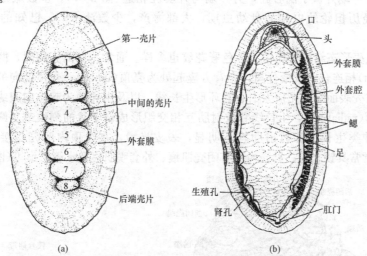

第一壳片
1
2
3
中间的壳片
4
5
外套膜
6
7
8
后端壳片

口
头
外套膜
外套腔
鳃
足
生殖孔
肾孔
肛门

(a)　　　　　　　　　　(b)

图 3-55　半隐石鳖(*Katharina tunicata*)外形结构示意图
(a)背面观；(b)腹面观

3. 单板纲(Monoplacophora)

长期以来人们一直认为单板纲已经灭绝了，只在寒武纪、泥盆纪地层中发现过化石种。直到 1952 年丹麦"海神号"(Galathea Expedition)调查船在太平洋哥斯达黎加(Gosta Rica)西部沿海3 570 m深处采到了 10 个现生的标本，名为新蝶贝(*Neopilina*)(图 3-56)。之后又在太平洋和南大西洋 2 000～7 000 m的深海底发现了 7 种。

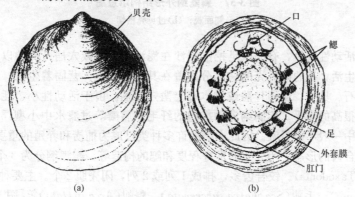

贝壳

口
鳃
足
外套膜
肛门

(a)　　　　　　　　　　(b)

图 3-56　新蝶贝外形示意图
(a)背面观；(b)腹面观

单板纲也属原始种类，其神经、消化系统，鳃的位置和结构等与多板纲相似。但只有一个贝壳，呈帽状，某些器官有较明显的分节现象，与多板纲、腹足纲等不相同，故单独列出一纲。目前对其了解不多。

4. 瓣鳃纲（Lamellibranchia）

身体侧扁、左右对称，体表具 2 片贝壳，故又名"双壳纲"（Bivalvia）；头部退化以至消失，又名"无头类"（Acephala）；足部发达呈斧状，又称"斧足类"（Pelecypoda）。鳃呈瓣状，1～2 对；神经系统较简单，有脑、脏、足 3 对神经节及相连的神经索；心脏具 1 心室 2 心耳，位于围心腔中；肾 1 对，一端开口于围心腔，另一端与外套腔相通（图 3-51）。多数雌雄异体，少数雌雄同体。发育经历担轮幼虫和面盘幼虫期，大部海产，少数淡水产，已知的种类达 3 万种左右。

瓣鳃纲的贝壳形态结构变化很大，色彩花纹也多样。通常左右两壳相对，两壳在背部互相以韧带（ligament）相连合，腹缘分离，壳背方隆起处为壳顶（umbo），壳顶朝向的一方为前，相反一方为后。贝壳表面有以壳顶为中心的环形生长线，以及由壳顶为起点向腹缘伸出的放射状刻纹，称放射肋（radial rib），生长线和放射肋互相交织形成格子状的刻纹或呈鳞片状、棘状等的突起；有的种类生长线和放射肋均不明显，表皮光滑。在壳顶内两壳相接部分为铰合部（hinge），其上常常具铰合齿；贝壳内面有闭壳肌痕、外套膜肌痕及水管肌痕等（图 3-57）。

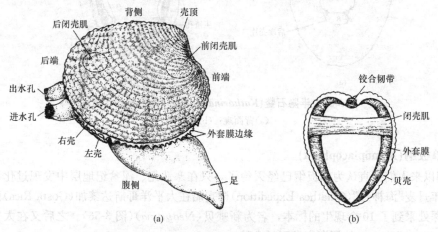

图 3-57　瓣鳃纲外形结构示意图
（a）侧面观；（b）过贝壳横切

瓣鳃纲通常活动性较小，有的以足挖凿泥沙在泥沙中埋栖或穴居；有的以足丝黏附于其他物体上，营附着生活；有的以贝壳的一部分固着在其他物体上，营固着生活，终生不改变生活地点；有的在岩石、贝壳、珊瑚骨骼或竹木等上凿穴而栖。由于活动性小、耗氧量低，种群密度常常可以达到很高的水平。瓣鳃纲动物靠鳃的纤毛和唇瓣等过滤水中小型浮游生物、有机碎屑等为食，养殖中一般不必投喂。因此本纲的许多种类已成为捕捞和养殖的重要对象。

根据贝壳铰合齿的形态、闭壳肌的发育程度和鳃的构造等，瓣鳃纲分为 3 个目：

（1）列齿目（Taxodonta）。铰合齿多，排成 1 列或 2 列，闭壳肌 2 个。主要种类有蚶科的泥蚶（*Tegillarca granosa*）、毛蚶（*Scapharca subcrenata*）、魁蚶（*Arca inflata*）等[图 3-58（a）～（c）]。

（2）异柱目（Anisomyaria）。铰合齿退化或没有，前闭壳肌小或完全没有。常见种类有紫贻贝（*Mytilus edulis*）、马氏珠母贝（*Pinctada martensii*）[图 3-58（e）]、栉孔扇贝（*Chlamys farreri*）[图 3-58（g）]、长牡蛎（*Crassostrea gigas*）等。

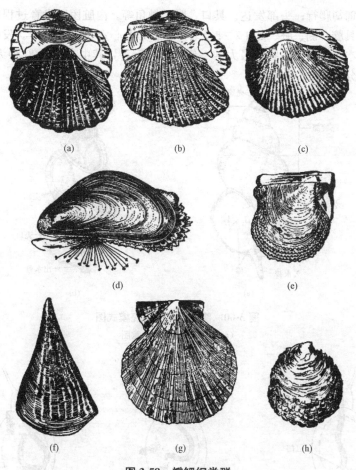

图 3-58　瓣鳃纲类群

(a)泥蚶；(b)毛蚶；(c)魁蚶；(d)贻贝；(e)马氏珠母贝；
(f)羽状江珧(*Pinna attenuate*)；(g)栉孔扇贝；(h)近江牡蛎

(3)真瓣鳃目(Eulamellibranchiata)。铰合齿少或无，2个闭壳肌近相等，每鳃反折为2片鳃瓣，鳃丝间有血管相通。如淡水产的三角帆蚌(*Hyriopsis cumingii*)；海产的文蛤(*Meretrix meretrix*)、缢蛏(*Sinonovacula constricta*)、鳞砗磲(*Tridacna squamosa*)等。

5. 掘足纲(Scaphopoda)

贝壳呈长圆锥形稍弯曲的管状，两端开口，故又名管壳类(siphonoconchae)。足发达成圆柱状，头部退化为前端的一个突起(图 3-59)。海产，多在泥沙中穴居，约 350 种左右。常见的有大角贝(*Dentalium vernedei*)、胶州湾角贝(*D. kiaochowwanense*)等。

6. 腹足纲(Gastropoda)

贝壳 1 个，呈螺旋状，故又名单壳纲(Univalvia)或"螺类"(图3-60)；足位于身体腹面，发达，足底平

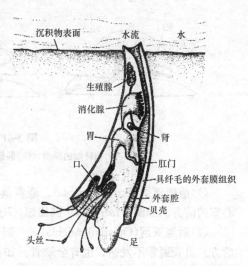

图 3-59　角贝(*Dentalium*)结构示意图

沉积物表面　　水流　　水
生殖腺
消化腺
胃　　　　　　肾
口　　　　　　肛门
具纤毛的外套膜组织
外套腔
贝壳
头丝　　　　　足

跖适于在基质上匍匐爬行；头部发达，具口、眼、触角等。内脏团因发育过程中扭转而左右不对称(图3-61)；具脑、侧、脏、足4对神经节，心脏为1心室，1~2心耳。发育经担轮幼虫和面盘幼虫阶段。本纲为软体动物门最大的一纲，约9万种，其中有15 000种为化石种。海洋、淡水、陆地皆有分布。分3个亚纲：

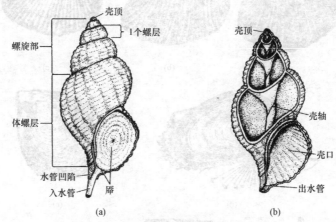

(a)　　　　　　　　　　　(b)

图 3-60　腹足纲典型贝壳模式图

(a)外观；(b)纵切示意图

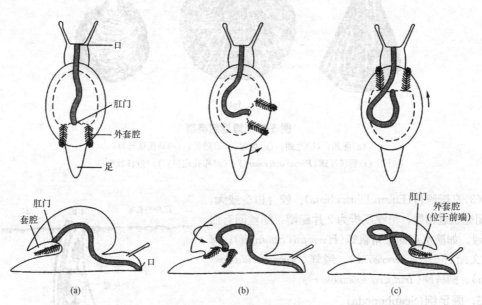

(a)　　　　　　　　(b)　　　　　　　　(c)

图 3-61　腹足纲扭转示意图

(a)扭转前的原型；(b)假想的过渡类型；(c)完成扭转的早期腹足类

(1)前鳃亚纲(Prosobranchia)。通常具外壳，侧脏神经索交叉成"8"字形，本鳃简单，位于心室的前方。如鲍(*Haliotis*)、圆田螺(*Gipangopaludina*)、东风螺(*Babylonia*)等(图3-62)。

(2)后鳃亚纲(Opisthobranchia)。一般侧脏神经索不交叉为"8"字形，本鳃和心耳位于心室的后方。贝壳通常不发达，也有全缺者。如泥螺(*Bullacta*)、海兔(*Notarchus*)、石磺海牛(*Homoiodoris*)等(图3-63)。

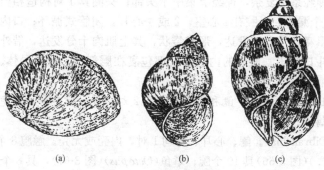

图 3-62 前鳃亚纲种类

(a)皱纹盘鲍(*Haliotis discus hannai* Ino.)；(b)中华圆田螺(*Cipangopaludina cathayensis*)；

(c)方斑东风螺[*Babylonia areolata*(Lamarck)]

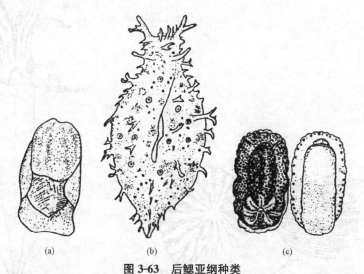

图 3-63 后鳃亚纲种类

(a)泥螺；(b)蓝斑背肛海兔；(c)石鳖海牛

(3)肺螺亚纲(Pulmonata)。无鳃，以肺呼吸，多栖于陆地或淡水，头部发达，触角1～2对，眼生于触角基部（基眼类）或后触角顶端（柄眼类）。如椎实螺(*Lymnaea*)[图 3-64(a)]、大蜗牛 (*Helix*)、蛞蝓 (*Limarx*)、蜗牛(*Fruticicola*)等。

7. 头足纲(Cephalopoda)

头部、足部发达，足环生于头部前方，故名头足类。化石种类超过9 000种，现生种类约650种。全部海产，多数善游，一些种类能做长距离、快速、定期的洄游。除鹦鹉螺(*Nautilus*)(图 3-65)具外壳外，其余种类均为

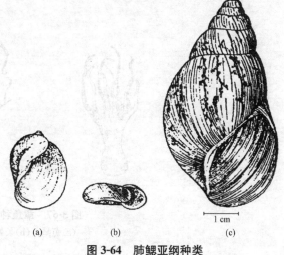

1 cm

图 3-64 肺鳃亚纲种类

(a)椎实螺；(b)扁卷螺(*Planorbis*)；(c)褐云玛瑙螺(*Achatina*)

内壳或成体无壳。神经系统复杂，神经节集中于头部；头侧具1对构造相当完善的眼，足特化为8或10条腕和1个漏斗。心脏有1心室，2或4心耳，闭管式循环；口内有颚片和齿舌，不少种类内脏腹侧具墨囊。外套膜发达，形成袋状，其上肌肉十分发达，借外套膜肌肉收缩，将外套腔中的水从漏斗口喷出。所有的内脏器官都包裹在胴部中。雌雄异体、异形，交配受精，无变态。分2个亚纲：

(1)四鳃亚纲(Tetrabranchia)。鳃和心耳、肾均2对，外壳螺旋形、分室。触腕数目多，无墨囊。现生的仅鹦鹉螺。

(2)二鳃亚纲(Dibranchia)。鳃、心耳、肾均1对，内壳或无壳。触腕8个或10个，具墨囊。如枪乌贼(*Loligo sp.*)(图3-66)具10个腕；章鱼(*Octopus*)(图3-67)，具8个腕，内壳退化。

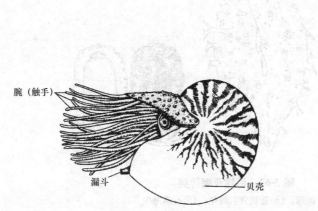

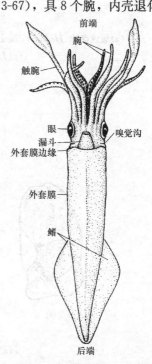

图 3-65　鹦鹉螺外形结构示意图　　　　图 3-66　枪乌贼外形结构示意图

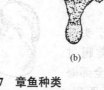

图 3-67　章鱼种类

(a)短蛸；(b)长蛸

(三)软体动物与人类关系

软体动物与人类关系密切，很多种类可以食用，如蚶、鲍、牡蛎、贻贝、蚝、乌贼、扇贝、蚌及蜗牛等，不仅味道鲜美，营养价值也很高。有些软体动物可作中药材，如鲍的贝壳(石决明)、乌贼的海螵蛸和珍珠等，都是著名的药材。石决明用以治疗高烧、惊风、高血压等疾病；海螵蛸具有止血以及治疗虫、蝎咬伤和消化道溃疡等功效。产量多的小型软体动物，可作农田肥料、家禽饲料和鱼类饵料。产量大的种类，如牡蛎，其贝壳是烧石灰的良好原料。很多贝壳是制作装饰品和工艺品的材料。当某些贝类的外套膜受微小异物，如沙粒或寄生虫侵入并刺激时，上皮细胞即以异物为核，分泌珍珠质层物质将异物包裹，形成珍珠，据此人们进行产珠贝类的人工养殖，我国贝类养殖业前景十分广阔。

许多腹足类是人畜重要寄生虫的中间宿主，如钉螺、锥实螺、扁卷螺。蜗牛和蛞蝓取食蔬菜和水果，危害菜园和其他植物。船蛆会破坏港湾、码头和船舶，造成重大经济损失。

有的种类属于危害严重的入侵生物种，如褐云玛瑙螺(俗称"非洲大蜗牛")、福寿螺，引入我国以来，已经成为危害农作物、蔬菜和生态系统的有害生物，还是人畜寄生虫和病原体的中间宿主，如福寿螺为广州管圆线虫的中间寄主。

二、环节动物门(Annelida)

(一)环节动物门的主要特征

1. 身体蠕虫型，真体腔，两侧对称，身体分节，以疣足、刚毛或吸盘为运动器官

环节动物的成虫多呈细长或背腹扁平的柱状、线形。在进化上是重要的类群，除了身体三胚层，两侧对称外，环节动物的真体腔发生在原肠形成后，由端细胞法(teloblastic method)形成裂体腔(schizocoel)，在体壁和肠壁上都有由中胚层形成的肌肉层和体腔膜，真体腔(coelom)是由中胚层囊裂开而成的，也称裂体腔；真体腔是继假体腔之后出现的，也叫次生体腔。

真体腔的形成在动物进化上的重要意义：不仅体壁运动能力增强，因肠壁外附有肌肉，使肠道蠕动，消化道在形态和功能上进一步分化，消化能力和消化效率大大增强。消化功能加强→同化功能加强→异化功能加强→排泄功能加强，排泄器官从原肾管型进化为后肾管型。

在胚胎或幼虫期，环节动物身体后端出现分节现象(metamerism)，形成体节(图 3-68)。体节是机体分化的开始，也是进化的重要标志。环节动物多数是同律分节(homonomous metamerism)，即除了前端 2 节和最后 1 节外，其余体节形态构造基本相同；部分种类出现了异律分节(heteronomous metamerism)，即前后端体节在形态结构和机能上均不相同。异律分节为机体分部和功能分工提供了可能。

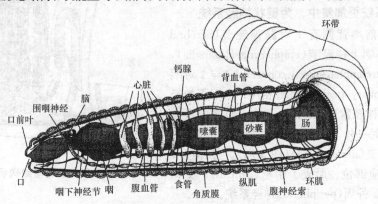

图 3-68　蚯蚓前端内部结构

体腔内充满了体腔液。分布有神经、循环、排泄、生殖等器官(图3-69)。

出现原始附肢——疣足(parapodia)(图3-70)。环节动物多毛类(Polychaeta)在每个体节两侧由体壁向外突出形成1对扁平状的疣足,分背叶(notopodium)和腹叶(neuropodium)各有一束刚毛(seta)和粗黑的针毛(aciculum),以及背须(dorsal cirrus)和腹须(ventral cirrus)。附肢的出现,使机体运动和感觉功能大大提高。寡毛类(Oligochaeta)疣足退化,但体表具刚毛,也为运动器官。蛭类动物具有吸盘。

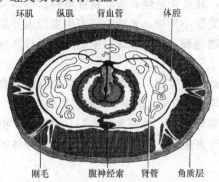

图3-69　蚯蚓体中部横切结构示意图

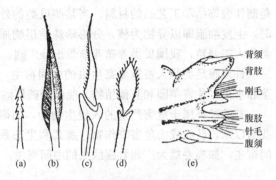

图3-70　多毛类的刚毛类型和疣足图解
(a)Hermoine;(b)Amphitrite;
(c)Neanthes;(d)Heteronereis;(e)疣足

2. 闭管式循环系统

真体腔形成过程中残留的囊胚腔形成血管系统,从环节动物开始出现了完善的循环系统。由纵行血管、心脏和环形血管及其分支血管组成(图3-68)。各血管以微血管网相连,血液始终在封闭的血管内循环流动,称为闭管式循环系统(closed vascular system)。

3. 排泄系统为后肾管型

后肾管(metanephridium)又称体节器(segmental organ),是由原肾管演化的管细胞(solenocyte)代替焰细胞和肾管而形成。典型的后肾管由肾口(nephrostome)、细肾管(nephridial tubule)、排泄管(excretory duct)和肾孔(nephridiopore)组成(图3-71)。肾口呈漏斗形,开口于前一体节的体腔中,肾孔开口于体壁上。后肾管排泄效率远远高于原肾管。

4. 神经系统更加集中,为链状神经系统

环节动物前端背侧有1对脑神经节(cerebral ganglia),也称咽上神经节(epipharyngeal ganglia),由围咽神经(circumpharyngeal connective)与1对咽下神经节(subpharyngeal ganglia)相连。由咽下神经节向后发出腹神经索(ventral nerve cord)通向身体后端,沿途在每一体节上都有1对神经节,成为纵贯全身的神经链(nerve chain)(图3-72)。各神经节有神经支配相应部位。形成了中枢(central)、交感(sympathetic)、外周(peripheral)神经系统。

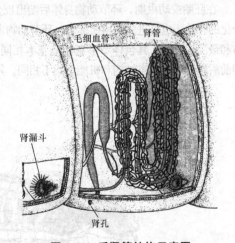

图3-71　后肾管结构示意图

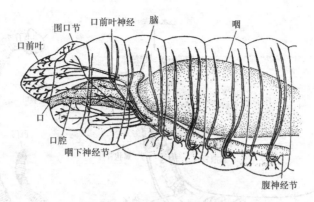

图 3-72　蚯蚓神经系统前端观

5. 陆地及淡水中生活的种类，雌雄同体，直接发育；海水中生活的种类，雌雄异体，间接发育，幼虫为担轮幼虫

生殖腺源自中胚层的体腔上皮，且仅限于若干体节；海产种类发育经担轮幼虫时期(trochophore stage)。

大多数环节动物无专门的呼吸器官，由于循环系统的产生，皮肤内分布有丰富的毛细血管，可依靠体表进行皮肤呼吸。多毛纲的部分海产种类出现专门的呼吸器官——鳃。

(二)环节动物门的分类

环节动物有 9 000 多种，分 4 个纲：多毛纲、寡毛纲、蛭纲和螠纲。

1. 多毛纲(Polychaeta)

多毛纲约 6 000 种，为较原始的类群。头部显著，背面常有口前叶(prostomium)，2 对眼，触手，触须各 1 对，体节具疣足，无环带，雌雄异体，多为海产。具担轮幼虫期，依生活习性分为 2 个亚纲：

(1)游走亚纲(Errantia)。自由生活，有在海底爬行、游泳、潜钻生活的类群，如沙蚕(Nereis)、矶沙蚕(Eunice)、才女虫(Poolydora)等。

(2)隐居亚纲(Sedentaria)。包括管居和固定穴居者，如蛰龙介(Terebella)、丝鳃虫(Cirratulus)[图 3-73 (d)]、沙蠋(Arenicola)[图 3-73(b)]。

2. 寡毛纲(Oligochaeta)

寡毛纲有 3 000 余种，一般认为是海产穴居的原始环节动物侵入淡水和陆地而发展起来的。身体分节而不分区，疣足退化，雌雄同体，生殖腺 1～2 对，有由体腔管(coelomoduct)发育而来的生殖导管，性成熟时体表形成环带(clitellum)，交配时两虫互相受精，卵产于环带中，脱落成卵茧(cocoon)，直接发育。根据生殖腺、环带及刚毛构造等分为 3 目：

(1)带丝蚓目(Lumbriculida)。每个体节刚毛 4 对，精巢 1 对，雄性生殖孔位于精巢所在的体节，卵巢 1～2 对。如淡水产的带丝蚓(Lumbriculus)[图 3-74(e)、(f)]。

(2)颤蚓目(Tubificida)。每节刚毛 4 束，每束多超过 2 根，常为发状；精巢、卵巢各 1 对，位于相邻的两个体节，雄性孔位于精巢所在体节之前或之后的相邻体节上。多水生，个别陆生。如水丝蚓(Limmodrilus)[图 3-74(c)]、白丝蚓(Fridericia)。

(3)单向蚓目(Haplotaxida)。两对精巢通常处于 2 个相邻体节，随后为 2 对卵巢体节。也有种类仅 1 对精巢和 1 对卵巢。若精巢仅 1 对，卵巢必与之相隔 1～2 个体节。雄性生殖孔处于精巢之后 1 至几个体节上。如杜拉蚓(Drawidua)[图 3-74 (g)]、环毛蚓(Pheretima)。

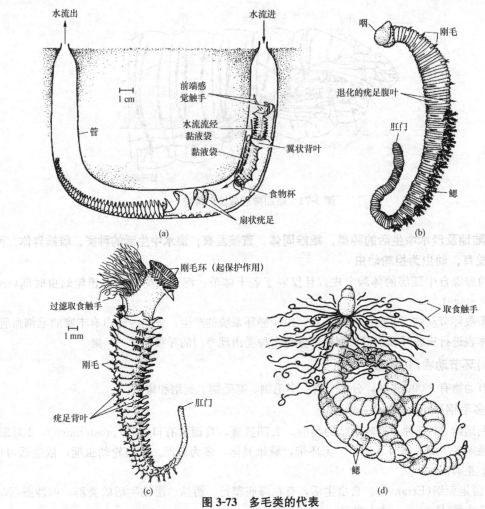

图 3-73　多毛类的代表

(a)毛翼虫(*Chaetopterus variopedatus*)；(b)沙蜃；(c)帚毛虫(*Sabellaria alveolata*)；(d)丝鳃虫

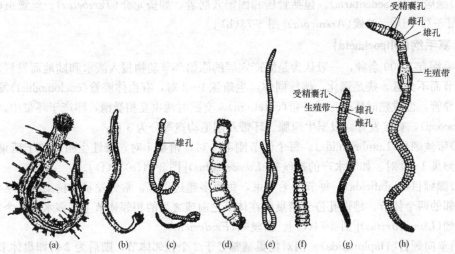

图 3-74　几种常见的寡毛类

(a)颤体虫；(b)尾盘蚓；(c)水丝蚓；(d)蛭形蚓；(e)带丝蚓；

(f)带丝蚓前端腹面观；(g)杜拉蚓；(h)异唇蚓

3. 蛭纲（Hirudinea）

蛭纲有 500 多种，形态与寡毛纲有许多相似，如头部无触手、触须，无疣足，雌雄同体，生殖腺和生殖导管限于几个体节，成熟时出现环带，卵产后形成卵茧，但体节数目少，无刚毛，有次生性体环，身体前后两端各有 1 吸盘，体腔常为葡萄状组织（botryoidal tissue）所填塞，故体腔退化消失，形成发达的血窦。雌雄同体，直接发育。多淡水生活，少数海产。分为 4 个目：

（1）棘蛭目（Acanthobdellida）。体表具刚毛，无前吸盘，前端体节有体腔，如棘蛭（*Acanthobdella*）［图 3-75（a）］。

（2）吻蛭目（Rhynchobdellida）。具吻，背、腹血管与血窦同时存在，如鳃蛭（*Ozobranchus*）［图 3-75（b）］、中华颈蛭（*Trachelobdella sinensis*）［图 3-75（c）］。

（3）颚蛭目（Gnathobdellida）。口腔内具 3 个颚板，水生或陆生，如医蛭（*Hirudo medicinalis*）、金线蛭（*Whitmania*）［图 3-75（e）］。

（4）咽蛭目（Pharyngobdellida）。无吻、无颚板，但有肉质颚，水生或半陆生，如石蛭（*Erpobdella*）［图 3-75（g）］。

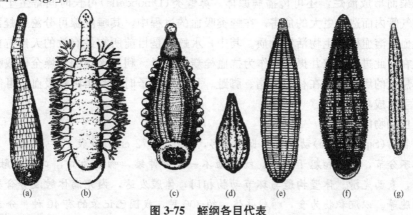

图 3-75　蛭纲各目代表

（a）棘蛭；（b）鳃蛭；（c）中华颈蛭；（d）扁蛭（*Glossiphonia*）；（e）金线蛭；（f）山蛭（*Haemadipsa*）；（g）石蛭

4. 螠纲（Echiuroidea）

幼体分节，成体不分节，成体分 2 部分，吻在身体前端扁平状突出，末端分叉或为铲状，吻能伸缩；躯干囊状或柱状，柔软光滑，有的种类体表具刚毛或乳突，埋栖或管居。常见的有叉螠（*Bonellia*）和刺螠（*Echiurus*）（图 3-76）。

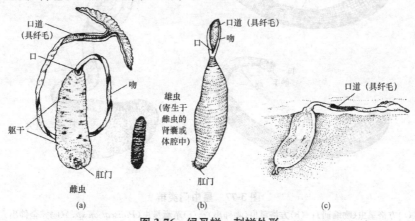

图 3-76　绿叉螠、刺螠外形

（a）绿叉螠（*Bonellia viridis*）；（b）刺螠；（c）生活状态的螠类

(三)环节动物与人类关系

沙蚕类环节动物的成虫或幼体均可作为经济鱼类和虾的天然饵料；疣吻沙蚕可供食用；一些种类可以作为海洋污染及水体冷暖的指示动物。有些种类进入淡水后啮食稻禾，给农业带来危害，这类沙蚕在广东一带称为"禾虫"，为民间食品。有的种类有附着于外物上的生活习性，而影响水养殖业的产量。

淡水中生活的水蚓类可作为指示动物和鱼类天然饵料，但繁殖过多时，可危害鱼苗或堵塞输水管道。

陆生穴居于土壤中的蚯蚓，如环毛蚓，因其穿行、排便而疏松土壤，增加土壤肥力，改善土壤的理化性质。蚯蚓富含蛋白质(达身体干重的50%～56%)，含蚓激酶药用成分的18～20种氨基酸等，故可分别用于饲料加工和治疗血管栓塞性疾病的药物原料。此外，蚯蚓还可用于处理城市有机垃圾和受重金属污染的土壤。

蛭类(俗称"蚂蟥")的吸血习性对人类和家畜造成危害，蛭类吸血时形成的伤口流血不止，容易引起感染而形成溃烂，还可传播病原体。鼻蛭类(Dinobdella)可长时间寄生于人、畜的鼻腔、咽腔和气管内而造成更大的危害。在蛭类吸血的过程中，其唾液腺可分泌水蛭素(hirudin)等多种抗凝血、溶血栓的生物活性物质。其中，水蛭素是目前所知最有效的天然抗血凝剂，国内外均有人在对此进行研究并提取其作为抗血栓新药原料。利用水蛭的干燥全体或吸血蛭类治疗疾病已具悠久的历史。如在移植手指、脚趾、耳朵和鼻子时，利用医蛭吸血，可使静脉血管畅通，提高手术成功率。

附：星虫动物门

星虫动物门(Sipunculida)动物体呈长圆柱形，长0.2～72 cm，多数10～15 cm，胚胎期身体分节，成体不分节，分吻和躯干两部，吻长短不一，可伸缩，吻端为口，口周有触手或体褶；躯干较粗圆，表面光滑。体壁构造与环节动物相同，体腔发达，内充满体腔液并含有许多血细胞、吞噬细胞等。以沉积物为食，雌雄异体。约300种，我国已记录的有40种。分2个纲：

(1)方格星虫纲(Sipunculidea)。个体较大，体壁肌肉层发达，纵肌和横肌相交为方格状，如方格星虫(Sipunculus nudus)[图3-77 (a)、(b)]。

(2)革囊星虫纲(Phascolosomatidea)。个体较小，无方格状条纹，如可口革囊星虫(Phascolosoma esculenta)[图3-77 (c)]，多栖息于红树林区泥沙底质内。

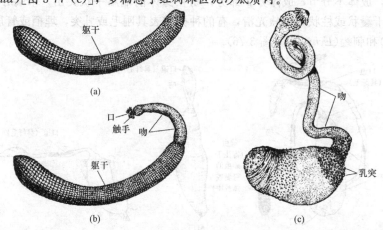

图3-77　星虫门类群
(a)方格星虫(吻缩回)；(b)方格星虫(吻伸出)；(c)革囊星虫(Phascolion sp.)(吻完全伸出)

第五节　节肢动物门

节肢动物门(Arthropoda)是动物界中最大的一个门。种类数量最多，约126万种，占动物界种类的84%。其中，昆虫约118万种，占节肢动物门的94%；分布广泛，是无脊椎动物中唯一能飞翔的类群，与人类关系极其密切。动物在陆地上生活要面临的主要问题有：①保水；②猎食，逃避敌害；③呼吸。节肢动物是如何解决这些问题，高度适应陆生生活的呢？

一、节肢动物门的主要特征

一般认为，节肢动物起源于环节动物或类似环节动物的祖先。因此，许多特征与环节动物相似，如三胚层、两侧对称、真体腔、身体分节等，但又有许多特征比环节动物更进步，如身体分部、神经感官等集中于头部、附肢分节等。

1. 身体分部、附肢分节

节肢动物异律分节进一步发展，出现身体分区，功能分工更明显。身体一般分为头、胸、腹部，同一部分的体节互相愈合。头部主要司摄食和感觉，胸部主要司运动和起支持作用，腹部主要司代谢和生殖功能。有的种类头部和胸部进一步愈合为头胸部，或胸部和腹部愈合为躯干部。附肢按体节排列，基本上一个体节有一对附肢。节肢动物的附肢分节，附肢与体躯之间也有关节。分节的附肢增加了附肢运动的灵活性。有的附肢还特化为感觉、捕食、咀嚼、呼吸和生殖等器官。附肢分为单肢型(uniramous)和双肢型(biramous)。触角(antenna)和昆虫的胸肢多为单肢型，甲壳类胸腹部附肢多为双肢型(图3-78)。

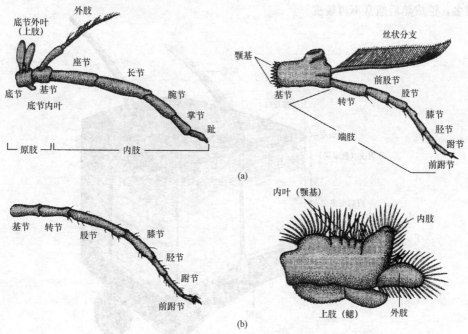

图3-78　节肢动物单肢型、双肢型附肢结构示意图
(a)双肢型附肢；(b)单肢型附肢

2. 具几丁质外骨骼，有蜕皮现象

具有坚厚体壁是节肢动物的另一特征。体壁通常分为 3 层，由外向内分别为表皮、上皮和基膜(图 3-79)。上皮(epidermis)是体壁中唯一的细胞层，由单层多角形细胞构成。它向内分泌一层基膜，是糖蛋白、黏多糖蛋白等凝结的一层不定型颗粒状薄膜，具有与结缔组织相连和支持，防止摩擦损伤和半渗透性滤膜的作用；向外分泌形成非细胞结构的表皮层(cuticle)。表皮细胞分为 3 层，最外层是上表皮(epicuticle)，极薄，0.1~1 μm 厚，由蛋白质及脂质组成，高等种类还含蜡质；其下为外表皮(exocuticle)，是由几丁质与蛋白质结合的糖蛋白。起初外表皮是柔软的，经鞣化(tan)变得坚硬，再加上碳酸钙、磷酸钙的沉积，使外表皮更加坚硬；最内层为内表皮(endocuticle)，较厚，主要由壳多糖(几丁质)及少量蛋白质组成，柔软富弹性。几丁质的外骨骼不仅加强了对内脏的保护，还能有效防止体内水分的散失。表皮层中还有一些细的管道穿透，是上皮细胞层中腺细胞输送分泌物到体表的通道。此外，表皮层中还有色素及其他代谢产物沉积，呈现出不同的颜色，即生物色(biochrome)。有的种类上表皮的表面还有条纹、凹刻等结构，经光的折射出现闪光的色彩，为结构色(sehemochrome)。许多动物的体色是生物色、结构色联合产生的结果。另外，部分体壁向内延伸成为肌离附着点或关节。所以，体壁起保护、支持和运动(与肌肉配合)等作用，但坚硬的体壁也限制了机体的生长，因此出现蜕皮(ecdysis)现象。蜕皮一方面是机体生长，在激素控制下的周期性行为；另一方面，受外界因素刺激，如水温、盐度的剧烈变化也会引起蜕皮。蜕皮时，动物静止不动，上皮细胞分泌新的上表皮，同时分泌分解酶，将旧的内表皮溶解。此时新旧两层外骨骼同时存在(图 3-80)。随后旧表皮沿身体一定部位(通常是前端背中线)裂开，动物体从裂口处脱出。刚蜕皮的外骨骼很柔软，机体便迅速吸收水分或吞入空气扩大体积，快速生长。不久新表皮鞣化变硬、变厚，生长便停止了。低等种类没有固定的蜕皮次数，终生都可进行；高等种类的蜕皮次数多是固定的，幼体阶段蜕皮次数多，性成熟后通常不再蜕皮。

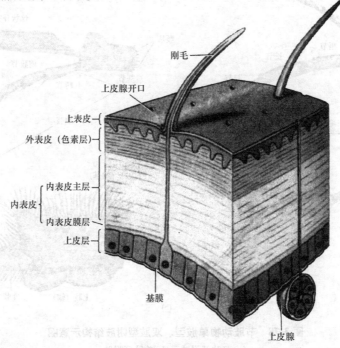

刚毛
上皮腺开口
上表皮
外表皮 (色素层)
内表皮主层
内表皮
内表皮膜层
上皮层
基膜
上皮腺

图 3-79　甲壳纲体壁外骨骼结构示意图

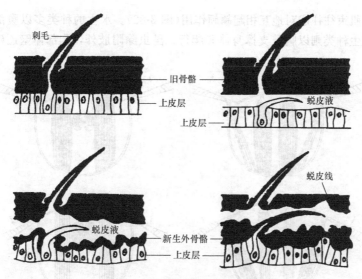

图 3-80　节肢动物蜕皮过程示意图

3. 具混合体腔，开放式循环系统

节肢动物在胚胎发育的早期，体腔囊按节排列，但以后的发育体腔囊不再扩大而是退化，幼体孵化后真体腔仅残留于生殖腺腔、排泄管腔，一部分移到身体背中央，左右体腔囊汇合，形成心脏和围心腔，不久围心腔膜消失，在消化管与体壁之间的初生体腔和次生体腔相混合，称为混合体腔(mixed coelom)，内部充满血液，也叫作血腔(hemocoel)。在这个血腔中，甲壳类有 1 心脏和腹部背侧中央的 1 支腹上动脉；昆虫类则有前方的动脉和腹部背侧的心脏，心脏按体节膨大为心室，每个心室两侧各有 1 个心孔，有瓣膜控制血液倒流。节肢动物的血液由心脏经动脉进入血腔，直接浸润着组织和器官，血腔中的血液由心孔流回心脏(图 3-81)。开放式循环系统由于血液在血管和血腔中运行，血压较低，可避免因断肢等的大量失血。血液中含几种类型的血细胞，血浆中溶有呼吸色素，在低等甲壳类和昆虫中含血红蛋白，其他多数种类含血蓝蛋白，血液呈无色或淡蓝色。

4. 横纹肌组成肌肉束

节肢动物的肌肉脱离表皮成为独立的肌束，为横纹肌，两端附着在外骨骼的内表面和外骨骼的内突上，肌束的收缩

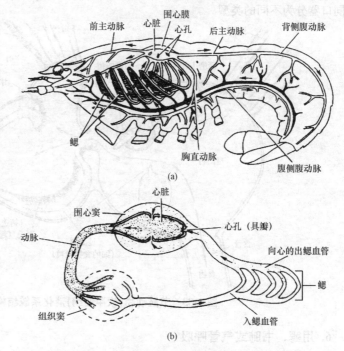

图 3-81　节肢动物(龙虾)循环系统结构示意图

(a)龙虾的循环系统结构示意图；(b)血液循环模式

引起骨板运动。肌束往往成对地互相起颉颃作用(图 3-82)。水生的种类多以腹部附肢划水,胸部附肢爬行;陆生种类则以胸肢支撑身体和爬行;昆虫除附肢外,胸部体壁还延伸形成翅,是飞行器官。

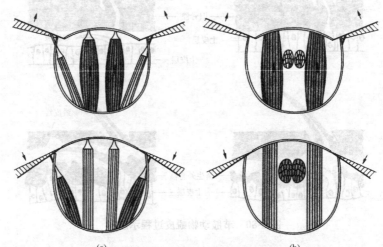

(a)　　　　　　　　　　　　　　　(b)

图 3-82　昆虫飞行肌结构示意图

(a)直接飞行肌(蝗虫、蜻蜓等);(b)间接飞行肌(蝇类、蚊类等)

5. 完全消化系统,有口有肛门,口器发达

节肢动物消化管多为两端开口的直管(图 3-83),前肠和后肠由外胚层内陷而成,其内壁衬有几丁质表皮,蜕皮时也随之脱落;中肠源自内胚层,常有盲囊、腺体等。以口器取食,口器着生于头部或头胸部,由附肢演变形成的颚和由体壁皱褶形成的唇等构成,因食性及取食方式不同口器分为不同的类型。

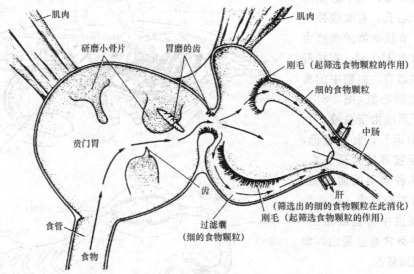

图 3-83　节肢动物(软甲亚纲)消化系统结构示意图

6. 用鳃、书肺或气管呼吸

小型节肢动物常借体表进行气体交换,水生种类以鳃(gill)(图 3-81)或书鳃(book gill)呼吸,陆生种类以书肺(book lung)或气管(trachea)(图 3-84)呼吸。

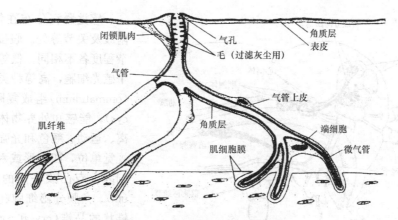

图 3-84　昆虫的气管系统结构示意图

7. 排泄器官为触角腺、颚腺、基节腺或马氏管

排泄器官在不同种类中差别较大，总的分为两类：一类是腺体状结构，如甲壳类的触角腺（antennal gland）[图 3-85(a)]、小颚腺（maxillary gland），肢口类的基节腺（coxal gland），均源自体腔囊，呈囊状，内为海绵状结构，以导管将废物排出体外；另一类是管状结构，如昆虫类的马氏管（Malpighian tubules）[图 3-85(b)]，位于中后肠交界处，源自内胚层或外胚层的单层细胞构成的盲管，收集的废物进入后肠随粪便排出。

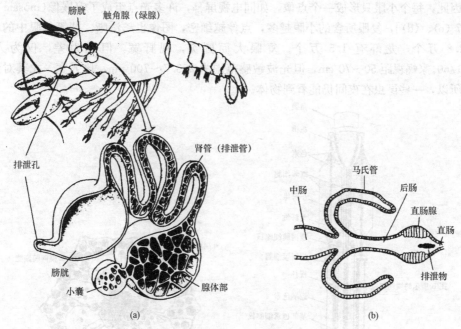

(a)　　　　　　　　　　　　　　　(b)

图 3-85　触角腺、马氏管结构示意图
(a)螯虾的触角腺（绿腺）；(b)昆虫的马氏管

8. 神经、感官发达

神经系统与环节动物相类似，为链状系统（图 3-86），但随着体节愈合，神经节也有愈合现象，尤其头部神经节愈合为脑，更加集中。

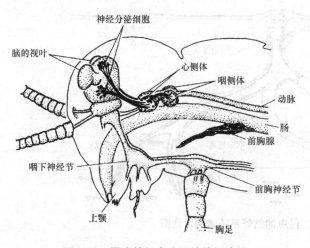

图 3-86　昆虫神经内分泌结构示意图

感觉器官分布在体表、触角、附肢及关节等处。眼位于头部，复杂程度各不相同。低等种类仅有几个感光细胞，高等种类由许多小眼（ommatidium）组成复眼（compound eye），能感知外界物体的形状、距离、运动、颜色和光强等。小眼是视觉单位，四方形或六角形，从外到内由双凸或平凸的角膜（corneum）、角膜分泌细胞、圆柱状或圆锥状的晶锥（crysal cone）、晶锥分泌细胞及色素细胞（pigment cell）组成集光部分。晶体之下是一组 6～12 个视觉细胞（retinular cell），为

感光部分。视觉细胞分泌视杆（retinal rod），视杆上有许多微细的神经纤维和视觉色素。视觉细胞向后伸出轴突穿过小眼基膜，汇为视神经与脑相通[图 3-87 (a)、(b)]。当光线落在小眼上时，便由角膜、晶锥集光到达视杆，由周围的视觉色素转变为神经冲动传入脑。色素细胞依光照强弱可伸缩移动。外界进入的光线只有垂直于小眼时才可到达视杆，其他被折射的光由周围色素吸收。因此，每个小眼只形成一个点像，如同电视屏幕，许多光点组成了镶嵌像（mosaic image）[图 3-87 (c)、(d)]，复眼所含的小眼越多，点像越细密，图像也越清晰。蜻蜓复眼中的小眼达 1 万～2.8 万个，龙虾有 1.5 万个。复眼大而圆凸，视野宽，但视力差，仅为人眼的 1/80～1/60。家蝇视距 50～70 cm，但光波敏感范围为 253.7～700 nm，比人宽，尤其对紫外光敏感，所以，一些昆虫在夜间仍能看到物体。

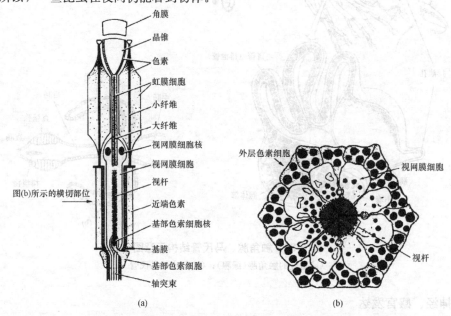

图 3-87　节肢动物小眼结构及成像原理示意图

(a)蝴蝶小眼纵切结构示意图；(b)蝴蝶小眼结构及横切结构示意图；

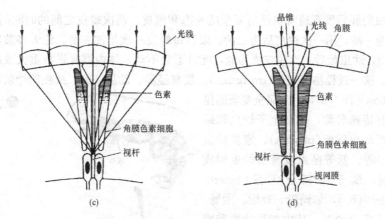

图 3-87 节肢动物小眼成像原理示意图(续)

(c)暗适应型——重叠成像;(d)光适应型——并列成像

9. 大多数种类雌雄异体,体内受精

节肢动物多为雌雄异体,水生低等种类体外受精,完全卵裂;高等和陆生种类多数经交配,表面卵裂。少数种类直接发育,多数种类经历不同的幼虫期。

节肢动物生殖方式如下:

(1)单性生殖(parthenogenesis)。也称孤雌生殖,即卵不必受精就能发育为新个体的现象。有的行两性生殖,偶尔发生单性生殖,称为偶发性孤雌生殖,如飞蝗(*Locusta*);有的受精卵发育为雌虫,而未受精卵发育为雄虫,如蜜蜂;也有的种类在自然状态下雄虫极少或未发现,群体主要或全部是雌性的,生殖完全是孤雌生殖,称为经常性孤雌生殖(constant parthenogenesis),如介壳虫、瘿蜂(*Cynips tinctoria*);也有孤雌生殖和两性生殖随季节变迁交替进行的周期性孤雌生殖(cyclical parthenogenesis),如蚜虫(*Aphididae*)、水蚤(*Daphnia*)等。

(2)两性生殖。为多数昆虫的生殖方式。有的是体外受精,如多种低等甲壳类;有的需交配,体内受精。对虾类(*Penaeus*),多在秋末冬初(10—11月)雄虾性成熟,两性交配,雄虾把精荚(spermalophore)送入雌虾的纳精囊(thelycum),直到次年4—5月雌虾成熟产卵时,精荚中的精子才释放出来与卵子受精。昆虫两性生殖时卵必须在精子入卵后卵核才进行成熟分裂(减数分裂)。多数种类是卵生的,但蚜虫、某些蝇类是卵胎生的。

(3)多胚生殖(polyembryony)。膜翅目小蜂科(Chalcididae)等寄生蜂,卵子成熟分裂时极体均不消失,随卵核继续分裂,形成多核体,每个子核发育成一个胚胎。多胚生殖常与幼体生殖联系在一起。

(4)幼体生殖(paedogenesis)。未达成虫阶段的幼虫就能进行生殖。幼体生殖产生的新个体也均是幼虫,幼体生殖是孤雌生殖的一种类型,也叫童体生殖。如瘿蚊科的一些种类的幼虫和摇蚊科的长跗摇蚊属(*Tanytarsus*)的蛹都行幼体生殖。扁形动物吸虫类也有许多种类进行幼体生殖。

10. 发育多经变态

节肢动物的卵子多是中黄卵(centrolecithal egg),卵的内部几乎全部为卵黄所充满,细胞质分布于卵的表面。卵裂在卵子表面进行,属典型的表面卵裂(superficial cleavage),以昆虫和高等甲壳类、多足类较为典型。

低等种类多直接发育,较高等种类胚后发育多经过复杂的变态(metamorphosis)。如甲壳纲的对虾类和龙虾类经历无节幼体(nauplius)、蚤状幼体(zoea)、糠虾幼体(mysis)(图 3-88),茗荷儿(*Lepas*)、蟹奴(*Sacculina*)等蔓足类经历腺介幼体(cypris),蟹类则经历蚤状幼体、大眼幼体(megalopa)阶段。昆虫的胚后发育通常也经历复杂的变态和蜕皮。两次蜕皮之间的时间间隔称龄期(instar)，初孵的为一龄，第一次蜕皮后为二龄，以后每蜕皮一次增加一龄。绝大多数昆虫都经历幼虫和蛹期(pupa)，幼虫最后一次蜕皮成为蛹，此时不食不动，体内器官进行重大改组，最后蛹经蜕皮成为成虫，这一过程称为羽化(emergence)。发育经卵、幼虫、蛹、成虫四个阶段，称为完全变态(holometabola)[图3-89(a)]。完全变态的昆虫，其幼虫常有特殊名称，如金龟子幼虫称蛴螬(grub)、家蝇幼虫称蛆(maggot)、家蚕幼虫称蚕(silkworm)等。低等昆虫发育由幼虫到成虫，不具蛹期，属于不完全变态(hetero-metabola)[图3-89(b)]，如蜻蜓、蜉蝣、螳螂、蝗虫等都属于不完全变态。其中如果幼虫和成虫生活环境和形态基本相似，只是大小、体节不同，翅具翅芽、性器官未成熟，这种幼虫称为若虫(nymph)，如螳螂、蝗虫；若幼虫和成虫不仅形态不完全相同，而且幼虫水生，成虫陆生，这种幼虫称为稚虫(naiad)，如蜻蜓、蜉蝣等。原始无翅昆虫，其幼虫和成虫除大小外，外形无明显区别，如衣鱼(图3-112)、跳虫(*Tomocerus*)等。

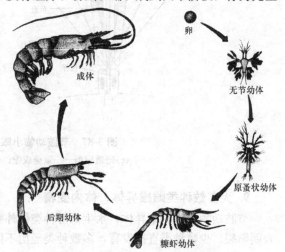

图3-88　海湾对虾(*Penaeus*)生活史

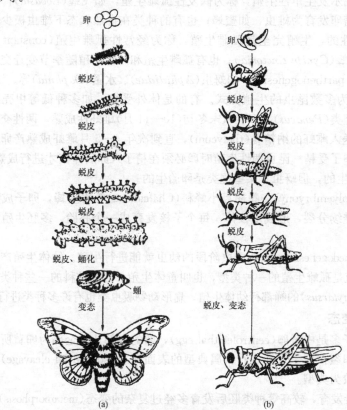

图3-89　昆虫的变态类型
(a)蚕蛾的完全变态；(b)蝗虫的不完全变态

昆虫类在生长发育过程中若遇不良环境，如气候恶劣、食物短缺等，便停止一切活动，代谢下降而呈相对静止的状态，借以度过不良环境，这种保存物种的适应称为休眠（dormancy），当恶劣环境改善，或抑制生命活动正常进行的环境条件消失，动物便很快恢复正常生活。休眠分冬眠（hibernation）和夏眠（aestivation），冬眠是由冬季低温所致，夏眠因盛夏高温所致。滞育（diapause）是动物进化过程中形成的一种比休眠更深化的新陈代谢被抑制的生理状态，不直接依赖外界环境的影响，而是动物对于有节律地重复到来的不良环境的历史性反应。如家蚕蛾在5月间所产的卵是滞育卵，产下后一周即进入休眠状态，在未接触到像冬季那样的低温之前不会发育。这种卵若一直处于室温中大多会死亡，若置于冰箱中使其接触一定的低温，再放回到相应的温度条件下就能顺利发育孵化。

二、节肢动物门的分类

节肢动物种类多、形态结构变化大，对其分类看法很不一致。本书根据呼吸器官、附肢及身体分部等特征，将其分为3个亚门8个纲。

(一)有鳃亚门(Branchiata)

绝大多数水生，鳃呼吸，触角1~2对。分2个纲。

1. 三叶虫纲(Trilobita)

在古生代末期已灭绝，仅存化石。触角1对，背面有2条纵沟把身体分为三叶，已发现的三叶虫纲化石达4 000余种，如三叶虫(*Triathrus*)(图3-90)。

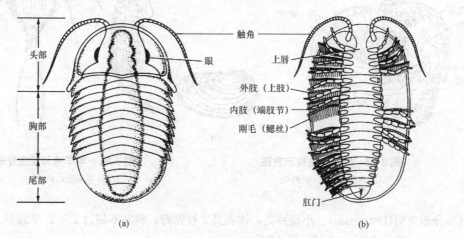

(a)   (b)

图3-90　三叶虫纲外形示意图
(a)背面观；(b)腹面观

2. 甲壳纲(Crustacea)

现有31 000多种，触角2对，头部和胸部愈合为头胸部(cephalothorax)，覆有头胸甲(carapace)。分为8个亚纲：

(1)头虾亚纲(Cephalocarida)。新近才发现的原始的甲壳类，仅有10多个种，体小不超过4 mm，头部覆马蹄形甲壳，无眼，全身分19节，前1节具同型附肢，尾节具2细长尾叉，如头虾(*Hutchinsoniella*)。

(2)鳃足亚纲(Branchiopoda)。体小型，淡水产，体节不定数，附肢基部着生扁平的鳃。常见的有水蚤(*Daphnia*)(图3-91)、蚌壳虫(*Cyzius*)(图3-92)、丰年虫(*Chirocephalus*)[图3-93

(a)]、鲎虫（*Apus*）[图 3-93(b)]等。

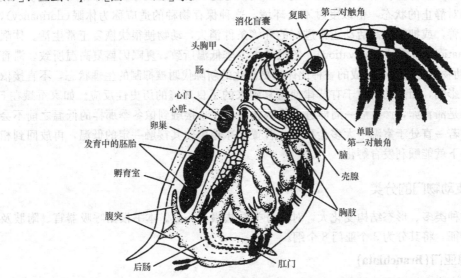

图 3-91　一种淡水水蚤（*Daphnia pulex* ♀ ）

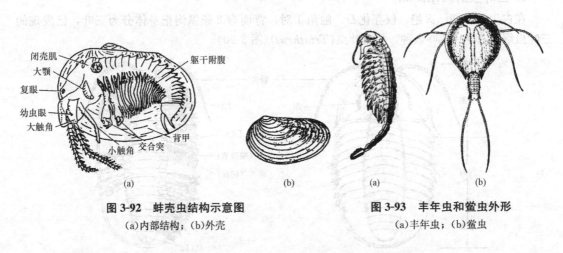

图 3-92　蚌壳虫结构示意图
(a)内部结构；(b)外壳

图 3-93　丰年虫和鲎虫外形
(a)丰年虫；(b)鲎虫

(3)介形亚纲(Ostracoda)。小型种类，体表具 2 枚壳瓣，胸肢不超过 2 对，单肢型。如海萤（*Cypridina*）、腺介虫（*Cypris*）等（图 3-94）。

(4)桡足亚纲(Copepoda)。小型种类，体呈圆筒形，无背甲，触角 2 对，第二对发达，单肢型，胸部前面的 1～2 节与头部愈合，腹部细无附肢，有 7 000 多种，如哲水蚤（*Calanus*）、剑水蚤（*Cyclops*）[图 3-95(a)]、猛水蚤（*Harpacticus*）[图 3-95(b)]等。

(5)须鳃亚纲(Mystacocarida)。仅 1 属几个种，栖潮间带沙粒中，与桡足类的形态构造很相似，体小不足 0.5 mm，2 对触角发达，头部仅有中眼，胸部 6 节，胸肢不发达，腹部 5 节无附肢。

(6)鳃尾亚纲(Branchium)。约 70 种，小型种类，头胸部具发达背甲，复眼 1 对无柄，胸肢 4 对，双肢型，腹部小双片状不分节，如鲺（*Argulus*）。

(7)蔓足亚纲(Cirripedia)。约 900 种，全海产，自由生活的种类具背甲形成的外套，外有石灰质骨板包裹身体，如藤壶（*Balanus*）[图 3-96(a)]、茗荷儿（*Lepas*）[图 3-96(b)]等，约 1/3 的种类在鲸、海龟、鱼类等身上共生或寄生。

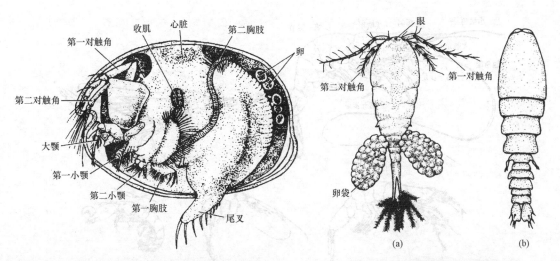

图 3-94 一种介形亚纲种类结构示意图

图 3-95 剑水蚤和猛水蚤的外形
(a)剑水蚤；(b)猛水蚤

(8)软甲亚纲(Malacostraca)。为甲壳纲高等种类，约 21 000 种。身体 21 节：头部 6 节，胸部 8 节，腹部 6 节，尾部 1 节。分目意见不一致，主要有：等足目(Isopoda)，附肢均为单肢型，无背甲，如生于海岸的海蟑螂(*Ligia*)、生于湿土的鼠妇(*Porcelio*)[图 3-97(a)]和淡水生活的栉水蚤 (*Asellus*)[图 3-97(b)]；端足目(Amphipoda)，体侧扁，分头、胸、腹三部，无背甲，头部 1 对复眼无柄，如钩虾(*Gammarus*)；糠虾目(Mysidacea)，似小虾，头胸甲后端凹入，如糠虾；涟虫目 (Cumacea)，小型底栖，头胸部特膨大，腹部和尾窄细，背甲前方有一假额剑，如针尾涟虫(*Diastylis*)；磷虾目(Euphausiacea)，头胸甲完整，具发光器分布于眼柄、胸肢基部、腹部侧甲等处，如南极磷虾(*Euphausiasuperba*)；口足目(Stomatopoda)，体背腹扁、背甲小，腹部与尾节发达，第二胸足特别发达，如虾蛄(*Squilla*)；十足目(Decapoda)，头胸甲发达，胸肢后 5 对为步足，分两类：游泳类，头胸甲前方具额剑，如对虾(*Penaeus*)[图 3-98(a)]、沼虾(*Macrobrachium*)[图 3-98 (b)]；爬行类，头胸甲无额剑，如龙虾(*Panulirus*)(图 3-99)、寄居蟹(*Pagurus*)(图 3-100)以及各种蟹类，如梭子蟹(*Neptunus*)、青蟹(*Scylla*)、绒螯蟹(*Eriocheir*)等(图 3-101)。

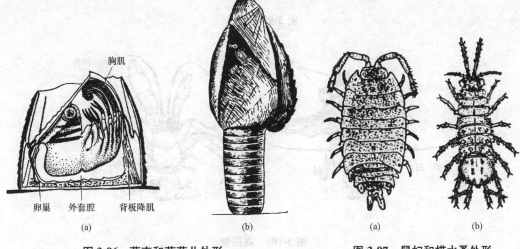

图 3-96 藤壶和茗荷儿外形
(a)藤壶(去一侧骨片，示内部结构)；(b)茗荷儿

图 3-97 鼠妇和栉水蚤外形
(a)鼠妇；(b)栉水蚤

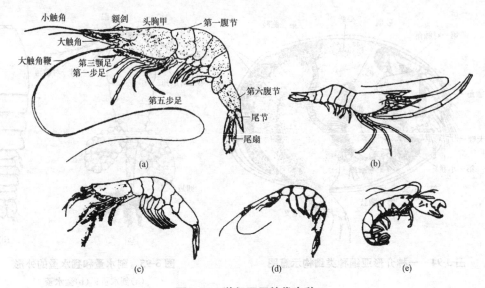

图 3-98 游行亚目的代表种

(a)对虾；(b)沼虾；(c)中国毛虾；(d)萤虾；(e)鼓虾

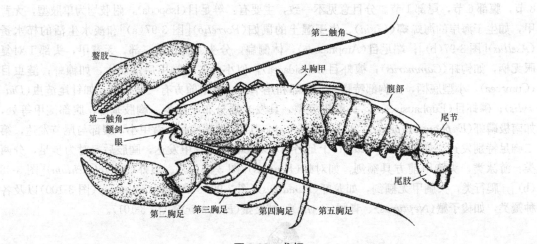

图 3-99 龙虾

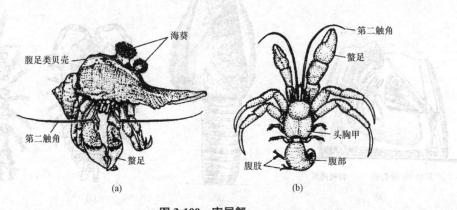

图 3-100 寄居蟹

(a)隐蔽于腹足类壳内；(b)离壳后

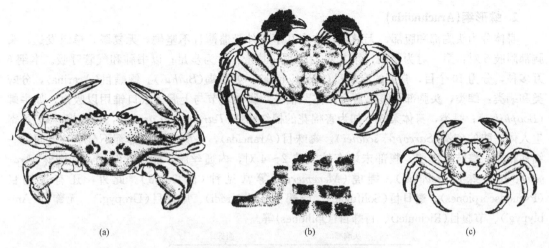

图 3-101　三疣梭子蟹、河蟹和溪蟹

（a）三疣梭子蟹；（b）河蟹及其洞穴；（c）溪蟹

（二）有螯亚门（Chelicerata）

头胸部紧密愈合，无触角，附肢 6 对，第一、二对分别为螯肢（Chelicerae）、脚须（pedipalps），后 4 对为步足，水生种类用书鳃呼吸，陆生种类以书肺、气管呼吸。分为 3 个纲。

1. 肢口纲（Merostomata）

据报道，有 3 属 5 种，中国鲎（*Tachypleus tridentatus*）是常见种类，体长达 60 cm，分头胸部、腹部和尾剑 3 部分。头胸部呈马蹄形，背面隆起，有 3 条纵嵴，腹面稍凹，6 对附肢均排列在口的两侧，故名肢口类；腹部较小，近六角形，尾部呈三角形如剑，又名剑尾类（Xiphosura）（图 3-102）。

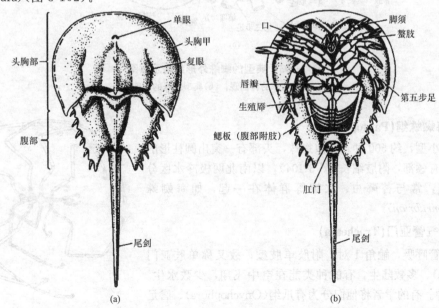

图 3-102　鲎（*Limulus polyphemus*）的外形结构示意图

（a）背面观；（b）腹面观

2. 蛛形纲(Arachnoida)

身体分为头胸部和腹部，无触角，体表几丁质外骨骼薄且不坚硬，无复眼，单眼发达；头胸部附肢6对：第一对为螯肢，第二对为脚须，其余4对为步足；以书肺和气管呼吸。本纲6万多种，分为10个目，常见的有蝎目(Scorpionida)，如钳蝎(Buthus)。蜱螨目(Acarina)，分蜱类和螨类：蜱类，头胸部与腹部愈合，体节消失，脚须基节与上唇构成口锥用以吸血，如牛蜱(Boophilus)；螨类，身体柔软，如为害棉花的棉红蜘蛛(Tetranychus urticae，也称棉叶螨)、寄生人体皮肤的疥螨(Sarcoptes scabiei)。蜘蛛目(Araneida)，头胸部和腹部都不分节，之间以一细柄相连，螯肢有毒腺，腹部末端有纺织腺2~4对，内通丝腺，能牵丝结网，如圆蛛(Aranea)、拉土蛛(Latouchia)、蝇虎(Menemerus)等常见种（图3-103）。此外，还有拟蝎目(Pseudoscorpiones)、避日目(Solifugae)、鞭蝎目(Palpigradi)、尾鞭目(Uropygi)、无鞭目(Amblypygi)、节腹目(Ricinulei)、盲蛛目(Opiliones)等。

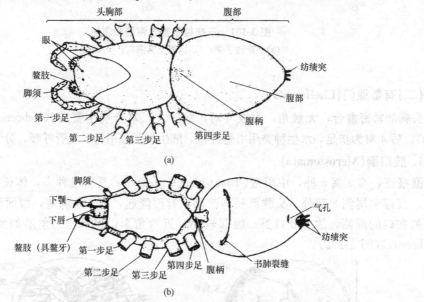

图 3-103　典型的蜘蛛外形结构示意图
(a)典型蜘蛛的背面观；(b)典型蜘蛛的腹面观

3. 海蜘蛛纲(Pantopoda)

海产小型，约500种。形似蜘蛛，头部有一突出圆柱形的吻，头后有颈部，附肢细长(图3-104)，以南北两极冷水区分布较普遍，常与苔藓虫、水螅等群体在一起，如海蜘蛛(Nymphonrubrum)。

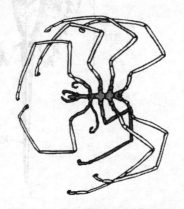

图 3-104　海蜘蛛纲外形(背面观)

(三)气管亚门(Tracheata)

以气管呼吸，触角1对，附肢单肢型，故又称单肢亚门(Uriramia)。多数陆生，有的种类能在空中飞翔，少数水生。约90万种。有的学者将他们分为有爪纲(Onychophora)、唇足纲(Chilopoda)、综合纲(Symphyla)、倍足纲(Diplopoda)、昆虫纲(Insecta)等6个纲。本书将其分为3个纲。

1. 原气管纲(Prototracheata)

原气管纲有 70 多种，具有多门动物特征。体呈蠕虫状，体表柔软具环纹，体壁具皮肌囊；附肢粗短不分节，末端具 2 爪；用气管呼吸，气管短而不分支；神经系统为梯形结构。有的学者将之独立为有爪动物门(Onychophora)，如栉蚕(*Peripatus*)(图 3-105)。

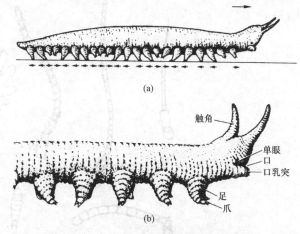

(a)

触角
单眼
口
口乳突
足
爪

(b)

图 3-105　栉蚕外形及前端结构示意图
(a)栉蚕外形；(b)栉蚕前端结构示意图

2. 多足纲(Myriapoda)

多足纲有 1 万多种，体呈蠕虫状，分为头部和躯干部，体背腹扁或细长圆形，每体节 1～2 对附肢。包括唇足纲、综合纲、倍足纲。如陆生蜈蚣(*Scolopendra*)，除前后端少数体节外，多数体节具 2 对附肢的马陆(*Julus*)等(图 3-106)。

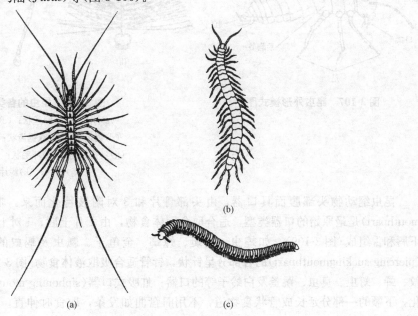

(a)　　　　　　　　(c)

(b)

图 3-106　多足纲种类
(a)一种蚰蜒；(b)一种蜈蚣；(c)马陆

3. 昆虫纲(Insecta)

昆虫身体分为头、胸、腹 3 部分(图 3-107)。头部为卵圆形,由 6 节愈合而成,单眼 1～3 个,复眼 1 对,触角 1 对。不同种类和不同性别触角形态变化大(图 3-108)。

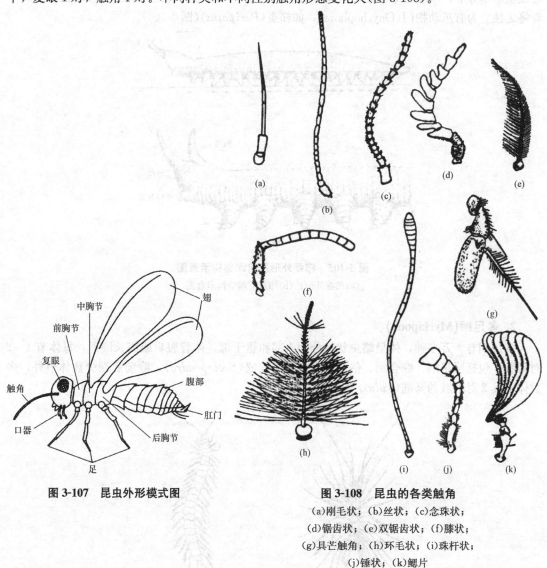

图 3-107　昆虫外形模式图

图 3-108　昆虫的各类触角
(a)刚毛状；(b)丝状；(c)念珠状；
(d)锯齿状；(e)双锯齿状；(f)膝状；
(g)具芒触角；(h)环毛状；(i)珠杆状；
(j)锤状；(k)鳃片

昆虫纲动物头部腹面具口器,由头部骨片和 3 对附肢特化而来,咀嚼式口器(chewing mouthpart)是最原始的口器类型,适合取食固体食物,由 1 片上唇、1 对上颚、1 对下颚、1 片下唇和舌组成(图 3-109),如蝗虫、蜻蜓、螳螂、金龟子、瓢虫及蚂蚁的口器;刺吸式口器(piercing-suckingmouthpart)的各部分呈针状,针管适合吸取液体食物[图 3-110(a)、(b)],如雌蚊、蝉、蚜虫、臭虫、跳蚤及白蛉子等的口器;虹吸式口器(siphoning mouthpart)大部分结构退化,下颚的一部分延长成管状食物道,不用时盘曲如发条,取食时伸直,适合吸取花蜜[图 3-110(c)]。为鳞翅目所特有,如蝶类、蛾类;嚼吸式口(chewing-lapping mouthpart)保留 1 对上颚,其他部分延长成针状,既能吮吸花蜜,又能咀嚼花粉,为蜜蜂所特有的口器;舐吸式口器(sponging mouthpart)其上、下颚退化,下唇延长成喙,端部为唇瓣,上唇和舌组成食物道

[图 3-110(d)]，为蝇类特有的口器。口器的类型是昆虫分类的重要依据。

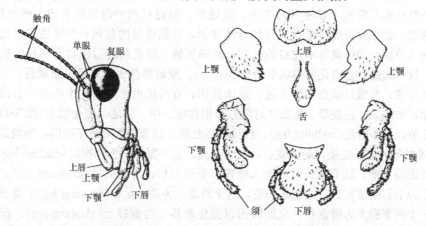

图 3-109 昆虫头部结构及咀嚼式口器示意图

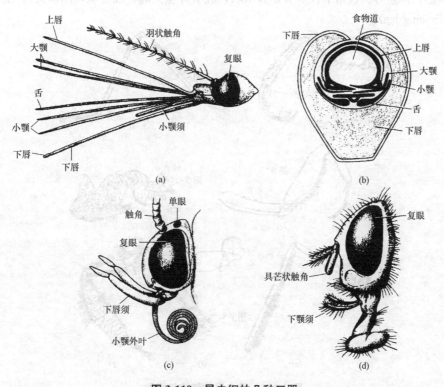

图 3-110 昆虫纲的几种口器

(a)刺吸式口器(雌蚊)；(b)雌蚊口器横切结构示意图；(c)虹吸式口器；(d)舐吸式口器

胸部 3 节分前、中、后胸，每节 1 对足，后 2 节背侧各有 1 对翅。头、胸之间为颈区(cervix)，膜质，能缩入前胸。无翅昆虫胸部 2 节构造基本相同，由背板(tergum)、腹板(sternum)和两侧膜质区(pleural region)组成；有翅昆虫，前胸构造简单，中后胸侧区骨化为侧板，背板和侧板的体壁皱褶延伸扩展成翅，气管、神经也伸入翅中，气管加厚为翅脉(vein)。原始的种类翅不能折叠，较高等种类静止时翅能折叠在背上。昆虫的翅分为膜翅(membranous wing)、鞘翅

（elytron）、半鞘翅（hemielytron）和鳞翅（lepidotic wing）等。膜翅的翅膜薄而透明，翅脉清晰，如膜翅目、蜻蜓目的前后翅，双翅目的前翅，直翅目、鞘翅目和半翅目的后翅。鞘翅质坚而厚，无明显的翅脉，静止时折叠覆盖在后翅和身体背侧，如鞘翅目的前翅；半鞘翅多是前翅，基部角质化，端部膜质，如蝽象等半翅目的前翅；鳞翅如蛾、蝶类的前后翅和毛翅目的前翅，翅表密被鳞片。蚊、蝇的后翅退化为棒状平衡棒（halter）。原始类群如弹尾目、原尾目、双尾目、缨尾目的昆虫无翅；蚤蠊目昆虫初始无翅，成体具翅；有的昆虫在生活史中的某一阶段无翅，属次生性无翅，如蚂蚁、白蚁等。胸部3对附肢分别称前、中、后足，变化很大（图3-111）。典型的胸足有6节，为步行足（walking leg）；蝗虫的后足腿、胫节强大，适于弹跳，为跳跃足（jumping leg）；蝼蛄等的前足粗短，胫节宽扁，前缘具齿，适于掘土，为开掘足（digging leg）；螳螂等的前足腿节腹面具槽，胫节回折时可嵌入槽内，呈折刀状，为捕捉足（grasping leg）；龙虱、仰蝽等的后足胫节、跗节宽扁，边缘具长毛，适于游泳，为游泳足（swimming leg）；龙虱等的雄体前足的前3个跗节膨大为吸盘状，交配时用以抱住雌体，为抱握足（clasping leg）；蜜蜂等的后足胫节宽扁，两侧有长毛，第一跗节长扁，其上有横排的硬毛可采集花粉，为携粉足（pollen carrying leg）；体虱等胸肢跗节仅一节，为爪状，胫节外缘突起，成钳状，用以夹持毛发等，称攀缘足（climbing leg）。

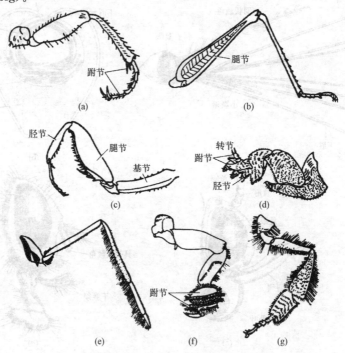

图 3-111　昆虫足的结构与类型
(a)步行足（步行虫）；(b)跳跃足（稻蝗后足）；(c)捕捉足（螳螂前足）；(d)开掘足（蝼蛄前足）；
(e)游泳足（松藻虫后足）；(f)抱握足（龙虱前足）；(g)携粉足（蜜蜂后足）

　　腹部为代谢和生殖的中枢，构造也较简单：多数10～11节；原始种类可达12节，较高级种类，多有愈合现象，仅3～4节或5～6节。无附肢，但后端几节有由附肢特化的外生殖器和尾须（cercus），雌性外生殖器即产卵器（ovipositor），雄性为交配器（petasma）。腹部前8节侧面各有一个气孔。

　　昆虫纲分为2个亚纲、34个目。

(1)无翅亚纲(Apterygota)。无翅，体弱小，腹部具附肢痕迹，有4个目，即原尾目(Protura)、弹尾目(Collembola)、双尾目(Diplura)和缨尾目(Thysanura)。缨尾目体被鳞片，触角和尾须细长，常见的有蛀食衣物、栉衣鱼(Lepisma)和湿地生活的石蛃(Machilis)等(图3-112)。

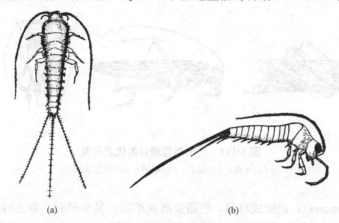

图3-112　昆虫纲缨尾目的代表种类
(a)栉衣鱼；(b)石蛃

(2)有翅亚纲(Pterygota)。多数具翅，或次生性无翅，成虫腹部无运动器官。分为30个目，常见目为：

蜻蜓目(Odonata)，触角刚毛状，咀嚼式口器，翅2对、膜质多脉，有翅痣，如蜻蜓(Aeschna)、豆娘(Archilestes)(图3-113)。

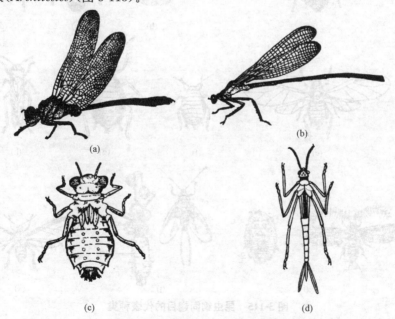

图3-113　昆虫纲蜻蜓目的代表种类
(a)蜻蜓；(b)豆娘；(c)红蜻(Crocethemis servilia)的稚虫；(d)绿河蟌(Agrion virgo)的稚虫

等翅目(Isoptera)，体柔软，咀嚼式口器，触角念珠状，前后翅等长，翅末常超过腹部末端，如白蚁（*Coptotermes*）。

直翅目（Orthoptera），咀嚼式口器，触角线状，前胸发达，中后胸愈合，前翅革质，后翅膜质，如蝗虫（*Chondracris*）、螽斯（*Longhorned grasshoppers*）、蟋蟀（*Gryllus*）、蝼蛄（*Gryllotolpa*）（图3-114）。

(a)   (b)   (c)   (d)

图3-114　昆虫纲直翅目的代表种类
(a)蝗虫；(b)螽斯；(c)蟋蟀；(d)华北蝼蛄

同翅目（Homoptera），刺吸式口器，前翅膜质或革质，呈半鞘翅，静止时翅折叠为屋脊状，如蛁蟟（*Oncotympana*，俗称"知了"）、白蜡虫（*Ericerus*）（图3-115）。

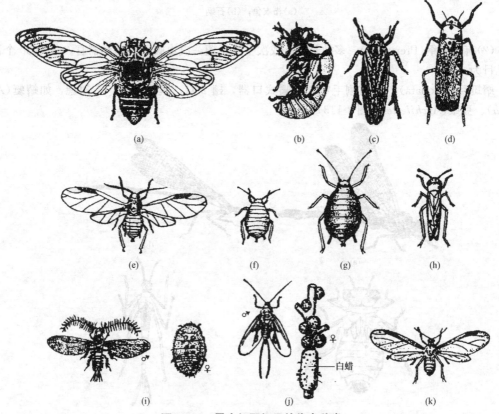

图3-115　昆虫纲同翅目的代表种类
(a)蛁蟟；(b)蛁蟟幼虫；(c)灰飞虱；(d)黑尾叶蝉；(e)蚜虫(有翅型)；
(f)，(g)蚜虫(无翅型)；(h)棉叶蝉；(i)吹绵介壳虫；(j)白蜡虫；(k)五倍子蚜

半翅目（Hemiptera），刺吸式口器，前翅半鞘翅，后翅膜质，静止时折叠于腹部背面，多具臭腺，如荔枝蝽（*Tessaratoma*）、臭虫（*Cimex*）（图3-116）。

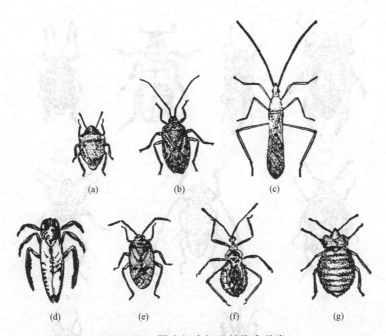

图 3-116 昆虫纲半翅目的代表种类

(a)豆二星蝽；(b)梨蝽；(c)稻蛛缘蝽；(d)仰泳蝽；(e)绿盲蝽；(f)猎蝽；(g)臭虫

虱目(Anoplura)，体小无翅，刺吸式口器，胸部各节愈合，粗短适于攀缘，如人体虱(*Pediculus*)(图 3-117)。

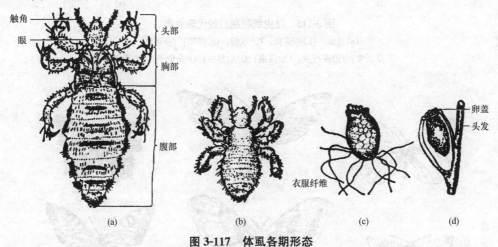

图 3-117 体虱各期形态

(a)体虱成虫；(b)体虱若虫；(c)体虱卵；(d)头虱卵

鞘翅目(Coleoptera)，咀嚼式口器，触角 10~11 节，形状多变，前翅角质，后翅膜质，通常叫"甲虫"，如萤火虫(*Luciola*)、瓢虫(*Rodolia*)、星天牛(*Anoplophora*)、金龟子(*Holotrichia*)(图 3-118)。

鳞翅目(Lepidoptera)，包括蝶类和蛾类，虹吸式口器，体表和翅密被鳞片，如二化螟(*chilo*)、家蚕(*Bombyx*)、菜粉蝶(*Pieris*)、棉铃虫(*Heliothis*)等(图 3-119)。

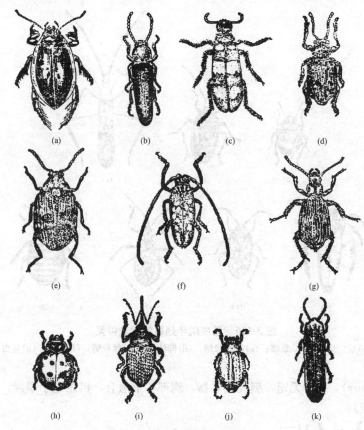

图 3-118　昆虫纲鞘翅目的代表种类

(a)龙虱；(b)叩头虫；(c)地胆；(d)叶甲；(e)豆象；
(f)星天牛；(g)步行虫；(h)瓢虫；(i)象鼻虫；(j)金龟子；(k)萤火虫

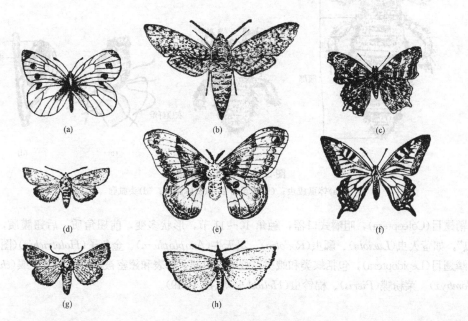

图 3-119　昆虫纲鳞翅目的代表种类

(a)菜粉蝶；(b)天蛾；(c)蛱蝶；(d)黏虫；(e)天蚕蛾；(f)凤蝶；(g)棉铃虫；(h)二化螟

双翅目(Diptera)，口器刺吸式或舐吸式，前翅膜质，后翅特化为平衡棒，少数无翅，如库蚊(Culex)、按蚊(Anopheles)、伊蚊(Aedes)、白蛉(Phlebotomus，俗称白蛉子)、牛虻(Tabanus)、舍蝇(Musca)及果蝇(Drosophila)等(图3-120)。

蚤目(Siphanoptera)，体小，侧扁，无翅，刺吸式口器，善跳跃，如人蚤(Puler)(图3-121)。

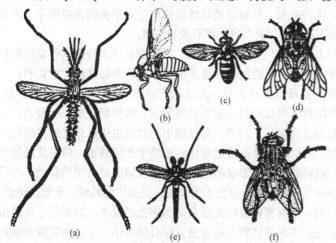

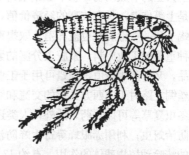

图 3 -120　昆虫纲双翅目的代表种类
(a)蚊；(b)蚋；(c)食蚜蝇；(d)牛虻；(e)摇蚊；(f)家蝇

图 3 -121　昆虫纲蚤目的代表
种类——人蚤

膜翅目(Hymenoptera)，双翅膜质，后翅小于前翅，口器咀嚼式或嚼吸式，腹部第一节并入胸部，第二节细，成"细腰"状，如胡蜂(Vespa)、蜜蜂(Apis)、蚂蚁[蚁科(Formicidae)通称]、熊蜂(Bombust)等(图3-122)。

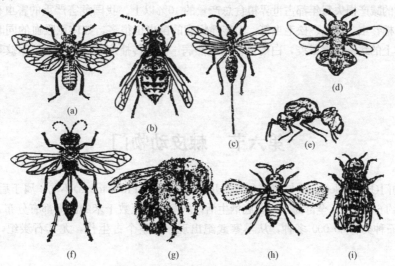

图 3 -122　昆虫纲膜翅目的代表种类
(a)叶蜂；(b)胡蜂；(c)姬蜂；(d)小蜂；(e)蚁；(f)细腰蜂；(g)雄蜂；(h)赤眼蜂；(i)蜜蜂

三、节肢动物与人类关系

节肢动物是自然界中的主要成员之一，在各种类型的生态系统中，与其他生物种类建立有多种多样的生态关系，维系生态系统的平衡，促进生物界的演替。很多植物需要借助昆虫传授花粉，其进化过程与昆虫有着密切的联系。一些植物如果离开了特定的传粉昆虫将因无法完成授粉而不能结籽。节肢动物作为食物链中重要的一个环节，以其他动植物为食物，有助于生态系统中的物质循环和能量流动。节肢动物本身也被作为食物，又是其他动物生存的基础。节肢动物的捕食和寄生作用也是控制某些动植物种群大面积成灾，维持农田、牧场以及森林系统的生态平衡的重要因子。许多生活在地下的节肢动物，还具有清除地下有机物以及促进土壤形成的作用。

节肢动物对人类的直接作用表现在人类衣食住行的各个方面。甲壳纲有许多种类具很高的经济价值。桡足类、枝角类、糠虾类、磷虾类是海洋浮游生物的重要成员，是许多海洋动物的饵料；一些大型的节肢动物，软甲亚纲的虾、蟹类是珍贵的水产品，又是水产养殖和海洋捕捞的重要对象，是上等佳肴，具有较高的经济价值，稻田养蟹可以取得一定的经济效益。蛛形纲中的一些种类，如蝎子和一些毒蜘蛛也被养殖，取蝎毒和蜘蛛毒素用于制药。昆虫纲中的白蜡虫雄虫分泌的白蜡是一种重要的工业原料；紫胶虫分泌的紫胶（又称火漆）是高级绝缘体；蜜蜂生产的蜂蜜、蜂王浆既是食品，又有药用价值，蜂蜡可用于工业；家蚕的养殖和形成的丝绸业更是我国劳动人民的骄傲，古代丝绸之路对于中西方文化的交流和经济的发展起过十分重大的作用；昆虫中的蝉蜕、土鳖、斑蝥、冬虫夏草等可以入药。此外，人类还利用一些有害昆虫的天敌来防治害虫的发生，如利用七星瓢虫防治蚜虫；利用赤眼蜂等寄生蜂防治棉花、玉米等作物上的害虫。在自然界中，昆虫也扮演者重要的清除动植物残体的作用，有约 17.3% 的昆虫是以腐烂生物为食的种类，是自然界的"清道夫"，生态系统中的还原者。例如，澳洲的养羊业发展后，就从欧洲引入当地没有的、取食动物粪便的蜣螂（俗称"屎壳郎"），以维护自然界生态系统的平衡。

节肢动物中也有很多对人类有害的种类，可以引起一些疾病，或者是病原体的宿主。例如，一些甲壳类寄生在鱼体上，引起经济鱼类的病害；蔓足亚纲藤壶等既是污损生物，又是养殖业的敌害。据统计，对人类健康和国民经济有直接影响的主要害虫约 1 万种，其中主要是昆虫。仅在农业方面，由于虫害造成的减产损失每年都占世界粮食总产量的 10% 以上。我国危害严重的害虫有稻飞虱、玉米螟、蚜虫、棉铃虫、蝗虫、松毛虫等。而传播疾病的昆虫也很多，如体虱吸血的同时传播斑疹伤寒，鼠类身体上的跳蚤传播鼠疫，白蛉子传播黑热病，按蚊传播疟疾、丝虫病，库蚊和伊蚊传播脑炎等。

第六节　棘皮动物门

棘皮动物门（Echinodermata）与前面介绍的几门原口动物（Protostomia）不同，属于后口动物（Deuterostomia）。约 6 000 种，全部海产，营底栖生活，从潮间带至数千米的深海都有分布，我国已记录 300 多种。化石种类有 20 000 多种，从早寒武纪出现，在整个古生代，尤其石炭纪，海百合十分繁盛。

一、棘皮动物门的主要特征

1. 身体辐射对称，具有中胚层起源的内骨骼，向外突出形成棘或刺

身体一般扁平，辐射对称，没有头、胸、腹等的分区，只有口面（口所在的身体一侧）和反口面之分（图 3-123）。多数种类是五辐对称（pentamerous radial symmetry），但幼体是两侧对称的，成体的五辐对称是次生性的。具有中胚层起源的内骨骼。内骨骼由钙化的小骨片（ossciles）相互以关节相连，

排列成一定形式，用以支撑身体。有的骨片成为细小的骨针(spicula)分散在体壁中，还有的小骨片突出，使体表有许多棘状突起，长短大小不一，称为棘(spine)。此外，还有小钳，称为叉棘(pedicellaria)，能清除身体污垢。

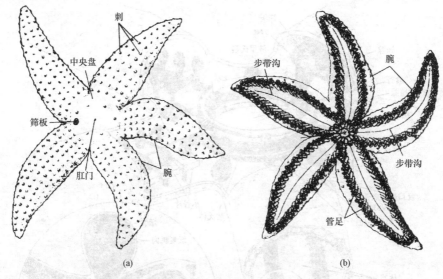

图 3 -123　海盘车(*Asterias xulgaris*)的外形

(a)反口面；(b)口面

2. 次生体腔发达，具有特殊的水管系统及围血系统

棘皮动物具有特殊的水管系统(water vascular system)、血系统及围血系统(perihemal system)(图 3-124)。棘皮动物的次生体腔发达，除了围绕内脏器官的围脏腔(perivisceral coelom)(图 3-125)外，还有一部分体腔形成特殊的水管系统，另一部分形成围血系统。水管系统及体腔的体液内有体腔细胞，体液的主要功能是运输。以海星类为例，在口面口周围的体内有一环水管(ring canal)，由环水管向各腕发出 5 支辐管(radial cannal)直达各腕末端。辐管两侧又分出长短相间的侧水管(lateral cannal)，侧水管末端又膨大为坛囊(ampulla)，坛囊向口面穿过腕内骨片成为管足(podia)。管足位于腕腹面的步带沟(ambulacural groove)中，整齐地排成 2 行或 4 行。当坛囊收缩，囊内液体进入管足，管足伸长与地面接触，管足末端的吸盘吸附着地面；当坛囊胀大，管足缩短离开地面。通过坛囊和管足的交替伸缩，完成爬行运动。环水管的间辐区还有 1~5 个波里氏囊(Polian vesicle)和 4~5 对皱褶的贴氏体(Tiedemann's bodies)，前者能储藏环水管中的液体，后者能产生体腔细胞。水管系统中充满液体并与周围海水等渗，液体中含有体腔细胞、少量蛋白质和浓度很高的钾离子，相当于一个液压系统。环水管与石管(stonecanal)相通，石管向上伸达反口面的筛板(madreporite)，筛板位于肛门一侧，筛板上有许多凹纹和小孔，是海水进出的孔道。

棘皮动物的血系统是指与水管系统相应的一系列管道，如环水管之下有环血管，辐水管之下有辐血管，与石管平行的有一深褐色海绵状腺体，称为轴腺(axial gland)，有一定的搏动能力。在接近反口面有胃血管环(gastric hemal ring)并分支进入幽门盲囊，到达反口面时又形成反口面血管环，并分支到生殖腺，在筛板附近有一背囊，也具搏动能力。在上述血系统之外并与之平行的有围血系统，实际是体腔的一部分，包围在血管系统之外成为一套窦隙系统。血系统和围血系统的功能尚不清楚。而营养物质由体腔液输送，在中央盘和各腕中都有发达的体腔围绕在内脏器官的周围，充满体腔液，体腔膜上纤毛摆动驱动体腔液流动。

　　棘皮动物中海胆、海参类的受精卵的卵裂是典型的辐射型完全均等分裂，达到16个分裂球时排成上下2层，达到32个分裂球时排成4层。发育成两侧对称的浮游幼体，最后变态下沉发育成为辐射对称或五辐对称的成体。

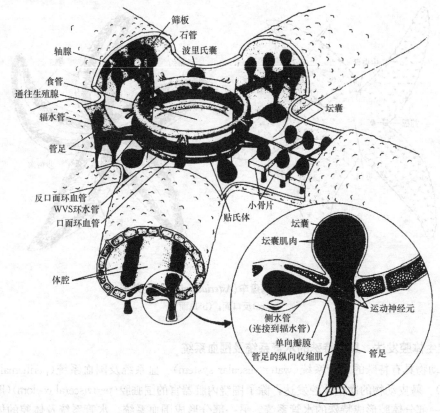

图 3-124　海盘车的水管系统、血系统

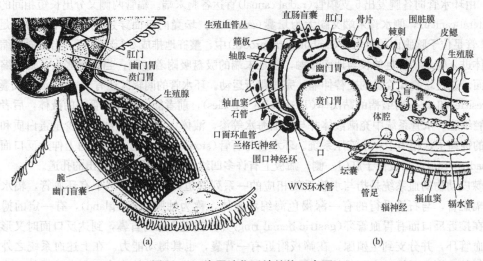

(a)　　　　　　　　　　　　　　　　　　　　(b)

图 3-125　海星消化系统结构示意图

(a)正面观；(b)侧面观

二、棘皮动物门的分类

根据体盘、腕的构造，骨片排列和棘的构造，幼体的形态等，棘皮动物分为 5 个纲：

1. 海星纲(Asteroidea)

海星纲动物关节能活动。腕的腹面中央有步带沟，内有具吸盘的管足 2 或 4 列。体表有皮鳃(papula)、棘刺(spine)、棘钳(pedicellaria)等。发育经羽腕幼虫(bipinnaria larva)阶段。现有 1 600 种，分为 3 个目：

(1)显带目(Phanerozonia)。腕具 2 行明显的边缘板，管足 2 列，无皮鳃，如槭海星(Astropecten)[图 3-126(a)]、砂海星(Luidia)[图 3-126(b)]。

(2)有棘目(spinulosa)。边缘板小、叉棘简单或缺乏，如太阳海星(Solaster)[图 3-126(c)]、海燕(Asterina)[图 3-126(d)]。

(3)钳棘目(Forcipulata)。边缘板不显著，叉棘复杂，呈剪状，如海盘车(Asterias)、翼海星(Pterasterias)。

2. 蛇尾纲(Ophiuroidea)

体盘与腕分界明显，无步带沟，管足 2 列，无吸盘和坛囊。腕细长可弯曲，有的种类腕有连续分支，发育经蛇尾幼虫(ophiopluteus)。现有 2 000 多种，分 2 个目：

(1)真蛇尾目(Ophiurae)。腕不分支，如孔蛇尾(Ophiotrema)、真蛇尾(Ophiura)、阳遂足(Amphiura)。

(2)蔓蛇尾目(Euryalae)。腕分支，常缠绕成团，如蔓蛇尾(Euryale)、筐蛇尾(Gorgonocephalus)(图 3-127)。

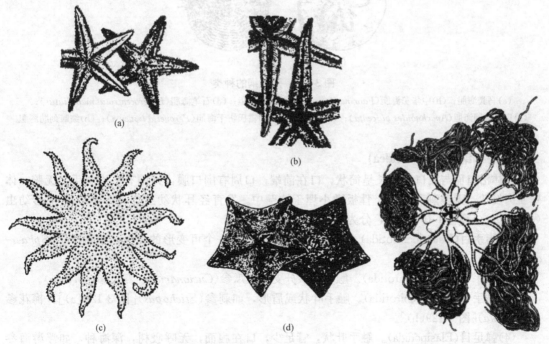

图 3-126　海星纲的常见种类
(a)正形槭海星；(b)砂海星；(c)陶氏太阳海星；(d)海燕

图 3-127　筐蛇尾

3. 海胆纲(Echinoidea)

海胆纲动物五腕翻向反口面并互相愈合,体呈球形或扁平饼状,骨板嵌合成胆壳,胆壳表面常有棘,发育经海胆幼虫(echinopluteus)阶段,现有约900种,分2个亚纲十几个目。

(1)规则海胆亚纲(Endocyclica)。胆壳球形,五辐对称。如马粪海胆(*Hemicentrotus pulcherrimus*)[图 3-128(a)]、紫海胆(*Anthocidaris crassispina*)[图 3-128 (c)]、细雕刻肋海胆(*Temnopleurus toreumaticus*)[图 3-128(h)]。

(2)不规则海胆亚纲(Excocyclica)。胆壳非球形,不对称,如心形海胆(*Echinocardium cordatum*)[图 3-128(f)]、饼干海胆(*Laganum*)、楯海胆(*Clypeaster*)。

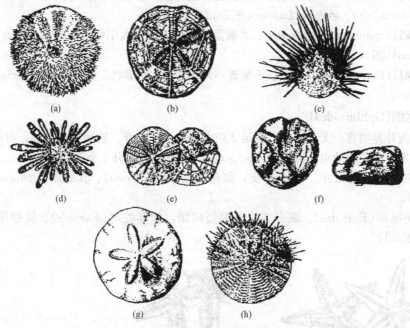

图 3-128 海胆纲的种类

(a)马粪海胆;(b)中华釜海胆(*Faorina chinensis*);(c)紫海胆;(d)石笔海胆(*Heterocentrotus mamillatus*);(e)扁平蛛网海胆(*Anachnoides placenta*);(f)心形海胆;(g)雷氏饼干海胆(*Peronella lesueuri*);(h)细雕刻肋海胆

4. 海参纲(Holothuroidea)

身体沿口面与反口面延长呈筒状,口在前端,口周有围口膜,外围有一圈触手。无腕,体壁肌肉发达,无棘刺和棘钳,骨板微小埋于体壁中。发育经耳状幼虫(auricularia)和桶形幼虫(dolioaria)。现有1 100多种,分为6个目:

(1)指手目(Dactylochirotida)。触手简单,身体包在一个可变形的壳内,如高球参(*Sphaerothuria*)。

(2)枝手目(Dendrochirotida)。触手树状分支,如瓜参(*Cucumaria*)、赛瓜参(*Thyone*)。

(3)楯手目(Aspidochirotida)。触手叶状或盾形,如刺参(*Stichopus*)[图 3-129(a)]、梅花参(*Thelenota*)[图 3-129(b)]。

(4)弹足目(Elasipodida)。触手叶状,管足少,口在腹面,无呼吸树,深海种,如浮游海参(*Pelagothuria*)。

(5)芋参目(Molpadiida)。具15个指状触手,管足乳突状,仅在肛门附近,身体后端缩为尾形,如芋参(*Molpadia*)、海棒槌(*Paracaudina chilensis*)[图 3-129(c)]。

(6)无管足目（Apodida）。触手指状或羽状，10～20个，无管足，无呼吸树，如锚海参（*Synapta*）。

5. 海百合纲（Crinoidea）

身体由上方的冠部（crown）和下方的柄部（stalk）组成（图 3-130）。柄的内部由一系列构成关节的骨片组成，每隔一定距离多数有环状排列的卷枝（cirri），柄的末端根状以固着海底。冠部相当于海星、蛇尾类的中央盘，以反口面附在柄或卷枝上，向外伸出腕，原始种类 5 个腕，多数种类腕离开冠部后即分为 2 支，有的种类腕分支后再分支，可多达 40～200 个腕。

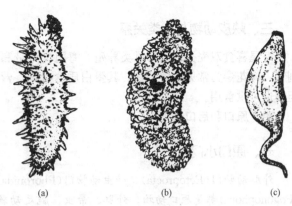

图 3-129　海参纲常见种类
(a)刺参；(b)梅花参；(c)海棒槌

腕也由一系列小骨片组成，两侧向外伸出羽枝（pinnules），腕和羽枝上有步带沟，沟中有 3 个一丛的管足。

现存海百合纲动物约 630 种，多生活在潮间带及浅海硬质海底或珊瑚礁上，分 4 个目。还有化石种类 5 000 多种。

(1)等节海百合目（Isocrinida）。具卷枝，如海百合（*Metacrinus*）[图 3-130(a)]。

(2)羽星目（Comatulida）。无柄，自由生活，如海羊齿（*Antedon*）[图 3-130(b)]、羽星（*Comanthus*）。

(3)多腕目（Millericrinida）。无卷枝，如深海海百合（*Bathycrinus*）。

(4)弓海百合目（Cyrtocrinida）。无卷枝而有萼骨的海百合。

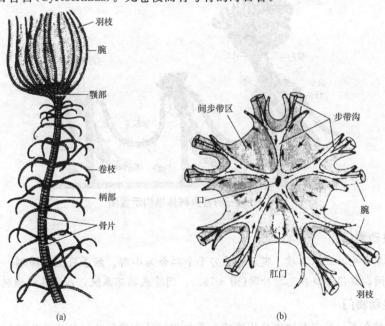

图 3-130　柄海百合、海羊齿结构示意图
(a)海百合的冠部和柄部外形结构示意图；(b)海羊齿颚部腹面观

三、棘皮动物与人类关系

海星喜食双壳类，危害贝类养殖。海胆食海带和裙带菜的幼苗，也是有害的。但海参中的刺参、梅花参为常见的食用参，其蛋白质含量高，营养丰富，还含有人体必需的微量元素；海胆卵也可供食用。

附：原口和后口若干小门

一、原口小门

外肛动物门(Ectoprocta)、帚虫动物门(Phoronida)、腕足动物门(Brachiopoda)和须腕动物门(Pogonophora)都是原口动物。外肛、帚虫、腕足动物又都具有一个总担(lophophore)，总担是体壁向外突出形成的，位于口的周围，排列成一个圆圈或马蹄形，其上有许多具纤毛的触手，故又称触手冠。外肛、帚虫、腕足动物兼有原口和后口动物的特征，帚虫、腕足类胚孔演化为口，故属原口动物。但除少数帚虫有螺旋卵裂的迹象外，其余都以辐射卵裂为主，腕足动物的中胚层和体腔又是由肠腔法所产生的，这些又是后口动物的特征。

(一)外肛动物门

外肛动物过去与内肛动物一起归入苔藓动物门(Bryozoa)，往往群集固着生活，连接成片，酷似苔藓植物，因而得名。其运动器官、肌肉组织、神经系统、感觉器官等都很退化，以触手冠来捕食，体外有自身分泌的角质或钙质的管状虫室(zooecium)，起保护作用。每个虫体称个员(zooid)，不到1 mm，消化管U形，肛门开口在触手冠外，故名外肛动物，并以此与内肛动物相区别。群体个员之间有多态现象。约4 000种，如鸟头草苔虫(*Bugula*)、羽苔虫(*Plumatella*)(图3-131)等。

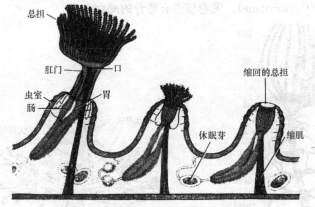

图3-131　羽苔虫群体结构示意图

(二)帚虫动物门

虫体小，单个生活或以革质、膜质虫管若干个粘合为小群。触手冠呈马蹄形，口在触手冠中央两列触手之间，肛门开口在总担外围(图3-132)。闭管式循环系统，血液具红细胞和血红蛋白。

(三)腕足动物门

体外具两瓣介壳，外形与软体动物的双壳类相似，过去曾称为拟软体动物(Molluscoidea)。壳内亦有外套膜，介壳由外套膜分泌形成。两壳多呈背腹排列，背壳小，腹壳大，由闭壳肌连接。有的种类从腹后端伸出一肌肉质圆柱形肉柄(peduncle)，借此固着在海底。体内具触手冠，为呼吸和捕食器官，体腔发达，开管式循环系统，血液即体腔液，血色素是蚓红质(haemerythrin)。现生的约300种，我国常见的有酸浆贝(*Terebratella*)、海豆芽(*Lingula*)等(图3-133)。

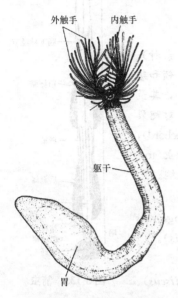

图3-132 帚虫外形示意图

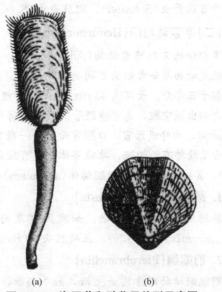

(a)   (b)

图3-133 海豆芽和酸浆贝外形示意图
(a)海豆芽；(b)酸浆贝

(四)须腕动物门

体蠕虫状，分前体部(fore part)、躯干(trunk)和后体部(opisthosoma)三部分(图3-134)，体外有自身分泌的有机质管，营管栖生活。前体部短，前方有中空的触手；躯干部长，上有几丁质的肢带(girdle)或体环(annuli)、纤毛带(ciliated band)和乳突(papillae)等，体后端略膨大。身体直径0.1~2.5 mm，体长可达40~50 mm。全身无消化、呼吸器官，全靠渗透吸收外界物质和进行气体交换。闭管式循环系统。雌雄异体。神经索位于身体背面，心脏位于身体腹面，这一点与其他无脊椎动物不同，而与脊索动物相似。分布很广，我国东海发现的是长形津氏虫(*Zenkevitchiana longissima*)。

该门动物是1899—1900年法国戈勒礼(M. Caullery)在印度尼西亚462~2 062 m深海域发现的，已记载的约100种，其分类地位尚有争议。

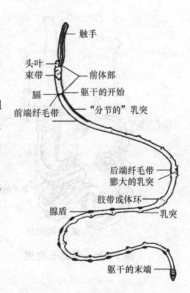

图3-134 须腕动物的模式图

二、后口小门

(一)毛颚动物门(Chaetognatha)

毛颚动物的两侧对称，体略透明，箭头状，又名箭虫(arrow worm)，种类不多，约50种，但数量很大，是海洋浮游动物的重要成员。

箭虫身体长2~3 cm，最长达10~12 cm，分为头、躯干和尾部(图3-135)。头部中央背面有1对小眼，两侧有许多几丁质刚毛，有颚的机能，毛颚类名称由此而来。头部腹面有纵裂状的口。躯干部长，两侧有侧鳍1~2对，尾部后端有一三角形鳍。性凶猛，肉食性，雌雄同体，直接发育。我国沿海常见的箭虫属(*Sagitta*)种类为百陶箭虫(*S. bedoti*)、肥胖箭虫(*S. enata*)等。

(二)半索动物门(Hemichordata)

半索动物又称隐索动物(Adelochorda)，是一类种类很少(50余种)、介于棘皮动物与脊索动物之间的动物类群。身体柔软，分为吻、领和躯干和躯干三部分，长可达60 cm。具有背神经索(dorsal nerve cord)，其最前端内部出现空腔，是背神经管的雏形；消化管前端背侧有许多对鳃裂(gill slits)，为呼吸器官，口腔背面前伸一短盲管状的口索(stomochord)，是半索动物特有的构造。雌雄异体，发育经变态，幼体称柱头幼虫(tornaria)，其结构与海参的短腕幼体(auricularia)非常相似。分为2个纲。

1. 肠鳃纲(Enteropneusta)

肠鳃纲动物自由运动，如我国发现的黄岛长吻虫(*Saccoglossus hwangtauensis*)(图3-136)、三崎柱头虫(*Balanoglossus misakiensis*)。

2. 羽鳃纲(Pterobranchia)

羽鳃纲动物群体固着生活，触手羽状，如头盘虫(*Cephalodiscus*)、杆壁虫(*Rhabdopleura*)(图3-137)。

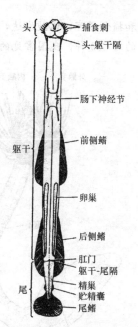

图 3-135　箭虫

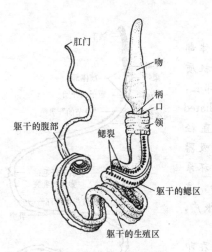

图 3-136　黄岛长吻虫

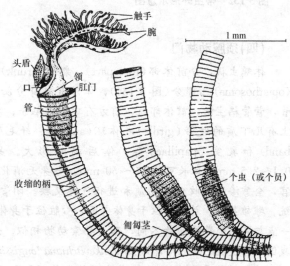

图 3-137　杆壁虫外形示意图

第七节　脊索动物门

一、脊索动物门的主要特征

脊索动物门(Chordata)是动物界最高等的一门。本门动物的身体结构复杂、生理机能完善，约70 000种，具有下列共同特征：

（1）具脊索。脊索（notoehord）位于身体背部、消化道上方、神经管的下面，是一条支持身体纵轴、柔软具弹性的结缔组织组成的棒状结构（图 3-138）。外被 1～2 层膜状物，即脊索鞘（noto-chordal sheath），脊索的细胞内富有液泡，充满细胞液，整条脊索既结实又有弹性，故能支撑身体。低等种类终生具有脊索，有的种类仅胚胎和幼体存在脊索，高等种类脊索只出现在胚胎期，成体被脊柱（vertebral column）取代。

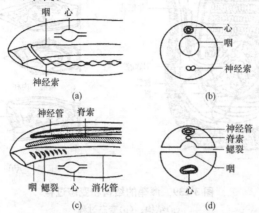

图 3-138　脊索动物与无脊椎动物的构造模式比较

(a)无脊椎动物体的纵断面；(b)无脊椎动物体的横断面；
(c)脊索动物体的纵断面；(d)脊索动物体的横断面

（2）具背神经管。背神经管（dorsal tubular nerve cord）是脊索动物的神经中枢，位于身体背部脊索的上方，呈管状结构，来源于外胚层。高等种类背神经管前段分化为脑（brain）、后段分化为脊髓（spinal cord）。

（3）具咽鳃裂。咽鳃裂（pharyngeal gill slit）位于咽部两侧，左右成对，是消化道前段与体外直接相通的裂孔，内有咽鳃（gill），是呼吸器官。低等种类咽鳃裂终生存在，高等种类只见于胚胎或幼体，随后完全消失，成体以肺呼吸。

（4）尾部存在的种类，其位置总是在肛门的后方，称肛后尾（postanal tail）。

（5）心脏位于消化管的腹面，闭管式循环系统。

（6）骨骼系统是内骨骼，起源于中胚层，能随机体的生长而增长。

二、脊索动物门分类

根据脊索存在与否、背神经管的分化情况，咽鳃裂的形态结构，可将现存的脊索动物门分为 3 个亚门：

1. 尾索动物亚门（Urochordata）

大部分尾索动物的脊索和背神经管只在幼体出现，成体体外包被着胶质状和具有高度韧性的被囊（tunic）（图 3-139）。被囊由体壁上皮分泌的蛋白质、无机盐和纤维素组成。分为 3 个纲，约 1 300 种。

（1）尾海鞘纲（Appendiculariae）。体形似蝌蚪，自由生活，咽鳃裂、脊索、背神经管终生存在。如尾海鞘（*Appendicularia*）、住囊虫（*Oikopleura*）[图 3-140(a)]。

（2）海鞘纲（Ascidiacea）。其幼体形状似蝌蚪，营自由游泳生活，具脊索、背神经管和咽鳃裂。经发育变态后尾部消失，脊索和背神经管也消失，咽鳃裂增多，体表被囊增厚，固着生活。

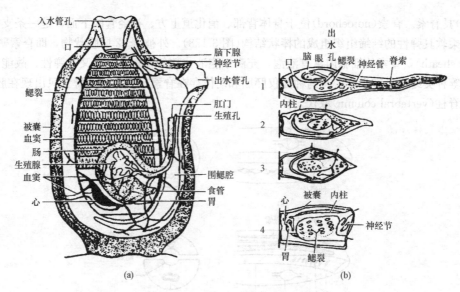

图 3-139 海鞘的结构和变态过程
(a)结构；(b)变态过程

如柄海鞘(*Styela*)[图 3-140(d)]、菊海鞘(*Botryllus*)[图 3-140(b)]。

(3)樽海鞘纲(Thaliacea)。身体呈桶形，被囊透明，上有环肌带，雌雄同体，有世代交替现象。如樽海鞘(*Doliolum*)[图 3-140(c)]、萨尔帕(*Salpa*)。

2. 头索动物亚门(Cephalochordata)

脊索和神经管纵贯全身，并终生保留。鳃裂多。体形呈鱼形，头部不明显，因此又称"无头类"(图 3-141)。仅 1 个纲。

头索纲(Cephalochorda)：体形呈纺锤形，侧扁，半透明，具明显的肌节，表皮为单层细胞。仅 1 科，即文昌鱼科(Branchiostomidae)，2 属，即文昌鱼属(*Branchiostoma*)和偏文昌鱼属(*Asymmetron*)，约 45 种，浅海砂质底栖生活，滤食性。偏文昌鱼因生殖腺位于身体右侧而得名。

文昌鱼体长一般小于 5 cm，两头尖，背中线有一个由皮肤折叠而成的背鳍，身体后端有梭镖状尾鳍，腹面在肛门前方有臀前鳍(preanal fin)，腹部两侧有由皮肤下垂形成的腹褶(metapleu-

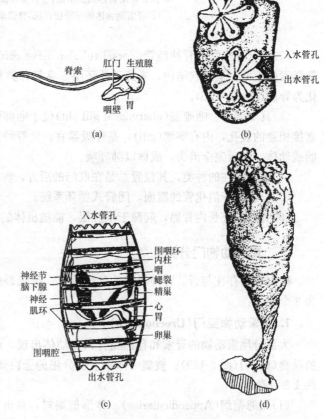

图 3-140 几种尾索动物
(a)住囊虫；(b)菊海鞘；(c)樽海鞘；(d)柄海鞘

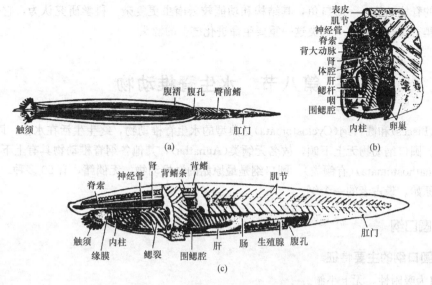

图 3-141 文昌鱼的外形及内部结构
(a)全形腹面；(b)过咽部横切；(c)全形侧面及部分纵剖面

re)。口位于体前端腹面，口周围有触须(palpus)环绕。消化系统简单，肠为一直管，其前段腹侧有一前伸的盲囊，称为肝盲囊，能分泌消化液。肛门位于尾鳍腹面左侧。咽发达，约占整个消化管的一半，其两侧有许多鳃裂；咽的顶部和底部分别有咽上沟和内柱(endostyle)，咽上沟和内柱中的纤毛摆动促进食物进入肠管。循环系统呈闭管式，腹大动脉有搏动能力，无心脏，血液无色。排泄器官为一组肾管(nephridium)，有 90~100 对位于咽壁背方两侧，其结构与无脊椎动物的原肾相似。雌雄异体，体壁两侧约有 26 对生殖腺，向围鳃腔内突入。生殖季节为 6—7 月。精子和卵子自腹孔排出，体外受精，受精卵发育成两侧对称、自由游泳生活的幼体，随后营底栖生活并变态发育为成体。

头索动物、尾索动物和半索动物通常合称为原索动物(protochordate)，在发育过程中具有咽鳃裂、背神经管、脊索以及肛后尾等若干特征。

3. 脊椎动物亚门(Vertebrate)

脊椎动物的脊索只在胚胎期出现，随后被脊柱(vertebral column)代替；脑和感觉器官眼、耳、鼻等集中在身体的前端，形成明显的头部，又称"有头类"。神经管前端分化出五部脑，高级种类大脑皮层发达。水生种类以鳃呼吸，陆生种类和次生性水生种类以肺呼吸。

脊椎动物亚门分为 6 个纲：圆口纲(Cyclostomata)、鱼纲(Pisces)、两栖纲(Amphibia)、爬行纲(Reptilia)、鸟纲(Aves)和哺乳纲(Mammalia)。

两栖纲、爬行纲、鸟纲、哺乳纲合称为四足类(Tetrapod)。爬行纲、鸟纲、哺乳纲在胚胎发育中出现羊膜，称为羊膜类(Amniota)，其他脊椎动物则称为无羊膜类(Anamnia)。鸟纲和哺乳纲动物具有产热和散热的体温调节能力，属内温动物(endotherm)，其他脊椎动物和无脊椎动物体温随环境温度的变化而变化，属外温动物(ectotherm)。

到目前为止，我国科学家共发现化石点 30 余处，采集化石 3 万余块，科学鉴定认为有 40 个门类，100 多个种的古生物化石，涵盖了现代生物的各个门类，还发现多种过去大量存在而现已灭绝的动物新种，已超出现有动物分类体系，只能以发掘地名来命名，如抚仙湖虫、帽天山虫、云南虫、昆明虫和跨马虫等。最具代表性的是在玉溪与昆明交界的滇池海口发现了地球上最古老的脊柱动物——海口鱼，其结构和功能较云南虫更复杂。科学研究认为，它是鱼类—两栖类—爬行类—哺乳类—人类这一重要生命进化链上的源头。

第八节　水生脊椎动物

鱼纲(Pisces)和圆口纲(Cyclostomata)是典型的水生脊椎动物，终生生活在水中，以鳃呼吸，以鳍游泳。圆口纲动物无上下颌，故名无颌类(Agnatha)，其他各纲脊椎动物具有上下颌，称为颌口类(Gnathostomata)(有颌类)。圆口纲是最原始的脊椎动物，无偶鳍，有50多种。鱼纲是颌口类中最原始、最古老的一个纲。

一、圆口纲

(一)圆口纲的主要特征

(1)口为吸附性，无上小颌。

(2)无附肢，具奇鳍，无偶鳍(图3-142)。

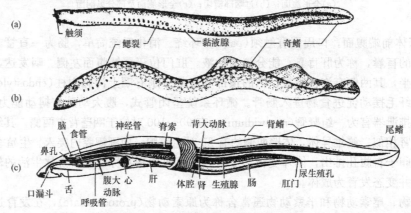

图3-142　圆口纲动物的外形与内部结构
(a)盲鳗的外形；(b)七鳃鳗的外形；(c)七鳃鳗的内部结构

(3)脊索终生留存，无脊椎，具神经弧的雏形。

(4)脑分为端脑、间脑、中脑、小脑和延髓5个部分，但分化程度较低，排列为一条直线。

(5)鼻孔和嗅囊单个，位于头部背中线上，故又称单鼻类(Monorhina)。

(6)以独特的鳃囊(gill pouch)为呼吸器官。

(7)心脏由1心房、1心室、1静脉窦组成(无动脉圆锥)，属单循环。

(8)生殖腺单个，无输出导管。

(9)身体多呈长圆筒形，海产或淡水产。

(二)圆口纲的分类

根据口的构造和鳃囊数目等特征，可将圆口纲分为2个目。

1. 七鳃鳗目(Petromyzoniformes)

具圆形口吸盘(吸附型口漏斗)和角质齿；头部具1对眼，鼻孔位于两眼之间稍前方。骨骼为软骨。鳃囊 7 对，鳃弓愈合为鳃笼(branchial basket)。具 7 对外鳃孔和 1 对眼，俗称八目鳗。雌雄异体，幼体[沙隐虫(Ammocoete)]底栖滤食生活，经过 3～7 年才变态为成体。有 10 多种，分布广泛，海、淡水均产。产于我国的有东北七鳃鳗(Lampetra mori)、瑞氏七鳃鳗(L. reissnei)和日本七鳃鳗(L. japonicus)，均分布于东北地区。七鳃鳗幼体沙隐虫和文昌鱼具有许多相似的特征，如口笠、咽部腹面的内柱(沙隐虫变态为成体后，内柱变为甲状腺)、底栖滤食生活等，说明脊索动物和原索动物具有共同的祖先。

2. 盲鳗目(Myxiniformes)

口在身体最前端，无口吸盘，具 2 对吻须和 1～2 对口须。眼退化，埋于皮下。鳃孔 1～16 对，鳃笼不发达。雌雄同体，直接发育。有 40 多种，均海产，通常穴居海底泥沙中。如大西洋盲鳗(Myxine glutosa)分布大西洋沿岸；蒲氏黏盲鳗(Eptatretus burgeri)具外鳃孔 6 对，分布于我国东海、黄海以及朝鲜南部和日本海中部以南。

(三)圆口纲动物与人类关系

七鳃鳗成体多数营寄生生活，以口吸盘吸附寄生在大型鱼类身上，用角质齿锉食宿主的血肉，危害渔业。但成体可供食用，有捕捞价值。盲鳗常从鱼鳃钻入鱼体，吸食鱼肉，将鱼吃成只剩下皮肤和骨骼的空壳，对渔业造成很大的危害；但盲鳗也食沉入海底的死鱼或袭击病鱼，能清除死鱼、病鱼，维护海水环境的清洁。

二、鱼纲

鱼类生活在水中，水的密度远远大于空气，对动物运动产生较大的阻力，同时又能给鱼体一定的浮力，不需要附肢来支撑体重。水中温度变化幅度不大，生存环境相对简单。

(一)鱼纲的主要特征

1. 无颈部，身体多呈纺锤形，体表具鳞片及黏液

鱼类的身体分为头、躯干和尾 3 部分。无颈部是鱼类区别于其他脊椎动物的特征之一。体形以纺锤形为主，即头尾轴最长、背腹轴次之，左右轴最短，流线型的体形能减少运动时的阻力，如淡水中的鲤鱼、青鱼，海水中的鲨鱼、鲐鱼等(图 3-143)。其他体形有侧扁形，如鲳鱼等，背腹轴显著延长，左右轴更短；平扁形，如鳐等，背腹轴最短，左右轴延长；棍棒形，如鳗鲡、黄鳝等，背腹轴和左右轴均缩短，头尾轴延长，其中带鱼呈长带状。其他一些不规则体形变化很大，如刺豚，全身体表长棘，体内充满气体时呈球形；鲆、鲽、鳎的双眼等器官移到身体一侧。

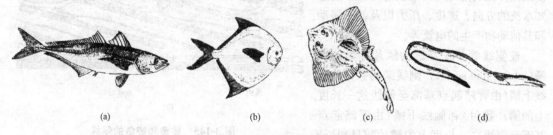

(a)   (b)   (c)   (d)

图 3-143 鱼类的四种主要体形
(a)纺锤形(鲐鱼)；(b)平扁形(鳐)；(c)侧扁形(鲳鱼)；(d)棍棒形(鳗鲡)

皮肤富有单细胞黏液腺，所分泌的黏液在体表形成黏液保护层，又能滑润身体减少游动时的阻力。体表被鳞片(scale)是鱼类的重要特征。鳞片是皮肤衍生物，由真皮(dermis)或真皮和表皮(epidermis)共同形成。根据其来源和结构分为三类(图3-144)：

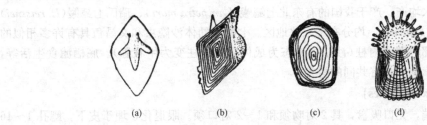

图3-144 鱼鳞的类型

(a)盾鳞；(b)硬鳞；(c)圆鳞；(d)栉鳞

(1)盾鳞(placoid scale)。为软骨鱼类所特有，为原始类型。盾鳞由真皮和表皮共同形成。与脊椎动物的牙齿同源。

(2)硬鳞(ganoid scale)。为硬骨鱼类原始种类的鳞片，见于鲟鱼和雀鳝等，由真皮演化而来。典型的硬鳞呈斜方形，含硬鳞质(ganoin)，能反射出特殊的亮光。

(3)骨鳞(bony scale)。为绝大多数硬骨鱼所特有的鳞片，由真皮演化而来，略呈圆形，前端插入鳞囊内，后端游离，彼此排列成覆瓦状。分为两类：游离端光滑的为圆鳞(cycloid scale)，鲤科鱼类多被圆鳞；游离端呈细齿状的为栉鳞(ctenoid scale)，鲈科鱼类多见。骨鳞由许多同心圆的环片(sclerite)组成。鳞片能反映出鱼体的生长情况。鱼体春夏季生长快，形成的环片较宽(称夏环)，秋冬季生长慢，形成的环片较窄(称冬环)，夏环和冬环组成了年轮。

2. 具侧线

鱼类的体表多有特殊感觉器官——侧线(lateral line)，在体侧纵贯躯干部至尾部，在头部多分支或交织成网。鲨鱼类侧线为敞沟状露于体表；硬骨鱼类呈管状埋于皮下，主管多分支穿过鳞片开口于体表。管内充满黏液，管壁上皮中有许多纤毛细胞样的侧线感受器，有神经末梢通入(图3-145)，经侧线神经进入延脑的听觉侧线区。侧线是特化的皮肤感受器，能感知水流的方向、速度、压力以及低频振动和其他动物产生的电流等。

被侧线管分支穿透的鳞片称为侧线鳞(lateral line scale)，侧线鳞的数目、侧线上鳞(由背鳍起点基部至侧线这一长度上的鳞片数目)和侧线下鳞(由臀鳍起点基部至侧线这一长度上的鳞片数目)是分类的依据之一(图3-146)，以鳞式(scale formula)表示。

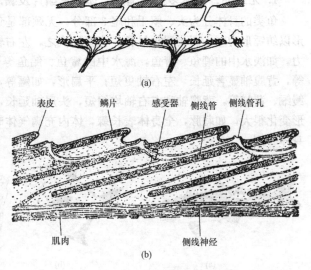

图3-145 鲨鱼和鲤鱼的侧线

(a)鲨鱼的侧线；(b)鲤鱼的侧线

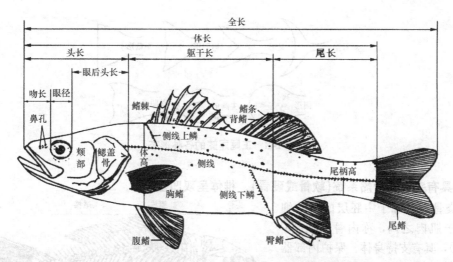

图 3-146　鲈鱼(*Lateolabrax japonicus*)的外形测量

3. 以鳍为运动器官

鳍(fin)分为身体左右两侧成对的偶鳍(paired fin)和不成对的奇鳍(median fin)。偶鳍 2 对，在胸部的为胸鳍(pectoral fin，P)，在腹部的为腹鳍(ventral fin，V)。偶鳍的主要功能是维持身体平衡和改变运动方向。奇鳍均处于身体纵轴中线上，分背部的背鳍(dorsal fin，D)、尾部的尾鳍(caudal fin，C)和肛门后方的臀鳍(anal fin，A)。背、臀鳍主要是保持身体平衡，防止倾斜；尾鳍和尾部肌肉的活动，提供前进的动力，起推进器的作用。运动快速并能长距离游泳的鱼类，尾部肌肉发达，尾鳍强大。不同鱼类，各鳍变化很大，如黄鳝缺偶鳍，奇鳍也退化；鳗鲡缺腹鳍；电鳗缺背鳍；鳐类无臀鳍，胸鳍极度扩张并与头、躯侧面愈合为体盘；弹涂鱼的胸鳍基部肌肉发达，能在滩涂上爬行或跳跃。飞鱼的胸鳍扩大延长，甚至长达尾部，具空中滑翔能力。

软骨鱼类的鳍，外面覆盖膜，内有角质鳍条支持，称"鱼翅"；硬骨鱼类的鳍条多骨质，鳍条间有鳍膜相连。

骨质鳍条分鳍棘和软条两种，鳍棘是不分支也不分节的硬棘，软条则柔软有薄节，远端分支或不分支，均由左右两半合并而成。鳍的种类、鳍条构成和数目等也是分类的依据之一。

尾鳍的形态变化大，与发育程度及运动能力有关。大体分为三类(图 3-147)：原尾(proto-cercal tail)，脊柱末端平直，将尾鳍分为上下对称的两叶，尾鳍后端圆，属原始类型，见于圆口纲和鱼纲胚胎、初期仔稚鱼期；歪尾(heterocercal tail)，脊柱尾端上弯，伸入尾鳍上叶，尾鳍上下两半不对称，多见于鲨类和鲟类；正尾(homocercal tail)，脊柱仅达尾鳍基部，末端略有上弯，尾鳍外形上下对称。正尾尾鳍的外形又有新月形、叉形、内凹形、平截形、圆形、尖圆形和双凹形等(图 3-148)。

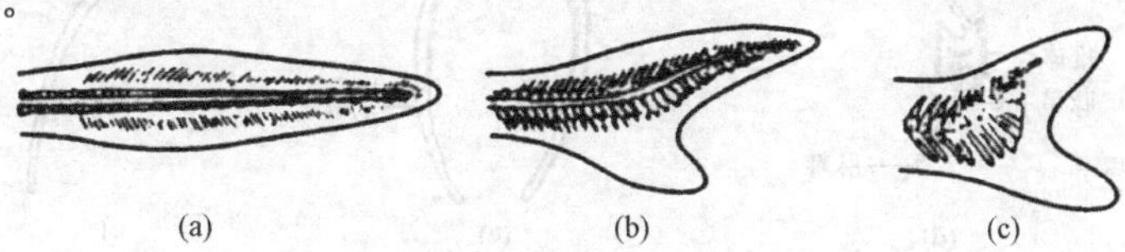

| (a) | (b) | (c) |

图 3-147　尾鳍的三种主要类型

(a)原尾；(b)歪尾；(c)正尾

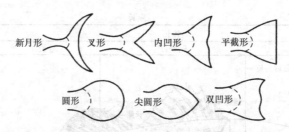

图 3-148　正尾尾鳍的各种形态

新月形　　叉形　　内凹形　　平截形
圆形　　尖圆形　　双凹形

4. 具有完整的骨骼系统(软骨或硬骨)，椎体呈双凹型

鱼类骨骼起源于中胚层的间叶细胞，处于肌肉之内，称内骨骼(endo-skeleton)，具有支持身体、保护内部器官的功能，并与所附肌肉共同协作，完成各种运动。依着生部位分为中轴骨(axial skeleton)和附肢骨(appendicular keleton)。中轴骨包括头骨、脊柱和肋骨；附肢骨包括带骨和鳍骨(图 3-149)。

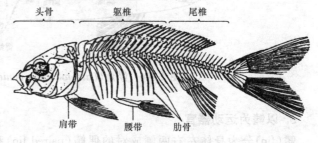

头骨　　躯椎　　尾椎
肩带　　腰带　　肋骨

图 3-149　鲤鱼的骨骼

(1)脊柱(columna vertebralis)。由许多椎骨(vertebrae)组成，纵贯全身，用以支持身体，保护脊髓和主要血管，为脊椎动物的特征。鱼类的椎骨分躯椎(trunk vertebra，又称体椎)和尾椎(caudal vertebra)两类(图 3-150)。椎体呈双凹型，凹处有脊索残余。椎体背面有髓弓(neural arch)，呈弧形，前后椎体的髓弓围成椎管(vertabral canal)，内存脊髓；髓弓背面为髓棘(neural spine)，由左右成对的三角形小骨片组成。躯椎腹面两侧各有一个小突起，称椎体横突(paraphysis)，其末端连接肋骨。鱼类的肋骨分背肋(dorsal rib)和腹肋(ventral rib)，背肋位于肌隔与水平隔膜相切的地方，腹肋位于肌隔与腹膜相切的地方。髓弓前缘突出成前关节突(prezygapophysis)，椎体后上缘有后关节突(postzygapophysis)。前后关节突彼此相接，提高了脊柱的坚韧性和活动性。

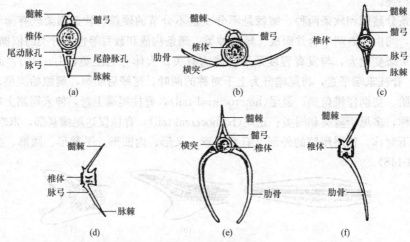

(a)
髓棘　髓弓
椎体
尾动脉孔　尾静脉孔
脉弓

(b)
髓棘
椎体　髓弓
肋骨
横突

(c)
髓棘
髓弓
椎体
脉弓
脉棘

(d)
髓棘
椎体
脉弓
脉棘

(e)
横突　髓棘
髓弓
椎体
肋骨

(f)
髓棘
椎体
肋骨

图 3-150　鱼的椎骨

(a)灰星鲨尾椎骨(正面)；(b)灰星鲨躯椎骨(正面)；(c)鲤鱼尾椎骨(正面)；
(d)鲤鱼尾椎骨(侧面)；(e)鲤鱼躯椎骨(正面)；(f)鲤鱼躯椎骨(侧面)

(2)头骨(skull)。分上部和下部，上部为保护脑及视、听、嗅等感官的脑颅(neurocranium)，下部为支持颌、舌、鳃的咽颅(splachnocranium)。软骨鱼类头骨全为软骨，脑颅由整块软骨构成(图3-151)。多数种类前部为吻软骨(rostral cartilage)，两侧为鼻囊(olfactory capsule)，内含嗅囊。鼻囊后方的凹窝即眼囊(optic capsule)，其后方为隆起的耳囊(auditory capsule)。脑颅后方正中为枕骨大孔(foramen magnum)，其下方两侧的突起为枕髁(condylus occipitalis)，与脊柱相关节。硬骨鱼的脑颅由许多骨片组成，有软骨性硬骨(cartilage bone)和膜性硬骨(membrane bone)。硬骨鱼类的脑颅比软骨鱼类复杂得多。分鼻区、眼区、耳区及枕区。鼻区即筛骨区在最前端，围绕鼻囊周围；眼区又称蝶骨区，紧接鼻区后方，围绕眼眶周围；眼区之后为耳区，环绕耳囊四周；耳区之后为枕区，环绕枕孔四周(图3-152)。

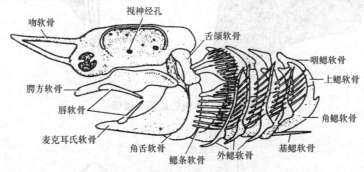

图3-151 鲨鱼的脑颅和咽颅(侧面)

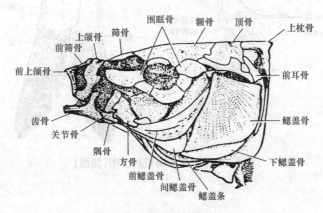

图3-152 鲤鱼的颅骨(侧面)

7对骨弓构成咽颅围绕并保护消化管前端。第1对为颌弓，形成上下颌，加强了咬合功能，增强了捕食和防御能力。第2对为舌弓，支持舌部，舌颌骨的上端与脑颅相连。其余5对为鳃弓，由背向腹成半环状用于支持鳃部。

(3)附肢骨。包括奇鳍和偶鳍的骨骼。背鳍和臀鳍基部有鳍担骨(pterygiophore)支持鳍条，尾鳍无鳍担骨，但有尾部椎骨的后端骨骼特化来支持鳍条。

偶鳍骨骼包括带骨和鳍骨。支持胸鳍的骨骼为肩带(shoulder girdle)，支持腹鳍的骨骼为腰带(pelvic girdle)。软骨鱼类的肩带为1根U形软骨，包括乌喙部(coraeoid part)和肩胛部(scapular part)(图3-153)。两部之间有3块基鳍骨(pterygium)和与基鳍骨相连的许多辐鳍骨支持鳍条。真骨鱼类的肩带由肩胛骨(scapular)、乌喙骨(coraeoid)、锁骨(cleithrum)等组成(图3-154)。软骨鱼类的腰带仅1根坐耻骨，真骨鱼类的腰带为1对无名骨(innominatum)。除硬骨鱼类的肩带直接与头骨相连外，其他带骨均游离隐藏于肌肉中，故鱼类附肢骨与脊柱没有直接联系。

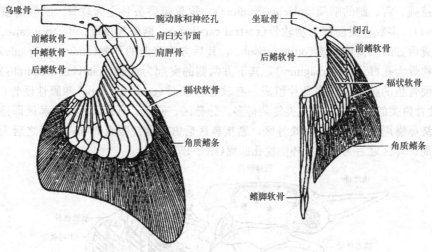

图 3-153　鲨鱼的肩带和腰带

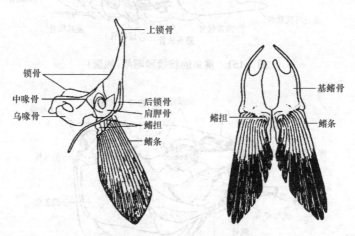

图 3-154　鲤鱼的肩带和腰带(侧面)

5. 具肌肉系统

鱼类的肌肉系统分化程度不高，躯干和尾部肌肉与圆口类相似，由肌节组成，肌节之间有肌隔联系。比圆口类进化程度高的特征表现在体侧肌肉被一水平侧隔(lateral septum)分为上下两部分，分别称轴上肌(epaxial muscle)和轴下肌(hypaxial muscle)(图 3-155)。轴上肌分化出背鳍肌肉，轴下肌分化出偶鳍和臀鳍肌肉。尾部的一部分肌肉分化出尾鳍肌肉；头部和咽部一部分肌节分化为头部腹面及鳃裂间的肌肉。6 条动眼肌由胚胎时期最前端的 3 个肌节分化而成。电鳐(*Torpedo marmorata*)等鱼类具有由肌肉演化而来的发电器官，能放出一定电压的电流用以攻击或防御。

6. 具发达的上下颌，多数种类颌上有锐齿，消化系统完善

消化系统包括消化道和消化腺。消化道包括口、咽、食道、胃、肠和肛门(图 3-156)。口由上下颌组成，是摄食器官。口的位置与鱼类食性关系密切，如以浮游生物为食的口多上位，以底栖或岩石上生物为食的口多下位，以中上层漂浮生物为食的口多端位等。口咽腔具牙齿，软

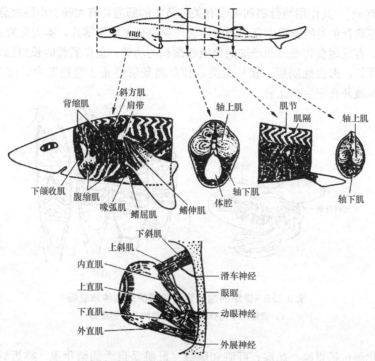

图 3-155　鲨鱼的肌肉（下图为 6 对动眼肌）

骨鱼类颌骨上的牙齿由盾鳞转化而来；硬骨鱼类具口腔齿和咽喉齿。口腔齿着生于颌骨、腭骨、犁骨、舌骨、鳃弓等上，咽喉齿则着生在第五对鳃弓所特化的咽骨上。牙齿的形状和排列方式取决于鱼类食性。以浮游生物为食的种类，牙细弱，呈绒毛状，集合排列成齿带；肉食性的鱼类，牙呈圆锥状、犬齿状、臼齿状或门齿状；杂食性或兼食性的鱼类，牙为切割形、磨形、刷形和缺刻形等。

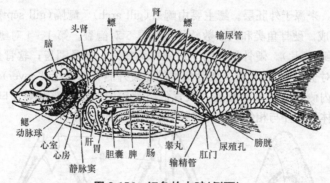

图 3-156　鲤鱼的内脏（侧面）

多数鱼类鳃弓内缘着生鳃耙（gill raker），是滤食器官。鳃耙形状与数目与食性有关。取食大型食物的鱼类，鳃耙粗短，排列稀松；食细微食物的鱼类，鳃耙细长且排列紧密；以浮游植物、底层有机碎屑为食的鱼类，鳃耙进一步特化为异形鳃耙，如白鲢鳃耙连成海绵状结构。

口咽腔之后是食道。食道短，连于胃的贲门部。胃是消化管最膨大的部分。软骨鱼类中的全头类，硬骨鱼类中的鲤科鱼类等没有胃，仅在食道之后有一膨大的肠球，胆管和胰管开口于此，无肠腺。有的硬骨鱼类在胃与肠交界处有指状、瓣关或盲管状突起，称为幽门盲囊（pyloric caeca)[图 3-157(a)]，其作用与分泌和吸收有关。鱼类的肠通常有大肠、小肠之分，大肠末端为直肠。鲨、鳐等软骨鱼类的肠管中有由肠壁向管内突出呈螺旋形薄片，称为螺旋瓣(spiral valve)[图 3-157(b)]，有延缓食物通过和增加消化吸收面积的功能。鱼类肠管的长短因食性不同而异，草食性鱼类肠管长，肉食性则短。软骨鱼类、肺鱼类肠管终止于泄殖腔中，而无独立的肛门；硬骨鱼类肛门单独开孔于生殖孔前。

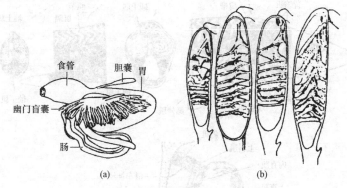

图 3-157　银鲳的幽门盲囊和鳐类的几种螺旋瓣
(a)银鲳的幽门盲囊；(b)鳐类的几种螺旋瓣

　　鱼类的消化腺包括胃腺、肠腺、肝脏和胰腺。肝脏是最大的消化腺，靠近胃，分叶。肝脏分泌胆汁而储藏于胆囊(gall bladder)，再由胆管输入十二指肠。胆汁通常为绿色或黄色，具有活化脂肪酶、刺激肠蠕动的作用。软骨鱼类有定型胰脏，位于胃幽门部和肠管之间，有胰管开口于螺旋瓣的起始处；大多数硬骨鱼类的胰脏为弥散性腺体，分布于肠系膜的脂肪组织内和肝门静脉的四周。胰为重要消化腺，分泌的胰液含有蛋白质消化酶、脂肪酶、淀粉酶等多种消化酶。鲨鱼的直肠有直肠腺，分泌高度浓缩的无色氯化钠液体，帮助肾调节血液的盐浓度。

7. 终生生活在水中，用鳃呼吸

　　成体鱼为内鳃，来源于外胚层。鳃主要由鳃弓(gill arch)、鳃隔(gill septum)、鳃瓣(gill lamellae)等几部分组成。硬骨鱼类和大多数软骨鱼类具 5 对鳃裂。第 1～4 对鳃弓上为 4 对全鳃，每一全鳃有 2 个半鳃(鳃片)。硬骨鱼类第 5 对鳃弓无鳃片，而具咽齿；软骨鱼类第 1 对鳃弓上有 1 片鳃片，即 4 对全鳃，1 对半鳃。硬骨鱼类的鳃裂外侧有鳃盖(gill cover)保护，鳃片间的鳃隔退化，仅在鳃弓内侧残留细棒状痕迹；软骨鱼类鳃较原始，鳃裂直接开口体外，鳃隔发达，通常为 5 对，通出体外，并与相邻的鳃构成外鳃裂(图 3-158、图 3-159)。

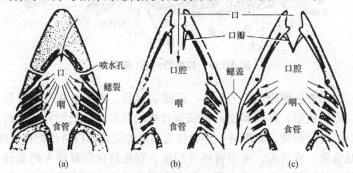

图 3-158　鱼鳃的结构模式
(a)鲨鱼；(b)，(c)硬骨鱼

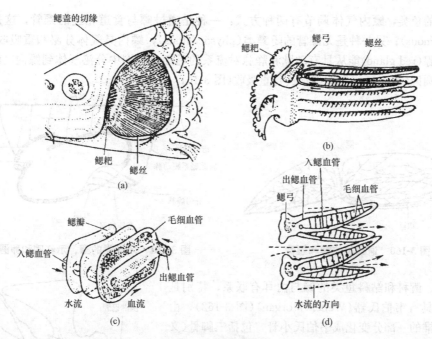

图 3-159　鲤鱼的鳃

(a)切除鳃盖，示四对全鳃；(b)鳃的一部分，示鳃耙、鳃弓和鳃丝；
(c)一条鳃丝的放大；(d)呼吸时，鳃丝的位置，示血流和水流的方向

软骨鱼类多数种类在第 1 对鳃裂前方有 1 对小孔，称喷水孔（spiraculum），其前壁仍具残存的鳃，已失去呼吸功能，称假鳃（pseudobranchia）。喷水孔为退化的鳃裂，是咽部与外界相通的管道。硬骨鱼类喷水孔消失，但一些种类的鳃盖内面亦残留假鳃。

水中溶解氧含量较空气少得多，鱼类在水中要获得充足的氧，一方面要有尽可能大的鳃表面积，另一方面还要有大量的水流通过鳃部。通常鱼类呼吸时，水流由口流入口咽腔，经鳃部由鳃孔排出。水的吸入和排出主要靠上下颌和鳃部肌肉的活动，但有鳃盖的硬骨鱼类，鳃盖的活动起到了泵的作用，当鳃盖提起时，鳃盖膜由于外界水的压力作用紧紧盖住体壁封闭了鳃孔，于是口腔、鳃腔中压力低于外环境，水便流入口咽腔；当鳃盖回落时，口和口腔瓣（oral valve）关闭，口咽腔、鳃腔缩小，水流冲开鳃盖膜流出。鳃盖的起落，造成压力变化，使水不断从鳃腔流过。

鳃丝（gill filament）上布满毛细血管，血管中血流方向与水流方向相反，有利于气体交换。

8. 大多具鳔

鳔（air bladder）位于体腔背侧，呈囊状，囊内充满气体（图 3-160）。鳔是在胚胎期由消化管突起分离出来的辅助呼吸器官。对于多鳍鱼（*Polypterus*）和肺鱼，鳔起肺的作用。但对大多数鱼类而言，鳔的基本功能是调节身体相对密度，从而使鱼类在不同水层升降自如。当鱼从深水游向浅水时，因水压力降低，鳔内气体膨胀，鱼体密度减轻，鱼便继续上升；若要停留下来，则需要鳔放出一部分气体；相反，若从浅水游向深水，鳔内也需放出部分气体，这时若要鱼体减缓下降趋势，则需要停止放气或吸入部分气体。鲨鱼是无鳔类，在水中必须保持游泳状态，游泳停止便停息水底。鳔的比重调节是一个比较缓慢的过程，在急剧升降中不仅无益反而有害，所以有鳔的鱼类大都生活在比较固定的水层；而急速游泳的鲨鱼，以及大多数底栖鱼类、深海鱼类以及急流中生活的鱼类都没有鳔。

有鳔的鱼类，鳔内气体调节有两种方式：一种是通过鳔与食道相连的鳔管，这是通鳔类（physostomous）；另一种是无鳔管的闭鳔类（physoclistous），鳔内具气体分泌和重吸收的系统，其中的红腺（red gland）能从具有动脉和静脉对流系的毛细血管网中分泌气体到鳔内；鳔的另一特殊的卵圆区（oval area）能对气体进行重吸收（图 3-161）。

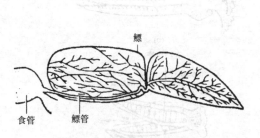

图 3-160　通鳔类的鳔和鳔管

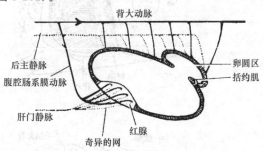

图 3-161　闭鳔类的鳔，示红腺和卵圆区

鲱科、鲤科和鲇科鱼类的鳔与内耳有联系，特别是鲤科鱼类具有韦伯氏器（Weber's organ）（图 3-162），由前 3 块脊椎的一部分变化成韦伯氏小骨，包括三脚骨（又名锤骨）、间插骨（又名砧骨）和舟骨（又名镫骨），三脚骨的后端和鳔壁相接触，舟骨和内耳的围淋巴腔接触。水中的声波引起鳔内气体产生同样振幅的波动，通过韦伯氏器传导到内耳，从而感受到声波。所以鳔有辅助听觉的作用。鲤科鱼类、海产的大小黄鱼等的鳔收缩放气时还能发声，这种发声在生殖季节有集群等生物学意义。

此外，鱼类还有鳃以外的其他辅助呼吸器，如鳗鲡的皮肤、黄鳝的口咽腔、泥鳅的肠、弹涂鱼的尾鳍、乌鳢和攀鲈等的鳃上腔的褶鳃、肺鱼和雀鳝等的鳔等都具有气体交换功能。

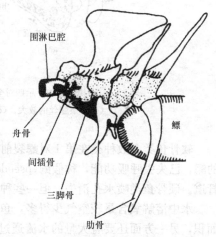

图 3-162　韦伯氏器

9. 心脏一心房一心室，单循环

鱼类循环系统包括心脏、血管、血液和淋巴系统。鱼类的心脏小，仅占体重的 0.2%；构造简单，由一心房、一心室、一静脉窦、一动脉圆锥组成（图 3-163），属单循环，心脏中的血为缺氧血。心脏位于最后鳃弓的后面腹侧，在围心腔（pericardial cavity）中。借横隔（transverse septum）与腹腔分开。心室泵出血液由腹大动脉进入鳃，在此进行气体交换。出鳃的血为富氧血，经背大动脉送到身体各组织（图 3-164）。头部和躯干的血液分别由前主静脉和后主静脉汇入总主静脉经静脉窦进入心房，消化道系统的血液由肝静脉经

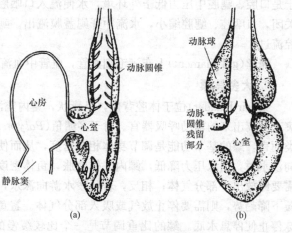

图 3-163　鱼类的心脏比较
（a）软骨鱼类；（b）硬骨鱼类

静脉窦进入心房，然后从心房到心室，再送到鳃，依此循环不息，完成物质运输。

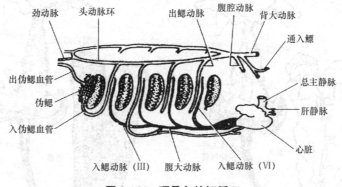

图 3-164　硬骨鱼的鳃循环

鱼类血液一般呈红色，主要由血浆、红细胞、白细胞、血小板等组成。鱼类血量较少，仅占体重的 1.6%～5.2%。

10. 中肾，排泄系统完善

鱼类的排泄器官主要是 1 对中肾，位于腹腔背部，是狭长的紫红色器官(图 3-165)。肾脏有许多肾小体，尿液经肾小管汇入输尿管(中肾管)，通向泄殖腔(软骨鱼类)或经膀胱(硬骨鱼类)从尿殖孔排出体外。

肾的主要功能是生成尿液。由血液携带的溶解物质进入肾脏，经肾小体过滤，其中水分和营养物质(葡萄糖、氨基酸及其他有用的离子，如钠、钙、镁、氯等)大部分被重吸收，余下的成为尿液排出体外。肾还是渗透压调节和盐水平衡的重要器官。渗透压调节对水生的鱼类非常重要，因为鱼类生活的水环境与组织液和血液经常是不等渗的。淡水鱼和海水鱼体液中含盐浓度基本相同(约 0.7%)，而淡水含盐浓度低(0.3%以下)，是低渗的；海水含盐浓度高(3%左右)，是高渗的。所以淡水鱼有吸水倾向，而海水鱼则有脱水倾向。鱼类主要是通过肾和鳃上的泌盐细胞来完成渗透压调节。淡水鱼类肾能排除体内过量水分，鳃上吸盐细胞能向血液中增添盐分；海水鱼吞入海水，由鳃上泌盐细胞排除过量的盐分，肾小体相对不发达，减少失水。鲨鱼则在血液中保留较高浓度的尿素(2%～2.5%)以增加体内的渗透压。此外，一些鱼的直肠腺(rectal gland)也可以排除盐分，如有的鲨鱼体内过剩的盐分有 35%～41%是通过直肠腺排出的。

有些鱼类渗透压调节能力强，能够适应盐度差异较大的环境，这种具有迅速调节渗透压能力的鱼类称为广盐性(euryhaline)鱼类。有些鱼类耐受盐度变化的能力小，称狭盐性(stenohaline)鱼类。有些鱼类能从海洋洄游到江河淡水区生殖，称为溯河性(anadromous)鱼类，如大麻哈鱼(*Oncorhynchus*)。而有的鱼类则从淡水栖息地洄游到海洋中去生殖，称为降河性(catadromous)鱼类，如河鳗(*Anguilla*)等。鱼类一生的生命活动中，周期定向性地迁移运动称为洄游。根据引起洄游的原因将洄游分为生殖洄游(产卵洄游)、索饵洄游和越冬洄游三种。

11. 多雌雄异体，体外受精

鱼类的生殖器官主要由生殖腺(gonad)和生殖导管(reproductive duct)两部分组成(图 3-165)。体内受精的鱼类，雄鱼还有外生殖器，能将成熟的精子导入雌鱼生殖导管内。

生殖腺也称性腺，位于腹腔背侧，由生殖腺系膜固定，血管和神经通过系膜分布到生殖腺。鱼类多雌雄异体，雄性生殖腺为 1 对精巢，雌性为 1 对卵巢。少数鱼类左右成对的性腺愈合而为单个，如玉筋鱼(*Ammodytes*)、绵鳚(*Zoarces*)等。卵巢平时为扁平带状，生殖季节里卵巢发

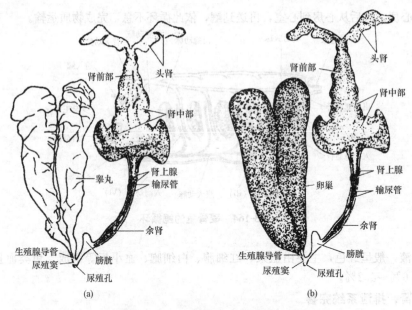

图 3-165   鲤鱼的排泄和生殖系统
(a)雄性；(b)雌性

育很快，并占据体腔的大部分，主要生成卵子，卵子数目依种类和个体大小的不同而有所差异。精集一般为白色线状器官，在生殖期也显著增大，主要产生精子。

一般来说，鱼类的雌雄两性在形态上并无显著差异，体内受精者雄鱼常有交接器(copulatoryorgan)，如雄性鲨鱼的腹鳍最后一根鳍条延长为鳍脚。但有部分鱼类两性异形(sexual dimorphism)，如角鮟鱇(*Ceratias holboelli kroyer*)的雄鱼体小，并以口吸附在雌鱼身上，营寄生生活；泥鳅雄鱼的胸鳍呈三角形，雌鱼胸鳍呈圆形。在生殖季节，雄鱼往往发生一些变化，如体色改变，有的胸鳍上出现表皮细胞角化的锥状突，即"追星"；有的体形也会发生变化等。

部分鱼类属于雌雄同体，如黄鳝从胚胎发育为成鱼，第一次性成熟为雌性，产卵过后逐渐转化为雄性。这种性别改变现象称为性变或性逆转(sex reversal)。

12. 脑分 5 个部分，感觉器官发达

鱼类神经系统由中枢神经系统和外周神经系统两部分构成。

中枢神经系统包括脑和脊髓。鱼类的脑分为 5 个部分：端脑(telencephalon)、间脑(diencephalon)、中脑(mesencephalon)、小脑(cerebellum)和延脑(medulla oblongata)(图 3-166)。端脑分化为大脑(cerebrum)和嗅叶(olfactory bulb)，大脑不发达。硬骨鱼在脑背面仅有上皮组织而无神经细胞，大脑基部为神经细胞集中形成的纹状体(corpus striatum)，为运动调节的高级中枢；嗅叶大，嗅觉发达。间脑小，但和脑的各部分有复杂的联系，故具重要的综合和交换作用，尤其与视觉和嗅觉的关系密切。间脑背面的松果体(pineal body)是内分泌腺。研究证实，松果体与"生物钟"(biological clock)的节律有关。间脑的腹面延伸为脑漏斗(infundibulum)，其腹面有脑垂体(hypophysis)，为内分泌腺；脑漏斗基部前方为视交叉(optic chiasma)。中脑背面的两个隆起为视叶，是视觉中枢。鱼类视叶很发达，因而中脑成为脑 5 部分中最大的部分。小脑是运动协调的中枢，在不同鱼类中发达程度不同，运动力弱的鱼类小脑细小，运动力强的鱼类小脑发达。延脑在小脑的腹面并向后延伸，是许多生命活动的中枢，如心血管活动的控制、新陈代谢的调节、侧线和内耳的控制等中枢均在延脑。

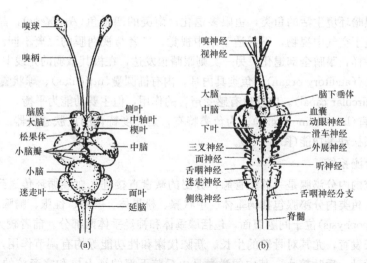

图 3-166 鲤鱼的脑

(a)背面观；(b)腹面观

脊髓紧接延脑之后，延伸至最后一个椎骨，受髓弓的保护，呈圆柱状，分节明显，每节都有传出和传入神经，分支与交感神经系统相联系。脊髓为低级反射中枢。

外周神经系统包括脑神经和脊神经。鱼类脑神经 10 对，依次为大脑嗅叶发出的嗅神经（Ⅰ）、间脑发出的视神经（Ⅱ）、中脑发出的动眼神经（Ⅲ）、滑车神经（Ⅳ）、小脑发出的三叉神经（Ⅴ）、延脑发出的外展神经（Ⅵ）、面神经（Ⅶ）、听神经（Ⅷ）、舌咽神经（Ⅸ）和迷走神经（Ⅹ）。

脊神经是脊髓两侧发出的神经，每一个脊椎骨都有 1 对，由椎间孔穿出，分布到每节的肌肉等器官。脊神经由背根和腹根愈合而成。背根内含感觉神经纤维，来自感觉器官或背神经节，通入脊髓，又称感觉根；腹根则含运动神经纤维，自脊髓内部发出，通到身体各部分，又称运动根。

鱼类对外界的触、热、冷、痛、味、光、声、电、压力等刺激都有感受能力，这与鱼类的感觉器官发达是分不开的。主要感觉器官有嗅觉、视觉、听觉、侧线等。

(1)嗅觉器官(olfactory organ)。由鼻腔内的嗅囊构成，囊壁上皮有成簇的嗅细胞，嗅细胞为杆状或梭形，外端有纤毛，后端有神经纤维，每个嗅细胞的神经纤维汇成嗅神经(olfactory nerve)通到大脑嗅叶。鱼类通常只有外鼻孔，板鳃类 1 对鼻孔开口于吻的腹面，外盖鼻瓣，有的还有口鼻沟，鼻孔与口相通。硬骨鱼类多数有 2 对鼻孔，水由前鼻孔流入，后鼻孔流出。肺鱼和硬骨鱼不同，具内、外鼻孔，故有嗅觉和呼吸的双重机能。总鳍鱼类也有这个特征。

(2)视觉器官(visual organ)。鱼眼与其他脊椎动物的眼有基本相同的构造，包括光学部分和感觉部分。光学部分主要有晶状体(lens)、角膜(cornea)；感觉部分主要是眼底的视网膜(retina)。晶状体和视网膜之间为眼后房，内为玻璃液；晶状体与角膜之间为眼前房，充满水状液(图 3-167)。鱼眼显著特点是角膜扁平、晶状体球形无弹性，多数无眼睑和泪腺，巩膜和脉络膜之间具一层银膜(argentea)。由于晶状体球形缺乏弹性，角膜扁平，所以难以通过改变曲度来进行视力调节，而是通过移动晶状体来提高视力。通过调节可视 10～12 m 的距离。

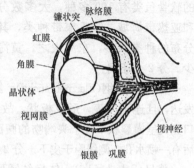

图 3-167 鲤鱼的眼(纵切面)

在洞穴全黑暗环境生活的鱼类，鱼眼多退化；南美的四眼鱼(*Anableps*)，晶状体分为上下两部分，上部适于空气中视物，下部适于水中视觉，二者与视网膜的距离不同。深海鱼类，一类与洞穴鱼类一样，眼睛全部退化；另一类则眼睛很发达，在极其微弱的光线中也能视物。

(3)听觉器官(auditory organ)。鱼类具内耳，内有椭圆囊(utriculus)、球状囊(sacculus)和三条半规管(semicircular canal)。内耳也有感受声音的作用，但主要功能为平衡。

(4)侧线器官(lateral line organ)。为鱼类特有，是高度特化的皮肤感受器，具有感知水流、压力变化和低频振动等功能(图3-145)。

13. 具内分泌系统

内分泌系统的内分泌腺是一种无管腺，分泌的激素直接进入血液循环传送到体内一定器官进行化学调节。鱼类内分泌腺包括脑垂体、甲状腺、松果体、胰岛、性腺、胸腺、肠腺等。

脑垂体(hypophysis)位于间脑腹面，包括腺垂体和神经垂体两部分。前者较大，能分泌多种激素，对于生长发育，尤其对骨骼的生长、新陈代谢和性功能等均有调节作用，而且能调节其他内分泌腺的活动。后叶较小，其内的激素是由丘脑下部的视上核和室旁核的神经细胞分泌，这些激素有升高血压、刺激子宫收缩和抗利尿等作用。我国在养殖业上已广泛使用垂体加工的垂体液注射鱼体，促进性腺和精卵成熟。

甲状腺(thyroid gland)在板鳃类体内位于下颌骨的后方中央的舌肌中；多数硬骨鱼类的甲状腺主要弥散在腹大动脉及鳃区的间隙组织里。甲状腺激素的主要功能是促进新陈代谢，与鱼类发育有关，在器官和色素的形成方面也有重要作用。

(二)鱼纲的分类

根据骨骼系统，把现存的鱼类分为两大群系，即软骨鱼系和硬骨鱼系。

1. 软骨鱼系(Chondrichthyans)

软骨鱼系主要特征是：软骨，被盾鳞；口在腹面，肠中具螺旋瓣；鳃隔发达，鳃裂一般5对，多数种类直通体外，无骨质鳃盖；歪尾；无鳔；体内受精，雄体有鳍脚，卵生或卵胎生；血液中保存大量溶解的尿素。已知全世界现存软骨鱼类有800多种，其中鲨类约340种，鳐类430种，银鲛类约30种，广泛分布在印度洋、太平洋和大西洋。我国的软骨鱼类有190多种，大多数分布在热带和亚热带海域，缺乏寒带种类，其中以南海分布的种类最多，东海次之，黄海和渤海最少。分2个亚纲：

(1)板鳃亚纲(Elasmobranchii)。鳃间隔特别发达，且连于体表，形成板状，故名板鳃类。口宽大呈横裂状，位于头端吻的腹面，多数眼后有一喷水孔，侧线隐于皮下。分2个目：

鲨目(Selachoidei)：体呈纺锤形，鳃裂位于体侧。有250～300种。常见的有斜齿鲨(*Scoliodon*)[图3-168(a)]、星鲨(*Mustelus*)、

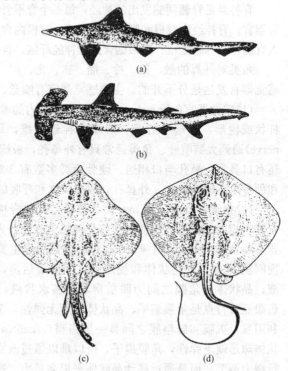

图3-168　几种软骨鱼类

(a)斜齿鲨；(b)双髻鲨；(c)鳐；(d)赤魟

双髻鲨（*Shyrna*）[图 3-168(b)]等。

鳐目（Batoidei）：体平扁，呈菱形或
圆盘形，鳃裂位于腹面，营底栖生活。
常见的有犁头鳐（*Rhynchobatus*）、鳐
（*Raja*）[图 3-168(c)]等。

（2）全头亚纲（Holocephali）。头大
而侧扁，头侧具 4 对鳃裂，由皮膜状鳃
盖掩盖着，仅 1 个鳃孔通向体外；皮肤
光滑无鳞；侧线发达呈敞沟状，在头部
多分支；尾细长如鞭。种类不多，我国
仅有黑线银鲛（*Chimaera phantasma*）
（图 3-169），居深海，冬季移向近海，
南海、东海、黄海均有分布。

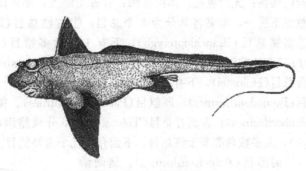

图 3-169　黑线银鲛

2. 硬骨鱼系（Osteichthyans）

硬骨鱼系具有硬骨，体被骨鳞，少数被硬鳞或无鳞；口多端位，肠中不具螺旋瓣；鳃隔退
化，具骨质鳃盖；皮肤黏液腺发达，多正尾；多数具鳔；多数体外受精，卵生，少数发育经变
态。分 3 个亚纲。

（1）总鳍鱼亚纲（Crossopterygii）。具内鼻孔，并与鳔相通；偶鳍为具鳞的肉叶状，其内骨骼
与其他陆生脊椎动物的五趾型肢骨相近；肠中具螺旋瓣；原尾；鳔能在空气中呼吸。这是古老
的鱼类，出现于泥盆纪。现存仅几种，如矛尾鱼（*Latimeria chalumnae*）[图 3-170(a)]，为动物
界珍贵的活化石。体长 0.75～2 m，体重 13～80 kg，深海生活。1938 年在非洲东南部的马达加
斯加岛附近捕到第一条，此后，在科摩罗
群岛又陆续捕到，1975 年在捕到一条成体
矛尾鱼的右输卵管中发现有 4 条带卵黄的
幼鱼，方知矛尾鱼是卵胎生。

（2）肺鱼亚纲（Dipnoi）。体呈纺锤形，
硬骨不发达，终生有残存的脊索，椎体尚
未形成；上颌无前颌骨和颌骨，脑颅为单
一的硬骨块；具内鼻孔，与鳔相通，鳔能
呼吸。体被圆鳞；原尾。也为古老鱼类，
出现时期与总鳍鱼相近。我国四川地层有
化石出土。全世界现存的肺鱼有 3 属 5 种：
澳大利亚肺鱼（*Neoceratodus forsteri*）[图 3-
170(b)]，鳔不成对，鳃发达，为肺鱼中最
大的一种，分布于澳大利亚昆士兰的河川
中，体长 1.75 m；非洲肺鱼（*Protopterus
annectens*）[图 3-170(c)]，体长 1.4 m，鳔 1
对，鳃裂 5 对，栖中非淡水中；美洲肺鱼
（*Lepidosiren paradoxa*）[图 3-170(d)]，体
长 1 m，鳔 1 对，鳃裂 4 对，栖南美亚马孙
河流域。

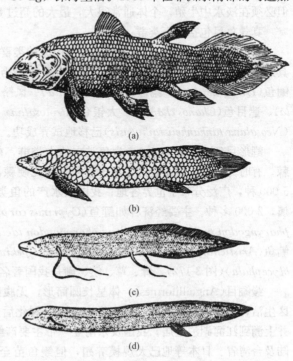

图 3-170　矛尾鱼和肺鱼的外形
(a)矛尾鱼；(b)澳大利亚肺鱼；(c)非洲肺鱼；(d)美洲肺鱼

(3)辐鳍亚纲(Actinopterygii)。本纲占鱼类种类的90%以上；硬骨；各鳍具真皮性辐射状排列的鳍条；无内鼻孔；体被骨鳞；有骨质鳃盖；多正尾；无泄殖腔，肛门与尿殖孔分开。分目意见不统一，本书将其分为5个总目；①古鳕总目(Palaeonisci)，下有7个目，均为化石种；②多鳍总目(Branchiopterygii)，下有1目为多鳍目(Polypteriformes)，如多鳍鱼(*Polypterus spp.*)产于非洲刚果及尼罗河；③硬鳞总目(Chondrostei)，下分鲟形目(Acipenseriformes)；④全骨总目(Holostei)，下有6目，即弓鳍目(Amiiformes)、针吻鱼目(Aspidorhynchiformes)、坚齿目(Pycnodontiformes)、厚躯目(Pachycormiformes)、雀鳝目(Lepidosteiformes)、叉鳞目(Pholidophoriformes)；⑤真骨总目(Teleostei)，下分软鳍组(Malacopterygii)和棘鳍组(Acanthopterygii)，大多数鱼类属于该总目。下面介绍几个重要的目。

鲟形目(Acipenseriformes)：属硬鳞总目，为古老的类群。体呈纺锤形，被五行硬甲(硬鳞)或无鳞，多软骨，歪尾，吻部特别延长，口在吻的腹面。白鲟(*Psephurus gladius*)为我国常见的特产大型鱼类，分布于长江干流和出海口。体无鳞，仅尾部背侧有一列棘状硬鳞，吻特长，如剑，具1对丝状吻须，为国家一级重点保护动物[图3-171(a)]。中华鲟(*Acipenser chinensis*)，分布于长江中上游干支流和湖泊，吻较白鲟短，体

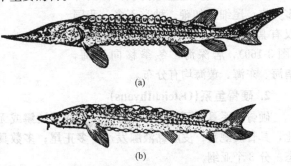

图 3-171 白鲟和中华鲟的外形
(a)白鲟；(b)中华鲟

被五行骨板，也为国家一级保护动物[图3-171(b)]。鲟形目鱼类多海产，但必须在淡水中生殖，个体通常很大，最大的超过8 m，以底栖动物为食。

真骨总目包括以下类群：

鲱形目(Clupeiformes)：为真骨鱼类中原始类群，头骨骨化不全，背鳍无棘，腹鳍腹位，鳔具鳔管。种类多，许多具有经济价值，为重要捕捞对象。如大麻哈鱼、鲱鱼(*Clupea pallasi*)、鲥鱼(*Hilsa reevesii*)、鳓鱼(*Hisha elongata*)、凤鲚(凤尾鱼)(*Coilia mystus*)、沙丁鱼(*Sardinella*)、遮目鱼(*Chanos chanos*)、大银鱼(*Protosalanx hyalocranius*)等(图3-172)。我国太湖银鱼(*Neosalanx tankankeii taihuensis*)已移地试养成功。

鲤形目(Cypriniformes)：为鱼类中的大类群，前4枚脊椎骨愈合，具韦伯氏器，鳍多无硬棘，有时为假棘，且不超过3根。腹鳍腹位无硬棘，背鳍1个，鳔管与食道相通。已知至少有5 000种，广泛分布于世界各地；我国淡水产的鱼类多属本目。其中鲤科(Cyprinidae)有200多属，2 000多种。主要经济种如鲤鱼(*Cyprinus carpio*)、鲫鱼(*Carassius auratus*)、青鱼(*Mylopharyngodon piceus*)、草鱼(*Ctenopharyngodon idellus*)、鲢(*Hypophthalmichthys molitrix*)、鳙鱼(*Aristichthys nobilis*)、鳊鱼(*Parabramis pekinensis*)、团头鲂(武昌鱼)(*Megalobrama amblycephala*)(图3-172)。青、草、鲢、鳙是我国著名的淡水养殖对象，被誉为"四大家鱼"。

鳗鲡目(Anguilliformes)：体呈长圆筒形，无腹鳍，背、尾、臀三鳍完全相连。成鱼在淡水区生活，成熟后降河入海，在海洋中生殖，孵化后经变态，幼鱼(白仔鳗)又从海洋到江河口，并上溯到江河湖泊定居。我国及东南亚一带主要产鳗鲡(*Anguilla japonica*)(图3-172)，我国大陆及台湾省、日本等地已大规模养殖，但鳗鱼苗至今靠天然产。我国东部沿海各江河口均产鳗苗。

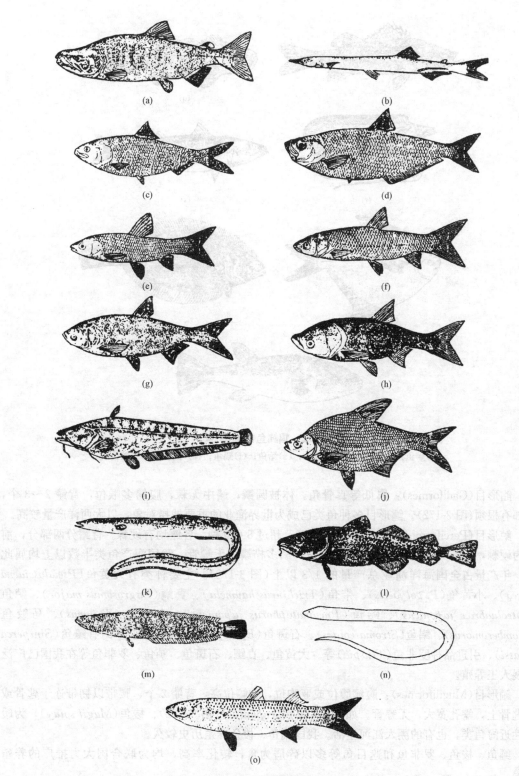

图 3-172 辐鳍鱼的种类

(a)大麻哈鱼；(b)大银鱼；(c)鲥鱼；(d)鳓鱼；(e)青鱼；(f)草鱼；(g)鲢鱼；

(h)鳙鱼；(i)鲇鱼；(j)鲂；(k)鳗鲡；(l)鳕；(m)乌鳢；(n)黄鳝；(o)鲻鱼

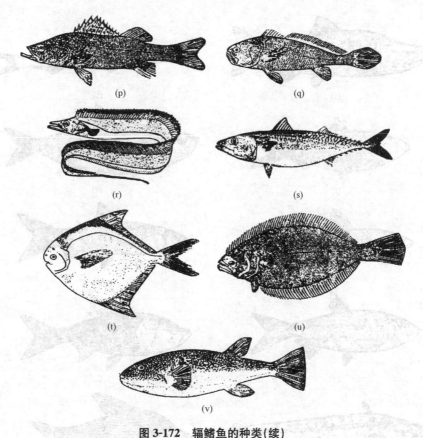

图 3-172　辐鳍鱼的种类（续）
(p)鲈鱼；(q)大黄鱼；(r)带鱼；(s)鲐鱼；(t)鲳鱼；(u)牙鲆；(v)虫蚊圆鲀

鳕形目（Gadiformes）：属低等真骨鱼，体被圆鳞，鳍中无棘，腹鳍多喉位，背鳍2～3个，颏部有根须（图 3-172）。鳕形目多种鱼类已成为世界渔业的重要捕捞对象，以大西洋产量较高。

鲈形目（Perciformes）：鱼类中最大类群，超过 8 000 种。各鳍均有硬棘。背鳍分两部分，前部为硬棘，后部为分支软条；腹鳍多胸位；鳞多栉鳞，无鳔管。我国海产鱼类半数以上均属此目，年产量占全国海洋渔业总产量的 1/3 以上（图 3-172）。主要种类有大黄鱼（*Pseudosciaena crocea*）、小黄鱼（*P. polyactis*）、带鱼（*Trichiurus haumela*）、真鲷（*Pagrosomus major*）、鲈鱼（*Lateolaabrax japonicus*）、鲐鱼（*Pneumatophorus japonicus*）、金枪鱼（*Thunnus*）、马鲛鱼（*Scomberomorus*）、鲳鱼（*Stromateoides*）、石斑鱼（*Epinephelus*）等，淡水产的有鳜鱼（*Siniperca chuatsi*）、引进品种罗非鱼（*Tilapia*）等。大黄鱼、真鲷、石斑鱼、鲈鱼、罗非鱼等在我国已广泛开展人工养殖。

鲻形目（Mugiliformes）：腹鳍腹位或亚胸位，胸鳍位高，背鳍 2 个，腰带以韧带连于匙骨或后匙骨上，鳃孔宽大，无鳔管。如鲻鱼（*Mugil cephalus*）（图 3-172）、梭鱼（*Mugil soiuy*），为暖水性近海鱼类，也有的溯入江河生活。我国鲻鱼、梭鱼养殖历史较久。

鲻鱼、梭鱼、罗非鱼和遮目鱼等多以碎屑为食，转化率高，均为联合国大力推广的养殖对象。

鲽形目（Pleuronectiformes）：俗称"比目鱼"类。体侧扁，成鱼两眼移到头的同一侧，鳍无棘，侧卧贴于海底。主要种类有牙鲆（*Paralichthys olivaceus*）（图 3-172）、高眼鲽（*Cleisthenes herzensteini*）、舌鳎（*Cnoglossus*）等。鲆鲽类在英国等欧洲国家已大规模养殖，我国也养殖牙鲆。

鲀形目（Tetraodontiformes）：齿固结成板状，鳃孔缩小，体表具粒状鳞或骨板，无腹鳍，有的种类能以食道充气使身体鼓胀漂浮水面。常见的有三刺鲀（*Triacanthus*）、独角鲀（*Monacanthus*）、马面鲀（*Navodon*）、东方鲀（*Fugu*）和翻车鲀（*Mola*）等。我国的绿鳍马面鲀（*Navodon septentrionalis*）产量大。东方鲀有多种，肉极鲜美，但卵巢、肝脏等有强毒，血液、皮肤等亦有毒，食用时必须慎重处理。现已开展人工养殖，养殖的鱼体毒性降低。

此外，鳢形目（Ophiocephaliformes）的乌鳢（*Ophiocephalus argus*）；合鳃目（Symbranchiformes）的黄鳝（*Monopterus albus*）；海龙目（Syngnathiformes）的海马（*Hippocampus*）、海龙（*Sngnathus*）；颌针鱼目（Beloniformes）的燕鳐（*Cypselurus*）（俗称"飞鱼"）等也都具有一定的经济效益。乌鳢、黄鳝、海马等亦已人工养殖。

（三）鱼类与人类关系

鱼类是人类的主要食物之一。它可以为人类提供优质蛋白质，也是重要矿物质和主要 B 族维生素的最好来源。各种鱼肉的营养价值大体相近，既易于消化，又具备人体所必需的大部分氨基酸，其蛋白质含量与牛肉、羊肉和鸡肉接近，而远远高于鸡蛋和牛奶。

从鱼类身体中还可以提取化工原料（鱼光鳞、鱼鳞胶等）和药物（维生素 B、鱼肝油等），也可制革或制成饲料添加剂（鱼粉）。食蚊鱼、斗鱼等能吞食蚊虫幼虫，防止病害，间接有益于人类健康。

鱼类的身体结构及运动方式是仿生学的极好研究对象和材料。目前，轮船、军舰、鱼雷的外形都与快速游动的鱼类体形相似。木船上的桨与鱼的胸鳍、腹鳍相似；舵与鱼的尾鳍相似。现代造船业为了防止轮船过度左、右摆动，就是通过在船底部两侧安装与偶鳍相仿的桨，用以改善海上旅行条件。

有些鱼类是绦虫、华支睾吸虫等寄生虫的中间宿主；少数鱼类，如噬人鲨、食人鱼会直接伤害人类。在湖泊或水库养殖业中，人们常常将肉食性鱼类作为害鱼加以消灭，但从生态学和保护生物学的角度看，肉食性鱼类捕食的多是被食种类中的劣势个体，它们对被食种群起到选择和调节数量的双重作用，在进化上有着积极的意义。

第九节 陆生外温脊椎动物

爬行类、两栖类、鱼类、原索动物和无脊椎动物均依赖于吸收周围环境的热能进行体温调节，缺乏完善的代谢产热调节机制，体温接近于环境温度，称为外温动物（ectotherm）或变温动物（poikilotherm）。

在古生代泥盆纪（距今 3.5 亿～4 亿年前），全球海陆分布发生了巨大变化，经过造山运动和造陆运动，许多地区的大陆面积增加，淡水面积缩小，气候由潮湿温暖变为干燥炎热，引起了生物界的变革。古代总鳍鱼类中具肺的骨鳞鱼（*Osteolepis*）尝试登陆并获成功，这是脊椎动物进化史上划时代的事件。骨鳞鱼等成了古两栖类的祖先。水环境和陆地环境差异极大，登陆存在一系列需要解决的矛盾。

水陆环境存在的差异有：①含氧量不同。氧在水中是溶解态，在空气中是气态；空气中所含的氧比水多 20 倍以上。②密度不同。水的密度比空气大 1 000 倍以上。③温度环境不同。水体环境比较恒定，水温变化小，而陆上环境多样，水分含量低，气温变化剧烈。

脊椎动物由水生到陆生面临着一系列问题：必须具备支撑身体并完成运动的四肢；能呼吸

空气中的氧气;能有效防止体内水分的蒸发(保水);能维持体内各项生理活动所必需的体温;具有适应陆地生活的神经和感官系统;解决在陆地上生殖的问题等等。

两栖类(Amphibia)发展了五趾型附肢,初步解决了在陆上支撑身体和运动的问题;发展了肺,基本能够在空气中呼吸;神经和感官也有了一定发展。但两栖类对陆栖生活的适应能力尚不完善,仍有3个根本问题未能彻底解决:一是体内水分保持能力低下;二是绝大多数种类无法离开水体进行陆上生殖;三是不能保持体温的恒定。所以两栖类比较接近于水生脊椎动物,还无法完全脱离水体,它们与圆口类、鱼类同属于低等脊椎动物类群。爬行类(Reptilia)起源于古代的两栖动物,比两栖类有更多的进步性,解决了两栖类未能解决的3个问题中的前2个,已演化为真正的陆生脊椎动物。此外,爬行类还获得了一系列与陆生生活相适应的特征,如陆上运动、感觉、气体交换和血液循环等。现存的和古代的爬行类中都有水栖的种类,属于次生性现象,是陆栖脊椎动物在地理和生态上的再占领。

一、两栖纲

两栖动物是首次登陆的脊椎动物,是由水生向陆生过渡的一个类群。

(一)两栖纲的主要特征

1. 身体分为头、躯干、四肢和尾(无尾类除外)

现存两栖类适应不同的生活环境,体形发生了较大改变,大致可分为3类:穴居的种类身体细长,呈蚯蚓或蛇状,称蚓螈型;水生的种类身体分为头、躯干、四肢和尾,四肢短小,前肢4指,后肢5趾或4趾,称鲵螈型;陆生的种类为蛙蟾型。以蛙类为例,身体分头、躯干和四肢3部分。头部呈三角形,背腹扁平,口宽大,由上下颌组成;上颌背侧有一对外鼻孔,具鼻瓣;有1对突出的眼,具眼睑,但只有下眼睑能活动,瞬膜半透明;眼后有1对圆形鼓膜。躯干部粗短,两侧着生1对前肢和1对后肢(图3-173),前肢4指,后肢5趾,后肢趾间具蹼,既可在潮湿的陆地上跳跃,又可在水中游泳。

2. 皮肤裸露,湿润

皮肤裸露,由表皮和真皮构成。表皮角质层(stratum corneum)不发达,水栖种类仅有薄的角质膜,陆栖的蟾蜍角质化程度稍高。角质层的旧细胞可以脱落,这是脊椎动物常见的一种蜕皮现象。角质层之下为生发层(stratum germinativum),能不断产生新表皮细胞,并向外推移替代衰老的角质层细胞。真皮层较厚,由纤维结缔组织构成,外层为疏松层(stratum spongiosum),由结缔组织纤维构成网状,内层为稠密层(stratum compactum)(图3-174),含致密的结缔纤维。真皮之下为皮下结缔组织(subcutaneous connective tissue),皮

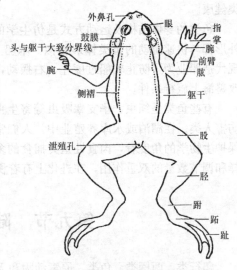

图3-173 蛙的外形

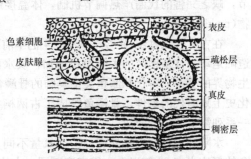

图3-174 蛙的皮肤切面
(引自郝天和,1964)

肤借此与体壁肌肉相连。

蛙类皮肤中富含腺体，这些腺体包括黏液腺（mucus gland）、毒腺（poison gland）等，是表皮层细胞下陷到真皮中形成的多细胞腺。黏液能湿润皮肤，这对防止水分蒸发和进行皮肤呼吸十分重要，是两栖纲的显著特征。蟾蜍皮肤的毒腺由黏液腺转化而来，分泌毒汁防止敌害侵扰。蟾酥就是蟾蜍的皮肤毒腺（包括耳后腺）分泌的毒液加工而成的，是名贵药材。真皮层中富含血管、淋巴隙和色素细胞。色素细胞形态变化可改变动物体色，使之与环境相适应，即保护色。

3. 内骨骼连接坚固而灵活，有分化

向陆生生活过渡，两栖类的骨骼与鱼类相比发生了很大变化，脊柱进一步分化，出现颈椎和荐椎，肩带不与头部相连，腰带通过荐椎与脊柱相连接，出现五趾型附肢。骨骼系统分为中轴骨和附肢骨。中轴骨又分头骨、脊柱和胸骨（sternum），部分两栖类还具有肋骨（图 3-175）。

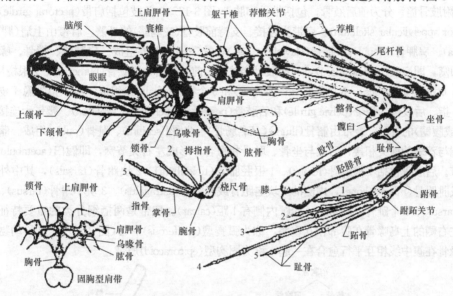

图 3-175　蛙的骨骼（侧面观）

（1）头骨。扁而宽，由脑颅和咽颅组成，脑颅狭小。脑颅包括脑匣和围绕感觉器官的软骨囊，咽颅包括上下颌、鼻骨、舌骨等骨骼（图 3-176）。舌骨（hyoid）大部为软骨，舌骨体位于口底中央。

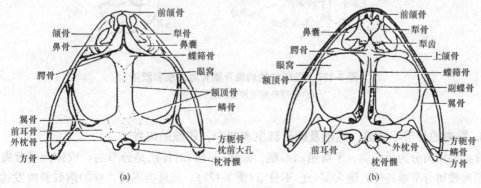

图 3-176　蛙的头骨

(a)背面观；(b)腹面观

(2)脊柱。蛙的脊柱由 9 块椎骨(vertebra)和 1 块尾杆骨(urostyle)组成。脊椎由前向后为颈椎(cervical vertebra)、躯(干)椎、荐椎(sacral vertebra)和尾椎。颈椎在鱼纲是没有的,蛙开始出现,只有 1 块即寰椎,椎体小,不具横突和前关节突。躯椎 7 块,椎体(centrum)呈圆盘状,前凹后凸型,但最后 1 块椎体为双凹型(蟾蜍躯椎为前凹型)。椎体背面两侧均有椎弓,也叫神经弧,各椎骨的椎弓相连,形成椎管,内藏脊髓,椎弓中央顶部突出为椎棘;椎弓背面两侧的前后方各有 1 对关节突。荐椎 1 块,构造与躯椎基本相同,但横突特长,并向后侧方延伸,与腰带的髂骨(ilium)相接,椎体为双凸型,后面有两个 T 形突起与尾杆骨相接。

(3)胸骨(sternum)。蛙的胸骨位于躯干腹面中央,以上(乌)喙骨(epicoracoid)分界,分为前后两部分,前部有肩胸骨(omosternum)、上胸骨(episernum);后部有中胸骨(mesosternum)和剑胸骨(xiphisternum)(图 3-177)。

(4)附肢骨骼。分为前后肢骨,包括带骨和肢骨(图 3-177)。前肢包括肩带(pectoral girdle)和前肢骨(anterior appendicular skeleton)。肩带为连接、支持前肢骨(或胸鳍)的骨骼。肩带由上肩(胛)骨(suprascapula)、肩胛骨(scapula)、锁骨(clavicle)、(乌)喙骨(coracoid)等组成。肩胛骨、锁骨、喙骨汇合处成一凹窝,即肩臼(glenoid fossa),与前肢骨相关节。前肢骨由 1 根肱骨(humerus)、1 根桡尺骨(radioulna)、6 块腕骨(carpus)、5 块掌骨(metacarpus)和 5 个指骨(phalanx)组成,第 1 指骨隐于皮下,外表只见 4 指。后肢包括腰带(pelvic girdle)和后肢骨(pesterior appendicular skeleton)。腰带为连接、支持后肢骨(或腹鳍)的骨骼。腰带由髂骨(ilium)(又名肠骨)、坐骨(ischium)、耻骨(pubis)组成。髂骨呈棒状,前端与荐骨的横突相接,后端与坐骨、耻骨相愈合,形成左右关节窝,即髋臼(acetabulum)与后肢相关节。后肢骨包括 1 根股骨(femur)、1 根胫腓骨(tibiofibula)、2 块跗骨(tarsals),其中外侧 1 块名跟骨或腓跗骨(Fibular bone),内侧的 1 块名距骨或胫跗骨(astragalus)、3 块小跗骨(tarsus)、5 块跖骨(metatarsus)、5 个趾骨(phalanx),拇趾内侧有 1 距(calcar)。肩带是两栖纲分类的重要特征。蟾蜍科动物左右侧的上乌喙骨在腹部相互重叠,称为弧胸型(arciferous)肩带(图 3-177)。蛙科动物左右侧的上乌喙骨在腹中线相互平行愈合在一起,称为固胸型(epicoracoid)肩带。

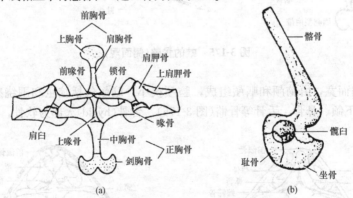

图 3-177　墨斑蛙的肩带及胸骨腹面观和腰带
(a)肩带及胸骨腹面观;(b)腰带

4. 肌肉的分节不明显,尾部及躯干部肌肉减少,四肢肌肉发达

青蛙的肌肉分为横纹肌、平滑肌和心肌。幼体(蝌蚪)时体肌是分节的,成体除了背腹部的一些肌肉残留分节痕迹外,绝大部分已不分节(图 3-178)。与鱼类不同,蛙的附肢肌肉发达。蛙的骨骼肌数量多,依身体不同位置可分为躯干部肌肉、头部肌肉、四肢肌肉。平滑肌分布在消化道等内脏器官。

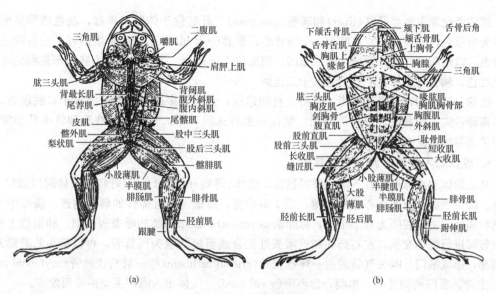

图 3-178 蛙的骨骼肌
(a)背面观；(b)腹面观

5. 消化系统较复杂

消化系统分为消化管和消化腺。消化管包括口腔、食道、胃、小肠、大肠、泄殖腔。口腔具颌齿（maxillary tooth）、犁骨齿（vomerine tooth）以及唾液腺，具有摄食和湿润功能，无咀嚼和消化功能。此外，还有 1 对内鼻孔（internal naris）、1 对耳咽管孔（auditory tube），口底有肉质舌（fleshy tongus）。雄蛙口角有 1 对声囊（vocal sac）开口。口腔后部通向咽（pharynx），其后与食道相连，为食物通道。咽的腹方为喉门（glottis）（又称声门），后与喉头气管腔相通。食道为粗短的管子，后端与胃相连。胃为肉质囊状，前端称贲门（cardia），后方连小肠的一端称幽门（pylorus），胃有很强的伸缩性。小肠前段又名十二指肠（duodenum），其后为回肠（ileum），胆管开口于十二指肠。回肠经几个回曲后通入大肠（又名直肠，rectum），后端通入泄殖腔（cloaca），以泄殖孔开口于体外（图 3-179）。

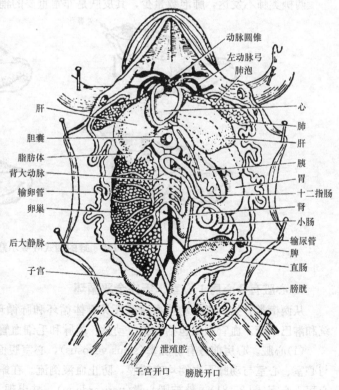

图 3-179 蛙的内脏解剖

蛙的消化腺主要是肝脏(liver)和胰脏(pancreas)。肝脏位于体腔前半部，颜色随季节而异，通常为暗棕色，分3叶，左右叶大，中间叶小。胆囊(gall bladder)位于肝脏的背面左右叶之间，呈绿色，以输胆管、胆总管通入十二指肠。胰脏位于胃和十二指肠之间，为狭长不规则的叶状，呈淡红色，胰管与胆总管汇合后通入十二指肠。

蛙的口腔宽阔，边缘具细齿，可防止食物逃脱；舌柔软多肉，以前端固着于口底前方，后端游离即舌尖。捕食时舌自口腔翻出，粘住昆虫再送回口中。舌面有黏液腺和乳头状小突起。这些构造与捕食昆虫相适应。

6. 成体肺不发达，肺兼皮肤呼吸

蛙在幼体和成体期具有不同的呼吸器官，幼体(蝌蚪)时以鳃(gill)呼吸，成体时以肺(lung)呼吸。肺位于肝脏背面，心脏的两侧，是1对中空、薄壁、富有弹性的囊状构造。囊腔中有许多网状隔膜，将内腔隔为若干小室，称肺泡(alveolus)，以增加肺的呼吸表面积。肺泡壁上密布微血管可进行气体交换。左右肺在靠近喉头处汇合成粗短的喉头气管腔，再以狭小的裂缝开口于咽部，形成喉门。喉头气管腔由一环状软骨(cricoid caflilage)和一对杓状软骨(arytenoid cartilage)支持。喉门两侧各有一褶膜，称声带(vocal cord)，气体出入喉门振动声带而发声。

两栖类还没有出现胸廓，呼吸是通过口腔底部的上下运动来完成，称为咽式呼吸(图3-180)。口腔底部下降时，鼻孔外瓣膜开放，空气进入口腔；接着瓣膜关闭，口腔底部上举，喉门开放，空气进入肺囊；当口腔底部轻微上下运动时，口腔内的空气不断交换；随后腹肌收缩，加上肺囊自身弹性回缩，肺内气体被挤入口腔，经鼻孔呼出。

两栖类肺不发达，肺泡数量少，其皮肤是非常重要的辅助呼吸器官。

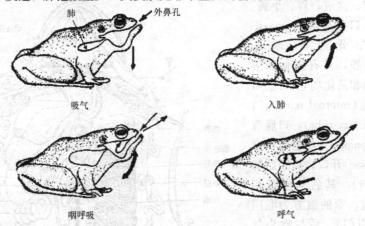

图3-180　蛙的咽式呼吸示意图

7. 心脏有2心房1心室，不完全双循环

从两栖类开始，脊椎动物血液循环具有体循环和肺循环，即双循环。循环系统包括血管系统和淋巴系统。血管系统包括心脏、动脉、静脉和毛细血管。

(1)心脏。心房前方有静脉窦(sinus venosus)，心室腹面有动脉干(truncus arteriosus)。心房与心室、心室与动脉干之间均有瓣膜，防止血液倒流。在蝌蚪时心脏仅1心房1心室。成体为2心房1心室(图3-181)，外被围心囊(pericardium)。蛙出现了肺循环。由于心室没有分隔，心室里主要是混合血，因此为不完全的双循环(图3-182)。

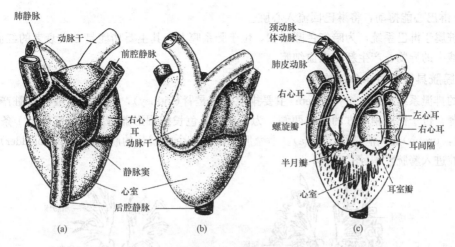

图 3-181　蛙的心脏

(a)背面观；(b)腹面观；(c)纵切面观

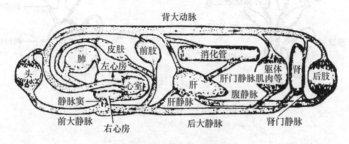

图 3-182　两栖类血液循环路径

（2）动脉。在头部两侧的总颈动脉弓分叉为内颈动脉(internal carotid artery)和外颈动脉(external carotid artery)，分别伸向眼、脑、颈和下颚、口腔等处；两支体动脉弓先分出锁骨下动脉(subclavian artery)后再联合成背大动脉(dorsal aorta)。锁骨下动脉伸至前肢、食道等处；背大动脉亦分出不同的动脉分布到身体各部分及内脏器官。肺皮动脉弓再分出肺动脉(pulmonay artery)和皮动脉(cutaneous artery)，分别进入肺部和皮肤，进行气体交换。

（3）静脉。由头部和躯干前段回心的静脉有：外颈静脉(external jugular vein)，汇集舌、下颚等处静脉血；内颈静脉(internal jugular vein)与肩胛下静脉汇合成无名静脉(innominate vein)汇集脑、颚、肩胛等处静脉血；锁骨下静脉(subclavian vein)汇集前肢静脉血；肌皮静脉(Vena musculocutanea)汇集皮肤、肌肉的静脉血。以上静脉又汇合成前大静脉，左右前大静脉入静脉窦。由身体后部回心的静脉分为 2 支，1 支为肾门静脉(renal portal vein)，入肾脏；1 支为腹静脉(abdominal vein)，由腹壁中央伸向肝脏。由肾、生殖腺来的静脉汇入后大静脉；由胃、肠、脾、胰等处来的静脉汇入肝门静脉(hepatic portal vein)进入肝脏。由肝脏出来的肝静脉(hepatic vein)汇入后大静脉，最后注入静脉窦。两肺回心的多氧血沿 2 条肺静脉(pulmonary vein)进入左心房。

（4）淋巴系统。淋巴(lymph)将组织代谢废物和血管内渗出的白细胞等送回静脉。所以淋巴系统实际是血管系统的辅助结构。蛙的淋巴系统发达，有淋巴腔(saccus lymphaticus)和淋巴心(lymph-heart)。前者分布于全身各处，尤以皮下最丰富；后者在肩胛骨下、第三椎骨横突的后方有 1 对前淋巴心(anterior lymph-heart)，尾杆骨末端两侧有 1 对后淋巴心(posterior lymph-heart)。淋巴心能搏动，将淋巴回流入心脏。

脾脏属于淋巴系统，为暗红色圆球状，位于肠系膜上，其主要功能是吞噬衰老的红血细胞，吸收血液中的异物，产生新的白血细胞。

8. 膀胱具重吸收水分的作用

蛙的排泄系统（excretory system）主要排泄器官是肾（kidney），大量的尿液由肾脏产生。肾属于中肾，位于体腔稍后方的脊柱两侧，为 1 对暗红色长椭圆形器官。两肾都伸出 1 条排泄管（输尿管，ureter）通入泄殖腔（cloaca）。泄殖腔腹面有一个两瓣状的膀胱（urinary bladder），尿液经泄殖腔进入膀胱贮积（图 3-183）。

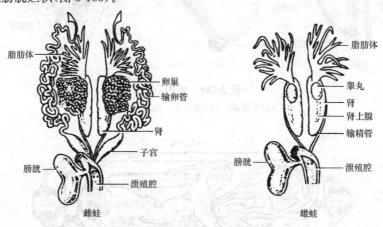

图 3-183　蛙的泄殖系统

两栖类皮肤具通透性，即入水的两栖类会有相当数量的水分从皮肤透入体内，上陆之后又会由于蒸发而出现失水。肾小球（glomerulus）的滤过能力较强，日滤水量达体重的 1/3（人类为 1/50）。但肾小管（nephridia tubule）对水的重吸收作用小，由膀胱执行重吸收水分的功能，有利于陆栖时保水。

9. 雌雄异体，体外水中受精

雄性具 1 对精巢（testis），为淡黄色长卵圆形，位于肾脏腹侧。精巢内产生的精液（semen）经过输精小管（vas efferent）进入肾，再经输尿管、泄殖腔排出体外。雄性的输尿管也是输精管（vas deferens）。雌性具 1 对卵巢（ovary），以卵巢系膜悬于肾腹侧体腔中。成熟的卵子由卵巢落入体腔，借体腔液流动、腹肌收缩、输卵管中纤毛摆动等，被吸入输卵管（oviduct）内。在输卵管内移动时，沿途被管壁分泌的胶状物包裹。输卵管末端开口于泄殖腔，成熟卵经泄殖腔排出体外，与精子结合。雌蛙有专门的输卵管和输尿管（图 3-183）。

雌雄生殖腺的前方都有黄色指状的脂肪体（corpus adiposum 或 fat bodies）。在生殖季节时脂肪体发达，是储藏营养物质的结构。

蛙类经"抱对"，精、卵在水中完成受精，受精卵在水中发育成幼体蝌蚪。蝌蚪用外鳃呼吸，心脏有 1 心房 1 心室，具侧线和尾，与鱼相似。

10. 大脑发达，具原脑皮

蛙脑分大脑、间脑、中脑、小脑和延脑 5 个部分。大脑具左右两半球，腹面有纹状体。顶部和侧部有零星神经细胞，称原脑皮（archipallium），左右两半球内各具 1 个脑室（lateral cerebral ventricle）；间脑内腔（第三脑室）侧壁较厚，即为视丘（thalamus），腹面为视交叉；中脑腹面增厚为大脑脚(crus cerebri)；蛙的小脑不发达(图 3-184)。脑神经 10 对。

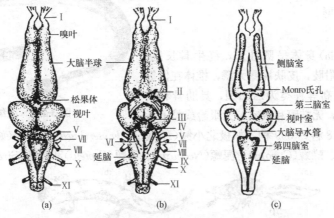

图 3-184 蛙的脑
(a)背面观；(b)腹面观；(c)纵切面观

11. 感觉器官发达，具眼睑，有中耳

鼻是嗅觉器官，具内鼻孔，鼻黏膜(nasal mucous membrane)上有嗅神经分布。眼为视觉器官，有适应陆生的特征。眼球可深陷眼眶内，有上下眼睑和活动的瞬膜(nictitating membrane)、泪腺(lachrymal gland)，角膜较突出，晶状体较扁圆(图 3-185)，具睫状肌(ciliary muscle)。耳为听觉器官，除内耳外还具中耳。中耳的外膜即鼓膜。鼓膜内侧为鼓室，即中耳腔(tympanic cavity)，有耳咽管[欧氏管(Eustachian tube)]和咽腔相通，借耳柱骨(听骨)(columella)使鼓膜和内耳前庭窗相联系(图 3-186)。

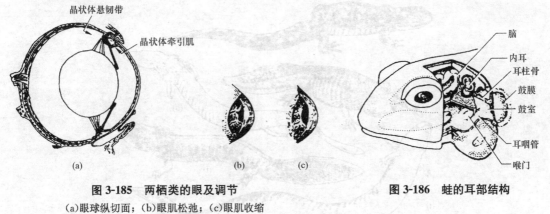

图 3-185 两栖类的眼及调节
(a)眼球纵切面；(b)眼肌松弛；(c)眼肌收缩

图 3-186 蛙的耳部结构

(二)两栖纲的分类

现存的两栖类有 6 000 多种，我国有 350 多种(亚种)，分为 3 个目。

1. 无足目

无足目(Apoda)身体呈蠕虫状，四肢及带骨均退化，尾极短，椎骨为双凹型，具肋骨，无胸骨，皮下具源于真皮的鳞片，眼多埋于皮下。营穴居生活。如鱼螈(*Lchthyophis glutinosa*)，雌体常将产出的卵以身体缠绕保护，直到孵出，幼体进入水中发育，主要分布于亚洲热带地区。我国云南、广西、广东产有版纳鱼螈(*Ichthyophis bannanicus*)(图 3-187)，体长 35～42 cm，体侧具有一条乳黄色纵带。无足目约 168 种，为两栖纲原始而特化的类群。

2. 有尾目

有尾目（Urodela）身体呈圆柱形，终生具长尾。一般有 2 对细弱的附肢，皮肤裸露无鳞，椎体在低等种类为双凹型，较高等种类为后凹型，具肋骨和胸骨，水栖游泳生活，无鼓膜和鼓室，无眼睑或具不活动的眼睑。本目有 8 科约 369 种。如极北小鲵（*Hynobius keyserlingii*）、大鲵（娃娃鱼，*Megalobatrachus davidianus*）、蝾螈（*Cynops*）、泥螈（*Necturus*）、洞螈（*Proteus*）和鳗螈（*Siren*）等（图 3-188）。

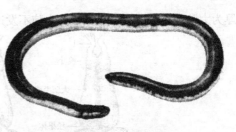

图 3-187　版纳鱼螈

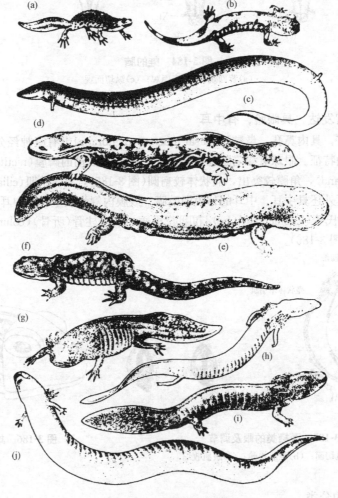

图 3-188　有尾目代表动物

(a)北螈；(b)蝾螈；(c)三趾螈；(d)隐鳃鲵；(e)大鲵；
(f)钝口螈；(g)钝口螈幼体；(h)洞螈；(i)泥螈；(j)鳗螈

滇蝾螈（*Cynops wolterstorffi*）曾盛产于昆明的滇池，以水栖为主，多生活在长有水生植物的浅水区。滇蝾螈个体不大，体形颇粗壮。雄性平均体长 11 cm，雌性 14 cm。头长大于头宽。瞳孔呈圆形。四肢细弱而较长，前肢 4 指，后肢 5 趾。全身光滑，体尾两侧有细沟纹。成体常有发达的外鳃，鳃丝明显。因其个体不大，无直接经济价值，但可用作实验动物，也可室内饲养，作为观赏动物。近年来由于环境污染，滇螈蟖在滇池中极少见。为防止其灭种，现已将其列为国家二级保护动物。

3. 无尾目

无尾目（Anura）为两栖纲高级类群，成体无尾，而具发达四肢，皮肤裸露，富有腺体，具鼓膜和眼睑、瞬膜，头骨骨化不全，椎体为前凹型或后凹型，具尾杆骨，肋骨短或缺乏，胸骨发达，成体陆栖或水陆两栖。共18科，约3 680种(图3-189)。常见的有：

图 3-189　无尾目代表动物

(a)负子蟾；(b)产婆蛙；(c)东方铃蟾；(d)大蟾蜍；(e)无斑雨蛙；
(f)黑斑蛙；(g)金线蛙；(h)中国林蛙；(i)大树蛙；(j)北方狭口蛙

(1)负子蟾科(Pipidae)。幼体具肋骨。椎体为后凹型，无舌。如负子蟾(*Pipa americana*)[图 3-189(a)]，产南美洲，雌蟾生殖期背皮呈海绵状，凹陷内藏有受精卵，幼体孵出后入水。

(2)蟾蜍科(Bufonidae)。体较粗短，不具自由的骨质肋骨，椎体为前凹型，具耳后腺，不具齿。如大蟾蜍(*Bufobufo*)，陆栖性较强，体暗褐色[图 3-189(d)]。

(3)雨蛙科(Hylidae)。体细瘦，腿较长，不具自由的骨质肋骨，椎体为前凹型。指(趾)端膨大为指(趾)垫(pad)。我国常见的有无斑雨蛙(*Hyla arborea*)[图 3-189(e)]，背部嫩绿色，腹部白色，常栖于草茎或矮树上，雄蛙的口腔底部具单个内声囊，鸣声尖脆。

(4)蛙科(Ranidae)。不具自由骨质肋骨，第 1 至 7 枚椎体为前凹型，第 8 枚为双凹型。常见的有黑斑蛙(*Rana nigromaculata*)、金线蛙(*R. plancyi*)、中国林蛙(*R. temporaria chensinensis*)，均为著名食虫动物。中国林蛙即蛤士蟆，秋季东北捕获的雌蛙的输卵管，即"哈士蟆油"为著名滋补中药。云南常见的有滇蛙(*Rana pleuraden*)(俗称"田鸡")、云南臭蛙(*Yunnan Odorous Frog*)(俗称"青鸡")、云南双团棘胸蛙(*Rana yunnanensis*)(俗称"石蚌")。

(三)两栖动物与人类关系

绝大多数两栖动物对人类是有益的。两栖动物几乎都以无脊椎动物为食，以昆虫为食物的两栖动物，在生态系统中起着重要作用。无尾两栖类生活在水田、旱地、菜地、果园、森林和草地上，捕食各种昆虫，其中很多是害虫，对农业和林业有益，应加以保护。护蛙治虫、养蛙治虫不仅能降低生产成本，还能防止农药对环境的污染。由于人类对自然界的大规模开发和城市化的加速进程，以及环境污染等正在严重威胁着两栖类的生存，应加强对两栖动物的保护。

许多种两栖动物可供食用。大鲵肉味鲜美，自古就是佳肴。双团棘胸蛙肉质鲜美，营养丰富。现在很多地方设有专门养殖场，养殖食用和药用两栖类作为一种产业。如养殖牛蛙、云南双团棘胸蛙以供食用；养殖蟾蜍，用其毒液制成的蟾酥，是数十种中药的主要原料，可以治疗疔等外科疾病，并有解毒、强心的功效。

蛙和蟾蜍是教学及科学研究的良好材料，在普通生物学、动物学、生理学、胚胎学、药理学实验中广泛应用。蛙类的腓肠肌和坐骨神经用于观察肌肉收缩和神经传导，药物对周围神经、横纹肌或神经肌肉接头的作用。在临床检验工作中，雄蟾蜍被广泛用于妊娠诊断实验。因为在孕妇的尿中含有绒毛膜促性腺激素，若将孕妇尿注射到雄蟾蜍皮下，则尿中所含的激素能引起蟾蜍的排精反应。

两栖类在有些方面也带来一些害处，如成蛙和幼蛙吞食鱼苗，此外也捕食一定数量的有益动物，如蚯蚓等。但与益处相比，害处很小。

二、爬行纲

爬行动物是真正的陆生动物，具有适应陆地生活的形态结构特征。

(一)爬行纲的主要特征

1. 对陆地生活的进一步适应：出现羊膜卵、新脑皮，保水能力强

(1)出现羊膜卵(amniote egg)。爬行类是脊椎动物中首先出现羊膜的羊膜动物。羊膜卵的出现使其生殖可以摆脱水的束缚，确保了其能在陆上生殖。羊膜卵的最大特点是受精卵在胚胎发育过程中产生羊膜，羊膜围成一个腔，腔中充满羊水，胚胎就在相对稳定、特殊的水环境中发育，加上坚韧的卵壳及其他一些构造，使羊膜卵可以在干燥的陆地环境中发育、孵化出小动物。

羊膜卵外包卵膜，卵膜通常有 3 层，从内到外依次为蛋白（albumen）、壳膜（shell membrane）和卵壳（shell）。坚韧的卵壳为石灰质硬壳，不透水但具透气性。卵中含丰富的卵黄（yolk），供应卵生种类胚胎发育所需要的营养。在胚胎发育过程中，胚胎周围的胚膜（embryonic membrane）向上发展为环状的皱褶，皱褶从背方包围胚胎之后互相愈合打通，皱褶的外层为绒毛膜（chorion）、内层为羊膜（amnion），羊膜包围的腔为羊膜腔，绒毛膜包围的是胚外腔。胚胎就悬浮在羊膜腔的羊水中。在羊膜形成的同时，自胚胎的消化道后端突出，形成尿囊（allantois）。尿囊外壁与绒毛膜紧贴，其上富有血管，是胚胎的呼吸和排泄器官（图 3-190）。

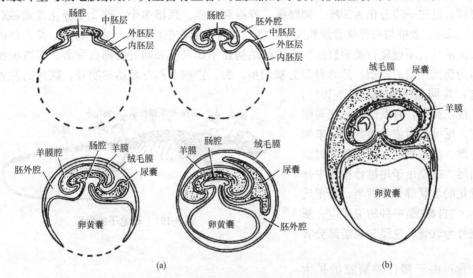

图 3-190　羊膜卵的胚胎发育过程和发育中的蜥蜴胚胎
(a)羊膜卵的胚胎发育过程；(b)发育中的蜥蜴胚胎

(2)皮肤角质化，具覆有角质鳞的干燥皮肤。爬行类的皮肤一般覆盖有一层角质鳞或骨板，皮肤干燥缺乏腺体，可防止水分大量散失。皮肤的呼吸作用丧失。

(3)机体结构和机能进一步完善，出现新脑皮。爬行类骨骼骨化程度增高，五指型附肢和带骨进一步发展，与中轴骨的联系更为密切；颈部出现，颈椎数目增多，前 2 枚颈椎特化，与头部形成关节，头部活动更加自如；神经系统又进一步发展，大脑出现新脑皮（neopallium），脑神经增至 12 对，感觉器官发达，主动活动能力增强；出现胸廓，开始出现胸式呼吸，完全用肺呼吸；具交配器行体内受精，出现了具高级排泄机能的后肾（metanephros）。爬行类虽然解决了在陆地环境正常生活和生殖的关键问题，但也有一些问题未能解决，还是低等的羊膜动物，机体结构和机能尚未达到鸟类和哺乳类的水平，如心室左右分隔还不完善，保留两个体动脉弓，血液循环仍为不完全的双循环；体温的调节能力低，属于体温不恒定的变温动物（poikilotherm）。

2. 爬行纲躯体结构对陆生生活的适应

(1)外形。具有四足动物的基本体形，身体分头、颈、躯干、尾和四肢 5 部分。体表被有角质鳞片，指(趾)端具爪，四肢强健，颈部明显，尾部细长，这些都显示了陆生生活的特点，也是与两栖类相区别的外形特征。由于生活环境复杂，外形也出现不同特化，一般可分为蜥蜴型、蛇型和龟鳖型。

(2)皮肤。皮肤干燥缺乏腺体。皮肤角质层增厚，沉积了大量角质蛋白（keratin）。角质蛋白是一种极难溶解的物质，有良好的防水性。在许多种类中，角质层形成鳞片状或甲板状构造。

角质层被磨损可由其下的细胞不断补充。角质层的形成物为粒状、覆瓦状、大型盾片；有的和皮下真皮骨板相结合，形成大型的甲板；有的成为小棘、小刺。蛇类和蜥蜴的角质鳞要定期更换，即蜕皮（ecdysis）。快速生长时，每月蜕皮1次。爬行类的真皮、表皮都有发达的色素细胞，除具有保护色（protective coloration）、警戒色（warning coloration）的作用外，还有吸收热量以提高体温的功能。

（3）骨骼系统。与两栖类相比，爬行动物骨骼的骨化程度高，软骨少，骨骼的各部分发育好，分区明显。这对陆生支持身体、保护内部器官和较大的活动能力都有重要意义。

脊柱：已进一步分化为颈椎、胸腰椎、荐椎和尾椎。颈椎多个，前2个分化为寰椎（atlas）和枢椎（axis）。寰椎与头骨枕骨踝相关节，能与头骨一起在枢椎的齿状突上转动，使头部的活动有更大灵活性。不过爬行类的寰椎和枢椎的结构还不如鸟类和哺乳类那么完善。多数种类脊柱的椎体为前凹型或后凹型，低等种类为双凹型。胸、腰椎上都有发达的肋骨，胸部的肋骨与胸骨相连，共同组成胸廓（图3-191）。荐椎2枚，粗大，有发达的横突与腰带相连。尾椎数目依种而异，向末端逐渐变细。多数蜥蜴在遇到危险时能自截断尾。这是由于尾椎骨椎体中部被未骨化的盘状部分成两半，断尾后能再生。"自截"是一种防卫适应。新生尾椎骨为软骨，色泽和未断部分有差异。

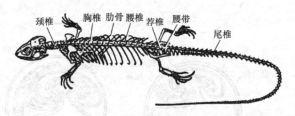

图3-191　石龙子的骨骼

头骨：由于爬行类脑腔的扩大，头骨顶部弓形隆起（图3-192）；眼窝之间间距小，具薄骨片形成的眶间隔（interorbital septum）；在爬行类头骨的两侧，眼眶后面的颞部有1或2个明显的孔洞，称为颞窝（temporal fossa），由相邻骨块缩小或消失形成。颞窝的出现与咬肌的发达有关，是爬行类分类的重要依据。古代原始种类无颞窝，随着演化出现双颞窝、合颞窝、上颞窝和宽颞窝等多种。现代多数爬行动物（蜥蜴、蛇、鳄）和鸟类为双颞窝类（diapsid），哺乳类为合颞窝类（synapsid），龟鳖类特殊，属无颞窝类（anapsid）（图3-193）。头骨一个有意义的特征是从爬行类开始出现羊膜动物特有的次生硬腭（palatum durum），即颅骨底部、口腔的顶壁，由前颌骨、颌骨的腭突和腭骨本身向后延伸形成水平隔，把原口腔前部分成上下两层，上层与鼻腔相通，成为呼吸和嗅觉的

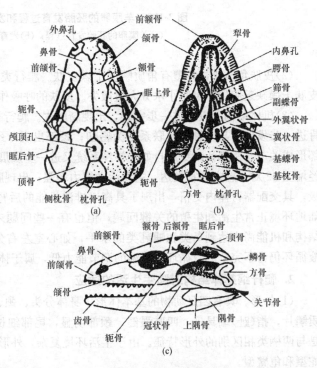

图3-192　蜥蜴的头骨
（a）背面观；（b）腹面观；（c）侧面观

通道，后端为次生性内鼻孔；下层为口腔（图3-194）。次生硬腭使呼吸时的空气进出和摄食时口腔内食物咀嚼分开，有利于呼吸和摄食。

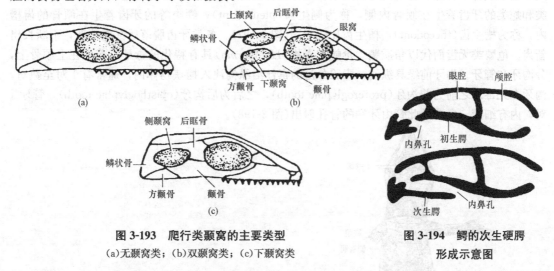

图3-193　爬行类颞窝的主要类型
（a）无颞窝类；（b）双颞窝类；（c）下颞窝类

图3-194　鳄的次生硬腭
形成示意图

附肢骨：现代爬行类附肢骨骼骨化好，构造简单。肩带包括肩胛骨、乌喙骨、前乌喙骨、锁骨和间锁骨；腰带与两栖类相似，包括髂骨、耻骨和坐骨，髂骨与荐骨相连接，左右耻骨和坐骨在腹中线联合（图3-195），形成闭锁式骨盆，以增强支持后肢的力量。四肢为典型的五指型，与两栖类不同，前肢桡骨、尺骨分离，腕骨块数完善，后肢胫骨、腓骨分离，跗骨集中。因此，比两栖类更适于陆上运动。但是，爬行类的肩带和腰带分别通过肱骨和股骨，与躯干长轴成直角相关节，当动物停息时，腹部着地，四肢并非完全支持躯体；不少种类即使在奔跑时肢体仍保持这种低效率的角度。只有蜥蜴和鳄类能将腿的方向垂直于地面，将身体抬起，以完成快速的运动。蛇类及其他适于钻穴生活的爬行类，带骨和肢骨则有不同程度的退化甚至消失。

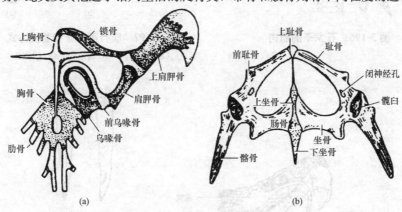

图3-195　蜥蜴的肩带和腰带
（a）肩带；（b）腰带

（4）肌肉系统。爬行类随着运动的复杂、骨骼的分化，肌肉系统也比两栖类有了更多的分化，特别是肋间肌（intercostal muscle）（图3-196）和皮肤肌（skin muscle）为陆生动物所特有。肋间肌调节肋骨的升降，协同腹壁肌肉完成呼吸运动。皮肤肌控制鳞片活动，在蛇类尤为发达，能调节腹鳞起伏，改变其与地面接触情况，从而完成特殊的运动方式。

(5)消化系统。牙齿、口腔腺、肌肉质舌的发达是陆生动物的特征。爬行类的牙齿以多种形式着生在颌骨上。低等种类的牙齿附生在颌骨咬合面的顶端表面，称为端生齿(acrodont)；蜥蜴类和蛇类的牙齿着生在颌骨内侧，称为侧生齿(pleurodont)；鳄类等的牙齿着生在颌骨的齿槽内，称为槽生齿(thecodont)，槽生齿比较牢固(图 3-197)。各类牙齿脱落后都能更新，不断长出新齿。龟鳖类无齿而代以角质鞘。毒蛇和毒蜥(*Heloderma*)具有特化的毒牙，着生在上颌骨上，分沟牙和管牙。沟牙前缘具纵沟，毒腺分泌的毒汁沿纵沟注入捕获物体内，通常有 1 对至数对，沟牙在无毒牙之前为前沟牙(proteroglyphic tooth)，之后为后沟牙(opisthoglyphic tooth)。管牙 1 对，内有细管，毒液沿此管由牙端的管孔射出(图 3-198)。

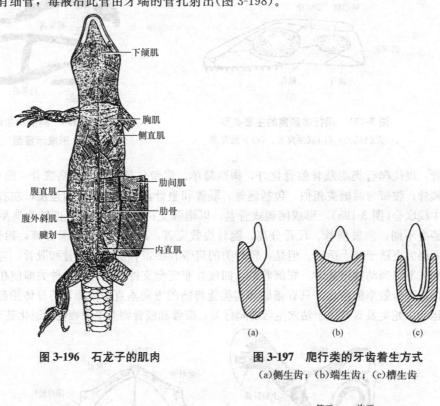

图 3-196　石龙子的肌肉

图 3-197　爬行类的牙齿着生方式
(a)侧生齿；(b)端生齿；(c)槽生齿

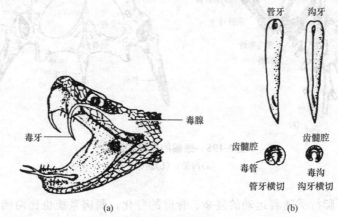

图 3-198　毒蛇的毒牙和毒腺、沟牙和管牙
(a)毒牙和毒腺；(b)沟牙和管牙

口腔腺发达，包括腭腺（palatine gland）、唇腺（labial gland）、舌腺（lingual gland）、舌下腺（sub-lingual gland）等浆液腺，起着润滑食物、利于吞咽的作用。毒腺（poison gland）是口腔腺的特化，有毒腺管与毒牙相通。不少种类的舌除了完成吞咽的基本功能外，还有感觉作用。避役（*Chameleon*）的舌很特殊，当充血后能迅速"射"出，粘捕昆虫，舌长几乎与体长相等；蛇舌尖分叉具化学感受器小体，能把外界的化学刺激传送到口腔顶部的犁骨器官上的感觉小体。其他多数种类，如龟、鳖、鳄类的舌紧连于口腔底部，不能伸出口外。

消化道与其他四足动物基本相同，分部比两栖类明显。大小肠交界处有不发达的盲肠（blinddiverticulum），是脊椎动物首次出现的器官（图 3-199）。大肠开口于泄殖腔，大肠、泄殖腔和膀胱均有水分重吸收功能。

（6）呼吸系统。爬行类皮肤丧失呼吸功能，气体交换主要在肺内进行。爬行类的肺与两栖类同属囊状肺，但内壁有更复杂的小膈壁，内腔大为缩小，近似海绵状，气体交换面积比两栖类大大增加。蜥蜴和蛇类的肺左右不对称，一大一小。更有特别者，一些蜥蜴和避役的肺的后部伸出许多盲囊（肺囊）（图 3-200），有储藏气体而无气体交换的功能。这种结构到了鸟类发展为气囊，水生爬行类的咽壁和泄殖腔壁富有毛细直管，有辅助气体交换的作用。

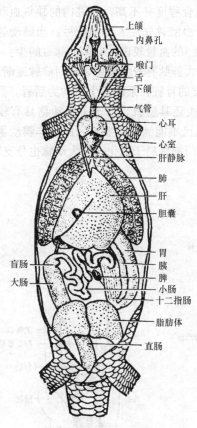

图 3-199　石龙子的内脏

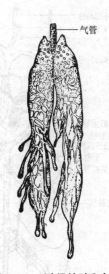

图 3-200　避役的肺和气囊

爬行类具 1 对外鼻孔，内鼻孔裂缝状开口于近腭中线的口腔，舌后有喉，喉门通入喉腔，由环状软骨和 1 对杓状软骨支持着。

爬行类的呼吸除保留了两栖类的咽式呼吸外，还因为有了胸廓，借肋间肌和腹壁肌肉运动发展了胸式呼吸。爬行类多数无膈胸膜（也称横膈，diaphragm），但鳄类等在肝与肺之间有横膈板，使肺从腹腔中部分地分隔出来。

(7)循环系统。主要特点是心脏4腔，但心室分隔不完全，为不完善的双循环。

心脏包括静脉窦、2个心房和1个心室(图3-201)。静脉窦趋于退化。心室中有不完全的肌肉膈分为两半，右半含静脉血，左半含动脉血。鳄类心室分隔趋于完全，仅有1孔相通。动脉弓比两栖类有了进一步发展，成体心脏能发出的3条独立血管(动脉弓)：心室右侧发出的肺动脉弓，很快分为左右肺动脉；心室左侧发出右体动脉弓，在心脏的出口处分为颈动脉和锁骨下动脉；

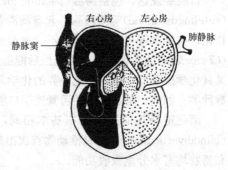

图3-201 龟的心脏及血液流动

心室中部发出左体动脉弓，绕过心脏的左边向后与右体动脉弓汇合形成背大动脉。当心脏收缩时，自静脉窦经右心房至心室右侧的缺氧血，经肺动脉弓分别进入左右肺。自肺静脉回心的富氧血经左心房至心室的左侧，其中靠心室中央的混合血进入左体动脉弓，靠左侧的富氧血进入右体动脉弓。左右体动脉弓在背部合成背大动脉后行(图3-202)。研究表明，爬行类体动脉内血液的混合程度并不高，心脏内的缺氧血和富氧血事实上被分开了。心电图记录也表明，心脏收缩时，血液首先注入肺动脉弓。当肺动脉阻力增大时再注入体动脉，而且证实进入左体动脉弓(混合血)的血量较进入右体动脉弓的少。

爬行类静脉系统类似两栖类，但肺静脉和后大静脉有较大发展，肾门静脉逐渐退化。

(8)排泄系统。与其他羊膜动物一样，爬行类的肾脏在系统发生上均为后肾，具有单独的输尿管，尿液送至泄殖腔排出(图3-203)。有些种类还具膀胱。由于羊膜动物具有较高的代谢水平，肾门静脉两端均为毛细血管，血液流速缓慢已不能满足需要。因此，羊膜动物从尾部来的血液大多穿过肾脏直接经后大静脉流回心脏，肾门静脉趋于退化。背大动脉也分支入肾。

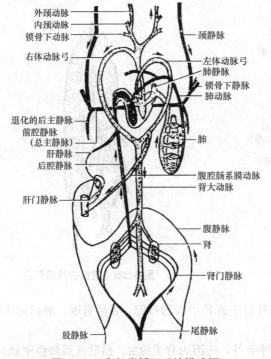

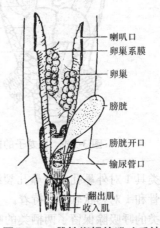

图3-202 爬行类循环系统模式图　　　　图3-203 雌性蜥蜴的泄殖系统

多数爬行动物排泄的废物为尿酸(uric acid)，相对尿素(urea)不溶于水，容易在尿中沉淀为白色半固体物质。当这些物质沉淀时，水即被重吸收入血液，排尿失水极少，对爬行类适应陆生生活很重要。但不是尿液中的所有离子均与尿酸盐一起沉淀，还有一些离子留于尿液中，其中钠、钾离子从泄殖腔或膀胱重吸收时送回血液，由盐腺(salt gland)排出。盐腺位于头部的眼后方或鼻腔后部或舌下(图 3-204)，由泡状小叶组成，其中含复管腺，能分泌很浓的盐分，使体内盐(主要为钠、钾和氯离子)水和酸碱得到平衡。这种肾外盐排泄(extrarenal salt excretion)的盐腺在海洋和干旱地区生活的种类普遍存在，如石龙子、蜥蜴中的某些种类、海鬣蜥(*Amblyhynchus cristatus*)、巨蜥、海蛇、海龟、泥龟等。有人认为某些爬行动物盐腺的重要性甚至超过肾脏。

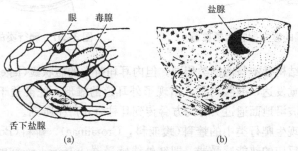

图 3-204 爬行类的盐腺

(a)海蛇(*Hydrophis elegans*)；(b)泥龟(*Malachemys*)

排泄尿酸与爬行类产具壳的羊膜卵有关。在卵壳内发育的胚胎能以最小限度地失水和以较小体积来容纳和排出代谢废物。

(9)神经系统。爬行类的脑较两栖类发达，大脑半球显著(图 3-205)，但主要为底部(纹状体)的加厚，大脑表层的新脑皮(neopallium)开始聚集神经细胞层。中脑视叶(opticlobe)仍为高级中枢，但已有少数神经纤维自丘脑达于大脑。间脑顶部的颅顶体(parietal body)发达。有不少种类具有顶眼(parietal eye)，具感光能力，这对变温动物能更有效地利用日光热能十分重要。中脑和小脑也比两栖类发达。

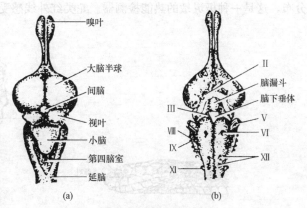

图 3-205 鳄脑的外形

(a)背面观；(b)腹面观

脑神经 12 对，即增加了延脑的 2 对，Ⅺ脊副神经(spinal accessory nerve)和Ⅻ舌下神经(hypoglossal nerve)。前者控制咽、喉、肩部的运动，后者控制舌的运动。

(10)感觉器官。爬行类的感觉器官比两栖类发达，且有一些特殊感受器。

嗅觉器官：鼻腔及嗅黏膜均比两栖类扩大。蜥蜴、蛇类的犁鼻器(vomeronasal organ)或称贾氏器(Jacobson's organ)十分发达(图 3-206)，是由嗅黏膜的一部分伸长而成，位于口腔顶部而不与鼻腔相连，为化学气味的感受器。

视觉器官：爬行类的眼与羊膜动物眼相同，能够改变晶状体的凸度以调节视距，而无羊膜动物却只能单纯通过改变晶状体位置来调节视距。多数爬行类具可动的眼睑，但蛇类和许多穴居的蜥蜴眼的外面被以透明而不活动的皮膜（图 3-207）。其他爬行类一般都有透明而能动的瞬膜。

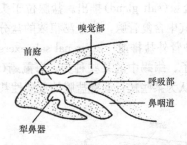

图 3-206　蜥蜴的嗅觉器官和犁鼻器

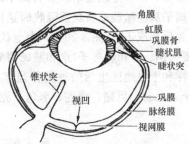

图 3-207　爬行类的眼球剖面

听觉器官：耳的结构基本与两栖类相同，但内耳司听觉的瓶状囊（lagena）显著加长，鳄类还出现卷曲。蜥蜴的听觉发达，鼓膜内陷，出现了外耳道的雏形。蛇类适于穴居，鼓膜、中耳和耳咽管等均退化，声波沿地面通过头骨的方骨传到耳柱骨，产生听觉。

红外线感受器：现生爬行类中的蝰科（蝮亚科，Crotalinae）、蟒科（Boidae）种类都具有对环境温度微小变化发生反应的热能感受器，即红外线感受器（infrared receptor）。如响尾蛇（*Crotalus horridus*）的鼻孔与眼睛之间的颊窝（facial pit）（图 3-208）。颊窝的窝腔被薄膜分为内外两小室，内室借一小管开口于皮肤，可调整内外腔间的压力；膜内有第 V 对脑神经（三叉神经）末梢分布，这是一种极灵敏的热能检测器。蛇类红外线感受器是仿生学研究的对象之一。

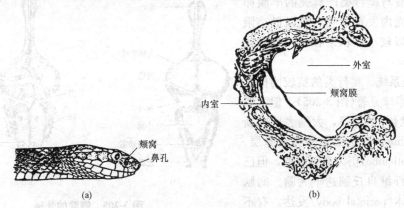

(a)　　　　　　　　　　　　(b)

图 3-208　蝮蛇的颊窝
(a)颊窝的位置；(b)颊窝的内部结构

(11)生殖系统。爬行类为体内受精，雄性具 1 对精巢，输精管达于泄殖腔，腔壁具有可膨大而伸出的交配器（copulatory organ）。蛇类、蜥蜴交配器成对，龟类和鳄类为单个突起。雌性生殖系统基本与两栖类相同。

卵为多黄卵，受精在输卵管上端进行，受精卵下行时被包上蛋白、壳膜和卵壳。多数爬行类没有孵卵行为，卵产出后依赖环境中的太阳能等热量孵化，但也有少数爬行类具孵卵行为，一些蛇类和蜥蜴具卵胎生（ovoviviparity）现象。近年研究证实，一些卵胎生的爬行动物，其发育胚胎不仅与母体交换水、氧气和二氧化碳，还能交换含氮物质。这一发现充实了关于爬行类生殖方式的认识。

(二)爬行纲的分类

现存爬行类有 7 000 多种,我国有近 420 种,分属 3 个目。

1. 龟鳖目(Chelonia)

龟鳖目属陆栖、水栖或海洋生活的爬行类。体背及腹面具有坚固的甲板,甲板外被角质鳞或厚皮。躯干部的脊柱、肋骨和胸骨常与甲板愈合。头骨无颞窝,不具齿而代之以角质鞘。方骨不活动,舌不具伸展性,具眼睑。泄殖腔孔纵裂,雄性单个交配器。已知的有 12 科约 250 种。

(1)龟科(Testudinidae)。陆栖,四肢强壮不呈桨状,爪强钝。甲板外被角质鳞,颈部可呈 S 形缩入壳内。如金龟(乌龟,*Geoclemys reevesii*)[图 3-209(a)],其背腹甲在侧缘联合为完整的龟壳,背甲上有三条纵向棱嵴,遍布全国。

(2)棱皮龟科(Dermochelidae)。大型海龟,四肢特化为桨状,甲板外被革皮,背面具 7 条纵棱,分布于热带及亚热带海洋,仅 1 属 1 种,即棱皮龟(*Dermochelys coriacae*)[图 3-209(b)],为国家二级重点保护动物。

(3)海龟科(Cheloniidae)。中大型海龟,四肢桨状,甲板外有角质鳞板,头不能缩入壳内,分布于热带或亚热带海洋。如玳瑁(*Eretmochelys imbricata*)[图 3-209(c)],为国家二级重点保护动物。

(4)鳖科(Trinychidae)。中小型淡水龟类,甲板外有革质皮,指(趾)间具蹼,吻长成管状。我国常见种类为中华鳖(甲鱼,*Amyda sinensis*)[图 3-209(d)],为著名滋补食品,已大规模人工养殖。

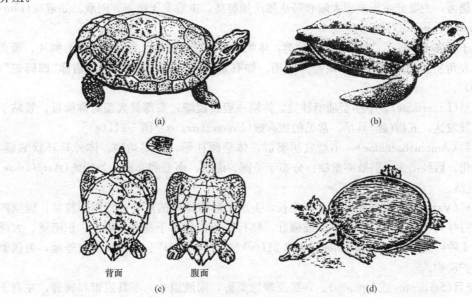

背面　　腹面
(a)　　　　　　　　　(b)
(c)　　　　　　　　　(d)

图 3-209　龟鳖目代表动物
(a)乌龟;(b)棱皮龟;(c)玳瑁;(d)中华鳖

2. 喙头目(Rhynchocephalia)

喙头目为原始陆栖种类,体长 50～65 cm,被细鳞,体背有鬣鳞,爪发达。头骨具双颞窝。椎体为双凹型,方骨不能动,端生齿,顶眼发达,雄性不具交配器。仅 2 种,如喙头蜥(楔齿蜥)（*Shenodon punctatum*）(图 3-210)，产于新西兰，为起源于 1 700 万年前的"活化石"。

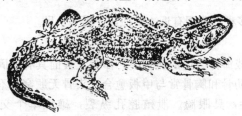

图 3-210　喙头蜥

3. 有鳞目(squamata)

有鳞目为陆栖、穴居或水栖、树栖，体被角质鳞，头骨具双颞窝，方骨可动，椎体为双凹型或前凹型，具端生或侧生齿，泄殖腔孔横裂，雄性具成对的交配器，分 2 个亚目：

(1)蜥蜴亚目(Lacertilia 或 Sauria)。中小型爬行动物，多数具附肢、肩带及胸骨，左右下颌骨在前端合并。眼睑可动。一般有鼓膜、鼓室、耳咽管。有 20 科约 3 800 种。

①壁虎科(Gekkonidae)。原始夜行性或树栖生活类群。眼大，多不具眼睑。具颗粒状鳞。指(趾)端常具膨大的吸盘状趾垫，适于攀缘，以昆虫为食。常见的种类为壁虎(*Gekko swinnhonis*)[图 3-211(a)]。

②避役科(Chameleonidae)。树栖，眼大而突出，具厚眼睑，每个眼可单独活动和调距。舌特殊且发达，为粘捕昆虫的利器，指(趾)并合为内外 2 组，适于握枝。尾长具缠绕性。皮肤有迅速变色的能力。主要分布于非洲大陆和马达加斯加群岛，少数见于南亚、南欧。如避役(*Chamaeleon vulgaris*)[图 3-211(d)]。

③石龙子科(scincidae)。中小型陆栖种类，体粗壮，四肢短或缺，常具圆形光滑鳞片、覆瓦状排列。体表角质鳞之下具骨鳞，眼睑常透明。如石龙子(*Eumeces chinensis*，俗称"四脚蛇")[图 3-211(b)]。

④蜥蜴科(Lacertidae)。中小型陆栖种类，体鳞一般具棱嵴，头部具大型对称鳞板，紧贴于头骨上。四肢发达，五指(趾)具爪。常见的如麻蜥(*Eremias argus*)[图 3-211(e)]。

⑤蚓蜥科(Amphisbaenidae)。小型穴居类群，体呈圆柱形，头尾均钝。体外具环状皱襞。外耳和眼退化。后肢消失，前肢亦常缺。分布于美洲、南欧、南亚和非洲。如蚓蜥(*Amphisbaena*)营地下生活。

⑥巨蜥科(Varanidae)。体形大，头和吻长，头顶无对称排列的盾片；背鳞颗粒状，腹鳞四边形，成横行排列，鳞下承以骨板，四肢强壮，爬行快速；分布于非洲、南亚、东南亚、大洋洲。我国仅 1 种巨蜥(*Varanus salvator*)[图 3-211(c)]，分布于两广、云南、海南等地，为国家一级重点保护动物。

(2)蛇亚目(Serpentes 或 Ophidia)。穴居及攀缘类群，附肢退化，不具肩带和胸骨，左右下颌骨在前端以弹性韧带相联结，方骨发达且与脑颅形成可动关节，使嘴(喙)可以略向上方抬动吞食大型猎物。眼睑不动，外耳孔消失，无鼓膜。舌伸缩性强，末端分叉。有 13 科约 3 000 种。

①蟒科(Boidae)。地栖或树栖，为该亚目中体形最大者(0.3～11 m)。为蛇类中较低等类群。体被小型鳞片，腰带退化，但有股骨痕迹。泄殖腔两侧有一对角质的爪状物，即为退化的后肢残迹。卵生或卵胎生。卵生者有孵卵行为。无毒牙，主要靠缠绕绞死猎物，且主要以温血动物为食，唇窝(labral pit)发展为热能感受器。如蟒蛇(*Python molurus*)[图 3-212(g)]，分布于我国云南、广东、海南、广西、福建等省(区)，为国家一级重点保护动物。

图 3-211　蜥蜴亚目代表动物
(a)壁虎；(b)石龙子；(c)巨蜥；(d)避役；(e)麻蜥

②游蛇科(Colubridae)。陆栖、树栖或水栖。尚具退化的后肢痕迹。上下颌均具齿，无沟牙或后沟牙。卵生或卵胎生。种类多，占蛇类种数的 90% 左右。我国常见种如火赤链(*Dinodon rufozonatum*)[图 3-212(e)]、红点锦蛇(*Elaphe rufodorsata*)、水游蛇(*Natrix annularis*)[图 3-212(f)]、黑眉锦蛇(*Elaphe taeniura*，俗称"白麻蛇")等。

③眼镜蛇科(Elapidae)。陆栖或树栖，不具退化后肢的痕迹，上下颌具齿，上颌骨一般较短，具前沟牙。尾不侧扁(与海蛇科主要区别)。本科为著名毒蛇。常见的有眼镜蛇(*Naja naja*)[图 3-212(h)]、金环蛇(*Bungarus fasciatus*)[图 3-212(i)]、银环蛇(*B. multicinctus*)，主要分布于华南地区。

④蝰科(Viperidae)。陆栖、树栖或水栖。上颌骨短且能活动，张口时借头骨上一系列可动骨骼的推动，使上颌骨及毒牙竖直，具管牙，体粗壮，尾短，主要以温血动物为食，多以伏击方式毒杀后吞食。分 2 个亚科：蝰亚科(Viperiinae)和蝮亚科(Crotalinae)，主要区别在于后者的眼与鼻孔之间具颊窝，前者无。蝮亚科主要分布于美洲，蝰亚科分布中心在非洲。蝮亚科与蝰亚科的分布区不发生重叠。本科主要种类如蝮蛇(*Agkistrodon halys*)[图 3-212(b)]、五步蛇(尖吻蝮，*A. acutus*)[图 3-212(c)]、烙铁头(龟壳花蛇，*Trimeresurus mucrosquamatus*)、竹叶青(*T. stejnegeri*)[图 3-212(a)]、响尾蛇(*Crotalusadamanteus*)[图 3-212(d)]。

图 3-212　蛇亚目代表动物

(a)竹叶青；(b)蝮蛇；(c)五步蛇(尖吻蝮)；(d)响尾蛇；
(e)火赤链；(f)水游蛇；(g)蟒蛇；(h)眼镜蛇；(i)金环蛇

4. 鳄目（Crocodilia）

鳄目水栖，体被大型坚甲，头骨具特化的双颞窝，方骨不可动，槽生齿，四肢强壮，趾间具蹼，耻骨退化，尾侧扁，泄殖腔孔纵裂，雄体单个交配器。约 20 种。扬子鳄（*Alligator sinensis*）[图 3-213(a)]为我国特产，国家一级重点保护动物，在安徽等地已开展人工培殖。

在中生代（2 亿多年前到 7 500 万年前），爬行动物是脊椎动物中最繁盛的优势类群，有适应陆生、水生及飞行生活的各种类群。中生代被称为"爬行动物时代"。生物学及化石方面的证据均支持爬行类起源于两栖类，认为其起源于两栖类的迷齿类，杯龙目是爬行动物的基干，由它进化为后期的各种爬行动物。

（三）爬行动物与人类关系

爬行动物为外温动物（变温动物），主要依靠吸收太阳能的辐射热来维持和提高体温。其新陈

图 3-213　扬子鳄和长吻鳄

(a)扬子鳄；(b)长吻鳄

代谢率低，对自然界内作为热量来源的营养物质消耗也少，所摄入的大部分能量都可以通过同化作用而转变为自身的生物能，净生产力可达到 30%～90%，远远超过内温（恒温）动物。

大多数的爬行动物为杂食或肉食性，蜥蜴和蛇类大量捕食有害昆虫及鼠类而有益于农牧业生产，在生态系统中为次级消费者。许多爬行动物又是肉食性动物和猛禽的食物及能量的来源之一，在生态系统能量的流转过程中，又处于次级生产者的地位。因此，爬行动物对维持陆地生态系统的稳定性，以及为自然界提供能量储存具有重要作用。

爬行动物的主要危害是毒蛇对人畜的伤害，尤其是毒蛇密度较高的地区较为严重。我国约有 205 种蛇，其中毒蛇 50 多种，较常见的毒蛇有蝮蛇、眼镜蛇、银环蛇、金环蛇、烙铁头、尖吻蝮、竹叶青等。云贵高原及横断山脉的西南地区，主要毒蛇有蝮蛇、眼镜蛇、银环蛇、尖吻蝮、竹叶青和几种烙铁头。毒蛇的体色和头形多样，一般没有共同的外形特征。在野外对头部膨大呈三角形、尾部骤然变细、具有鲜艳色彩的种类要特别注意，提高警惕，切忌用手捉弄不熟悉的蛇。蛇毒是一种复杂的蛋白质，能随淋巴和血液扩散，引起中毒症状。蛇毒一般分为神经毒和血环毒两类，前者引起麻痹无力、昏迷，最后导致中枢神经系统麻痹而死，金环蛇、银环蛇、眼镜蛇均以神经毒为主；血环毒引起伤口剧痛、水肿，渐至皮下出现紫斑，最后导致心脏衰竭而死，蝮蛇、竹叶青及五步蛇等以血环毒为主。实际上毒蛇的毒液成分十分复杂，有神经毒素、心脏毒素、出血毒素、溶血毒素及肌肉毒素等，并含有丰富的活性酶。

毒蛇咬伤的紧急局部处理原则是尽快排除毒液，延缓蛇毒的扩散，以减轻中毒症状。随后应立即在伤口上方 2～10 cm 处用布带扎紧，以阻断淋巴及静脉血的回流，每隔 15 分钟左右放松布带 1～2 分钟。以免血液循环受阻，造成局部肌肉坏死。就近尽快求医治疗。

蛇毒也是一种重要的生物活性物质，在临床上可用以治疗脑血栓、血栓闭塞性脉管炎及冠心病等。养殖蛇类供人们食用或药用具有一定的市场前景。

第十节　陆生内温脊椎动物

鸟类和哺乳类都是内温动物（endotherm）。具有较高而稳定的代谢水平和产热、散热的调节能力，能够保持体温恒定并略高于环境温度。高而恒定的体温（鸟类为 37.0～44.6 ℃，哺乳类为 25～37 ℃）有利于体内各种酶的活动，从而提高新陈代谢水平和行为活动的主动性，减少对环境的依赖，因此鸟类和哺乳类动物分布范围广泛。

鸟类和哺乳类都是从古代爬行动物起源的，在系统进化历史上，哺乳类比鸟类出现的时间早，起源于类似古两栖类特征的原始爬行动物。石炭纪末期，由爬行类的基干杯龙类发展出 1 支似哺乳类的兽形爬行类，称为盘龙类。盘龙类进化出较进步的兽孔类，兽孔类的后裔之一兽齿类已具有哺乳动物特征，如牙齿为槽生齿和异型齿，头骨具合颞窝、双枕髁，下颌齿骨发达，四肢位于身体腹部等，典型代表为犬颌兽。在云南禄丰发现的晚三叠纪化石卞氏兽结构上更进步，更接近哺乳动物。而鸟类则是起源于较为特化的古代爬行动物，槽齿类爬行动物（假鳄类）起源说和兽脚类起源说是国际上主流的两种观点，且处于长期争论中。哺乳动物躯体结构上往往还保持有某些两栖类的特征，如头骨具 2 个枕骨髁，皮肤富有腺体，排泄尿素等；而鸟类则保持着一些爬行类的特征，如单个枕骨髁，皮肤干燥，排泄尿酸等。

鸟类和哺乳类各以不同方式适应陆生生活，如陆上快速运动，防止体内水分蒸发，保持恒定体温，提高代谢水平等。与其他脊椎动物相比，鸟类具有一系列适应飞翔生活的特征，具有很强的长距离迁徙能力。哺乳类的胎生（vivipary）和哺乳（lactation）特性，加强了个体之间的相互作用，即社会关系，提高了后代的成活率。

一、鸟纲

鸟类在外部形态、内部结构及生理活动等方面更加复杂和更为进步，是前肢特化为翼、体表被覆羽毛、恒温和卵生的适应空中飞翔生活的高等脊椎动物。

(一)鸟类适应飞翔的特征

1. 身体呈流线型，体表被有羽毛，前肢特化为翼

鸟类(Aves)身体分为头、颈、躯干和尾几部分。外形呈流线型，体表被羽毛，能减少飞行阻力。头细小，头端具角质喙(bill)，是啄食器官。颈长而灵活，躯干呈纺锤形、坚实；尾部短小，尾端着生扇状尾羽(tail feather)，在飞行中起舵的作用。前肢特化为翼(wing)(图3-214)，具飞羽(remiges)，是飞行器官。后肢有足，具4趾。

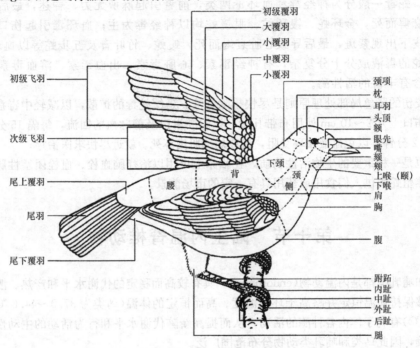

图 3-214 鸟类的外部形态

鸟喙(嘴)的长度和形状多种多样，与鸟类的特殊食性和取食方式相互适应。喙的形状可分为：①钩曲状，如鹰、鹦鹉；②楔状，如啄木鸟；③圆锥状，如鸡；④扁平状，如鸭；⑤强直而端钩，如鸬鹚；⑥强直而端尖，如鹤；⑦扁长而末端为杓状，如琵鹭；⑧上下喙左右交叉，如交嘴雀等。

足的形态因种而异，也是适应生活环境的结果，是分类的重要依据之一。足趾排列分为：①常态足(亦称不等趾足)，三趾向前，一趾向后，如鸡；②对趾足，第一、四趾向后，第二、三趾向前，如啄木鸟；③异趾足，第一、二趾向后，第三、四趾向前，如咬鹃；④并趾足，向前的三趾基部都有不同程度的愈合，如翠鸟；⑤前趾足，四趾均向前，如雨燕(图3-215)。游禽和涉禽的足具有蹼，适用于游泳和涉水，根据蹼的形态可分为：①蹼足，前三趾间有全蹼相连，如雁、鸭；②凹蹼足，蹼的中部凹入，如鸥；③瓣蹼足，趾的两侧有叶状瓣膜，如鹏鹏；④全蹼足，四趾间均具蹼，如鸬鹚；⑤半蹼足，趾间微具蹼膜，如鹭(图3-215)。

2. 皮肤薄、韧、缺乏腺体

鸟类皮肤特点是薄、韧、缺乏腺体。薄、韧既减轻重量，又有利于肌肉运动。鸟类皮肤唯一腺体称尾脂腺(oil gland 或 uropygial gland)，鸟类常以喙啄取尾脂腺分泌的油脂涂抹羽毛，用以润泽羽毛防止变形和避免潮湿等，游禽(雁、鸭等)尾脂腺特别发达。

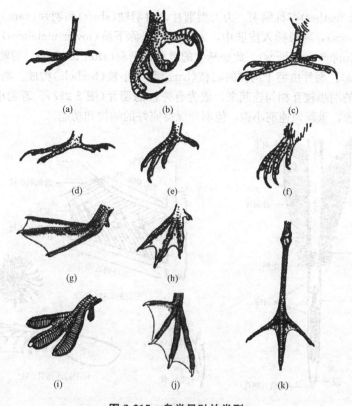

图 3-215 鸟类足趾的类型

(a)，(b)常态足；(c)对趾足；(d)异趾足；(e)并趾足；
(f)前趾足；(g)蹼足；(h)凹蹼足；(i)瓣蹼足；(j)全蹼足；(k)半蹼足

　　皮肤外面具有由表皮衍生的角质物，如羽毛（feather）、喙、爪（claw）、鳞片（scale）等。一些鸟类的冠（comb）和垂肉（wattle）为加厚的真皮，其中富含血管。

　　羽毛是鸟类典型特征之一，有保护身体、隔热保温、飞翔、伪装和传感等作用。从系统生发上羽毛与爬行动物的鳞片同源，发生初期形态也相似。羽毛着生于体表的一定区域，称羽区或羽域（pteryla），不着生羽毛的地方称裸区或无羽区（apteria）（图 3-216）。鸟类腹部的裸区与孵卵有关，当雌鸟孵卵时，腹部羽毛大量脱落，该区称"孵卵斑"（brood patch）。全身所被覆的羽毛总称为羽衣（plumage）。成鸟的羽通常分为正羽、绒羽和纤羽等几种。

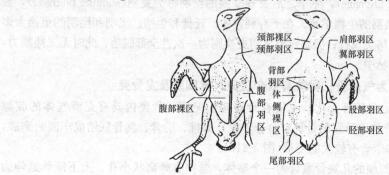

图 3-216 鸟类皮肤的羽区和裸区

正羽(contour feather)亦称翻羽，为大型羽片，由羽轴(shaft)和羽片(vane)构成。羽轴下部为羽根或翻(calamus)，羽根插入皮肤中，末端有一孔称下脐(lower umbilicus)。羽根上端与羽片交界处为上脐(upper umbilicus)，此处丛生的散羽称副羽(after feather)。羽轴上部为羽干，两侧的羽片称翈(xia)。羽片由羽干两侧的羽枝(barb)和羽小枝(barbule)构成。羽小枝上有羽小钩(hooklet)使相邻的羽小枝互相勾连起来，成为有弹性的羽片(图3-217)。若羽小枝被外力分开，鸟可用喙予以梳理，重新勾连羽小钩，使羽片保持完好的结构和功能。

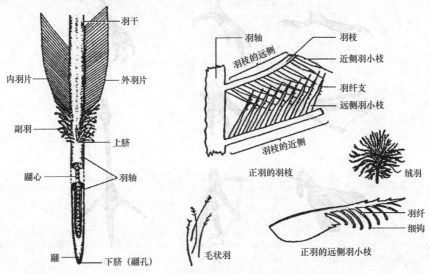

图3-217　鸟羽的结构

绒羽(plumule 或 down feather)位于正羽之下，呈花絮状。其特点：无羽干，羽根短，羽支柔软，丛生于羽根顶端，不具羽小钩。因此整个绒羽蓬松，具很强的保温性能。冬季鸟类绒羽丰厚。

纤羽(hairy feather)又名毛状羽，外形有的似毛发，有的末端着生少数羽枝和羽小枝，纤羽多分布在口鼻部或散生在正羽和绒羽之间。纤羽具有触觉作用，与神经系统相连。散生于初级飞羽之间的纤羽将信息从翅膀通过神经传递到大脑，起到飞行信息传感器的作用。

鸟类的嘴缘、鼻周、眼周多具须(bristle)，为特化的正羽。具有过滤空气，保护鼻、眼的作用。喙须还能够感知猎物。

鸟类的羽毛定期更换，称换羽(molt)。通常一年换羽两次。在秋季生殖结束后，冬季到来之前换的新羽称为冬羽(winter plumage)，冬季之后及春季换的新羽称为夏羽(summer plumage)，或称婚羽(nuptial plumage)。换羽的生物学意义在于有利越冬、迁徙和生殖。飞羽和尾羽的更换大多是逐渐更替的，因此不影响鸟类飞行；但雁鸭类飞羽更换则为一次性全部脱落，此时无飞翔能力，而隐藏于人迹罕至的湖边草丛中。

3. 骨骼轻而坚固，多为气质骨；骨块有愈合现象；具胸廓及龙骨突

适应飞行的鸟类骨骼发生显著变化。主要有骨骼轻而坚固，骨骼内具有充满气体的腔隙(pneumatization)；头骨、脊柱、骨盆的骨块有愈合现象；胸椎、肋骨、胸骨联结成牢固的胸廓，胸骨发达成龙骨突；肢骨和带骨有较大的变形(图3-218)。

(1)头骨薄而轻，组成脑颅的几块骨愈合为一个整体，骨中有蜂窝状小孔。上下颌骨延伸为喙，口内无牙。脑发达，使颅腔膨大，顶骨呈圆拱形，枕骨大孔移至腹面；视觉器官发达，眼眶膨大，脑颅腔后推，颅侧壁被挤压至中央成眶间隔(图3-219)。

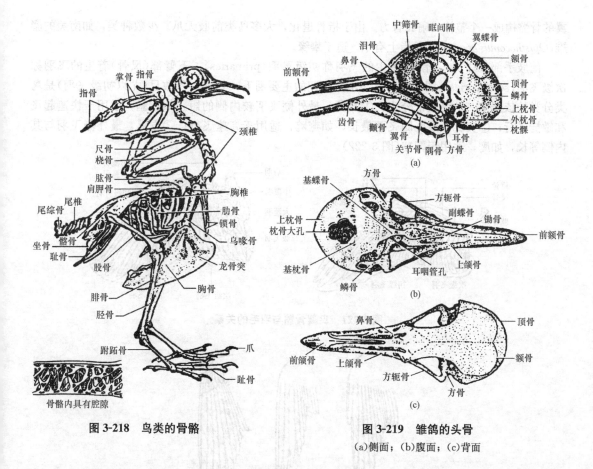

图 3-218 鸟类的骨骼

图 3-219 雏鸽的头骨

(a)侧面；(b)腹面；(c)背面

(2)中轴骨多处愈合形成坚固支架，颈部长且高度灵活。脊柱由颈、胸、腰、荐和尾椎5部分组成。颈椎数目变异大(8～25枚)。寰椎呈环状与头骨联结；可以在枢椎上转动，增加了颈部的灵活性。胸椎5～6枚，通过硬骨质的肋骨与胸骨联结。构成牢固的胸廓。肋骨具钩状突起，彼此相连。胸骨中线处具高耸的龙骨突(keel)，增加了两翼运动的胸肌附着面，不会飞的鸵鸟等走禽类则没有龙骨突。前几个胸椎与最后一个颈椎愈合，最后一个胸椎与腰椎、荐椎及前几块尾椎愈合为鸟类特有的愈合荐骨(synsacrum)，中间几个尾椎骨可活动，最后几块尾椎又愈合为尾综骨(pygostyle)，以支持扇形尾羽。

鸟类脊椎骨的愈合和尾椎骨的退化，使躯体部骨骼联结为一个整体，身体中心集中在中央，这些有利于飞行时保持平衡。

(3)前肢特化为翼，肢骨和带骨愈合和减少，具开放式骨盆。肩带由肩胛骨、乌喙骨和锁骨组成，3骨的联结处构成肩臼，与翼的肱骨相关节。左右锁骨以及退化的间锁骨在腹中线处愈合成V形，称为叉骨(wishbone)，是鸟类特有的结构。叉骨具弹性，在鸟翼剧烈扇动时可避免左右肩带碰撞。前肢特化为翼，手部骨骼的腕骨、掌骨和指骨愈合或消失(图3-220)，使

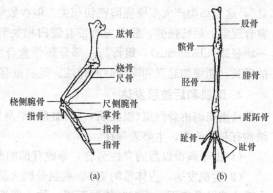

图 3-220 鸟的附肢骨骼

(a)前肢(翅)；(b)后肢

翼的骨骼构成一个整体，扇翼有力。由于指骨退化，大多鸟类前肢无爪。少数种类，如南美的麝雉（*Opisthocomus hoazin*）幼鸟指上有爪，适于攀缘。

前肢手部（腕、掌、指骨）着生的飞羽称初级飞羽（primaries），下臂部（尺骨）着生的飞羽称次级飞羽（secondaries）（图 3-221）。飞羽是飞翔的主要羽毛，其排列和数目（尤以初级飞羽）是鸟类分类的依据之一。翼通常分为：①圆翼，最外侧飞羽较内侧的短，如黄鹂，适用于快速起飞和敏捷飞行；②尖翼，最外侧飞羽最长，如燕鸥，适用于高速飞行；③方翼，最外侧飞羽与其内侧等长，如鹰，适用于翱翔（图 3-222）。

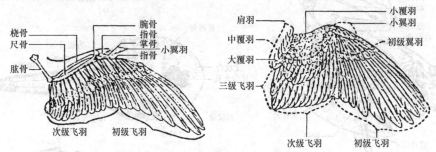

图 3-221　鸟翼骨骼与羽毛的关系

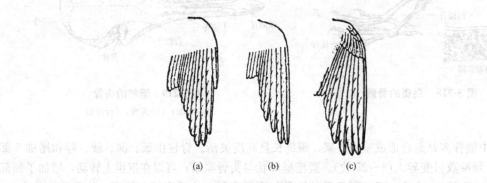

(a)　　　　　(b)　　　　　(c)

图 3-222　翼的各种形状

(a)圆翼；(b)尖翼；(c)方翼

腰带骨骼变形，髂骨、坐骨、耻骨 3 块腰带骨愈合成薄而完整的骨架，称无名骨，内侧与愈合荐骨愈合，外侧与后肢相关节，左右耻骨在腹中线处不愈合，形成鸟类特有的"开放式骨盆"，这与鸟类产大型硬壳卵密切相关。但少数陆栖原始种类（如鸵鸟），左右耻骨在腹中线处有愈合现象。后肢强健，股骨与腰带有髋臼相关节，腓骨退化为刺状，胫骨与一部分跗骨愈合成一块胫跗（tibiotarsus），跗骨与一部分跖骨愈合成一块跗跖骨（tarsometatarsus）。这种两块骨骼的延长，能增加起飞和降落时的弹性。尾羽也有多种形态（图 3-223）。

4. 胸肌和后肢肌发达

鸟类肌肉由骨骼肌（横纹肌）、内脏肌（平滑肌）和心肌组成。由于适应飞行，骨骼肌的形态结构有显著改变，主要表现在：

(1)由于胸椎以后的脊柱愈合，导致背部的肌肉退化。颈部肌肉相应发达。

(2)胸肌发达，占体重的 1/5。胸肌分胸大肌和胸小肌，均起于胸骨及龙骨突（图 3-224），胸大肌止于肱骨腹面，收缩时使翼下降；胸小肌肌腱穿过由锁骨、乌喙骨、肩胛骨围成的三骨孔（foramen triosseum），止于肱骨近端背面，收缩时使翼上举。另外，后肢肌肉发达，集中分布在

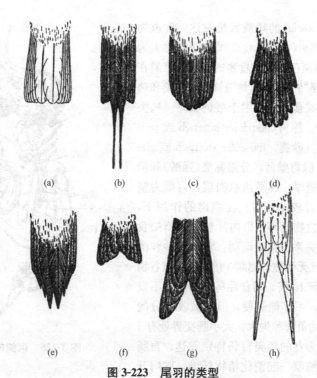

图 3-223　尾羽的类型
(a)平尾；(b)尖尾；(c)圆尾；(d)凸尾；(e)楔尾；(f)凹尾；(g)叉尾；(h)铗尾

股部和胫部，其肌体部集中在躯体的中心部分，通过伸长的肌腱连到脚趾来操纵肢体运动。发达的胸肌有利于保持重心的稳定，在维持飞行平衡中有着重要意义。

(3)后肢具有适于树栖握枝的肌肉，这些肌肉(包括栖肌、贯趾屈肌、腓骨中肌)中的借肌腱、肌腱鞘与骨骼关节三者间的巧妙配合，使鸟类能够栖息于树枝上(图 3-225)。

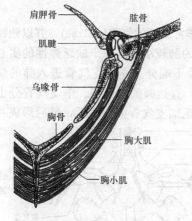

图 3-224　鸟类胸肌与骨骼的关系

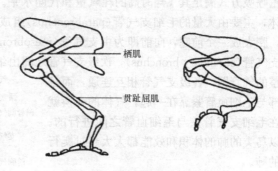

图 3-225　鸟类足部的闭合机制

(4)具特殊的鸣管肌肉(图 3-229)。

(5)皮下肌肉较发达，收缩能够使羽毛竖起，与散热等有关。

5. 消化系统发达

鸟类口内无牙。喙有角质鞘。口腔内有唾液腺，但仅摄食谷类的雀形目鸟类唾液中含消化酶，雨燕目的金丝燕(*Collocalia*)的唾液腺最发达。食道为长而细的管道；一些鸟类(食谷、食鱼)食道下部膨大为嗉囊(crop)，作为临时储存和软化食物的器官；雌鸽在育雏初期，嗉囊能分泌"鸽乳"用以饲喂雏鸽；鸬鹚和鹈鹕的嗉囊能将食物制成食糜，亦用于喂饲雏鸟。鸟类的胃分为前后两部分：腺胃(glandular stomach 或 proventriculus)在前，肌胃(砂囊，muscular stomach 或 gizzard)在后(图 3-226)。腺胃壁薄，分泌黏液(强酸)和消化液消化食物。肌胃壁厚，具发达肌肉层，内壁为坚硬的革质层，胃腔中含较多沙粒；在肌肉的作用下，革质层与沙粒一起将食物磨碎。胃内沙粒对于所摄食的种子的消化有密切关系。实验证明：胃内含沙粒的鸡，对燕麦的消化力比无砂粒者提高 3 倍，对一般谷物及种子的消化力可提高 10 倍。肉食性鸟类的肌胃不发达。鸟类的直肠极短，不存储粪便，但具吸收水分的功能。这能减少飞行的负荷和失水。大小肠交界处有 1 对盲肠，以植物纤维为食的鸟类盲肠特别发达。盲肠有吸水作用，并能与细菌一起消化植物纤维。肛门开

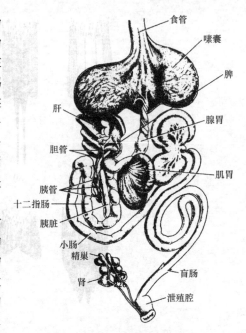

图 3-226　家鸽的消化系统

口于泄殖腔，与爬行类相同。鸟类泄殖腔背方有一特殊腺体，称腔上囊(法氏囊，bursa fabricii)，是一种淋巴器官；随着年龄的增大，腔上囊逐渐萎缩，因此可用来鉴定鸟类的年龄。

鸟类消化力强，消化速度快，这与鸟类活动性强、新陈代谢旺盛有关。实验证实，对雀形目鸟类喂以谷物、果实和昆虫，仅 1.5 h 即可通过消化道；绿嘴黑鸭(*Anas rubripe*)摄食后 30 min 即可排出。较强的消化力和能量消耗使鸟类食量增大，进食频繁。雀形目鸟类日摄食量为体重的 11%～30%，蜂鸟每日食进的蜜浆是其体重的 2 倍；体重 1 500 g 的雀鹰每昼夜能食 800～1 000 g 肉。

6. 有气囊，具高效的双重呼吸系统

鸟类适应飞行生活的最明显特征是具有与气管相通且非常发达的气囊(air sac)，并以独特的双重呼吸方式满足其飞翔时高的耗氧量和代谢水平。鸟类的肺较小，是一个缺乏弹性的实心海绵体，主要由大量的毛细支气管(parabronchus)组成。气管下端分为左右支气管进入肺的腹内侧，膨大成一个前庭，向前即为中支气管(mesobronchus)，直达肺的远心段。中支气管分出次级支气管(secondary bronchus)，次级支气管之间由细小的毛细支气管彼此联系，最后形成一个完整的气管网，各级支气管相互连通，而且全部与毛细血管紧靠在一起，气体的交换就是在毛细支气管壁与毛细血管之间进行的。所以鸟类的肺的体积和效能都大大超过爬行类的肺。

气囊实质上是气管分支的一部分，是中支气管和次级支气管伸出肺外末端膨大的膜质囊。气囊分布于内脏器官间，有的还有分支通入肌肉间、皮肤下和骨腔内。主要的气囊有 9 个：颈气囊、前胸气囊、后胸气囊和腹气囊各 1 对，锁骨间气囊 1 个(图 3-227)。

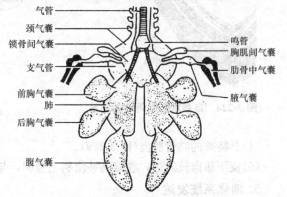

图 3-227　家鸽的呼吸系统模式图

气囊的存在使鸟类产生独特的双重呼吸(dual respiration)，即呼气和吸气时都有空气经过肺部进行气体交换(图 3-228)。当举翼时气囊扩张，空气经肺部而吸入，扇翼时气囊压缩，空气再次经过肺而排出。飞翔越快，举翼和扇翼越猛烈，气体交换就越快，从而确保了氧气的充分供应和高能量的消耗。气囊的存在也能使身体密度减轻，特别是迅速飞翔时辅助完成强烈的呼吸作用和体温调节(呼出大量气体散发热量，吸进空气时冷却)，气囊还有利于减小脏器间的摩擦。鸟类静止时呼吸作用靠肋骨的升降、胸廓的扩大和缩小来完成。

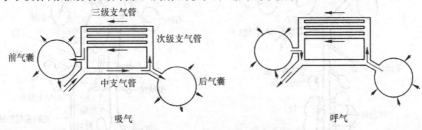

图 3-228　鸟类双重呼吸模式图

鸣管(syrinx)是气管特化而成的发声器官，位于气管和支气管交界处，此处的内外侧管壁变薄称为鸣膜(图 3-229)。它由空气使鸣膜振动而发声，因此呼气和吸气都能发声。鸣膜外鸣肌可调节鸣膜发出各种鸣声。

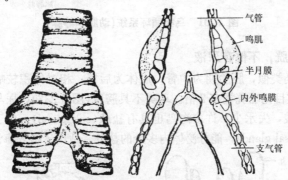

图 3-229　鸟类的鸣管

7. 循环系统完善，为完全双循环

鸟类心脏的相对大小居脊椎动物的首位，占到体重的0.4%~1.5%，具完整的 4 个腔(图 3-230)，动静脉血完全分开，为完全的双循环。双循环包括体循环和肺循环，即富氧血自左心室压出，流经全身各部分，进行气体交换后成为缺氧血回到右心房；右心房的缺氧血经右心室到达肺，进行气体交换后成为富氧血回到左心房。鸟类心搏频率快，一般均在 300~500 次/min，动脉血压较高，如雄鸡为 188 mmHg，雌鸡为163 mmHg，因而血流快速。左体动脉弓消失；肾门静脉趋于退化，具有鸟类特有的尾肠系膜静脉，收集内脏血液进入肝门

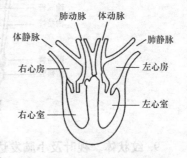

图 3-230　鸟类的心脏模式图

静脉(图 3-231)。血液中的红血细胞含量较哺乳类少，红血细胞具核。鸟类具 1 对大的胸导管，收集躯体的淋巴液，然后注入前大静脉；小肠绒毛中不具哺乳类的乳糜管，因而肠内碳水化合

物、蛋白质和脂肪的代谢产物均经肝门静脉直接进入肝脏后储藏利用。

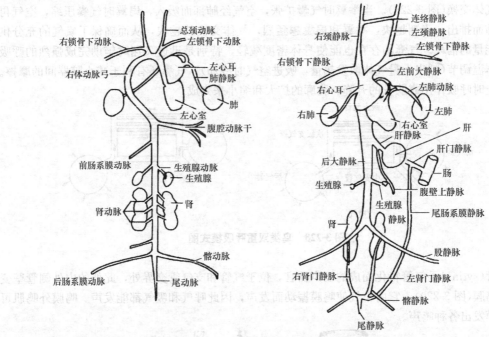

图 3-231　鸟类循环系统(动脉和静脉)

8. 排泄系统无膀胱，不储存尿液

鸟类的肾与爬行类类似，胚胎期为中肾，成体为后肾，相对体积较哺乳动物大，可占体重的 2% 以上，肾小球数目比哺乳类多 2 倍。鸟类不具膀胱(图 3-232)，尿与粪便随时排出。鸟类尿的主要成分也是尿酸，失水少。许多海鸟也具有盐腺(salt gland)，位于眼眶上部，开口于鼻间隔，故又称鼻腺(nasal gland)，能分泌体内多余的盐分，适用于摄入海洋动物和海水。

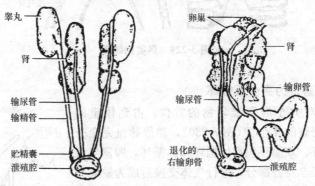

图 3-232　家鸽的泌尿、生殖系统

9. 纹状体、视叶及小脑发达

鸟类的脑与爬行类接近，大脑皮层(cerebral cortex)不发达，大脑和小脑表面比较平滑，嗅叶退化。大脑底部的纹状体(striatum corpora)非常发达(图 3-233)，是复杂本能与学习行为的中枢。间脑由上丘脑、丘脑和丘脑下部 3 部分构成，其中丘脑下部(或称下视丘，hypothalamus)构成丘脑底壁，为体温调节中枢，并控制植物性神经系统，对脑下垂体的分泌有着重要的影响。

中脑充满视神经，构成比较发达的视叶，这与其高度发达的视觉有关。小脑比爬行类发达，与飞翔运动的协调和平衡有关。

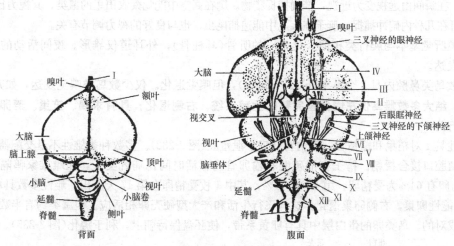

图 3-233　家鸽的脑

10. 视觉、听觉器官发达

鸟类视觉器官最发达，听觉次之，嗅觉最弱，这与飞翔生活相适应。视觉为飞行定向器官。

鸟类的眼相对大小比其他脊椎动物都大，外观呈扁圆形，即扁平眼（flat eye），但鹰类为球状（globular eye），鸮为筒状（tubular eye）。眼球最外壁为坚韧的巩膜（sclera），前壁内着生一圈覆瓦状排列的环形骨片，称巩膜骨（sclerotic ring），构成眼球壁的支架，使鸟类飞行时不因强大气流压力而使眼球变形。后眼房视神经从后背方伸达栉膜（pecten），这是一个具有色素、多褶、富有血管的器官（图 3-234），其功能尚不清楚。

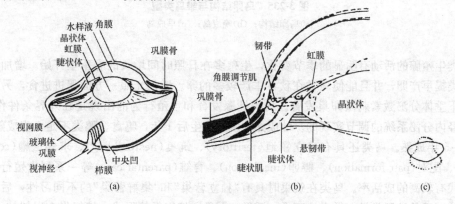

图 3-234　鸟眼结构与视力调节

(a)眼球结构；(b)眼球局部切面；(c)晶状体调节的形状

在发生上与爬行类眼的圆锥乳突（conus papillaris）同源，一般认为与视网膜的营养有关，还可改变体积调节眼内压。也有一些证据证明，圆锥乳突在眼内构成阴影，可减少高飞时强日光造成的目眩。

鸟类的视觉调节既能改变晶状体的凸度，又能改变角膜的凸度，称为双重调节。前巩膜角膜肌（anterior sclerocorneal muscle）能改变角膜曲度，后巩膜角膜肌（posterior sclerocorneal muscle，睫状肌）

能改变晶状体的曲度。改变角膜曲度为鸟类所特有。鸟类的视觉调节肌肉为横纹肌，与爬行类相同，而与其他脊椎动物都不同。横纹肌保证了飞行中的迅速聚焦。双重调节可以保证鸟类从高空俯冲到地面时，在瞬间由远视变为近视，准确捕捉猎物。鹰在高空中能觉察农田里的鼠类，其视力比人好 8 倍，并可在几秒内俯冲捕捉；燕子在疾飞中能追捕昆虫，也与良好的视力调节有关。

鸟类听觉基本与爬行类相似，具单一的听骨（耳柱骨），外耳道仅雏形。夜间活动的鸟类听觉比较发达。

多数鸟类鼻腔内具 3 个鼻甲（nacal concha），但嗅觉退化。仅少数鸟类嗅觉发达，如兀鹫。

11. 绝大多数雌鸟仅左侧保留完整的生殖系统，右侧退化；具有求偶、筑巢、孵卵、育雏等复杂行为

雄性具 1 对精巢和输精管，输精管开口于泄殖腔（图 3-232）。多数种类雄性不具交配器，借雌雄鸟泄殖腔口接合授精。精子在泄殖腔和输卵管内存活时间比哺乳类长，如雌雄家鸭隔离后第 1 周产的卵有 64% 为受精卵，第 3 周有 3%，其中 1 枚受精卵在第 17 天产出。雌性多数具单一（左侧）有功能性卵巢，右侧卵巢退化，这与飞行生活和产大型硬壳卵相适应。但鹰类约有半数的雌性卵巢是成对的。鸟类卵的蛋白层中具有卵黄系带，使胚盘保持朝上，利于孵化（图 3-235）。

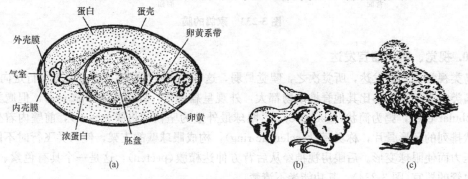

图 3-235　鸟卵结构与雏鸟类型
(a)鸟卵结构；(b)晚成鸟；(c)早成鸟

鸟类生殖腺的活动有明显的季节变化，生殖多在日照时间增长的春季里开始。增加光照能刺激鸟类提早产卵，并且能使鸟类在秋冬季产较多的卵。增强光照一方面促进进食，另一方面刺激脑下垂体分泌激素刺激卵巢发育。鸟类性腺发育和生殖行为的出现是在外界条件作用下，通过神经内分泌系统的调节实现的。性成熟大多在出生后 1 年，鸣禽、鸭类不足 1 岁成熟，鸥、鹰类 3~5 年成熟。鸟类还具有建立领地（territory）、筑巢（nestbuilding）、求偶炫耀（courtship display）、配对（pair formation）、孵卵（incubation）、育雏（parental care）等一系列生殖行为，以保证后代有较高的成活率。鸟类在筑巢时具有"独立营巢"和"集群营巢"的不同习性，后者在岛屿或人迹罕至的地区常见。巢有地面巢、浮巢、洞巢、编织巢等形式。编织巢多以树枝、草茎、毛羽等为巢材，编织比较精巧。攀禽等以树洞或其他裂隙为巢，有的加巢材，有的不加巢材。多数鸟类每年产卵 1 窝（brood）。窝卵数依种而异，少则 1~2 枚，多则 8~15 枚，窝卵数的多少与蛋的大小成反比；家养的鸡、鸭、鸽类等一年可产多窝。鸟类婚配制有 1 雌 1 雄、1 雄多雌或 1 雌多雄。孵卵多由雌鸟担任，也有雌雄轮流（如鸽、鹤、鹳等），还有由雄鸟担任的（如鸸鹋、三趾鹑等）。每种鸟的孵卵期是稳定的（短的如雀彤小型种类 10~15 天，长的如鹰类 29~55 天、信天翁 63~81 天）。孵卵期满时雏鸟将壳啄破而出。根据出壳雏鸟的发育程度分为早成鸟（precocial）和晚成鸟（altricial）（图 3-235）。凡是刚孵出的雏鸟被有密绒羽，眼已张开，腿脚有力，在绒羽干后即可站立觅食，称早成鸟，多数地栖鸟类和游禽属此类，如鸡、鸭等；若刚孵出的雏鸟，体表光裸或微具稀疏小绒，眼不能睁开，必须一段时间留在巢内由亲鸟喂饲，而后才能独立生活的，称晚成鸟，雀形目、攀禽、猛禽及一部分涉禽属此类，如红尾伯劳、白鹭。通常那些筑巢隐蔽安全或亲鸟凶猛，足可卫雏的，多为晚成鸟；早成鸟是地栖鸟类为了提高成活率的一种适应类。晚成鸟的窝卵数比早成鸟少。可见，雏鸟早成性或晚成性是长期自然选择的结果。

鸟类还能借主动迁徙来适应多变的环境。鸟类的迁徙是对环境改变的一种积极的适应本能，是每年在繁殖区与越冬区之间的周期性的迁居。这种迁飞的特点是定期、定向而且多集成群。鸟类的迁徙大多发生在南北半球之间，少数在东西方向之间。根据不同的迁徙习性，可将鸟类分成几种类型：①留鸟：终年栖居在一地而不迁徙的鸟类，如麻雀、喜鹊。②候鸟：随季节不同，气候的冷暖而改变栖息地的鸟类。冬候鸟：冬季飞来越冬，春季北去繁殖的鸟类，如大雁、野鸭等；夏候鸟：夏季飞来繁殖，冬季南去越冬的鸟类，如家燕、杜鹃等。③旅鸟：在南北迁徙过程中旅经某地暂时停下栖息的种类，如灰鹤等。④迷鸟：遇狂风或受气候影响偶尔出现在某地的鸟类，如埃及雁等。

(二) 鸟纲的分类

已知的鸟类有 9 800 多种，我国有 1 400 多种。分为古鸟亚纲（Archaeornithes）和今鸟亚纲（Neornithes）。古鸟亚纲为早已灭绝的化石种类，如始祖鸟（*Archaeopteryx lithogrdphica*），已报道的仅 7 架化石，均获自侏罗纪地层中，距今约 1.5 亿年。其主要特征为具牙齿，肋骨无钩状突起，掌骨不合并、前肢指端具爪，无尾综骨，胸骨无龙骨突等。今鸟亚纲分为 4 个总目：齿颚总目（Odontognathae）已灭绝[上下颚具齿，如黄昏鸟（*Hesperornis regalis*）、鱼鸟（*Lchthyornis victor*）]，其余 3 个总目包括现存的全部鸟类。根据生活习性，鸟类又可分为 8 个生态类型，即走禽（鸵鸟类）、水禽（企鹅类）、游禽、涉禽、猛禽、攀禽、陆禽（鸠鸽、鹑鸡类）和鸣禽。近年来，一些学者根据分子生物学研究结果，对鸟类传统分类系统进行了很大的调整。

1. 平胸总目

平胸总目（Ratitae），也称古颚总目（Palaeognathae），为现存鸟类体形最大者，体重达 135 kg，体高 2.5 m。适于奔走，也称为走禽类。具一系列原始特征：翼退化，胸骨不具龙骨突，不具尾综骨和尾脂腺，全身羽毛均匀分布（无羽区和裸区之别），羽枝不具羽小钩，因而不成羽片，雄鸟具发达的交配器，足趾减至 2～3 趾，粗壮善奔跑。本总目有 5 目 6 科 14 属 57 种。如非洲鸵鸟（*Struthio camelus*），适于沙漠生活，奔跑时扇翼相助，一步可跨 8 m，时速达 60 km。此外，还有美洲鸵鸟（*Rhea americana*）、鸸鹋（*Dromaius novaehollandiae*，又名澳大利亚鸵鸟，国内已引种养殖）和新西兰的小斑几维鸟（*Apteryx owenii*）（图 3-236）。

图 3-236　平胸总目代表种类
(a)非洲鸵鸟；(b)美洲鸵鸟；(c)鸸鹋；(d)小斑几维鸟

2. 企鹅总目

企鹅总目（Impennes），也称楔翼总目，适于潜水生活的中大型游禽，其前肢呈鳍状，具鳞片状羽毛（羽轴短而宽，羽片狭窄），均匀分布于体表，尾短，腿短并移至躯体后方，趾间具蹼。在陆上行走时，躯体直立，左右摇摆。皮下脂肪发达，利于在寒冷地区和水中保温。骨骼沉重不充气，龙骨突发达，利于前肢划水，游泳快速。

企鹅为群居鸟类，主要食物为鱼类。本总目只有 1 目 1 科 6 属 17 种。代表种类为王企鹅（*Aptenodytes patagonica*），分布在南极洲附近，可延布到非洲南部。每产 1 卵，由雄鸟孵卵，雄鸟将卵置于脚上，由下腹部下垂的袋状皮折将卵和脚面覆盖，孵卵期约 56 天。多数企鹅种类双亲轮流孵卵。南极大陆还有帝企鹅（*A. forsteri*），为企鹅中最大者。此外还有南非企鹅（*Spheniscus demersus*）、凤头黄眉企鹅（*Eudyptes chrysocoma*）等（图 3-237）。

图 3-237　企鹅总目代表种类
(a)凤头黄眉企鹅；(b)王企鹅

3. 突胸总目

突胸总目（Carinatae），也称今颚总目（Neognathae），包括现存的绝大多数鸟类，共 35 目 8 500 种以上。共同特征是：胸骨具龙骨突，最后 4～6 枚尾椎骨愈合成一块尾综骨，前肢为翼。分布遍及全球，与人类关系密切。我国突胸总目现存鸟类约 21 目 83 科 1 253 种，约占世界现存鸟类的 14%。

根据鸟类的生态习性和形态特征，我国的现存鸟类可分为 6 个生态类群：①游禽类，蹼发达，适于游泳和潜水；尾脂腺发达；水中生活，以鱼虾等水生生物为食；包括潜鸟目、䴙䴘目、鹱形目、鹈形目、雁形目和鸥形目。②涉禽类，喙、颈和脚都比较长；蹼不发达，胫的下部裸露，适于涉水捕食；包括鹳形目、鹤形目和鸻形目。游禽类和涉禽类合称为水鸟（Waterbird）。③猛禽类，喙爪均特强壮和弯曲；肉食性；飞行能力强；视觉锐利；为国家一级或二级保护动物；包括隼形目和鸮形目。④地禽类，喙、脚强壮，常在地面行走取食；翼短而圆；多数种类营巢于地面；鸡形目鸟类不善飞翔；也把地禽类分为鹑鸡类（鸡形目）和鸠鸽类（鸽形目）。⑤攀禽类，足不呈常态足，而呈前趾足、并趾足、对趾足或异趾足；适于攀缘树干、岩壁等。包括 7 个目：鹃形目、夜鹰目、鹦形目、雨燕目、咬鹃目、佛法僧目、䴕形目。⑥鸣禽类，鸣管和鸣肌发达，善于鸣啭，鸣声多变；具常态足；跗跖后部鳞片愈合为完整的一块（靴状鳞）；善于营巢，雏鸟晚成型；如雀形目。

突胸总目常见的目简介如下：

（1）䴙䴘目（Podicipediformes）。游禽，具瓣蹼足，善潜水，尾羽短且全为绒羽。淡水生活，在水面以植物茎叶筑浮巢。遇警时能背负幼鸟在水下潜逃。我国常见的有小䴙䴘（*Podiceps ruficollis*），又名水葫芦。

（2）鹱形目（Procellariiformes）。亦称管鼻目。喙粗壮而侧扁，由多数角质鳞片覆盖，末端具钩；鼻孔开口于角质管内，具 1 或 2 个管孔；蹼足；翼尖长，善翱翔。为海洋性鸟类，具鼻腺。产卵于岸边地上，晚成鸟。如短尾信天翁（*Diomedea albatrus*），为大型海鸟，常飞行数十千米寻找食物，有飞行 8 000 km 的环球记载，被誉为"环球飞行家"。

（3）鹈形目（Pelecaniformes）。大型游禽，具全蹼足；喙长而末端具钩，以鱼为食，晚成鸟。如斑嘴鹈鹕（*Pelecanus phtlippensis*）、鸬鹚（*Phalacrocorax carba*）[图 3-238(d)]、红脚鲣鸟（*Sula sula*）、小军舰鸟（*Fregata minor*）等。

鹈鹕的喉囊(gular pouch,喉部的皮囊,能伸缩)特别发达,作为捕获鱼的暂存处并有利于热天散发体温。鸬鹚又称鱼鹰,一些地区饲养鸬鹚用来捕鱼。鲣鸟和军舰鸟为我国西沙群岛著名特产。军舰鸟为掠食性鸟类,常以快速敏捷的飞行,于高空掠夺其他鸟类喙中所衔的鱼类。鹈鹕属和鲣鸟属的全部种类都是国家二级重点保护动物。

(4)雁形目(Anseriformes)。为大中型游禽。主要特征是喙扁,边缘具梳状突齿,上喙先端具"喙甲"(nail,嘴端的甲状附属物);腿位后移,蹼足;具翼镜(speculum,或称为翅斑,为翼上初级飞羽或次级飞羽上的明显色斑,具有光泽);雄鸟具交配器;尾脂腺发达;气管基部具膨大的骨质囊;早成鸟。该目在我国仅1科,即鸭科(Anatidae),遍布世界,主要在北半球生殖,长距离南迁越冬。如小天鹅(*Cygnus columbianus*)、绿头鸭(*Anas platyrhynchos*)[图 3-238(g)]、斑嘴鸭(*Anas poecilorhyncha*)、鸿雁(*Anser cygnoides*)、豆雁(*Anser fabalis*)、鸳鸯(*Aix galericulata*)等。

本目是重要的经济鸟类。绿头鸭、斑嘴鸭是家鸭的原祖;鸿雁是家鹅的原祖。天鹅属全部种类以及鸳鸯都是国家二级重点保护动物。

(5)鸥形目(Lariformes)。中小型游禽,具凹蹼足;翼尖长,尾羽发达,善飞行;早成鸟。活动于沿海及内陆的鱼塘、淡水湖泊等水域,以鱼、虾等为食。如红嘴鸥(*Larus ridibundus*)、黑嘴鸥(*Larus saundersi*)[图 3-238(h)]、普通燕鸥(*Sterna hirundo*),常聚成大群活动。一些学者将鸥形目归并入鸻形目。

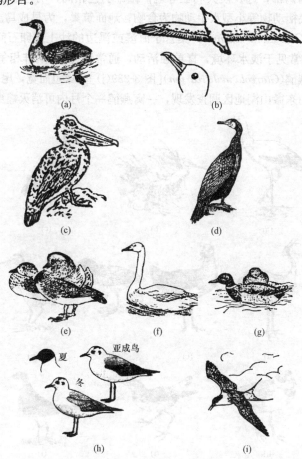

图 3-238　游禽类代表种类
(a)鹈鹕;(b)信天翁;(c)鹈鹕;(d)鸬鹚;(e)鸳鸯;(f)天鹅;(g)绿头鸭;(h)黑嘴鸥;(i)燕鸥

（6）鹳形目（Ciconiiformes）。为大中型涉禽，喙、颈、腿均长，胫部裸露，趾细长，4 趾在同一平面上（与鹤类不同），外趾与中趾基部具微蹼，爪不发达。生活在沿海滩涂及内陆的水田及山涧溪流等湿地环境，常在浅水处啄食鱼、虾、昆虫、软体动物等，为晚成鸟。国内有 4 科 32 种。常见的鹭科（Ardeidae）鸟类有池鹭（*Ardeola bacchus*）、白鹭（*Egretta garzetta*）[图 3-239(b)]、中白鹭（*E. intermedia*）、大白鹭（*E. alba*）、苍鹭（*Ardea cinerea*）[图 3-239(c)]、牛背鹭（*Bubulcus ibis*）等，常聚群在树上营巢。鹳科（Ciconiidae）种类的种群数量稀少，白鹳（*Ciconia*）[图 3-239(a)]和黑鹳（*C. nigra*）均为我国及世界著名的珍稀鸟类，属国家一级重点保护动物。

（7）鹤形目（Gruiformes）。涉禽，外形与鹳形目相似，但后趾较小，且与前三趾不在同一平面上；飞翔时两腿向后伸直。多栖于湖泊等淡水湿地。营地面巢，为早成鸟。国内有 4 科 33 种。如丹顶鹤（*Grus japonensis*），在我国东北及内蒙古北部生殖，鸣声高亢洪亮，营巢地面，产 2 卵，两性孵卵 32 天，为国家一级重点保护动物。本目还有鸨科（Otidae）、三趾鹑科（Turnicidae）和秧鸡科（Rallidae）的种类，如大鸨（*Otistarda*）[图 3-239(e)]、普通秧鸡（*Rallus aquaticus*）[图 3-239(g)]、骨顶鸡（*Fulica atra*）[图 3-239(f)]等。鸨科鸟类因猎捕过度，数量已很稀少，已被列入国家一级重点保护动物。黑颈鹤（*Grus nigricollis*）为我国青藏及云贵高原的特有珍稀鸟类。

（8）鸻形目（Charadriiformes）。中小型涉禽，蹼不发达；奔跑快速，翼尖善飞，主要生殖在北半球，冬季南迁到我国南部，远及澳大利亚等地；雌雄羽色相同，羽色适于隐蔽；栖息于滨海、河湖边缘的湿地。以底栖动物等小型水生动物为食物；地面筑巢，为早成鸟。国内分布有 9 科 74 种，常见的有金眶鸻（*Charadrius dubius*），巢营于海滨或溪边的沙土或卵石间；白腰草鹬（*Tringa ochropus*）[图 3-239(i)]常见于淡水环境，喜单独活动，通常所说的"鹬蚌相争，渔人得利"中的鹬就是指这种鸟；普通燕鸻（*Glareola maldivarum*）[图 3-239(j)]，喙短而宽，尾分叉，为著名捕食蝗虫的鸟类。调查者在山东微山湖地区调查发现，一窝燕鸻一个月内可消灭蝗虫16 200只。

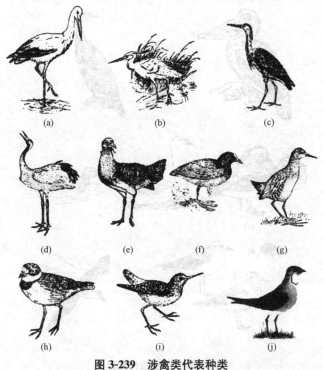

图 3-239　涉禽类代表种类

(a)白鹳；(b)白鹭；(c)苍鹭；(d)丹顶鹤；(e)大鸨；
(f)骨顶鸡；(g)普通秧鸡；(h)金眶鸻；(i)白腰草鹬；(j)普通燕鸻

(9)隼形目(Falconiformes)。大中型昼行性猛禽，肉食性；喙粗强，喙形勾曲，基部具蜡膜(cere)；脚短健，爪勾曲锋利；在大树或岩洞营巢，为晚成鸟；捕食小型鸟兽等；猛禽有吐"食丸"的习性，即在栖息地休息时，将不能消化的食物(特别是骨骼、羽毛、毛发等)成团吐出，分析这些食丸有利于查明当地啮齿类的种类和数量。国内有2科59种。均为国家重点保护动物。常见的猛禽有鸢(Milvus migrans)，俗称老鹰，常在空中翱翔，尾端分叉[图3-240(c)]。红隼(Falco tinnunculus)体长约33 cm，上体赤褐色，下体具黑色纵纹，脚黄色，飞行快捷，主食害鼠、害虫[图3-240(a)]。秃鹫(Aegypius monachus)为现存猛禽中最大的种类，展翅长达2 m，头顶后部光秃或被绒羽，以鸟兽的尸体为食，藏族天葬食人尸体。鹗(Pandion haliaetus)是一种捕食鱼类的猛禽，外趾能后转，趾底多刺突，利于捕鱼。

(10)鸮形目(Strigiformes)。夜行性猛禽；喙、爪均有力，第四趾能前后转动；眼大、向前，脸宽阔，眼周羽毛放射状排列成"面盘"，颇似"猫头"，故有"猫头鹰"的俗称；听觉发达，耳孔特大，外缘具皱褶或耳羽，能收集声波；羽毛柔软，飞行时无声；栖息于森林中，营巢于树洞、岩隙间；晚成鸟。国内有2科29种，全部为国家二级重点保护动物。如草鸮(Tyto alba)[图3-240(d)]、长耳鸮(Asiootus)[图3-240(e)]、领鸺鹠(Glaucidium brodiei)[图3-240(f)]等。鸮类深夜发出洪亮而"凄厉"的声音，食物中90%以上是鼠类。

图3-240　猛禽类代表种类
(a)红隼；(b)鹗；(c)鸢；(d)草鸮；(e)长耳鸮；(f)领鸺鹠

(11)鸡形目(Galliformes)。为地禽类；常态足，多数种类的雄性跗跖具距(腿后刺状物)；喙脚强壮，适于行走和掘土啄食；翼短而圆，不善飞翔；一般营巢于地面，夜晚栖居在树上；部分种类的头部有肉冠，颌下有肉垂；雌雄两态，雄性羽色艳丽；雏鸟早成型。本目为我国重要的经济鸟类，种类多、数量大，很多种类为养殖种类和观赏种类。

我国鸡形目种类十分丰富，多为当地的留鸟，有松鸡科(Tetraonidae)和雉科(Phasianidae)，24属52种，其中，褐马鸡(Crossoptilon mantchurium)[图3-241(b)]、黄腹角雉(Tragopan caboti)、白冠长尾雉(Syrmaticus reevesii)、绿孔雀(Pavo muticus)等19种被列为国家一级重点保护动物；原鸡(Gallus gallus)[图3-241(c)]、白鹇(Lophura nycthomera)、柳雷鸟(L. lagopus)、花尾榛鸡(Tetrastes bonasia)等21种被列为国家二级重点保护动物。原鸡为家鸡的祖先。红腹锦鸡(金鸡，Chrysolophus pictus)、环颈雉(Phasianus colchicus)分布于云南大部分

地区。松鸡科是北方类型的鸟类代表，跗跖部被羽，无距；鼻孔被羽可与雉类区别。鹧鸪（*Francolinus pintadeanus*）[图 3-241(f)]、鹌鹑（*C. coturnix*）[图 3-241(g)]等为小型种类，鹌鹑已大量养殖。

（12）鸽形目（Columbiformes）。地禽类，在地面取食植物种子；喙短而细弱，基部多柔软；足短健，具有钝爪，适于地面奔走、掘土取食。分为鸠鸽科（Columbidae）和沙鸡科（Peteroclididae）。鸠鸽类喙基具蜡膜，4 趾在同一平面上，营巢于树上或洞穴，为晚成鸟，亲鸟嗉囊发达，在育雏期能分泌鸽乳喂雏。常见的有珠颈斑鸠（*Streptopelia chinensis*）[图 3-241(h)]和山斑鸠（*S. orientalis*）。原鸽（*Columba livia*）为家鸽的祖先。沙鸡类喙基不具蜡膜，后趾退化，营巢于地面，为早成鸟。毛腿沙鸡（*Syrrhaptes paradoxus*）[图 3-241(i)]结群栖于北方荒漠，体土色而隐蔽，腿覆以毛羽，尾羽延长，常聚成千百只大群远距离迁飞。鸠鸽科和沙鸡科在许多方面差异甚大，因此，一些学者将沙鸡科独立划分成沙鸡目（Peterocliformes）。

图 3-241　地禽类代表种类
(a)柳雷鸟；(b)褐马鸡；(c)原鸡；(d)环颈雉；
(e)红腹锦鸡；(f)鹧鸪；(g)鹌鹑；(h)珠颈斑鸠；(i)毛腿沙鸡

（13）鹦形目（Psittaciformes）。中小型攀禽类；第 4 趾后转成对趾足，爪具利钩适于攀缘树枝；喙短钝，末端具利钩，适于剥食种子硬壳；羽色鲜艳具有光泽；热带森林鸟类，营巢于树洞或岩洞，为晚成鸟。国内只有 1 科 2 属 6 种，都被列为国家二级重点保护动物。我国云南、广西、海南和西藏产有绯胸鹦鹉（*Psittacula alexandri*）[图 3-242(a)]。原产澳大利亚的虎皮鹦鹉

(*Melopsittacus undalatus*)已被广泛笼养成为观赏鸟。善模仿人言是鹦鹉的著名习性，常誉为"鹦鹉学舌"。

(14)鹃形目(Cuculiformes)。中型攀禽，对趾足；喙纤细而末端下弯；圆尾；多数为寄生性生殖，将卵产于其他鸟巢中。晚成鸟。主食昆虫。常见的有大杜鹃(*Cuculus canorus*)[图 3-242(b)]、四声杜鹃(*C. micropterus*)[图-242(c)]，前者鸣声"布谷、布谷"，故又名布谷鸟，后者叫声如"割麦割谷"。

杜鹃具规律性迁徙，每年早春即来，鸣声洪亮，彻夜不停，催人布谷下种，被人传颂。杜鹃可在雀形目等鸟类的巢中产卵，其所产的卵色与义亲产的卵很相像，该现象称为"巢寄生"。杜鹃的雏鸟出壳早，出壳雏鸟即把义亲的卵或幼雏推出巢外，而自己独享义亲的抚育。

(15)夜鹰目(Caprimulgiformes)。夜行性攀禽，前趾基部合并(并趾足)，中爪具栉状缘；羽毛柔软，飞时无声；口宽阔，口须发达，适于飞捕昆虫；体色斑驳，与枯枝酷似。产卵1~2枚于林间地表，为晚成鸟。夜鹰嗜食蚊虫，曾有人在一只鸟的胃中检出 500 多只蚊虫，俗称蚊母鸟。主要分布在热带地区的森林中，如普通夜鹰(*Caprimulgus indicus*)[图 3-242(d)]。

(16)雨燕目(Apodiformes)。小型攀禽，前趾足；喙短阔而平扁；翼尖长善飞，常在空中疾飞，飞时张口捕捉空中飞翔的昆虫；晚成鸟，如普通楼燕(*Apus apus*)[图 3-242(e)]、小白腰雨燕(*Apus offinis*)。金丝燕(*Collocalia brevirostris*)分布于云南很多地区，生殖期以唾液腺分泌的黏液营巢，即著名的滋补品"燕窝"。红喉蜂鸟(*Calypte anna*)[图 3-242(g)]生殖于美国西部，冬季南迁至墨西哥，为鸟类中最小型者，大小不及拇指，体重仅 1 g，喙细长，羽毛鲜艳具光泽，嗜食花蜜和小昆虫，可在花前快速扇翅而悬停在空中。蜂鸟科约有 329 种，其分布仅限于新大陆的温带森林中，一些学者将蜂鸟科独立成为蜂鸟目(Trochiliformes)。

(17)佛法僧目(Coraciiformes)；攀禽，并趾足；喙形各异；多在洞穴中营巢，为晚成鸟，如普通翠鸟(*Alcedo atthis*)[图 3-242(i)]，喙粗长而尖，背羽翠绿色，尾羽短小，常静伏水边岩石或矮枝上，窥视并捕食游近水面的小鱼虾。戴胜(*Upupa epops*)[图 3-242(h)]喙细长略下弯，头顶具扇状冠羽，以地面蠕虫等小动物为食。双角犀鸟(*Buceros bicornis*)[图 3-242(j)]分布于我国云南南部，喙巨大而下弯，喙基顶部有"盔突"(角质隆起物)，在高大树洞中筑巢，产卵期间雌鸟伏于洞内，雄鸟衔泥和以胃吐出的分泌物将洞口封闭，仅留可伸出喙尖的洞隙，以接受雄鸟喂食。直至雏鸟出飞时，雌

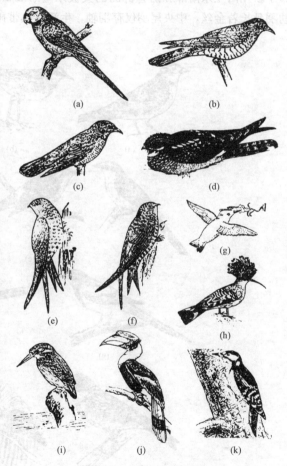

图 3-242 攀禽类代表种类

(a)绯胸鹦鹉；(b)大杜鹃；(c)四声杜鹃；(d)普通夜鹰；
(e)普通楼燕；(f)白腰雨燕；(g)红喉蜂鸟；(h)戴胜；
(i)普通翠鸟；(j)双角犀鸟；(k)大斑啄木鸟

鸟方"破门而出",孵卵期 28～40 天。一些学者将犀鸟科独立成为犀鸟目(Bucerotiformes)。

(18)鴷形目(Piciformes)。攀禽,对趾足;森林鸟类;喙长直似凿,舌能伸出勾取昆虫;尾羽羽干坚硬而富弹性,啄木时与两脚构成支架。凿洞为巢,孵卵期 10～18 天,为晚成鸟。常见的有大斑啄木鸟(*Picoides major*)[图 3-242(k)]。

(19)雀形目(Passeriformes)。鸣禽,个体大小不一,以小型者居多。多数捕食农林害虫,虽有少数成鸟啄食谷粒,但是其育雏期捕食大量昆虫喂雏鸟。有的种类因善鸣或效鸣而为笼鸟。种类多,分为 100 个科,约 5 276 种,我国有 28 科约 698 种,占鸟类总数的 50%以上。

常见的有百灵(*Melanocorypha mongolica*)(百灵科);家燕(*Hirundo rustica*)(燕科);红尾伯劳(*Lanius cristatus*)(伯劳科);黑枕黄鹂(*Oriolus chinensis*)(黄鹂科);八哥(*Acridotheres cristatellus*)(椋鸟科);秃鼻乌鸦(*Corvus frugilegus*)、喜鹊(*Pica pica*)(鸦科);大苇莺(*Acrocephalus arundinaceus*)、画眉(*Garrulax canorus*)(鹟科);大山雀(*Parus major*)(山雀科);家麻雀(*Passer domesticus*)[文鸟科(Ploceidae),一些学者将其改称为雀科(Passeridae)];燕雀(*Fringilla montifringilla*)[雀科(Fringillidae),一些学者将其改称为燕雀科]等[图 3-243(a)～(i)]。分布于新几内亚东南部和阿鲁群岛的大极乐鸟(*Paradisea apoda*)[图 3-243(j)],雄性体态华美,肋羽延长若金丝,中央尾羽仅存羽轴,生活在热带雨林,以昆虫和水果为食。

图 3-243 鸣禽类代表种类

(a)百灵;(b)红点颏;(c)家燕;(d)红尾伯劳;(e)黄腰柳莺;

(f)大山雀;(g)喜鹊;(h)家麻雀;(i)黄胸鹀;(j)极乐鸟

(三)鸟类与人类的关系

在直接利用的动物资源方面，一些大型雁形目、鸡形目、鸠鸽类以及一些秧鸡、水鸟等都是种群数量增长较快、具有季节性集群的种类，是人们大量饲养食用的主要对象。水禽如雁类、野鸭类的绒羽具有良好的保温效果，是羽绒服、被褥的优质填充材料。鸡形目的很多种类，如红腹锦鸡、白腹锦鸡、长尾雉、角雉、孔雀、鸳鸯、画眉、八哥、鹦鹉等，因其雄性羽毛鲜艳华丽或鸣叫声婉转，常常作为观赏鸟进行饲养或笼养。部分鸟类还可药用。

鸟类在维护人类生存环境和维持生态系统的平衡方面起着非常重要的作用。大多数鸟类能捕食农林害虫，对抑制害虫种群数量的增长起巨大作用。猛禽是鼠类的天敌，许多小型猛禽可捕食大量昆虫，有效控制鼠害和虫害；秃鹫可清除动物及人类尸体，降低动物流行性疾病的传播，并促进物质循环。一些鸟类还是植物传播的媒介，它们以植物种子或果实为食物，未经消化的种子将随鸟类的迁飞而广泛传播；蜂鸟、太阳鸟、啄木鸟、绣眼鸟等还是花粉的传播者。

当然，部分鸟类对人类会造成一定的危害。如麻雀盗食粮食，对农作物有一定危害；飞机在航行与起降中与鸟相撞，可造成安全事故。鸟类还携带一些病毒、细菌、真菌和寄生虫，有的可在家禽、家畜和人类之间传播，危害人类健康，如禽流感。

二、哺乳纲(Mammalia)

哺乳纲动物体表被毛、恒温、胎生和哺乳，是脊椎动物中身体结构、功能、行为最复杂、最完善的高等动物类群。与鸟类相比，哺乳类具有进步性特征：大脑皮层加厚，具有高度发达的神经系统和感觉器官，能协调复杂的机能活动和适应多变的环境条件；出现口腔咀嚼和消化系统，进一步提高了对营养物质和能量的摄取；更加完善的陆生生殖方式——胎生(vivipary)和哺乳(lactation)，保证了后代有较高的成活率。

这些进步性特征使哺乳类动物能更加适应多样的环境，广泛分布于世界各个角落，有陆栖、穴居、飞翔、水栖等多种生活类型。

(一)哺乳动物的主要特征

1. 体表被毛，躯体结构及四肢着生适应陆上快速运动

哺乳动物外形最显著的特点是体表被有体毛，毛是表皮角质化的产物，由露出皮肤外的毛干和包在真皮部毛囊内的毛根组成，毛根末端膨大为毛球，毛球基部凹入，内有真皮发生的毛乳头，具有丰富的血管可供给营养，并使毛不断生长；与毛囊相连的泡状皮脂腺所分泌的皮脂可以润泽毛和皮肤；起于真皮的竖毛肌为平滑肌，收缩时可使毛直立。毛分为针毛、绒毛和触毛3类，针毛粗而长有保护作用；绒毛细而短有隔热保温作用；触毛长而硬、长在嘴边有触觉功能。体毛春、秋季更换，称换毛。有明显的头、颈、躯干、四肢和尾等部分，尾部趋于退化。由于适应不同生活方式，形态也有较大改变，水栖种类呈鱼形，附肢特化呈桨状；飞翔种类前肢特化，具翼膜；穴居种类体躯粗短，前肢的爪发达，适于掘穴。陆生种类前肢的肘关节向后转，后肢的膝关节向前转，使其四肢紧贴身体下方，大大提高了支撑力和弹跳力，有利于步行和快速奔跑。

2. 皮肤具汗腺等皮脂腺，有来自表皮的爪、甲、蹄和角等皮肤衍生物

哺乳动物的皮肤结构致密，具良好的抗透水性，具敏锐的感觉器官和调节体温的能力。表皮层和真皮层均加厚，表皮的角质层发达。小型啮齿类表皮只有几层细胞，人有几十层，象、犀牛、河马、猪等有几百层，称为硬皮动物(pachyderm)。真皮为致密结缔组织，内含丰富的血管、神经及感觉末梢，能感受温、压、痛。真皮坚韧性极强，可制革。表皮和真皮内有黑色素细胞，能产生黑色素颗粒，使皮肤呈现黄、暗红、褐及黑色。真皮之下有发达的蜂窝组织，储存脂肪构成皮

下脂肪层，有保温、隔热和储藏能量的作用。毛、皮、爪、甲、蹄、角等为皮肤衍生物。

哺乳类皮肤腺发达，除了上述的皮脂腺(sebaceous gland)外，还有汗腺(sweat gland)、臭腺(scent gland)、乳腺(mammary gland)等。

汗腺是位于真皮内的单管腺，下段盘曲成团。汗液含有盐类、尿素等。汗液的蒸发是散热的主要方式之一。灵长类的汗腺分布全身，其他兽类多局限于某一部位，如牛、羊、狗等汗腺仅分布在吻部，兔只在唇部和鼠蹊部，鲸、海牛和鼹鼠等无汗腺。

臭腺在不同兽类分布部位不同，麝鼠、河狸及犬科动物为包皮腺；鼬科、灵猫科、某些啮齿类及鼩鼱为肛腺；偶蹄类有眶下腺、跗腺、趾间腺；雄麝腹部有麝香腺。臭腺的作用：用气味标记个体的领域；物种识别和吸引异性以便两性会合交配；作为防御手段，吓退来敌。

乳腺是管、泡混合腺。在单孔类，乳腺组织散布于腹面体表，每小叶分别开口于毛根附近的皮肤表面；其他哺乳类，各小叶的导管集中开口于乳头(图 3-244)。乳头的数目及着生位置因种而异。少则 1 对，如马、蝙蝠、鲸、象和灵长类等；最多的是树袋熊(*Phascolarctos*)，达 12 对；食肉类 3～4 对；啮齿类 1～5 对；牛 2 对；猪 4～8 对。乳头数目一般稍多于一窝的幼仔数目。通常雌性具乳腺，但灵长类和少数兽类雄性具有功能退化的乳腺。在雌性怀孕后，乳腺在脑垂体前叶促乳素的刺激下发育和泌乳。乳汁中含有水分、脂肪、蛋白质和糖类等，供幼仔生长之需。各种营养成分的含量也随种而异，通常极地和水栖兽类乳汁中脂肪含量较高，须鲸类和鳍足类可接近或超过 50%。

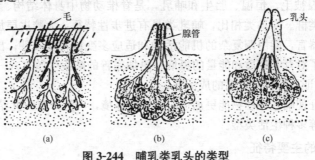

图 3-244　哺乳类乳头的类型
(a)无乳头(鸭嘴兽)；(b)真乳头(人)；(c)假乳头(有蹄类)

爪、甲、蹄都是趾端表皮形成的角质构造，由爪板及下部的爪下片组成。爪板厚并向两侧弯曲包住爪下片。甲为灵长类所特有，其爪体平展，不向两侧下包。有蹄类的蹄，爪体增厚形成包围趾端的蹄壁(图 3-245)。

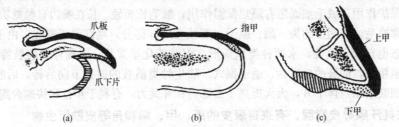

图 3-245　爪、甲、蹄的结构比较
(a)爪；(b)甲；(c)蹄

角由头部的表皮或膜成骨形成，或二者共同组成，是防御或进攻的武器。有永久性角和脱换角两大类。

犀角(rhinoceros horn)由表皮产生的角质纤维交织而成，头骨没有骨质参与角的结构，无骨心，固着在鼻骨的短结上，不脱换，但断落后能长出新角。独角犀仅1角，非洲的双角犀有一前一后两个角[图3-246(a)]，前角较发达。

洞角(或称空角，hollow horn)由表皮产生的角鞘和额骨上骨质角突紧密结合而成，如牛、羊、黄羊及多数羚羊的角。不脱换。雌雄均有角，但雄性的角较粗长[图3-246(c)～(e)]。

鹿角(antler)由额骨的突起形成，每年脱换。鹿类一般只有雄性有角，但驯鹿两性均有角。生长中的鹿角在骨心外包有带茸毛的皮肤，此时的鹿角称鹿茸，为名贵药材。鹿角长成后茸毛和皮肤干落[图3-246(f)～(h)]。人工饲养的梅花鹿一年常锯鹿茸1～2次。

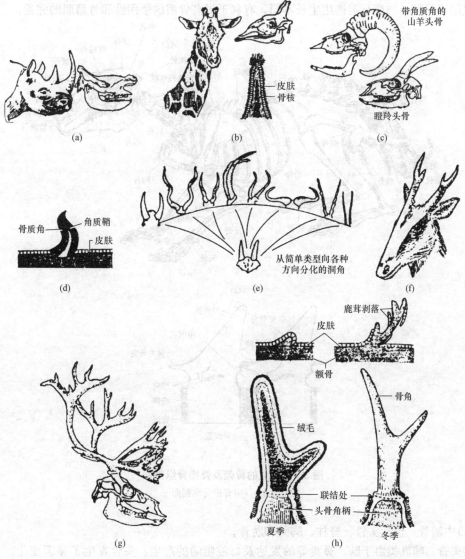

图3-246 哺乳类的角

(a)犀角及头骨；(b)长颈鹿的角及头骨；(c)山羊的角及头骨；(d)洞角的结构；

(e)洞角的演化类型；(f)、(g)简单及复杂的鹿角；(h)鹿角的结构与发生

羚羊角(pronghorn)骨心不脱落，角鞘周期性更换，如高鼻羚羊(*Saiga talarica*)、叉角羚

(*Antilocapra americana*)的角。

瘤角(stubby horn)在骨心外终生被有皮肤，不脱落，如长颈鹿(*Giraffa camelopardalis*)的角[图 3-246(b)]。

3. 骨骼高度简化和灵活，适应更高速度和更大范围的运动

哺乳类的骨骼十分发达，支持、保护和运动的功能进一步完善。表现在脊柱分区明显，结实而灵活；四肢下移至腹面，出现肘(elbow)和膝(knee)(图 3-247)；头骨因脑和鼻囊的高度发达而特化。颈椎 7 枚，下颌为单一齿骨，2 个枕骨髁，牙齿异型，骨骼系统演化趋势是骨化完全，愈合或简化，使骨骼坚固且轻便，中轴骨韧性提高，四肢运动的速度和步幅增大；长骨的生长仅限于早期，与爬行类终生生长不同，有利于提高骨骼的坚固性和骨骼肌的完善。

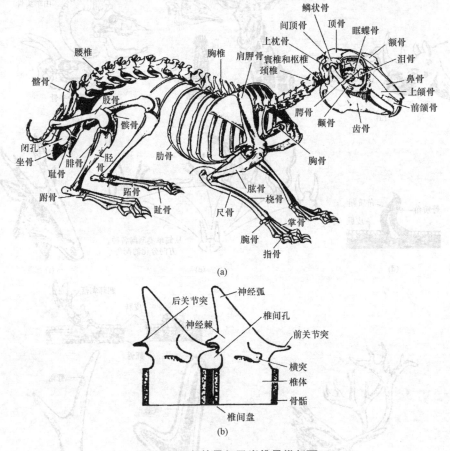

(a)

(b)

图 3-247　兔的骨架及脊椎骨纵剖面

(a)骨架；(b)脊椎骨纵剖面

(1)中轴骨。包括头骨、脊柱、胸骨和肋骨。

①头骨。哺乳类由于脑、鼻囊等的发达及口腔咀嚼的产生，头骨发生了显著变化：头骨骨块减少和愈合，如枕骨、蝶骨、颞骨和筛蝶骨等均由多块骨块愈合而成；次生腭(又名假腭)和硬腭产生；鼻腔内出现复杂的鼻甲骨，有明显的"脸部"；中耳腔 3 块互为关节的听骨(锤骨、砧骨和镫骨)把鼓膜和内耳相联结；下颌仅 1 对下颌骨(齿骨)组成，其后端直接与鳞骨相关节，加强了咀嚼能力(图 3-248)。

②脊柱、肋骨及胸骨。脊柱分为颈椎、胸椎、腰椎(lumbar vertebra)、荐椎及尾椎 5 部分。水

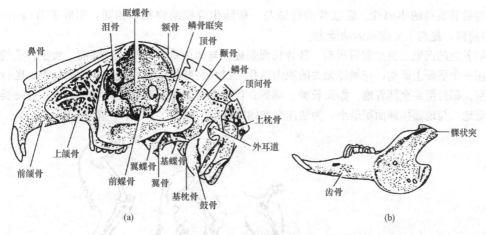

图 3-248 兔的颅骨和齿骨
(a)颅骨；(b)齿骨

栖种类由于后肢退化而无明显的荐椎。颈椎增至 7 枚，为哺乳类特征之一。第一、二枚颈椎特化为寰椎和枢椎(图 3-249)。胸椎 12~15 枚，两侧与肋骨相关节。胸椎、肋骨和胸骨构成胸廓(thoracic basket)。荐椎多数 3~5 枚，有愈合现象；尾椎数目不定。

哺乳类的脊椎骨有宽大的椎体接触，称双平型椎体，提高了脊柱的负荷能力；相邻椎体间有软骨构成椎间盘，起缓冲作用，防止运动时对脑和内脏的震动。

(2)带骨和肢骨。哺乳动物肩带为薄片状，肩胛骨发达，乌喙骨已退化成肩胛骨上的一个突起，锁骨多趋退化(图 3-250)，仅在攀缘(如猴)、掘土(如鼹鼠)、飞翔(如蝙蝠)等类群中比较发达。前肢骨构造与其他陆生脊椎动物基本相同，但肘关节(articulatio cubiti)后转。

腰带由髂骨、坐骨和耻骨构成，髂骨与荐骨相关节，左右坐骨与耻骨在腹中线缝合，构成闭锁式骨盆。腰带愈合加

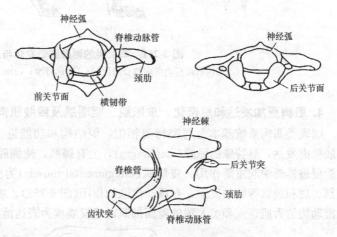

图 3-249 兔的寰椎和枢椎

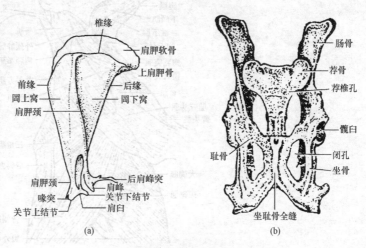

图 3-250 兔的带骨
(a)肩带；(b)腰带

强了对后肢支持的牢固性。后肢骨的构造与一般陆生脊椎动物基本相同，但膝关节（articulatio genu）前移，提高了支撑和运动能力。

哺乳类的四肢主要是前后运动，肢骨长而强健，与地面垂直，指（趾）朝前。疾走种类的前后肢均在一个平面上运动，与屈伸无关的肌肉退化，以减轻肢体重量。足趾型分跖行型、趾行型和蹄行型。跖行型足全部着地，如灵长类、熊等；仅以足趾着地为趾行型，如狗、狐；有蹄类则以趾端着地，与地面接触面积最小，为快速奔跑的蹄行型，如马、牛、羊、鹿等（图3-251）。

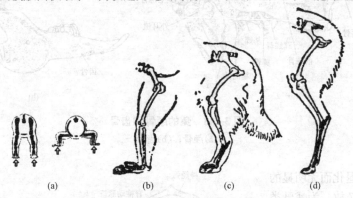

(a)　　　　　　(b)　　　　　(c)　　　　　(d)

图3-251　哺乳类的附肢姿态变化与足型
(a)与两栖爬行类的附肢姿态比较；(b)跖行型；(c)趾行型；(d)蹄行型

4. 肌肉更加发达和复杂化，皮肤肌、咀嚼肌及四肢肌肉发达，出现了膈肌构成的隔膜

哺乳类肌肉系统基本上与爬行类相似，但结构和功能进一步复杂化。特别是四肢、咀嚼、皮肤肌肉发达，具特殊的隔膜（diaphragm），上有膈肌，使胸腔和腹腔分开，在呼吸运动和压迫腹腔促进排粪中起重要作用。皮肤肌（integumental muscle）为皮肤下面的薄板状肌层，在面部、颈部、肩和胸腹等处的皮下，有颤动皮肤的作用（图3-252）。哺乳动物头面部的皮肤肌衍生自古脊椎动物的舌肌，人和类人猿的脸面部肌肉已发展成为表达情感的表情肌（图3-253）。

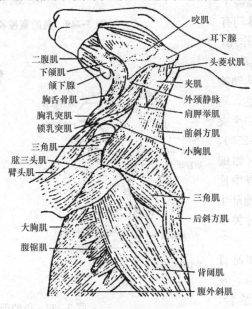

咬肌
耳下腺
二腹肌
下颌肌
头菱状肌
颌下腺
胸舌骨肌
夹肌
胸乳突肌
外颈静脉
锁乳突肌
肩胛举肌
三角肌
前斜方肌
肱三头肌
小胸肌
臂头肌

三角肌
后斜方肌
大胸肌
腹锯肌
背阔肌
腹外斜肌

图3-252　兔的表层肌肉

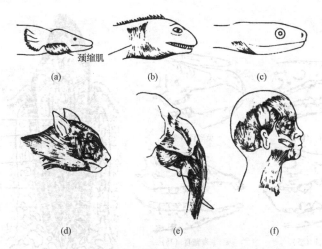

颈缩肌

(a)   (b)   (c)

(d)   (e)   (f)

图 3-253　脸面部肌肉的进化
(a)蝾螈；(b)蜥蜴；(c)蛇；(d)猫；(e)象；(f)人

5. 消化系统发达，有唇，具有肌肉发达的舌和槽生异型齿，消化腺发达，消化管分化完全

哺乳动物的消化管分化程度高，出现了口腔消化；消化腺发达；从行为上凭借灵敏的感官和有力的运动器官能积极主动地觅食，这是其他动物所不及的。

哺乳类出现肉质的唇(lips)，有颜面肌肉附着以控制运动，为吸乳、摄食和辅助咀嚼的重要器官。草食性种类唇极其发达，有的上唇还具唇裂。唇在人类的发音吐字上起重要作用。口裂已大为缩小，在牙齿外侧出现了颊部(cheek)，防止食物掉落。某些种类，如树栖的松鼠、猴等的颊部还发展了袋状颊囊(cheek pouch)，用以临时储藏食物。口腔顶壁的骨质硬腭(次生腭，图 3-194)后面延伸出软腭(soft palate)，把鼻腔开口(内鼻孔)与口腔分隔开，由鼻孔吸入的空气可不经过口腔而直接经咽部进入喉门。腭部有成排的具角质上皮的棱，防止咀嚼时食物滑脱。须鲸类的鲸须(baleen)为角质棱特化的滤食器官。肉质舌(tongue)在哺乳类最发达，舌面有味蕾(taste bud)，为味觉器官，舌除了与摄食、搅拌、吞咽动作有关外，也是人的发音辅助器官。

前颌骨、颌骨和下颌骨着生有牙齿，与某些爬行类同属槽生齿。哺乳类的牙齿有分化，为异型齿(heterodont dentition)，分为门牙(切牙，incisor)、犬牙(尖牙，canine)、前白齿(premolar)和白齿(molar)。门牙用于切割食物，犬牙撕裂食物，前白齿和白齿用来咬、切、压、研磨食物。

牙齿的形状和数目在不同种类差异很大(图 3-254)，但同种基本相同，在哺乳动物的分类上有重要意义。通常以齿式(dentalformula)表示一侧上下颌各类牙齿数目。

从哺乳类牙齿的发育特征看，有乳齿(deciduous tooth)和恒齿(permanent tooth)。乳牙即幼年期的初生牙，到一定时间(人为 6～7 年)乳牙脱落，长出新牙，即恒齿。恒齿终生不更换。哺乳类的门、犬、前白齿有乳齿，白齿无乳齿。多数哺乳类为双套齿(diphyodont)，先乳齿后再换为恒齿，与低等种类的多套齿(polyphyodnt)不同(其牙齿易脱落，一生有多次替换)。

牙齿是真皮和表皮(釉质)的衍生物，由齿质(dentine)、釉质(珐琅质，enemel)和齿骨质(白垩质，cement)组成。齿质是牙的主体，内有髓腔，充有结缔组织、血管和神经。釉质是最坚硬的部分，覆盖在齿冠上；齿骨质位于齿根部齿质的周围，与颌骨的齿槽相联合。齿根外有齿龈包被，仅齿冠露在齿龈外(图 3-254)。

口腔有三对唾液腺(salivary gland)，即耳下腺(parotid gland)、颌下腺(submaxillary gland)

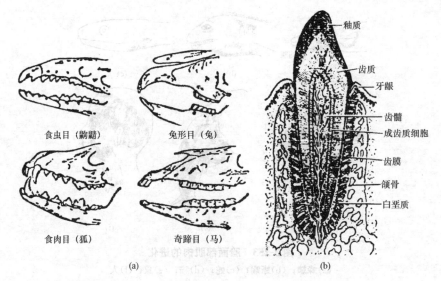

图 3-254 哺乳类的齿系与犬牙结构

(a)齿系；(b)犬牙剖面

和舌下腺(sublingual gland)，其分泌物除了以黏液为主外，还含有唾液淀粉酶(ptyalin)、溶菌酶等。不少哺乳类以唾液蒸发散热来调节体温。

口腔后部为咽(pharynx)，内鼻孔开口于软腭后端通咽部。咽的两侧还有耳咽管(欧氏管)开口，与中耳相通，以调节中耳腔内的气压而保护鼓膜。咽部周围还有大的淋巴结，即扁桃体(tonsil)。喉门外具一软骨的"喉门盖"，即会厌软骨(epiglottis，图 3-257)，食物经过咽时，会厌软骨盖住喉门，防止食物进入气管。

消化道分化明显，包括口腔、咽、食管、胃、小肠(十二指肠、空肠、回肠)、大肠(盲肠、结肠、直肠)、肛门。多数种类为单胃，食草动物的反刍类(ruminant)为复杂的复胃(反刍胃)。反刍胃具四室(图 3-255)，即瘤胃(rumen)、网胃(蜂窝胃，reticulum)、瓣胃(omasum)和皱胃(abomasum)，前三室为食道变形，皱胃为胃本体，分泌皱液。反刍的简要过程是：混有唾液的纤维质食物(如干草)经食道入瘤胃，在微生物(细菌、纤毛虫和真菌)作用下发酵分解(部分进入网胃)；瘤胃和网胃中比较粗糙的草料上浮，刺激瘤胃前庭和食道沟，引起逆呕反射，粗糙食物逆行经食道入口再咀嚼；咀嚼后的食物进入网胃，精细成分经过瓣胃到达皱胃，比较粗糙的食物可反复进行反刍，直至食物被充分分解为止。因此，牛在不进食时仍在不停地咀嚼、反刍。

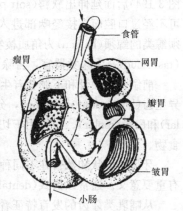

图 3-255 哺乳类的反刍胃

哺乳类的小肠高度分化(图 3-256)，一般分为十二指肠(duodenum)、空肠(jejunum)和回肠(ileum)。十二指肠为小肠的第一段，胆总管和胰导管都通入十二指肠；空肠约占小肠的 2/5，借小肠系膜连于腹腔后壁，移动性大，是消化吸收的主要场所，蠕动快，肠内常呈排空状态而得名；回肠为小肠末段，约占小肠总长的 3/5，多盘曲，移动性也大。小肠黏膜富有绒毛(villus)、血管和淋巴管。绒毛呈细微的指突状。上有单层柱状上皮、乳糜管(lacteal，毛细淋巴管）、毛细血管网和平滑肌纤维。绒毛不断地伸展和收缩，可加速营养物质的吸收和输送。大肠分为结肠（colon）和直肠（rectum）。结肠管径粗细不匀，表面有许多横沟，将肠壁隔成许多小囊，即"结肠袋"。根据结肠的行径和位置又分为升结肠、横结肠、降结肠及乙状结肠4段。结肠有分泌黏液、吸收水分和形成粪便的作用。直肠为大肠末段，终于肛门，其背方多数有一对直肠腺。在回肠和结肠交界处有盲肠。食草类盲肠长，家兔盲肠内壁有狭窄的螺旋瓣。灵长目盲肠短，末端有细指状突，称蚓突，在人体内叫阑尾。

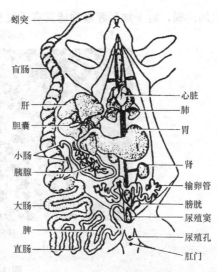

图3-256　雌兔的内脏

肠的长短与动物食性有关，草食性动物肠很长，如家兔肠为体长的15～16倍，使之能有效地分解植物纤维和增加吸收面积。

哺乳动物的消化腺有唾液腺、胃腺、肠腺、肝脏和胰脏。胃腺在胃的贲门部较少，幽门部较多，分泌的胃液能分解蛋白质和使乳凝固。肠腺在肠壁，分泌的消化酶能将初步分解的蛋白质、淀粉、糖类和脂肪等进一步分解为可吸收的小分子。肝脏位于膈的后方，分叶，如家兔分为5叶，其中间凹处有一胆囊。胆管和肝管汇合成胆总管通入十二指肠，胆汁能将脂肪乳化，有助于脂肪分解；胰脏呈粉红色，散布在十二指肠间的肠系膜中，由单一胰管开口于十二指肠后部，胰液中含多种消化酶能分解蛋白质、糖类和脂肪。

6. 呼吸系统发达

哺乳类呼吸系统发达。空气经外鼻孔、鼻腔、喉、气管入肺。鼻分为上端的嗅觉部分和下端的呼吸通道部分。嗅觉部分有发达的鼻甲和通入头骨骨腔内的鼻窦，加强对空气的温暖、湿润和过滤作用。喉除了喉盖（会厌软骨）外，由甲状软骨、环状软骨形成喉腔，环状软骨上方有1对小的杓状软骨（图3-257）。甲状软骨与环状软骨之间有黏膜皱襞构成声带（vocal cord），为发声器官。声带紧张程度的改变以及呼气气流的强度可调节音调。

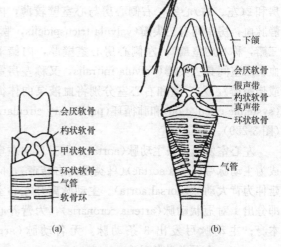

图3-257　哺乳动物喉的模式图
(a)喉整体背面观；(b)与其他器官的关系

哺乳动物的肺为海绵状，由许多细支气管和肺泡构成。肺泡（alveolus）是呼吸性细支气管末端的盲囊，由单层扁平上皮构成，外面密布毛细血管，是气体交换的场所（图3-258）。这种结构使气体交换面积增大，如人的肺泡约7亿个，总面积达60～120 m²。肺泡之间有弹性纤维，伴随呼气动作使肺被动回缩。肺的弹性回缩使胸腔内呈负压状态，故胸膜壁层和脏层紧紧地贴在一起。

胸腔为哺乳动物所特有，是容纳肺的体腔，借横隔膜与腹腔分开。横隔膜的运动可改变胸腔容积（腹式呼吸），肋骨的升降则扩大或缩小胸腔容积（胸式呼吸），二者协调以完成呼吸。哺乳动物胸廓参与支持身体，加之肩带和前肢位于胸廓两侧，使肋骨活动范围受到限制，因而膈肌的出现，对于加强呼吸功能具有重要意义。

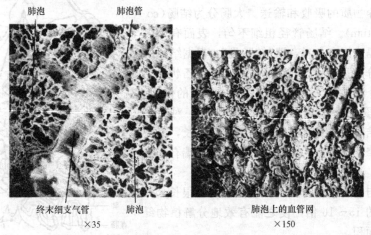

肺泡　　　　　　肺泡管

终末细支气管　　肺泡　　　　　　　肺泡上的血管网

×35　　　　　　　　　　　　　　×150

图 3-258　肺泡的显微结构

7. 心脏四室，完全双循环

　　哺乳动物和鸟类都具有完善的双循环，对维持快速运动和恒温起着保障作用。哺乳动物心脏位于胸腔中央、两肺之间，其尖端稍偏左方。心脏外有膜性囊包裹，称心包（pericardium）。内为心包腔，充满浆液，对心脏有保护作用。心脏分 4 室：2（左、右）心房和 2（左、右）心室，右侧心房与心室壁较薄，内储静脉血，房室间有三尖瓣（valvula tricuspidalis，膜质、三瓣，称右房室瓣）；左侧心房心室壁厚，内储动脉血，房室间具二尖瓣（valvula mitralis，又称左房室瓣或僧帽瓣）。左心室和右心室分别将血液泵向体循环（systemic circulation）和肺循环（pulmonary circulation）（图 3-259）。

　　左心室发出 1 条主动脉（aorta），上升后向左弯曲成为主动脉弓（arcus aortae）（鸟类是向右转弯），向后延伸为背大动脉（dorsal aorta）。主动脉离开左心室后即分出 1 对冠状动脉（arteria coronaria），为营养心脏本身；主动脉弓发出 3 条动脉：无名动脉（arteria anonyma）、左颈总动脉（left arteria carotis communis）和左锁骨下动脉（left arteria subclavia）。无名动脉在其发源处分为 2 支，为右锁骨下动脉（right arteria subclavia）和右颈总动脉（right arteria carotis commu-

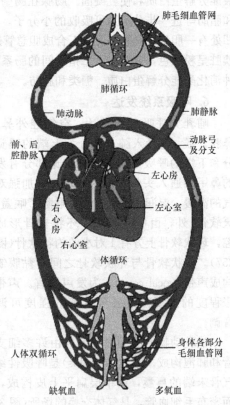

肺毛细血管网

肺循环

肺动脉　　　　　肺静脉

前、后　　　　　　　　　　动脉弓
腔静脉　　　　　　　　　　及分支

　　　　　　　　　　左心房

右心　　　　　　　左心室
房

右心室

体循环

人体双循环　　　　　　　　身体各部分
　　　　　　　　　　　　　毛细血管网

缺氧血　　　　　　　多氧血

图 3-259　人体双循环

nis），分别至右前肢和头部。背大动脉分支到胸肋部、胃、肠、肝、胰等内脏和后肢及尾部。

　　后肢、内脏等处静脉汇集成后腔静脉；肾门静脉完全消失；成体腹静脉消失；头部及前肢等静脉血集中到前腔静脉。前、后腔静脉均注入右心房；冠状静脉也注入右心房。

　　淋巴系统在脊椎动物中最发达，包括淋巴管、淋巴结和脾等。淋巴为黄色液体，成分接近血浆，内含少量淋巴球；淋巴管和血管一样，是闭合的管系，淋巴管内有大量瓣膜，毛细淋巴管以盲端开始于组织间隙，许多毛细淋巴管汇合成为较大的淋巴管，通至淋巴结，最后主要经胸导管(thoracic duct)注入前大静脉入心(图3-260)。淋巴的流动方向是向心。在淋巴管的通路上有圆形或椭圆形大小不同的淋巴结，在颈部、腋窝、鼠蹊等处较多。其作用为制造淋巴球和吞噬外来的微粒和细菌等。淋巴球能产生γ-球蛋白抗体。

脾脏是一个长形暗红色器官，位于胃的后方，可看作一个大淋巴结，功能为清除衰老的红细胞，储存部分血液和吞噬外来微粒，制造淋巴球。

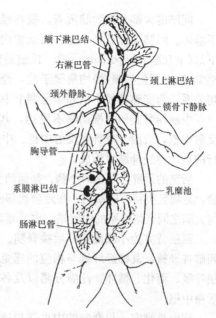

图 3-260　哺乳类淋巴系统

8. 神经系统高度发达，具胼胝体

哺乳类具有高度发达的神经系统，能有效地维持机体内环境的统一并对复杂的外环境迅速做出反应。神经系统是伴随着机体结构、功能、行为的复杂化而发展、完善的，包括中枢神经系统、周围神经系统和植物性神经系统三大部分。中枢神经系统的主要特点是大脑和小脑体积增大，神经细胞所聚集的皮层加厚，出现了沟和回(皱褶)。

大脑皮层(cerebral cortex)由发达的新脑皮层构成，是哺乳动物高级神经活动的中枢。纹状体(基底核)(是爬行类和鸟类的高级神经活动中枢)已显著退化；古脑皮层(paleopallium)成为梨状叶，为嗅觉中枢；原脑皮层(archipallium)萎缩，成为端脑内的两个侧脑室下角腔中的一个腊肠状结构——海马[hippocampus 或 Ammon's horn(安蒙氏角)]，与嗅觉有关。大脑左右两半球通过许多神经纤维互相联络，这些神经纤维构成的通路即胼胝体(corpus callosum)，这是哺乳类的特有结构(图3-261)。

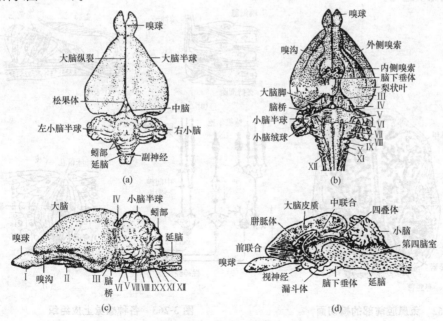

图 3-261　兔脑的构造

(a)背面观；(b)腹面观；(c)侧面观；(d)纵切面

间脑的大部分被大脑覆盖。视神经从间脑腹面发出，构成视神经交叉，其后借一柄联结脑下垂体。间脑顶部有松果腺。间脑壁内位于背方的为丘脑（或视丘，thalamus），腹方的为丘脑下部（下丘脑，hypothalamus）。丘脑是低级中枢与大脑皮层分析器之间的中间站，来自全身的感觉冲动（不包括嗅觉）均集聚于此，经更换神经后传入大脑。丘脑下部与内脏活动的协调有密切关系，为交感神经中枢和体温调节中枢。

中脑相对其他脊椎动物不发达，其背方具有四叠体（corpora quadrigemina），前面 1 对视觉反射中枢，后面 1 对听觉反射中枢。中脑底部的加厚部分构成大脑脚（cerebral peduncle），为下行的运动神经纤维束构成。

后脑的顶部为发达的小脑，是运动协调和维持躯体正常姿势的平衡中枢。小脑皮质又称新小脑，是哺乳类特有的结构。在延脑底部由横行神经纤维构成的隆起称脑桥（pons Varolii），是小脑与大脑之间联络通路的中间站，也是哺乳类特有的结构。大脑和小脑发达的种类，脑桥也发达。

延脑背方为小脑覆盖，后接脊髓。延脑除了作为脊髓与高级中枢的联络通路外，还具一系列脑神经核，其神经纤维与相应的感觉与运动器官相联系。延脑还是重要的内脏活动中枢，节制呼吸、消化、循环、汗腺分泌以及各种防御反射（如咳嗽、呕吐、泪腺分泌、眨眼等），又称活命中枢。

脑内具脑室，与脊髓的中央管相通。大脑两半球内各具 1 脑室，间脑腔为第三脑室，延脑中具第四脑室。中脑腔在高等脊椎动物中已成为不明显的细管，称中脑水管（sylvian aqueduct）。各脑室、脊髓中央管以及各种脑膜之间充满脑脊液，对保证脑颅腔内压力的稳定、缓冲震动、维持内环境（盐分和渗透压）平衡和营养物质代谢，都起着重要作用。

9. 感觉器官发达

哺乳类动物感官发达，尤其是嗅觉和听觉高度灵敏。嗅觉发达表现在鼻腔的扩大和鼻甲骨的出现。鼻甲骨是复杂盘曲的薄骨片（图 3-262），外覆有布满嗅神经的嗅黏膜（图 3-263），使嗅觉表面积大大增加（如兔的嗅神经细胞多达 10 亿个），尤其夜行性种类，嗅觉为重要器官，水栖种类嗅觉比较退化。

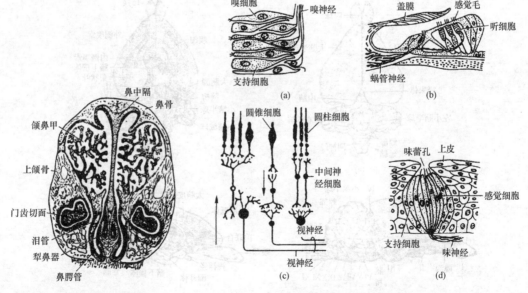

图 3-262　兔鼻腔前部的横切面

图 3-263　各种感觉上皮组织
(a)嗅黏膜；(b)柯蒂氏器；(c)视网膜；(d)味蕾

听觉敏锐，内耳具有发达的耳蜗管（cochlea），中耳具3块听小骨（镫骨、锤骨和砧骨），发达的外耳道和外耳壳（图 3-264）。多数种类耳壳可以转动，能有效地收集声波。鼓膜随声波的振动而推动听小骨，听小骨撞击耳蜗管的前庭窗，引起耳蜗管内淋巴液的震动，从而刺激听觉感受器（柯蒂氏器），将神经冲动传入脑而产生听觉。在水中，哺乳类躯体密度与水的密度相近，声波可以直接由躯体传入内耳。一些齿鲸的下颌骨中空，内部充满油液，是声波的优良导体。

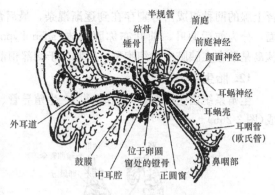

图 3-264　人耳的构造

视觉器官眼为球形，在结构上与其他陆生脊椎动物无大的差别。哺乳类动物的眼对光波感觉灵敏，但色觉较差，这与多数动物夜行性有关。灵长目则辨色能力及对物体大小和距离的感觉能力都很强。

此外，还有口腔和舌上的味觉，以及皮肤的触觉、温度和压力的感觉器等。

10. 排泄系统完善，肾脏为后肾，具有高度浓缩尿液的能力

排泄系统由肾脏、输尿管、膀胱和尿道等组成；皮肤也是哺乳类特有的排泄器官。排泄器官除排尿外，也参与体温、盐和酸碱平衡的调节。哺乳类动物运动力强，代谢旺盛，需要大量的能量和丰富的营养物质，因此代谢过程产生的尿量也大，这与陆生"保水"形成矛盾。所以，哺乳类动物的肾脏具有高度浓缩尿液的能力。哺乳类动物的肾属于后肾，为一对豆形的暗红色器官，位于腹腔的后部脊柱两侧。肾脏里有许多肾单位（nephron），它是肾脏形成尿的结构和功能单位，由肾小体（renal corpuscle）和肾小管（tubule）组成。哺乳类动物肾单位数目多，每个肾脏有几十万乃至数百万肾单位，人的肾脏达 100 万个。

11. 内分泌系统发达

哺乳类动物内分泌腺的种类及基本功能与其他脊椎动物相似。主要的内分泌腺有甲状腺、肾上腺、脑垂体、副甲状腺（parathyroid）、胰岛、胸腺（thymus）、性腺等（图 3-265），能分泌多种激素，调节身体的机能。

甲状腺在咽的下方两侧，为 1 对腺体。副甲状腺多见于两栖类和羊膜动物，位于甲状腺背侧，小而呈卵圆形。分泌物为副甲状腺素（parathormone）。肾上腺位于肾脏附近，由皮质（cortex）和髓质（medulla）组成，从鱼类到哺乳动物，

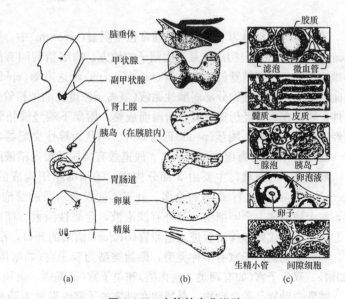

图 3-265　人体的内分泌腺

(a)内分泌腺在人体内的分布；(b)各分泌腺的外形；(c)各分泌腺的显微结构

肾上腺的两种组成由分别存在到逐渐混杂，最后髓质集中成团，外被皮质。脑垂体位于间脑腹面，分为前后两叶，前叶亦称腺垂体（adenohypophysis），后叶称神经垂体（neurohypophysis）。胰岛是散布在胰脏中的细胞群。胸腺位于胸部稍前方，是一种淋巴器官，在幼体时特别发达。

12. 胎生、哺乳

生殖系统由生殖腺（卵巢和精巢）、生殖导管、附属的腺体及其他附属构造（如交接器等）构成（图 3-266）。

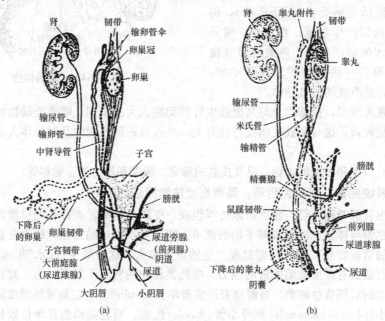

图 3-266　哺乳类雌雄生殖系统模式图
(a)雌性；(b)雄性

哺乳类雄性精巢为 1 对睾丸，通常位于阴囊（scrotum）中。睾丸由众多的曲细精管（精小管）（seminiferous tubule）构成，是产生精子的地方。曲细精管间有间质细胞（interstitial cell），能分泌雄性激素。曲细精管经输出小管（vas efferens）而达附睾（epididymis）（图 3-267）。附睾是大而卷曲的管子，其壁细胞分泌弱酸性黏液（氢离子浓度比曲细精管大 10 倍），构成适宜精子存活的条件，精子在这里经历重要发育阶段而成熟。附睾下端经输精管（vas deferens）而到达尿道。精液经尿道（urethra）、阴茎（penis）而通体外。阴茎为雄性交配器，由附于耻骨上的海绵体（corpus cavernosum）构成。海绵体包围尿道。尿道兼有排尿及输送精液的作用。

雌性具 1 对卵巢，主要由 3 部分构成：①结缔组织构成的基质；②围绕表层的生殖上皮（germinal epithelium）；③数目众多、处于不同发育阶段的滤泡（follicle）。卵细胞由滤泡上皮形成，每个滤泡含 1 个卵细胞，其外有滤泡液，含雌性激素。卵成熟后，滤泡破裂，卵及滤泡液一起被排出。成熟卵排出后进入输卵管（oviduct）前端的开口，沿输卵管下行到达子宫（uterus）。

哺乳类动物的子宫有多种类型，原始类型为双子宫（如啮齿类）、较高等的种类为双分子宫（如猪）、双角子宫（如有蹄类、食肉类）和单子宫（如蝙蝠、灵长目）（图 3-268）。

哺乳类动物是胎生动物，受精卵在母体的子宫内发育为胎儿，胚胎通过胎盘（placenta）从母体获得营养。自受精卵至胎儿产出这一发育过程称妊娠（gestation），经历的时间为妊娠期。母体产出发育完全的胎儿，称分娩。妊娠期长短依种而异。产出的幼儿以母乳哺育。胎生和哺乳是哺乳动物的显著特征。

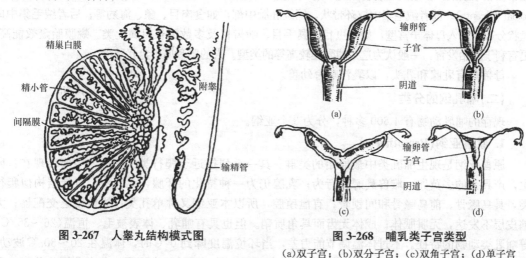

图 3-267　人睾丸结构模式图

图 3-268　哺乳类子宫类型

（a）双子宫；（b）双分子宫；（c）双角子宫；（d）单子宫

卵在输卵管上段受精后下行至子宫，同时开始分裂，并植入子宫黏膜。卵裂后多细胞球形成单层中空的胚泡（blastocyst），胚泡壁成为滋养层，紧靠滋养层一团细胞称为胚结（embryonic-knot）。从胚结分化为三胚层，进而形成胚胎及胎膜（placental）等构造。胎膜包括羊膜（amnion）、绒毛膜（chorion）、卵黄囊（yolk sac）、尿囊（allantois）和脐带（umbilical cord）等结构。这些结构对于胎儿的生长发育具有保护、营养、呼吸、排泄等功能。

胎盘是由胎儿的绒毛膜和尿囊与母体子宫壁的内膜结合起来形成的。尿囊的外壁与浆膜愈合形成绒毛膜，外表具有许多绒毛状微小突起（绒毛），其中富含毛细血管，与胎儿脐带中的血管相通连。胎儿借绒毛突起与母体子宫的血液相接触，通过渗透作用进行代谢物质的交换，维持胎儿的生长发育。羊膜是包裹着胎儿的薄膜，呈囊状；内部充满液体，称羊水（amniotic fluid）（由羊膜上皮分泌的水样液），胎儿悬于羊水中（图 3-269）。营养物质通过脐带输入供给胎儿。

哺乳类动物的胎盘分为无蜕膜胎盘（adeciduate placenta）和蜕膜胎盘（deci-duate placenta）。前者胚胎的尿囊、绒毛膜与母体子宫内膜结合不紧密，胎儿出生时易与胎盘脱离，即胎盘不脱落、不使子宫壁大量出血。后者胚胎的尿囊、绒毛膜与母体子宫内膜结为一体，胎儿出生时需将子宫壁内膜一起撕下产出，造成大量出血。

无蜕膜胎盘一般包括散布状胎盘（diffuse palcenta）和多叶胎盘（cotyle-donary placenta）（图 3-269）。前者绒毛均匀分布在绒毛膜上，如鲸、狐猴、某些有蹄类等；后者绒毛汇成一块块小叶丛，

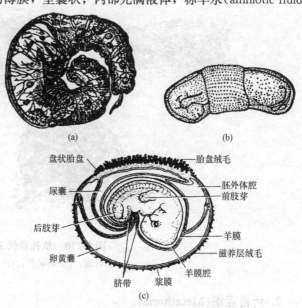

图 3-269　哺乳类的胎盘类型

（a）多叶胎盘；（b）环状胎盘；（c）盘状胎盘（12 日龄兔胚）

散布在绒毛膜上，多数反刍动物属此。蜕膜胎盘一般包括环状胎盘(zonary palcenta)和盘状胎盘(discoidal palcenta)。前者绒毛集中成环带状，围绕胚胎中部，如食肉目、象、海豹等；后者绒毛集中成盘状分布，深入母体子宫壁，如食虫目、翼手目、啮齿目及多数灵长目属此类。蜕膜胎盘效能高，更有利于胚胎发育，一般认为这是哺乳类较高等的类型。人的胎盘属于盘状胎盘。

母兽具有乳腺和乳头，以乳汁哺育幼兽。

(二)哺乳纲的分类

现存的哺乳动物有 4 600 多种，分为 3 个亚纲。

1. 原兽亚纲(Prototheria)

原兽亚纲是现生哺乳类中最原始的类群。具一系列接近于爬行类的特征。主要表现在：卵生，产具壳的多黄卵，雌兽具孵卵行为；乳腺仍为一种特化的汗腺，无乳头；肩带结构似爬行类，具乌喙骨、前乌喙骨和间锁骨；有泄殖腔，所以本亚纲又称单孔类；雄兽缺乏交配器；大脑皮层不发达，无胼胝体；成体无齿而具角质鞘。但也具有哺乳、体表被毛、恒温(26～35 ℃)等哺乳类动物的特征。不过体温调节能力差，当环境温度降到 0 ℃时，体温在 20～30 ℃波动，当环境温度上升至 30～35 ℃时则失去调节能力而死。因而活动能力不强，分布范围也狭窄，且冬季冬眠，热天蛰伏。

本亚纲有 1 目[单孔目(Monotremata)]2 科 3 种，仅分布于澳大利亚和新几内亚岛。包括鸭嘴兽(*Ornithorhynchus anatinus*)、针鼹(*Tachyglossus aculeata*)和长吻针鼹(*Zaglossus bruijni*)(图 3-270)。鸭嘴兽嘴宽扁似鸭，尾扁平，指(趾)间具蹼，无耳壳，无唇，适于游泳，栖居于河川沿岸，穿洞为穴，以软体动物、甲壳类、蠕虫及昆虫等为食。分布于澳大利亚东部及塔斯马尼亚。10—11 月生殖，每产 2～4 卵，孵出的幼仔舔食母兽腹部乳腺分泌的乳汁，4 个月后独立生活。针鼹外形似刺猬，全身被有夹杂着棘刺的硬毛，前肢适于掘土，吻尖细，具长舌，嗜食蚊类等昆虫，穴居沙地，夜出觅食，每产 1 卵，母兽在生殖期间腹部皮肤皱成育儿袋，幼仔孵出后亦在袋中摄取乳汁为食，分布于澳大利亚。

图 3-270 单孔目代表动物
(a)针鼹；(b)鸭嘴兽；(c)长吻针鼹

2. 后兽亚纲(Metatheria)

本亚纲为低等哺乳类，主要特征：胎生，但母体没有真正的胎盘，胚胎借卵黄囊(而不是尿囊)与母兽子宫壁接触，故幼仔发育不完全(妊娠期 40 天，幼仔产出时体长仅约 3 cm)，需在母兽的育儿袋中继续发育 7～8 个月，故又名有袋类。泄殖腔退化，仅留残余。肩带表现有高等哺乳类的特征（前乌喙骨和乌喙骨均退化，肩胛骨增大），具乳腺，乳头位于育儿袋内。大脑皮层不发达，无胼胝体。具唇，异型齿，门齿数目较多。体温较恒定（33～35 ℃）。

　　分为 1 目[有袋目（Marsupialia）]17 科约 273 种。主要分布于大洋洲及南美草原。大洋洲与其他大陆隔离，高等哺乳类未能侵入，有袋类得以发展，如树袋熊（考拉，*Phascolarctos inereus*）[图 3-271(d)]、岩大袋鼠（*Macropus robustus*）、袋熊（*Vombatus ursinus*）、斑袋貂（*Phalanger maculatus*），以及肉食性的袋狼（*Thylacinus cynocephalus*）[图 3-271(g)]、食鱼袋鼬（*Dasyurs viverinus*）等。代表动物有大袋鼠（*Macropus giganteus*）[图 3-271(c)]，适于跳跃，后肢强大，趾有并合现象，一步可跳 5 m，尾长大，栖息时作为支撑器官。育儿袋发达，幼仔早产，未充分发育，不能吸吮乳汁，母兽乳房有特殊肌肉能将乳汁喷出，幼仔唇部紧裹乳头，喉上升伸入鼻腔，乳汁便能畅流入食道。

图 3-271　有袋目代表动物
(a)负鼠；(b)袋貂；(c)大袋鼠；(d)树袋熊；(e)袋鼩；(f)袋鼹；(g)袋狼

3. 真兽亚纲（Eutheria）

　　本亚纲又称有胎盘类，为高等哺乳动物，现存哺乳动物中绝大多数种类（占 93.47%）属此亚纲。主要特征是：具真正胎盘，胎儿发育完善后产出，不具泄殖腔，乳腺发达具乳头，肩带为单一的肩胛骨，大脑皮层发达，具胼胝体，异齿型，齿数有减少趋势，门牙少于 5 枚。有良好的体温调节能力，体温一般恒定在 37 ℃。

　　现存的真兽亚纲有 18 目 117 科 3 948 种，其中我国分布有 13 目 55 科 607 种。

　　(1)食虫目（Insetivora）。为较原始的有胎盘类，体形小，吻尖细，适于食虫，四肢短小，指（趾）端具爪，适于掘土凿穴。牙齿构造较原始，体被绒毛或硬刺，多数夜行性，主食昆虫、蠕虫。全球约 8 科 40 种。我国常见的如刺猬（*Erinaceus europaeus*），背部被棕、白相间的棘刺，其余部分浅棕色，栖于山林或平原草丛中。主食昆虫，兼食小动物及瓜果等，具冬眠习性[图 3-272(a)]。

鼩鼱（*Sorex araneus*，又名鼩鼠）形似小鼠，被灰褐色细绒毛，尾细长。栖山地或平原草丛中或石缝下。专食昆虫，对农业有一定益处［图 3-272(b)］。大缺齿鼹（*Mogera robusta*，又名鼹鼠），适于地下穿穴生活，体粗短，密被无毛向的绒毛，眼小，耳壳退化，锁骨发达，前肢掌心外翻，具爪。多栖于低山湿地，在农区地下穿穴，破坏作物根系［图 3-272(c)］。

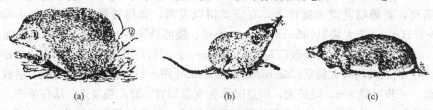

图 3-272　食虫目代表动物
(a)刺猬；(b)鼩鼱；(c)大缺齿鼹

(2)翼手目（Chiroptera）。飞翔的哺乳类，前肢特化，具延长指骨，指骨末端及肱骨、体侧、后肢、尾之间具翼膜，一、二指具爪。后肢短小，具长的弯曲钩爪，适于悬挂栖息。胸骨具突起，锁骨发达。齿尖锐。夜行性。全球约 19 科 940 种。常见的有蝙蝠（*Vesper-tilio spp.*）（图 3-273），多为群居。白天在屋

图 3-273　蝙蝠

缝、岩洞倒挂栖息，黄昏外出飞捕昆虫，栖地堆积的粪便为上等肥料，中药"夜明砂"即经加工的蝙蝠粪。蝙蝠有发射高频声波并借颜面特殊感官收集回声即回声定位的本领，能在夜间自由飞行。有冬眠习性，有的种类还有春季远距离迁徙的特点。

(3)灵长目（Primates）。树栖，除少数外，拇指（趾）能与其他指（趾）相对，适于攀缘握枝。锁骨发达，手掌及跖部裸露，且有两行皮垫。指（趾）端除少数具爪外，多具指甲。大脑半球发达，两眼前视，视觉发达，嗅觉较退化。雌兽有月经。多数为社会性群体生活。

全球约 10 科 194 种。分布在我国的种类全部被列为国家一级或二级重点保护动物。代表性种类如下：

懒猴（蜂猴，*Nycticebus coucang*），懒猴科（Lorisidae），第二趾具爪。体小，四肢细长，尾甚短。分布在我国云南、华南的种类，树栖性强，少下地，昼伏夜出，行动迟缓［图 3-274(a)］。

猕猴（*Macaca mulatta*），猴科（Cerco-pithecidae），鼻间隔狭窄，鼻孔向下开。拇指（趾）能与他指（趾）相对，尾不具缠绕性，具颊囊和臀胼胝，脸部有裸区，后肢比前肢长，分布于南非及亚洲温热带区域。我国华南及西南盛产，集大群生活，为重要实验动物［图 3-274(b)］。

图 3-274　灵长目代表动物
(a)懒猴；(b)猕猴；(c)长臂猿；(d)黑猩猩

滇金丝猴(*Rhinopithecus bieti*)，别名：黑金丝猴、黑仰鼻猴、雪猴、花猴、大青猴、白猴、飞猴、黑白仰鼻猴，猴科，体长 740～830 mm，尾相对较短，略等于体长，为 510～720 mm，但比较粗大。身体背面、侧面、四肢外侧、手、足和尾部均为灰黑色，在背面具有灰白色的稀疏长毛，颈侧、腹面、臀部及四肢内侧均为白色。金丝猴属物种的共同特征是头骨上几乎消失的鼻梁骨，形成了朝天鼻。它们具有一张最像人脸的面部，面庞白里透红，特别是雄性，具有明显的红唇，目前堪称世间最美的动物之一。栖息于海拔 3 300～4 100 m 的高山针叶林带，是目前发现的居住海拔最高的灵长类动物。滇金丝猴的猴群不大，多为 20～60 只，为多雄多雌的混合群体，有社群等级行为。主食松萝的嫩叶和越冬的花苞及叶芽苞，也食植物嫩芽及幼叶，7、8 月还吃箭竹的竹笋和嫩竹叶，冬季也吃漆树的果子。分布于澜沧江与金沙江之间云岭山脉主峰两侧的高山深谷地带，向北延伸到西藏境内的宁静山脉，以及西藏芒康县境内。金丝猴属中的四个物种(川金丝猴、黔金丝猴、滇金丝猴和越南金丝猴)，都已被列入世界濒危动物红色名单之中。其中滇金丝猴、黔金丝猴和越南金丝猴都是当今世界最濒危的 25 种灵长类物种之一。这四种金丝猴中除越南金丝猴仅分布在越南北部外，其余三种均为我国特有分布种。

长臂猿(*Hylobates concolor*)，长臂猴科(Hylobatidae)，臂特长，站立时手可及地。无尾，具小的臀胼胝，无颊囊，分布于我国海南岛及云南南部。黑猩猩(*Pan troglodytes*)，猩猩科(Pongidae)，体形较大，不具臀胼胝，前肢长可过膝，耳及脸部少毛，高约 1.5 m，重 70 kg，体黑色，面部无毛，耳较大，与人耳相似，几十只为一群，以树栖为主，也常到地面活动，杂食性[图 3-274(d)]。大猩猩(*Gorilla gorilla*)与黑猩猩均分布在非洲。人科(Hominidae)的特点为：毛退化，身体直立，臂不过膝，手足分工，大脑极发达，如智人(*Homo sapiens*)，大脑进一步发达，具有语言、文字、思维能力。长臂猴科、猩猩科和人科合称为人猿超科(Superfamily hominoidea)。

(4)鳞甲目(Pholidota)。头、躯干、尾、四肢均覆有大型角质鳞片，鳞片之间有少量毛，不具齿，吻尖，舌发达，前肢爪发达，适于掘穴和挖捕蚁巢，舔食蚁类等昆虫。现存仅 1 科 1 属 7 种，我国常见的是穿山甲(*Manis pentadactyla*，又名鲮鲤)，分布于长江以南地区，被列为国家二级重点保护动物[图 3-275(a)]。

图 3-275　鳞甲目和兔形目代表动物
(a)穿山甲；(b)蒙古兔

(5)兔形目(Lagomorpha)。中小型食草动物，后肢长于前肢，胫骨与腓骨愈合，上颌 2 对门齿前后着生，后 1 对极小，门齿凿状，终生生长，无犬齿，门齿与前臼齿间呈现空隙，便于泥土等杂物溢出。耳长，上唇具唇裂。全球约 2 科 61 种。常见种有草兔(*Lepus capensis*)，分布于内蒙古、西藏、新疆、四川、贵州以及西北、东北、华北、华中等区域。鼠兔(*Ochotona spp.*)，后肢略长于前肢，耳短圆，无尾，如华西鼠兔(*O. thibetana*)，分布在西南、西北和山西。

家兔(*Lepus spp.*)经驯养家化后，有许多品种，毛用、肉用、毛肉兼用等，成为重要养殖对象。

(6)啮齿目(Rodentia)。为哺乳类中种类和数量最多的一类群，全球约 33 科 1 698 种，遍及全世界，善适应环境。主要特征：体中小型，上下颌各具 1 对门牙，仅前面被珐琅质，呈凿状，终生生长，无犬齿，咀嚼肌发达。我国常见的有：

①松鼠科（Sciuridae）。头骨具眶后突（postorbital process），颧骨发达。松鼠（*Sciurus vulgaris*）为典型树栖种类，毛灰褐，尾长具蓬松尾毛，分布于东北、新疆等地[图 3-276(a)]。赤腹松鼠（*Callosciurus erythraeus*）为云南常见种。黄鼠（*C. citellus*）为地栖种类，遍布我国内蒙古、东北、西北和华北草原荒漠地区，是危害严重的害兽，对农作物、草场、幼林、堤坝均有危害，又是鼠疫病的自然宿主。旱獭（*Marmota bobak*），也称为土拨鼠，毛黄褐色，群栖于内蒙古、新疆以及河北和山西北部，也破坏草场和传播鼠疫[图 3-276(c)]。

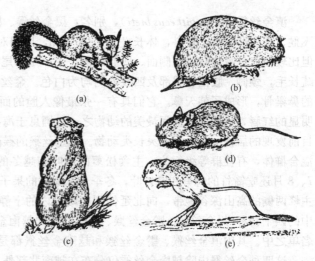

图 3-276 啮齿目代表动物
(a)松鼠；(b)鼢鼠；(c)旱獭；(d)小家鼠；(e)跳鼠

②仓鼠科（Cricetidae）。鼠形啮齿类，适应多种生活方式，体型有变异，无前白齿，颧骨不发达。常见的有黑线仓鼠（*Cricetulus barabensis*），具颊囊，分布于长江以北各地，有储粮习性，是农作区重要害鼠。鼢鼠（*M. myospalax*）为地下穿穴生活，体粗壮，毛短，眼隐于皮下，耳壳仅为围绕耳孔的皮折，前肢爪发达，危害农作物，在黄土高原还破坏梯田田埂，分布于东北、内蒙古等地[图 3-276(b)]。

③鼠科（Muridae）。中小型鼠类，种类多，分布广，生殖力和适应能力均强，尾长而裸或被鳞片，不具前白齿，白齿齿尖常排成三纵裂。常见的有小家鼠（*Mus musculus*）[图 3-276(d)]、褐家鼠（*Rattus norvegicus*），生活在房屋内或住宅区的下水道中。

④跳鼠科（Dipodidae）。荒漠鼠类，前肢短，后肢及尾显著加长，适于跳跃。内蒙古分布的三趾跳鼠（*Dipus sagitta*），侧趾完全消失。分布于北方等地。主要危害固沙植物。

⑤豪猪科（Hystricidae）。体被硬刺，尾部有中空刺，自卫时竖起身上的尖刺，以向后倒退冲击来敌，如豪猪（*Hystrix hodgson*），分布于南方等地。

(7)鲸目（Cetacea）。水栖兽类，适于游泳，体型和结构上有很大变异，鱼形，体毛退化，皮脂腺消失，皮下脂肪层增厚（达 20~50 cm），前肢鳍状，后肢消失，颈椎有愈合现象，具"背鳍"和水平的叉状"尾鳍"。鼻孔位于头顶，其边缘具瓣膜，入水后关闭，出水呼气时声响极大，形成很高的水柱，故又称喷水孔（blowhole）。肺具弹性，体内具有能储藏氧气的特殊结构，以使其15~60 min 才出水呼吸一次。外耳退化，齿型特殊，具齿的种类多为同型的尖锥形牙。雄兽睾丸终生位于腹腔中。雌兽在生殖孔两侧有一对乳房，外被皮囊，哺乳时有特殊肌肉收缩将乳汁喷入仔鲸口内。本目分为齿鲸亚目（Odontoceti）和须鲸亚目（Mystacoceti）2 目。齿鲸类具圆锥形齿（图 3-277），为同型齿，齿数少则 1~2 枚，多至 200 多枚。须鲸类不具齿，由上腭部角质化板排列成行，自口顶下垂成鲸须（baleen），以滤食小型生物。

本目约 11 科 83 种。须鲸类是现存个体最大的哺乳动物，如蓝鲸（*Balaenoptera musculus*）[图 3-278(a)]，体长 21~27 m，曾有体长33 m、重 190 t 的记录。我国沿海有长须鲸

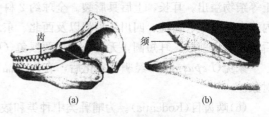

图 3-277 鲸的齿和须
(a)齿；(b)须

（*Balaenoptera physalus*）［图 3-278（b）］、座头鲸（*Megaptera novaeangliae*）、小须鲸（*B. acutorostrata*）［图 3-278(c)］等。小须鲸体长 7～10 m，为须鲸科中最小且数量最多的物种。齿鲸类体形较大的有抹香鲸（*Physeter catodon*），体长 11～18 m；虎鲸（*Orcinus orca*）［图 3-278(d)］，体长 5.5～9.8 m。体型较小的有太平洋驼海豚（*Sousa chinensis*）［图 3-278(e)］，也称为中华白海豚，体长 2～2.8 m；江豚（*Neophocaena phocaenoides*），体长 1.2～1.9 m。海豚常被驯养作观赏动物和科学研究之用，已被训练作水下作业之用。白鳍豚（*Lipotes vexillifer*）［图 3-278(f)］，体长 1.4～2.5 m，是分布在我国长江中下游、洞庭湖的淡水齿鲸，为我国特有的珍稀水兽。除了小须鲸以外，全部鲸类都已经被国际捕鲸委员会列入禁止商业性捕猎的名单。分布在我国的鲸目种类全部被列为国家一级或二级重点保护动物。

图 3-278　鲸目代表动物
(a)蓝鲸；(b)长须鲸；(c)小须鲸；(d)虎鲸；(e)中华白海豚；(f)白鳍豚

（8）食肉目（carnivora）。除熊科、浣熊科和大熊猫科外，多为食肉性，犬齿发达，门牙小，白齿趋于退化，上颌最后一枚前白齿和下颌第一白齿的齿突如剪刀状交叉，特化为裂齿（食肉齿）。足有 4 或 5 趾，均具有尖锐而弯曲的爪，脑及感官发达，毛厚密，多具色泽，为重要毛皮兽。

全球约 8 科 248 种。常见的有：

①犬科（Canidae）。裂齿发达，爪不能伸缩，颜面部长而突出，四肢善于奔跑。我国常见的有狼（*Canis lupus*）、狐（*Vulpes vulpes*）、貉（*Nyctereutes procyonoides*）、豺（*Cuon alpinus*）等［图 3-279(a)～(c)］。豺已被我国列入国家二级重点保护动物。

②熊科（Ursidae）。杂食性，裂齿不发达，体粗壮，头圆，颜面部长，具 5 指（趾），爪不能伸缩。如黑熊（*Selenarctos thibetanus*）［图 3-279(d)］、棕熊（*Ursus arctos*）和马来熊（*Helarctos malayanus*）。黑熊体毛黑色，前胸具白色 V 形带。马来熊已被我国列入国家一级重点保护动物，黑熊和棕熊在云南西北部有分布，为国家二级重点保护动物。

③大熊猫科（Ailuropodidae）。体似熊但吻短，是食肉目中的"素食"种类，主食竹类，喜食竹笋。仅 1 种，即我国特有的大熊猫（*Ailuropoda melanoleuca*）［图 3-279(e)］。仅分布在四川西北部、甘肃南部、陕西秦岭南麓，生活在海拔为 2 000～3 500 m 的针叶林、针阔混交林及落叶林中。体躯多白色，耳壳、眼圈、四肢、肩部黑色。被列为国家一级重点保护动物。

④小熊猫科（Ailuridae）。前白齿、白齿趋于减少，裂齿不发达，我国仅分布有小熊猫（*Ailurus fulgens*），分布于四川、云南、西藏、青海、甘肃的海拔为 2 000～3 000 m 的高山丛林中，

被列为国家二级重点保护动物。

⑤鼬科（Mustelidae）。中小型兽类。体细长，腿短，具5指（趾），爪不能伸缩。多数种类在肛门附近具臭腺。如紫貂（*Martes zibellina*）[图3-279（f）]、黄鼬（*Mustela sibirica*，俗称黄鼠狼）[图3-279（h）]、狗獾（*Meles meles*）[图3-279（i）]、水獭（*Lutra lutra*）[图3-279（g）]等。紫貂分布于我国东北针叶林及针阔林区，为国家一级重点保护动物。黄鼬分布广，数量大，毛皮产值占重要地位。水獭为半水栖，趾间具蹼，尾长有力，善游善潜，为国家二级重点保护动物。紫貂、水獭的毛皮丰厚轻柔，均已人工养殖以获取名贵毛皮。

⑥猫科（Felidae）。大中型兽，头圆吻短，后足4趾，爪能伸缩，善攀缘及跳跃，以捕杀方式获得猎物。犬齿、裂齿均发达。常见的有狮（*Felis leo*）、虎（*Felis tigris*）[图3-279（j）]、豹（*Felis pardus*）等，均属大型种类。中型的有猞猁（*Lynx lynx*）[图3-279（k）]、豹猫（*Felis bengalensis*）等。因人类长期捕杀虎、豹以获取名贵毛皮和药材，导致其种群极少，濒临灭绝。虎、金钱豹、云豹、雪豹均为国家一级重点保护动物；猞猁为国家二级重点保护动物。

图3-279 食肉目代表动物
（a）狼；（b）狐；（c）貂；（d）黑熊；（e）大熊猫；（f）紫貂；（g）水獭；（h）黄鼬；（i）狗獾；（j）虎；（k）猞猁

（9）鳍脚目（Pinnipedia）。海兽，肉食性。四肢特化为鳍状，趾间有蹼，身体呈流线型，无竖毛肌，皮下脂肪层厚。大部分时间在水中生活，交配、产仔、换毛时到岸边或冰上活动。无裂齿。现生的有海狮科(Otariidae)、海豹科(Phocidae)和海象科(Odobenidae)，约34种。我国沿海分布的有斑海豹(*Phoca largha*)[图 3-280(b)]、环海豹(*Phoca hispida*)、髯海豹(*Erignathus barbatus*)，均为国家二级重点保护动物。

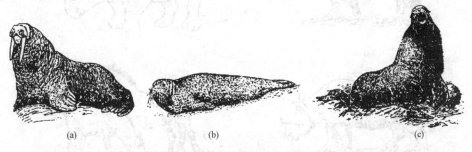

图 3-280　鳍脚目代表动物
(a)海象(*Odobenus rosmarus*)；(b)斑海豹(*Phoca largha*)；(c)海狗(*Callorhinus ursinus*)

(10)长鼻目(Proboscidea)。为最大的陆栖动物，鼻和上唇愈合延长，形成能卷曲的长鼻，鼻前端可卷起物体，体毛退化、稀疏，具 5 指(趾)，脚底有厚的弹性组织垫，趾端有小蹄。上门牙特别发达，突出唇外，即通常称的象牙，由齿质构成，终生不断生长。白齿咀嚼面具多行横棱。成群生活在草原和森林中，以草、果实、树叶等为食。现存的仅 1 科 2 种，非洲象(*Loxodonta africana*)和亚洲象(*Elephas maximus*)(图 3-281)。前者分布于非洲撒哈拉以西，野生公象一般肩高 3 m 以上，体重 2.5 t 左右，后足 5 趾，额部凸出，耳大，雌雄均有象牙，雄象牙长

图 3-281　亚洲象

2 m 以上，重 40 kg。亚洲象分布于东南亚和我国云南南部西双版纳等边境地区，公象高 2.7 m，后足 4 趾，额部下凹，仅雄性有象牙，长约 1.5 m，重 20～30 kg，为国家一级重点保护动物。

(11)奇蹄目(Perissodactyla)。草原奔跑兽类，第三趾特别发达，其余各趾退化或消失，趾端具蹄，胃单室，犬齿退化，白齿咀嚼面上有复杂的棱脊。现存的有 3 科约 17 种。

①马科(Eguidae)。仅第三趾发达，颈背中线具一列鬃毛，腿细长，尾毛极长，门牙凿状，白齿齿冠高。仅 1 属，如蒙古野驴(*Equus hemionus*)、野马(*E. przewalskii*)、斑马(*E. zebra*)等[图 3-282(d)～(f)]。我国的野马野生种群已灭绝，目前已从国外动物园引回培殖放养。野驴、野马均列为国家一级重点保护动物。

②貘科(Tapiridae)。四肢短，前肢 4 趾，后肢 3 趾，吻延长为鼻状，能自由伸缩，无角。如马来貘(*Tapirus indicus*)，分布于马来半岛及苏门答腊岛，亚洲仅此 1 种，栖于密林多水地区，夜间活动，受惊即逃入水中，嗜食植物嫩芽[图 3-282(a)]。

③犀科(Rhinocerotidae)。体笨重，前肢 3～4 趾，后肢 3 趾，皮肤厚，几乎无毛，额上有 1～2 个角质纤维性角。如独角犀(*Rhinoceros unicornis*)，单角，分布于东南亚；双角犀(*Diceros bicornis*)，额上前后 2 角，分布于非洲[图 3-282(b)、(c)]。犀角为贵重药材。

(12)偶蹄目(Artiodactyla)。具 2 或 4 趾，第三、四趾发达，趾端有蹄，尾短，上门牙退化

图 3-282 奇蹄目代表动物

(a)马来貘；(b)双角犀；(c)独角犀；(d)野马；(e)蒙古野驴；(f)斑马

或消失，臼齿结构复杂。现存种类分3亚目9科，约201种。除大洋洲外，遍布其他各大洲。主要种类有：

①猪科(suidae)。吻部延长，末端成盘状，鼻孔在吻端。毛鬃状，尾细末端具鬃毛，足4趾，两侧趾小。中央上门牙大于其他门牙，上犬齿外突成獠牙。杂食，胃单室，我国唯一代表动物是野猪(*Sus scrofa*)[图3-283(a)]。家猪是古代野猪驯化而成的，已有许多品种。

②河马科(Hippopotamidae)。大中型兽类，体躯粗大，吻部大而圆，眼凸出，位于头部背方，耳小，体毛稀缺，腿粗短，具4趾，门牙和犬牙呈獠牙状，终生生长。胃分3室，不反刍。半水栖。如河马(*Hippopotamus amphibius*)[图3-283(b)]，分布于非洲。

③驼科(Camelidae)。头小、颈长，上唇延伸有唇裂，足2趾，趾端具甲和宽厚弹性组织垫；胃复杂，3室，反刍；体毛柔软而纤细。有单峰驼(*Camelus dromelarius*)和双峰驼(*C. bacterianus*)[图3-283(c)]，均已驯化役用，被誉为"沙漠之舟"。前者分布于北非和阿拉伯沙漠地区，已无野生；后者野生种分布在中亚及我国西北部，被我国列为国家一级重点保护动物。

④鹿科(Cervidae)。脚细长，具4趾，中间1对较大，常具眶下腺和足腺。多数雄鹿具分叉鹿角，能周期性脱落，上颌无门牙，臼齿为低冠齿。我国有20种，如梅花鹿(*Cervus nippon*)[图3-283(d)]、马鹿(*Cervus elaphus*)、麋鹿(*Elaphurus davidianus*)[图3-283(f)]、麝(*Moschus moschiferus*)［图 3-283(i)］、獐(*Hydropotes inermis*)、小麂(*Muntiacus reevesi*)等。多数为大型种类，均被列为国家级或省级重点保护动物。梅花鹿和马鹿为鹿茸的主要来源，已人工饲养。麝无角，具麝香腺(腹部)。麋鹿，因头像马、蹄像牛、角像鹿(雌性无角)、身体像驴，但不属于四种动物中的任何一种，俗称"四不像"，为我国特有的珍奇兽类，已从国外动物园引回培殖放养，目前的麋鹿大多为人工繁殖饲养的观赏型物种。

⑤长颈鹿科(Gireffidae)。长颈、长腿、头顶具 2～3 个不分叉并包有毛皮的角，终生不脱落，脚具 2 蹄，仅分布于非洲。如长颈鹿(*Giraffa cameleoparadalis*)［图 3-283(h)］，栖于森林草原，以树叶嫩枝为食。

⑥牛科(Bovidae)。偶蹄，多数两性都具 1 对洞角(少数 2 对)。代表种有野牛(*Bos gaurus*)［图 3-283(g)，仅见于云南南部］、牦牛(*Bos grunniens*)(分布于云南丽江、香格里拉及西藏等高海拔地区)、黄羊(*Procapra gutturosa*)(分布自河北至甘肃)、羚牛(*Budorcas taxicolor*)(分布于四川、甘肃及陕西南部高山)以及羚羊(*Gazella subgutturosa*)、盘羊(*Ovis ammon*)［图 3-283(e)］等。

图 3-283　偶蹄目代表动物
(a)野猪；(b)河马；(c)双峰驼；(d)梅花鹿；(e)盘羊；(f)麋鹿；(g)野牛；(h)长颈鹿；(i)麝

(三)哺乳动物与人类关系

哺乳动物与人类生活有着极为密切的关系，在人类经济生活中起着重要作用。家畜可提供人类肉食、皮革和役用，野生兽类是优质裘皮、肉、脂、药材等的重要来源和维护生态系统稳定的重要因素。但受到人类活动的巨大影响，其栖息地遭受破坏、人类的过量捕杀等已使多种野生种类，尤其是具有重大经济价值的种类处于濒危状态。保护地球上的自然环境和物种的多样性已成为人类面临的重大而紧迫的课题。

野生动物是可更新的自然资源，通过繁殖、衰老、死亡保持着种群的动态平衡。科学管理和有计划地适量开发，驯养和自然保护是野生动物资源持续利用与保护的重要手段。

哺乳动物中对人类危害最大的是鼠类，其种类多、分布广、密度高，对农、林、牧业和水利、工业设施造成破坏，还是多种疾病的病原体与媒介节肢动物的宿主和携带者。与害兽做斗争的基本原则是控制其数量，降低其种群密度。

附：云南丰富的动物资源

云南的珍禽异兽很多。在浓密幽深不同类型的森林里，在辽阔起伏的山野上，栖息着种类繁多的动物。有些珍禽异兽，在国内仅云南才有，许多经济价值较高的动物种类，云南的产量居全国之首。云南有脊椎动物达 1 638 种，占全国的 54.9%，其中哺乳类 259 种，占全国的55.1%；鸟类 776 种，占全国的 65.4%；淡水鱼类 366 种，占全国的 45.7%，两栖类 92 种，占全国的 43.8%；爬行类 145 种，占全国的 45.6%；昆虫类，全国见于名录的有 75 000 种，云南就有 13 000 多种。

云南受冰川影响较小，使一些动物免遭灭绝，也促进了一些物种的分化，如羚羊、小熊猫等，是古老的孑遗物种，形成了一个珍贵的"物种基因库"。云南被列为国家保护的动物有 132种，占全国的 55%。其中一类保护动物 37 种，占全国的 38%，如滇金丝猴、白眉长臂猿、亚洲象、印度野牛、白尾梢红雉、双角犀鸟、黑颈鹤等；二类保护动物 42 种，占全国的 46%，如熊狸、灰叶猴、小灵猫、雪豹、鸳鸯、白腹锦鸡、绿孔雀、巨蜥等；三类保护动物 68 种，占全国的 64.8%，如灵麝、麂鹿、大灵猫、青羊、血雉、灰鹤、大壁虎等。这些动物中，滇金丝猴、亚洲象、野牛、白眉长臂猿、扭角羚、黑麝、红斑羚、灰头鹦鹉、大绯胸鹦鹉等在我国为云南所独有。故云南被誉为"动物王国"。穿山甲、鹿茸、熊胆、麝香、蛤蚧等，是云南特产的名贵药材，一些地方已开办了鹿场、熊场等，变野生为驯养，使其取之不尽，用之不绝。大灵猫的分泌物是有名的动物香料。繁多的昆虫，如紫胶虫、蚕、蜜蜂、白蜡虫等，为人们的经济生活做出了有益贡献。还有许多珍禽异兽，如象、金丝猴、长臂猿、孔雀、鸳鸯等，又是动物园里大家喜爱的观赏动物。

◉ 本章小结

1. 原生动物是动物界最低等最原始的类群，单细胞构成的机体独立承担了生命活动的各项机能。营养方式有自养和异养两大类。有复杂的细胞器。依运动胞器分为鞭毛虫纲、肉足虫纲、孢子虫纲、丝孢子虫纲、纤毛虫纲 5 个纲。植鞭亚纲腰鞭毛目的一些种类能引发赤潮；动鞭亚纲的利什曼原虫感染引起黑热病；根足亚纲的痢疾内变形虫引发痢疾；有孔虫目和辐足亚纲的放射虫种类多，数量大，是海洋浮游生物的重要成员，又是海洋的重要沉积物；晚孢子亚纲的疟原虫引发疟疾。纤毛虫纲的草履虫有性生殖是特殊的接合生殖。

2. 海绵动物是低等的多细胞动物，体壁有大量的孔细胞并形成特殊的水沟系，具各种类型的骨针或海绵丝，胃层为特殊的领细胞。部分种类胚胎发育有逆转现象。具两囊幼虫期。

3. 腔肠动物具二胚层、辐射对称体制，出现了简单的组织分化，体中央为消化循环腔，上皮为皮肌细胞，网状神经系统，有水螅型和水母型两种基本形态，有的种类有二态和多态现象及世代交替。刺细胞是本门动物特有的。根口水母目的海蜇有经济价值；珊瑚虫纲的石珊瑚为造礁珊瑚。发育经历浮浪幼虫期。

4. 扁形动物具有三胚层、无体腔、两侧对称的体制。中胚层的出现导致一系列组织、器官、系统的分化，如皮肤肌肉囊、不完全消化系统、原肾管系统、梯状神经系统等。两侧对称体制的分化与运动定向和身体各部机能的分化有密切关系。发育经历牟勒氏幼虫期。

根据吸盘有无和节片数目分3个纲：蜗虫纲，无吸盘；吸虫纲，具吸盘，其中复殖亚纲的日本血吸虫、布氏姜片吸虫、肝片吸虫、中华枝睾吸虫等营寄生生活，是人、畜重要的寄生虫；绦虫吸附器集中于身体前端，身体由许多节片组成长带状，营体内寄生。

5. 假体腔动物包括线虫、线形、棘头、腹毛、轮虫、动吻、内肛等门类的动物，形态结构差异大，但都具有假体腔，完全消化系统，体表被非细胞结构的角质膜，无专门的呼吸和循环器官。一些线虫，如蛔虫、蛲虫、丝虫、钩虫等为人体寄生虫，另一些线虫则危害农作物。轮虫多数营浮游生活，是鱼虾类早期幼体的重要饵料，其孤雌生殖比较典型，具世代交替。

6. 软体动物门是动物界第二大门，身体柔软，不分节，分为头部、足部、内脏团、外套膜和贝壳五部分。以鳃或肺呼吸，开管式循环系统，真体腔缩小。贝壳数目和形态、足的构造变化大，部分腹足类发育过程有扭转现象，使体制变得不对称。多数卵生、体外受精，部分卵胎生。为典型的螺旋卵裂，发育经担轮幼虫和面盘幼虫期。瓣鳃纲、腹足纲、头足纲的许多种类经济价值高，是水产养殖和海洋捕捞的重要对象，一些淡水生活的种类是吸虫类等寄生虫的中间宿主。

7. 环节动物出现真体腔、原始附肢、身体分节、后肾管、闭管式循环系统和链状神经结构。发育经担轮幼虫期。多毛类多海洋底栖生活；寡毛类部分在淡水栖息，相当一部分种类已侵入陆地生活。

8. 节肢动物门是动物界中最大的一门，身体分节分部，附肢分节，具有几丁质外骨骼，有定期的蜕皮现象。甲壳纲水生、用鳃呼吸、2对触角，附肢多双肢型，头胸部常愈合，覆有头胸甲，许多种类如虾、蟹等有很高经济价值。肢口纲头胸部附肢着生在口的两侧，水生的鲎以鳃呼吸。陆生的蜘蛛、蜱、螨类以肺或气管呼吸。昆虫纲胸部具有3对附肢和2对翅，口器、附肢、翅的形态构造变化大，是无脊椎动物侵入空中生活的唯一类群。部分昆虫营社会性群居生活。发育经历蛹期的为完全变态，无蛹期的稚虫或若虫与成体有差别，为不完全变态，低等种类无变态。

节肢动物门不仅种类多，群体数量大，而且幼体发育也具多样性。该门动物与人类关系密切，具有巨大的经济意义。

9. 棘皮动物属于后口动物，肠腔法形成体腔，有中胚层起源的内骨骼，次生性5辐对称，有特殊的水管系统、血系统和围血系统。海星、海胆类是贝类养殖的敌害；海参纲的一些种类是海珍品；蛇尾类则是其他海洋动物的食料，往往可作渔场指标。

10. 脊索动物具脊索、背神经管和咽鳃裂三大特征，心脏位于消化管的腹面，尾在肛门之后。

尾索动物的脊索和背神经管只在幼体出现，成体脊索消失，体外包被着胶质状、具有高度韧性的被囊。头索动物具有脊索动物的典型特征：脊索、背神经管、咽鳃裂和肛后尾，仅有头索纲，代表动物为文昌鱼。

11. 脊椎动物的脊索只在胚胎期出现，随后被脊柱所代替；脑和感觉器官眼、耳、鼻等集中在身体的前端，形成明显的头部，又称"有头类"；神经管前端分化出5部脑，高级种类大脑皮层发达。

圆口纲为低等脊椎动物，体鳗型，无上下颌和偶鳍，脊索终身存在，口为吸附性，用鳃囊呼吸。

鱼纲是脊椎动物中最大的一纲，适于水栖游泳生活，体表被鳞片，富有黏液腺，鳃呼吸，单一循环，具胸、腹2对偶鳍。

软骨鱼系终生具软骨，被盾鳞，口在腹面，肠中具螺旋瓣，鳃隔发达，无鳔，歪尾，血液中含多量尿素。硬骨鱼系骨骼钙化程度高，被骨鳞，少数为硬鳞，鳃隔退化，具骨质鳃盖。总鳍鱼、肺鱼为古老鱼类；现生鱼类绝大多数属辐鳍亚纲，经济价值高。

12. 两栖纲是不能完全脱离水体的陆生外温脊椎动物。成体具有五趾型附肢和肺，肺的构造和功能尚不完善，皮肤呼吸占较大比重，心脏2心房1心室，为不完全双循环。卵在水中发育，幼体用鳃呼吸。

爬行纲皮肤干燥、角质层加厚或被角质鳞、骨板等。骨骼钙化，颈椎数目增多，脊柱分区明显；头部出现次生硬腭和颞窝；后肾排泄；大脑开始出现新脑皮，12对脑神经；产羊膜卵。是真正的陆生动物，但机体结构和功能尚未达到鸟类和哺乳类的水平，心室隔膜尚不完全，心脏保留2个体动脉弓，体温调节能力差，为陆生外温动物。

13. 鸟类体表被羽毛，前肢特化为翼，会飞翔，体温恒定，产羊膜卵。骨骼为气质骨，有愈合现象，出现愈合荐骨、尾综骨、胸骨、肋骨联合为胸廓，具高隆的龙骨突。整个躯体形成结实的骨架。具开放式骨盆。肺和气囊配合，出现双重呼吸。不储粪也不储尿；雌性仅一侧卵巢发育。完全双循环；心搏快、血压高、体温也高。生殖期有占区、筑巢、孵卵、育雏等行为，初生幼鸟有早成型和晚成型之分。陆禽、游禽、涉禽、猛禽、鸣禽、攀禽、地禽等生态类群的喙、足、颈、尾在形态构造上对环境有显著的适应性。人们已培育出不同的鸡、鸭、鸽等品种。

哺乳纲是脊椎动物中身体结构、功能、行为最复杂、最完善的类群，体表被毛、恒温、胎生、哺乳。神经和感官高度发达，大脑和小脑有发达的新脑皮，有的还有沟回，大脑两半球之间有胼胝体相联系；骨骼有愈合简化的趋向，下颌仅1对齿骨，具异型齿，鼻甲骨复杂，颧骨发达，形成脸部；四肢移到腹部，前肢有肘关节，后肢有膝关节；多数种类胃单室，食草的反刍动物具复胃；肺泡发达；横隔膜将胸腹腔分开；胎盘是由胎儿的绒毛膜、尿囊和母体子宫内壁结合形成，是胎儿与母体之间物质交换的通道。人们已培育出牛、马、羊、猪、兔等不同品种，畜牧业得到蓬勃发展。

◉ 复习与思考

1. 简述原生动物的主要特征，其原始及低等性表现在哪些方面？
2. 原生动物分哪几个纲？列表比较各纲的主要特征。
3. 试述原生动物与人类的关系。
4. 海绵动物的体形、结构有何特点？为什么说海绵动物是最低等、原始的多细胞动物？
5. 海绵动物胚胎发育有何特点？什么叫胚层逆转现象？
6. 水沟系对海绵动物的固着生活有何意义？
7. 海绵动物门分为哪几个纲？
8. 名词解释：世代交替　辐射对称　刺细胞　浮浪幼虫
9. 试述腔肠动物门的主要特征。
10. 腔肠动物门分哪几个纲？列表比较各纲之间的异同点。
11. 试比较水螅型和水母型。
12. 试述腔肠动物的生殖方式。
13. 扁形动物门的主要特征有哪些？
14. 扁形动物分哪几个纲？列表比较其异同点。
15. 试述中胚层、皮肤肌肉囊及两侧对称出现的生物学意义。

16. 试述寄生虫对寄生生活的适应特点。

17. 试从日本血吸虫感染特点谈寄生虫防治。

18. 线虫动物门的主要特征是什么？

19. 以蛔虫为例，试述寄生虫的危害及防治。

20. 通过网络认识更多的线虫动物门、线形动物门、棘头动物门、腹毛动物门、轮虫动物门、动吻动物门及内肛动物门的动物。

21. 软体动物的主要特征有哪些？

22. 软体动物分为哪几个纲？各纲的主要特征是什么？

23. 对周围软体动物资源开展一次初步调查，了解其生活习性及与人类的关系。

24. 瓣鳃纲动物如何适应缓慢运动和滤食生活，头足纲对快速游泳生活的适应特点有哪些？

25. 身体分节在动物发展进化上有何意义？

26. 真体腔的出现有哪些生物学意义？

27. 环节动物门的主要特征有哪些？

28. 环节动物的进步性特征表现在哪些方面？试对此进行分析阐述。

29. 从环毛蚓、蛭类的形态结构特点分析其对不同生活方式的适应性。

30. 综述环节动物与人类的关系。

31. 名词解释：同律分节 真体腔 后肾管 闭管式循环系统 链状神经结构

32. 为什么节肢动物能发展成为种类繁多、数量巨大并分布广泛的动物类群？

33. 与环节动物相比，节肢动物有哪些进步特征？

34. 昆虫纲的主要特征是什么？从昆虫的结构解释，为什么昆虫比其他任何生物具有更多的数量和广泛的适应性。

35. 昆虫发育中的变态有哪些类型，各有什么特点？

36. 列表比较昆虫纲、蛛形纲、甲壳纲、多足纲的形态、结构、特点。

37. 棘皮动物的主要特征有哪些？

38. 简述棘皮动物的水管系统、血系统和围血系统的结构和功能。

39. 脊索动物门有哪些共同特征？

40. 试述脊索动物门的分类。

41. 试述脊索的结构、特点及其在生物进化中的意义。

42. 试述鱼类适应水生生活的形态、结构、特征。

43. 鱼类的体形分为哪几类？每一类型的生活适应特征如何？

44. 根据鱼类的食性不同，可分为哪几类？各类有什么特点？

45. 上、下颌的出现有何生物学意义？

46. 简述侧线及鳔的作用。

47. 鱼鳍有哪些类型，各有什么作用？

48. 鳃的结构如何？怎样呼吸？

49. 名词解释：侧线 洄游 鳔 假鳃

50. 两栖类动物有哪些主要特征？

51. 为什么说两栖类动物是从水生向陆生过渡的类型，而不是真正的陆生动物？

52. 两栖类对陆地生活的适应有哪些完善和不完善之处？

53. 简述蛙的心脏及血液循环的特点。

54. 试述两栖类的主要类群及其特点。

55. 为什么说爬行动物是真正的陆生脊椎动物？

56. 爬行动物适应陆生生活的形态、结构、特征有哪些？

57. 简述羊膜卵的特征及其在动物演化上的意义。

58. 列举出至少 6 项在爬行动物中首次出现的结构，说说它们在进化和适应方面的意义。

59. 名词解释：羊膜卵　次生硬腭　颞窝　新脑皮　外温动物　红外线感受器

60. 试述鸟类适于空中飞翔的形态、结构、特征。

61. 始祖鸟化石从哪些方面证明了鸟类与爬行动物有密切的亲缘关系？现生鸟类有哪些结构特点与爬行动物相似？

62. 与爬行动物相比，鸟类有哪些进步性特征？

63. 比较鱼类、两栖类、爬行类及鸟类的循环系统。

64. 鸟类分哪几个总目？其分类的主要依据是什么？

65. 请列举出你认识的至少 10 种常见鸟，并说出它们的生态类型。

66. 鸟类的繁殖有哪些复杂的行为？

67. 结合自身体验，说说鸟类在人类生活中的作用。

68. 名词解释：综合荐骨　叉骨　开放式骨盆　双重呼吸　完全双循环

69. 为什么哺乳类动物是最高等的脊椎动物？简述其进步性特征。

70. 胎生、哺乳有何生物学意义？

71. 比较原兽亚纲、后兽亚纲和真兽亚纲的特征及生殖方式。

72. 哺乳类动物的牙齿有何特点？以草食类和肉食类在消化系统上的区别说明消化器官与食性的密切关系。

73. 哺乳类动物脑的进化表现在哪些方面？

74. 如何区分奇蹄目与偶蹄目？

75. 名词解释：胎生　哺乳　胎盘　裂齿　反刍

第四章　动物的生命活动

♨ **学习目的**

掌握动物的皮肤、骨骼、肌肉、消化、循环、呼吸、排泄、神经、感官、内分泌和生殖系统的组成、结构和功能；理解各系统执行生理功能的机制；比较上述各系统在从低等到高等的各动物门类中的演化过程，能总结出其进化发展的特点和适应生活环境的特点；树立生物体形态结构与功能相适应的观点，形态、结构、功能与环境相适应的观点以及进化的观点。

第一节　保护、支持与运动

一、皮肤及衍生物

皮肤（skin）被覆于动物体表面，包括皮肤及相应的衍生结构。作为动物体最大的器官之一，皮肤主要的功能是机械保护和屏障保护，避免机械损伤和病原微生物的入侵，防止水分过量蒸发或大量渗入，维持动物机体内环境的相对稳定。皮肤是动物最大的感觉器官，同时还具有排泄、呼吸、调节体温等功能。

1. 无脊椎动物的皮肤

原生动物只有柔软的细胞膜或质膜作为细胞外部的覆盖物。多细胞无脊椎动物均有一层表皮（epidermis）覆盖于体表。低等动物（如水螅、涡虫等）的表皮仅有一层细胞；较复杂的无脊椎动物（如寄生的蛔虫、环节动物的蚯蚓），表皮分泌角质膜加以保护；软体动物的表皮细嫩柔软，富含黏液腺，黏液能减少运动时的摩擦力。

角质层、表皮细胞、环肌、纵肌和体腔膜等部分构成了蚯蚓的体壁。表皮细胞只有一层柱状细胞，中间有腺细胞，具分泌作用。另有感觉细胞和感光细胞（图 4-1）。

节肢动物（如蝗虫、虾等）的体壁为一层上皮细胞，向外分泌几丁质、蛋白质和钙盐组成的外骨骼，不仅有保护和支持作用，还能防止体内水分散失。但外骨骼限制了其生长，节肢动物需要周期性蜕皮。

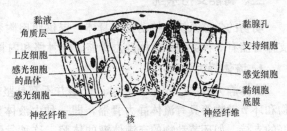

图 4-1　蚯蚓表皮图解，示感觉细胞

2. 脊椎动物的皮肤

脊椎动物的皮肤包括表皮（epidermis）和真皮（dermis）两部分。表皮为复层上皮，来源于外胚层，基部为柱状细胞，经常进行有丝分裂以更新外层细胞，外层多扁平细胞。表皮产生许多衍生物，如毛、羽、爪、蹄等。当表皮的外层细胞被其下层细胞产生的新细胞代替时，外层细胞就积累坚韧且具纤维的硬蛋白（角蛋白），角蛋白逐渐替代外层细胞的细胞质，致细胞死亡，最后脱落，成为无生命的鳞片状，这就是皮屑的来源。这个过程称为角质化。具有高度抗磨损和防止水分散发的角质化细胞组成角质层。在经常受压或受磨的部位，表皮层特别厚，如胼胝和掌、跖等处。真皮在皮肤的内层，由中胚层演化而来，为结缔组织，比表皮厚，内有血管、神经、感受器和色素细胞等分布。

表皮和真皮都产生衍生物，分别称为表皮衍生物和真皮衍生物。表皮衍生物包括外骨骼（角质鳞、羽、毛、喙、爪、蹄、指甲、洞角等）和腺体（黏液腺、皮脂腺、汗腺、乳腺、香腺等）；真皮衍生物包括骨质鳞（硬磷、圆鳞、栉鳞）、鳍条、爬行类的骨板、哺乳类的实角等。板鳃类的盾鳞则由表皮和真皮共同形成，与牙齿属于同源结构。

皮肤及其衍生物的变化与水生到陆生环境的变化有关。表皮直接与外界接触，适应外界环境的多样性，因而表皮的衍生物比较复杂。真皮变异小，其衍生物少而简单。

表皮的变化是由单层细胞（文昌鱼）到多层细胞（圆口类等高等动物），由不角质化（圆口类、鱼类）经轻微角质化（两栖类）到高度角质化（陆生羊膜动物）。真皮的变化由薄（无羊膜类）到厚（羊膜动物，鸟类例外）。外骨骼的变化是由水生鱼类的骨质鳞到陆栖羊膜动物的角质鳞。两栖类骨质鳞消失而角质鳞尚未形成，皮肤裸露。从羊膜类开始，表皮衍生物发展，形成角质鳞以及羽毛和兽毛，而真皮衍生物趋于退化（陈小麟，2008）。

哺乳动物的皮肤由表皮和真皮两层组成，两层紧密结合，借皮下组织与深部的组织相连。真皮与皮下组织之间没有明显的界线，故有时将皮下组织也作为皮肤的一部分。人体各部的皮肤具有不同的功能且有厚薄之分，手掌、足底为厚皮，身体其余部分为薄皮。此外皮肤还分布有丰富的血管、淋巴管、神经、毛、汗腺、皮脂腺等和附属器官（图4-2）。

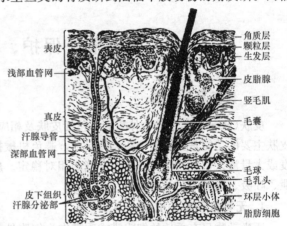

图4-2　人皮肤结构模式图

二、骨骼支持系统

动物的骨骼系统支持动物的身体，提供肌肉附着的表面以及保护体内脆弱的器官。动物的支撑骨骼有3种类型：流体静力骨骼、外骨骼和内骨骼。

1. 流体静力骨骼

流体静力骨骼（hydrostatic skeleton）并不都是坚硬的。原生动物、蠕虫、腔肠动物、软体动物和环节动物等具有流体静力骨骼，即一种由液体充满的囊，液体不能被压缩，因而提供了极好的支持，如环节动物的充满体液的体腔。这种骨骼没有固定的形状，动物依赖体壁中的肌肉维持体型，而肌肉收缩的力量作用在充满液体的腔上。如蚯蚓在运动时，环肌收缩，纵肌因体内液体的压力而伸展，身体变长；然后纵肌和环肌交替收缩，身体向前运动。

2. 外骨骼

无脊椎动物的骨骼为外骨骼（exoskeleton），由体表的表皮细胞分泌而形成。例如，软体动物的外套膜表皮细胞分泌形成的贝壳；节肢动物（如蜘蛛、甲壳动物、昆虫）上皮细胞分泌的几丁质为主要成分的外骨骼，其厚度和坚硬度因动物而异。具有外骨骼的动物其肌肉附着在外骨骼的内表面。节肢动物因身体分节，外骨骼也是分节和可以活动的，在附肢关节处薄而柔韧，使附肢便于运动。

3. 内骨骼

脊椎动物的骨骼（软骨和硬骨）为内骨骼（endoskeleton），由中胚层分化而来。骨骼具有支持、保护和运动（与肌肉配合）等机能，能使动物的身体强壮并保持一定的形态。骨骼又供肌肉附着，与肌肉共同完成机体的运动。脊椎动物的骨骼是结缔组织中的一种，不仅保护身体内部器官，还具有各种连接和载重的功能。成体动物的头骨、肩胛骨、锁骨、脊椎、肋骨、骨盆等的骨髓腔能制造血细胞。骨骼还能维持矿物质平衡，使血中钙和磷的含量稳定在一定的水平上，以维持机体的正常生理功能。

内骨骼是体内形成的，由外面包裹软组织的骨和软骨组成。

脊椎动物的骨骼系统包括脊索、软骨和硬骨等。脊索是头索动物、尾索动物和脊椎动物的幼体或胚胎期体内的半坚硬的棒状物，来源于内胚层。低等脊索动物，如文昌鱼、圆口类终生具脊索，是支持组织；鱼类以后的脊椎动物，在胚胎发育过程中脊索都被脊椎包围或代替。

脊椎动物的骨骼系统由中轴骨骼和附肢骨骼组成。中轴骨骼包括头骨、脊柱、胸骨和肋骨等，附肢骨骼包括前肢的肩带、前肢骨和后肢的腰带、后肢骨。脊椎动物在由水生到陆生的进化过程中，体型和骨骼发生了巨大变化。随着脑的集中和膨大，感觉器官、摄食器官等也集中在头部，头骨成为骨骼系统中最复杂的部分。低等种类比高等种类的头骨更多，有的鱼类头骨达 180 块，两栖类和爬行类为 50～95 块，哺乳类 35 块，人只有 29 块。越是高等的种类，头骨中的软骨成分越少，逐渐为硬骨代替。

脊柱位于身体背部中线，纵贯全身，由多节脊椎骨连接而成，为支持身体和保护脊髓的器官。脊椎骨包含椎体、椎弓和脉弓 3 部分，椎体分 5 种类型：

双凹型椎体前后两端均凹入，椎体间保留念珠状退化的脊索。椎体间活动性低。鱼类、有尾两栖类和少数爬行类（楔齿蜥、守宫）属此。

后凹型椎体前端凸出，后端凹入。两栖类中的多数蝾螈和少数爬行类属此。前凹型椎体前端凹入，后端凸出，脊索仍有部分残留，椎体间活动较双凹型灵活，两栖类（无尾类）、多数爬行类和鸟类第一续椎属此。

马鞍型（或称异凹型）椎体前后两端呈马鞍形，椎间关节活动性极大，脊索已不存在。鸟类颈椎属此。

双平型（acelous）椎体前后端扁平，椎体间有纤维软骨的椎间盘。椎间盘内仍保留少量脊索残余（称髓核）。哺乳类属此。

胸骨位于胸部腹中线，为陆生四足类特有。除鱼类外其他脊椎动物均具有胸骨（龟、鳖、蛇除外），羊膜类动物出现由胸椎、肋骨和胸骨构成的胸廓，其作用除保护心、肺外，还协助完成呼吸。鸟类胸骨发达，具龙骨突。肋骨位于躯干前部，是弯曲成弓形的骨骼，近端连于脊椎骨，远端游离或借助软骨与胸骨相连。

绝大多数脊椎动物，包括鱼类，都具有成对的附肢，从两栖类开始都有 2 对五趾型附肢。但由于生活环境不同，附肢常引起变态，且远端变化大。如鸟的翼，在胚胎期具 13 块腕骨（wrist）和手骨（腕骨及掌骨），成体时减至 3 块，指骨大部消失，但鸟翼的近端骨（肱骨、桡骨和尺骨）变化小。后肢承担着身体运动的载重力，所以腰带大多固着在中轴骨骼上，而肩带较松弛地附在中轴骨骼上，使前肢的运动有较大的灵活性。鸟类的腰带由髂骨、坐骨、耻骨组成，在背侧，髂骨与综荐骨牢固地连在一起；在腹侧，左右耻骨和坐骨不愈合，而是耻骨细长向后延伸形成开放式骨盆；哺乳动物的腰带在背侧，髂骨在脊柱处与强化并愈合的荐骨牢固地连在一起；在腹侧，左右耻骨和坐骨以坐耻骨缝接合在一起形成闭合式骨盆。

三、动物的运动方式

运动是动物具备的特有机能。通过下列各种运动，动物能够选择适宜的生存环境以更好地繁衍生殖。

1. 变形运动

变形运动是肉足虫纲变形虫等的运动方式，从细胞表面的任何部位都能伸缩形成伪足而运动。

2. 鞭毛及纤毛运动

鞭毛是呈长鞭状的细胞质突起，通过摆动使动物运动；纤毛是细胞表面短而密的毛状突起，通过波浪式摆动，有运动、摄食、呼吸等多种功能。

3. 肌肉运动

肌肉系统(muscular system)由躯干、附肢和内脏的肌肉组织构成，通过肌肉细胞的收缩和舒张，完成身体或内脏的运动、保持姿势或增加代谢活动以产生热量。无脊椎动物具有平滑肌和骨骼肌，脊椎动物具有平滑肌、骨骼肌和心肌。心脏分布的是心肌，内脏器官主要是由平滑肌构成，骨骼肌多附着在骨骼上。骨骼肌承担躯干、附肢、眼、鼻、口腔等器官的运动，常常以结缔组织包裹成束状(肌束)，并由肌腱与骨骼相连接。

头索动物、圆口类和鱼类身体肌肉保持分节现象，鱼类开始分化出背肌和侧肌及偶鳍肌。从两栖类开始，体肌的分化日趋复杂，分节现象也趋消失。水生脊椎运动鳃肌和颌肌都存在；陆生种类颌肌演变为咀嚼肌和颜面肌，鳃肌退化，舌下肌肉随着舌的发达而更加复杂。从爬行类开始出现皮肌，这是位于皮下而附于表皮上的肌肉。哺乳类的皮肌最发达，体内还分化出特有的膈肌，它与上皮、结缔组织等组成横隔膜，把体腔分成胸腔和腹腔两部分。膈肌参与呼吸活动，并与腹部肌肉配合，在排粪时参与腹部的挤压作用。

骨骼肌受神经支配，接受运动神经传来的信息而收缩。运动神经元的轴突伸入肌肉时，末梢伸出髓鞘之外而分成多支，每支的末梢与肌纤维以突触的形式相连，形成一个神经肌肉接点，也称运动终板。当神经冲动传到神经轴突末梢，引起神经末梢释放神经递质(乙酰胆碱)，与突触后膜(终膜)上的受体结合，激活了受体的离子通道，导致离子通道开放，正离子循电化学梯度从通道流入细胞，产生突触电流，形成终板电位。

第二节　动物的排泄和体内水盐平衡调节

一、动物的内环境

动物的体液包括细胞内液和细胞外液。动物体内的血液、组织液、淋巴液和脑脊液等细胞外液构成了细胞生存的内环境。除海绵动物和腔肠动物外，高等动物的器官、系统处于特定的体液之中。内环境的相对稳定对维持其正常的新陈代谢和生命活动非常重要。排泄和水盐平衡是动物保持内环境稳定的重要保证。动物通过排泄器官将代谢产生的废物排出体外和调节体液水盐浓度的平衡机制保持体液的稳定。

二、主要排泄器官

动物将自身新陈代谢活动所产生的废物和过量的水分排出体外的过程称为排泄。具有排泄功能的器官称为排泄器官。排泄是动物正常的生理功能，其生理意义在于排除有害的代谢产物，特别是含氮废物（主要是蛋白质、核酸代谢的终产物），排出多余的水分和盐分，使机体维持体液和电解质的稳态。

1. 无脊椎动物的排泄

原生动物通过伸缩泡来完成排泄功能。伸缩泡是一种充满液体的细胞器，其周期性伸缩，将溶解的废物排出细胞外。变形虫和绿眼虫伸缩泡为单个，草履虫则前后各有1个伸缩泡。海绵动物的领细胞中也具伸缩泡。腔肠动物内外胚层细胞都有排泄功能。扁形动物的排泄系统由焰细胞、毛细管、排泄管组成的原肾系统。焰细胞是一个中空的盲管状细胞，顶部有一束纤毛。纤毛的不断打动驱使体内废液滤过进入毛细管，经排泄管排出。线形动物（蛔虫）也是由原肾细胞衍生而成的管状排泄系统，但无焰细胞。环节动物具有按体节排列的后肾管（又称体节器），肾口开口于体腔，呈漏斗状，经细肾管（盘曲，内有纤毛）、排泄管将溶解的废物排出。

软体动物已发展出一对构造相当复杂的肾脏（又称鲍氏器），将排泄物排到鳃腔。此外还有围心腔腺（又称凯氏器）能从血液中滤出代谢产物排到围心腔，再经肾排出。

节肢动物的排泄器多种多样。甲壳类有绿腺，鲎有基节腺，蜘蛛和昆虫有马氏管。昆虫的马氏管数目众多，收集代谢产物通入肠腔，再由肠排出体外。

环节动物后肾管的功能与脊椎动物的肾单位基本相似，通过从蚯蚓肾管的各段取出微量的液体进行分析，结果表明，当液体从体腔进入肾管口后，在通过肾管的过程中，成分有所改变，当体液刚进入肾管时是等渗的，但到肾管末端时，大部分盐类被重吸收，因此排出去的是稀尿。

2. 脊椎动物的排泄

脊椎动物的排泄器官是由许多分支的小管聚集而成的肾。肾脏在进化过程中大体经历了前肾、中肾和后肾3个阶段。

（1）前肾在脊椎动物的胚胎期已经出现，但只有鱼类和两栖类胚胎期前肾有作用，圆口纲中的盲鳗成体以前肾作为排泄器官。前肾是原始的排泄器，在腹腔前端两侧各有若干个肾小管，它们的一端连于排泄管（前肾管），左右排泄管向后延伸通到排泄腔。肾口（漏斗口）有纤毛，直接收集体腔内的排泄物；肾口附近有由血管丛形成的血管球，通过它的滤过作用将血中的废物滤出，由肾小管收集，再经前肾管达泄殖孔排出体外。

（2）中肾为鱼类和两栖类的排泄器，亦由肾小管、排泄管和排泄腔等构成。位于前肾的后方。肾口显著退化，一部分肾口不直接与体腔相通，靠近肾口排泄小管壁膨大，内陷成为双层囊状，即肾球囊（亦称鲍氏囊），肾血管绕曲成肾小球（亦称血管球），二者结合构成肾小体。中肾的排泄效率比前肾有所提高，部分肾小体的滤液直接注入肾小管，而不经体腔。尿液由肾小管经排泄管（中肾管）送到排泄腔，亦可由膀胱积存，定时排出。原来的前肾管纵裂为二，一条成为中肾管，亦称吴氏管，即中肾的排泄总管，在雄性动物体内兼有输送精液的作用；另一条是牟勒氏管，在雄体退化，而在雌性动物则演变为输卵管。

（3）后肾为爬行类以后的各类脊椎动物的排泄器官，包括肾脏1对、输尿管1对、膀胱、尿道和排泄孔。肾位于体腔的后方，肾口完全消失。肾分为髓部和皮质部，髓部为入肾动脉、出肾静脉、肾小管和肾盂集中处，皮质部为肾小体密集处。肾小体由肾小球和肾小囊构成。肾小体和肾小管组成肾单位，肾小管分为近曲小管、髓襻（亦称亨氏襻）和远曲小管。血浆经过肾小球时将水分及水溶性物质滤入肾小囊腔，成为原尿。滤液完全不经过体腔，排泄效率比中肾更高。原尿经肾小管（包括近曲小管、髓襻、远曲小管）重吸收后进入集合管成为终尿，通过输尿管排出，有的种类尿液在膀胱暂时储存。

3. 尿的形成

首先，由于肾小球的滤过作用，血液中小分子物质如尿素、球盐、葡萄糖、氨基酸等能透过毛细血管壁和肾小囊的壁而进入肾小管，形成原尿。原尿的成分除了没有蛋白质之外，其他成分与血浆基本相同。出球小动脉的直径比入球小动脉的小，血液流出肾小球有相当大的阻力，造成肾小球毛细血管中产生较高的血压，这是肾小球超滤的主要动力。

有效滤过压＝肾小球内血压－（血浆胶体渗透压＋囊内压）

肾小球滤出液的量很大，一个正常人每天约产生 180 L 滤出液，而最终排出的尿量远远小于这个数，并且终尿不含有葡萄糖、氨基酸、维生素等物质，无机盐的浓度也发生改变，从原尿到终尿还经历了"重吸收""分泌"和"浓缩"3 个过程。

重吸收主要发生在近曲小管，近曲小管具有大量重吸收水和盐的结构，小管上皮细胞黏膜侧有许多微绒毛，形成融状缘，大大增加了吸收面积，重吸收是逆浓度梯度进行，是一个耗能过程，肾小管上皮细胞中线粒体很多，可保证 ATP 的供应。髓襻升支细段对钠离子和氯离子的通透性很高，髓襻升支粗段可将氯化钠从管腔内主动转送到细胞间隙。远曲小管将钾离子、氢离子和氨转运进管内，而将钠离子、氯离子和碳酸氢根离子转运出肾单位，集合管从管内吸收水，形成高渗的尿。肾单位中的一些转运系统能将钾离子、氢离子、氨、有机酸和有机碱等分泌到滤出液中，还可以分泌药物、毒物和内源性以及天然的分子，这些分泌机制，既能从血液中去除潜在的危险物质，也能调节血液中无机离子的平衡。

滤出液的浓缩首先需要一个由于髓襻升支和降支对钠离子和水通透性不同所造成的圈绕髓襻的钠离子浓度梯度，即逆流交换系统，髓襻升支对水和尿素的通透性低，对氯化钠的通透性高，能将滤出液的钠离子经主动转运泵出到管外的组织液中，造成管外组织液钠离子升高，这些钠离子的一部分又从组织液中顺浓度梯度渗透到髓襻的降支中，使降支中滤出液的钠离子浓度随滤出液流动而逐渐升高。由于钠离子在髓襻和组织液中的环流，髓襻内外的液体都形成了钠离子浓度梯度，即髓襻越靠近髓质部分，钠离子浓度越高，越靠近皮质部分，钠离子浓度越低，滤出液的浓缩主要在集合管完成，集合管溶于高渗的组织液中，集合管越走向肾盂，管外组织液浓度越高，结果滤出液的水分从集合管中大量渗出，而滤出液浓缩到和周围组织液等渗，这时的滤出液为尿。

三、水盐平衡调节

水生动物和陆生动物具有盐分和水分平衡的不同调节机制。

1. 水生动物的水盐调节

(1)大多数海洋无脊椎动物的体液成分和浓度与周围环境中的海水基本一致，即在一定范围内取得渗透平衡。根据对海水盐度的适应能力，海洋无脊椎动物分为广盐性和狭盐性两种。

沿岸、河口环境条件变化较大，这里的动物必须能适应较大幅度的，而且常常是突然的盐度变化。栖息在这里的动物多数属于广盐性，具有较强的渗透压调节能力，如贻贝、牡蛎、沿岸蟹类等。在远离海岸的开阔海洋中，环境条件比较稳定，盐度变化幅度小，生活在这里的动物多属于狭盐性，要求较高的海水盐度，其调节渗透压的能力较低，如软体动物的头足类、海蜘蛛、蟹等。

广盐性动物在环境盐度下降时，体液的浓度高于海水，于是水分从表皮、鳃等渗入体内，过多的水分通过肾的活动来排除，使体内和体外的盐分浓度达到平衡。相反，当环境盐分上升时，海水的盐分浓度高于体液，体内水分就可能不断地渗出。海产无脊椎动物借助鳃或围心腔腺等从海水中吸取盐离子，并送入血液，提高体内渗透压，从而保持体内外渗透压的平衡。

(2)淡水的盐分浓度(0.001～0.005 mol/L)比淡水中栖息的动物体液的盐分浓度(0.2～0.3 mol/L)低得多，因此环境中的水分易于渗入体内。有鳞片保护的鱼类及有甲壳保护的节肢动物，水分的渗入主要通过鳃的薄膜进行，皮肤裸露的动物，体表也能渗入部分水。多余的水分则由肾抽滤排出。因此，淡水鱼类的肾发达，排出的尿也很稀薄，尽管如此，仍然有少量盐分随尿丧失。盐分的补充一方面靠鳃上皮特殊的盐吸收细胞，从水中转移盐离子进入血液，另一方面通过食物获得。

两栖类的皮肤具有主动吸收盐分的能力，一块离体的蛙皮置于等渗溶液中，经历数小时还能主动运输钠和氯化物，因此蛙皮是研究离子转运现象的理想透性膜。水生昆虫、软体动物等的表皮也有吸收盐分的功能。

(3)海水盐分浓度(约1 mol/L)比海洋鱼类血液中盐分(0.3～0.4 mol/L)高，所以它们体内的水分很容易渗出，趋于损失水分。因此它们发展了另一套相应的防御机制。海洋硬骨鱼类大量吞入海水，虽然解决了水分问题，但也带入了大量不需要的盐分。排除多余盐分有两种途径，一种是由血液将盐离子(钠、氯化物和钾等)运送到鳃，由鳃的泌盐细胞将多余的盐分排除；另一种是将大部分二价离子(镁、硫化物和钾等)由肠随粪便排出。不过在肠中的部分二价盐也会侵入肠黏膜并进入血液，这些离子由肾小管分泌排出。由于排出的尿液很少，肾小球失去了重要性。因此，海产硬骨鱼类肾小球不发达，有的(如鲅鳙、海龙)则无肾小球。

软骨鱼类的鲨和鳐等解决水分平衡则完全采用另一种方式。软骨鱼类几乎全部海产，其血液中的盐分浓度与硬骨鱼类的相似，但含有大量的有机化合物，特别是尿素和氧化三甲基胺。这些有机化合物代谢的产物，大多数动物都是随尿排出，但软骨鱼类却将其保存在肾中，并在血液中达到一定浓度，从而使血液的渗透压上升，达到与外界海水渗透压基本平衡的水平。

2. 陆生动物的水盐调节

陆生环境复杂多样，与水生环境最大的差别是缺水而干燥。因此，防止水分丧失是陆生动物面临的重大问题。许多陆生动物体表都有角质化的皮肤以减少水分的蒸发。尽管如此，呼吸、排泄仍然要失水，皮肤也会蒸发丧失部分水分，所以需要饮水或从食物中获得水分的补充。机体也发展了保水的机能，如机体细胞、组织中含有大量的结合水，这部分水是不蒸发的。沙漠中生活的动物(如袋鼠等)，体内有90%是结合水，只有10%是游离水，因此它们可以长时间在完全不饮水的情况下生活。陆生动物在废物排泄时，如爬行类、鸟类等排出的是尿酸，几乎呈半固体形态，可大大减少排尿时的失水。陆生动物多是以脂肪的形式储藏物质，脂肪氧化能产生大量的结合水。海洋鸟类等摄取的食物中含有大量的盐分，因而发展了特殊的排盐机构，即位于眼睛背方的盐腺，能够排泄高浓度的氯化钠溶液。哺乳动物的肾脏能够重吸收水分，大肠也有吸收水分的功能，通过产生高浓缩的尿，排除易溶于水的尿素。

肾脏在体液调节、保持水和盐的稳态中起着重要的作用。哺乳动物和鸟类具有高效保水的肾脏，而且通过调节重吸收物质的量，保持体液的正常渗透压平衡。例如，葡萄糖在近端小管的开始段被完全吸收，但是，在糖尿病患者体内由于血糖浓度很高，原尿当中的葡萄糖不能被完全重吸收而留在终尿中被排出体外；尿液中的糖提高了其渗透压，使得更多的水流入肾单位而形成更多的尿，大量的水流失导致口渴症状。

抗利尿激素(ADH)与醛固酮(一种肾上腺皮质激素)在保存水和盐的平衡中起着重要作用。

抗利尿激素提高了肾脏集合管对水的通透性。由于集合管周围是高渗透压环境，因此，水离开集合管而被周围的血管所收集，从而增加了水的重吸收，使尿量减少。醛固酮调节着钠离子的主动运输过程。当大量醛固酮存在时，钠离子从肾小管中被回收到周围的血管，由此产生的低渗透压使水更多地被重吸收。

第三节　动物的呼吸、循环与免疫

一、呼吸

动物体所需要的能量来自生物氧化，即细胞呼吸。要使细胞呼吸持续进行，O_2 的供应与 CO_2 的排除二者之间必须保持稳定，但是动物只能在血液和组织中储藏少量的 O_2，因此，动物需要不断地获得 O_2，并排除代谢所产生的 CO_2，这个过程称为呼吸。

1. 呼吸形式

动物在进化过程中，从无脊椎动物到脊椎动物，体型增大导致对氧需求的增加，使呼吸器官的结构不断复杂和完善，动物的生活环境多样导致动物呼吸形式的多样，大致有以下几类：

(1)皮肤呼吸。原生动物、海绵、刺胞动物和许多蠕虫，没有专门的呼吸器官，气体靠皮肤以扩散方式直接从周围环境吸收 O_2 和排出 CO_2。一些个体较大、代谢水平较高的动物如鱼类、两栖类等，皮肤呼吸常常作为鳃、肺的辅助方式。鳗鲡的呼吸中有 60% 的 O_2 和 CO_2 是通过皮肤交换的。冬眠期的蛙几乎全部呼吸的气体都是通过皮肤交换的。

皮肤呼吸的动物，皮肤上通常没有鳞、甲等衍生物，多是裸露的皮肤中具有丰富的毛血管，皮肤表面多有黏液等以保持湿润状态。

(2)鳃呼吸。鳃是水生动物的最有效的呼吸器官，可以扩大呼吸表面，鳃丝中的毛细血管血流和水流方向相反。这种逆向流动有利于气体交换。

水中生活的软体动物都具有由外套腔内壁皮肤伸张而成的鳃，称为栉鳃。原始种类的栉鳃左右成对，位于外套腔中，每个鳃具有一条由外套腔前壁向后伸展的鳃轴，在鳃轴两侧生有并列的锯齿状小瓣鳃叶，使全鳃呈羽状。鳃轴里面，有动脉及静脉贯穿其中，整个鳃的表面密生纤毛，与外套膜表面的纤毛同时摆动，激动水流进入外套腔内，按一定的路线流动。头足动物由外套膜的节律性收缩使水进出外套腔。外套肌肉、漏斗及活瓣的协调活动，使新鲜的水不断流过鳃。水生节肢动物的鳃是体壁外突的构造，常呈薄膜状，其中富有血管，有相当大的表面积。每个鳃上具有一个鳃轴及许多分枝的鳃丝。着生部位的外骨骼起着鳃盖的作用。鲨的鳃呈 $150 \sim 200$ 页的薄板状，称书鳃。棘皮动物中，海胆的口缘附近有鳃，海星的管足和皮鳃有呼吸作用。海参体内的树状鳃充满水，这些水由肛门进入排泄腔，当排泄腔收缩时将海水压入鳃内，进行气体交换。圆口类的鳃呈囊状，称鳃囊。鳃囊是消化道从口腔后部向腹面分出一支盲管，管的左、右两侧各有内鳃孔。每个鳃孔通入一个鳃囊，囊中有许多由内胚层演变而来的鳃丝。鳃囊经外鳃孔与外界相通。鱼类的鳃丝起源于外胚层。软骨鱼类的鳃裂直接开口于体外，鳃隔发达。硬骨鱼类的鳃裂，在外侧有鳃盖保护，鳃隔已退化。两侧各有四条鳃弓，在每一个鳃弓上有两列鳃丝，形成鳃瓣。当鱼活动时，鳃丝上的缩肌收缩，使两叶鳃瓣分开，更便于水流过。有的鱼类也可用鳔吸收。

(3)气管呼吸。昆虫和其他一些陆生节肢动物(蜈蚣、马陆、蜘蛛)具有气管系统，气管是由外胚层向内凹陷延伸而成，并反复分枝，最后以极细的盲管插入组织细胞之间。气体通过气管在体侧的开口(气门)进入气管系统,扩散到全身各部的组织和细胞,进行气体交换,产生的CO_2沿相反的方向扩散到体外。气管内壁有一层几丁质,以防止气管坍陷。气门处往往有瓣膜以防止过分失水。个体较大的昆虫或活动性较强的昆虫单靠气体通过气管系统的扩散还不足以保证所需的气体交换。有节律的气门瓣膜活动和体壁肌肉的收缩相结合加强了这些昆虫的通气能力。

(4)肺呼吸。肺是陆生动物进行空气呼吸的器官,无脊椎动物中如蜗牛的外套腔形成肺,外套腔的顶部血管很丰富,通过一个狭窄的肌肉孔与外界相通;蜘蛛的书肺是由一个向腔内突出15~20片书页状薄片的囊构成,薄片内有血液流过。这些无脊椎动物的肺结构较简单,称为扩散肺。脊椎动物的肺结构复杂,换气效率高,称为换气肺。两栖类也有简单的囊状肺,囊腔中有许多网状隔膜,成形肺泡,肺泡壁上密布毛细血管。这种囊状肺气体交换效率不高,无法满足动物呼吸之需,蛙的皮肤成为重要的辅助呼吸器官。鸟类和哺乳类是真正的陆生动物,肺的结构和呼吸机能逐步完善。据统计,人的肺有7亿个小肺泡,总面积60~120 m^2,相当于人体面积的60倍,肺内毛细血管总长度达1 600 km。

鸟类还有气囊系统,在吸气和呼气时都有气体流经肺部,都能进行气体交换,起到双重呼吸的作用。这种精致的鸟肺是对飞行生活的适应及其带来更高新陈代谢的自然选择结果。

哺乳动物的肺处于胸腔中。胸腔具双层膜,胸腔壁一侧的壁层紧贴在胸壁内表面,脏层紧贴在肺外,两层胸膜之间形成了密闭的胸膜腔。正常情况下,两层胸膜贴紧,内有少量胸膜液。肺是个弹性结构(肺泡之间有弹性纤维)。由于肺的弹性回缩,胸膜腔内的压力始终低于肺内压,造成胸膜腔内负压。由于这个负压的存在,限制了肺的进一步回缩,使肺保持某种扩张状态。若胸腔膜破裂,空气进入胸膜腔,则胸内负压消失,肺的弹性纤维长期回缩,造成肺的萎缩,出现呼吸困难,进一步发展则导致动物窒息死亡。横隔膜是哺乳动物特有的,它使腹腔和胸腔分开。隔膜肌的伸缩,使胸腔的体积扩大或缩小(腹式呼吸);肋间肌的运动,使胸骨和肋骨上升或下降,也使胸腔体积改变(胸式呼吸);吸气时,隔膜肌收缩,胸腔拉长,肋间外肌收缩,肋骨上升,胸腔扩大,肺内压比大气压低2~3 mmHg[①],空气流入肺;呼气时,隔膜肌和肋间外肌舒张,胸腔体积减小,肺内压比大气压高2~3 mmHg,气体由肺部排出。

2. 呼吸色素及气体交换与运输

人体1 L动脉血含氧约200 mL,其中物理溶解的氧仅3 mL,其余197 mL氧与血红蛋白结合。血红蛋白是由一个珠蛋白分子结合4个血红素构成,珠蛋白分子包括4条链:2条α链、2条β链,每条链中包含1个血红素,每个血红素中心有1个亚铁离子,每个亚铁离子能携带1个氧分子。与氧结合的血红蛋白叫作氧合血红蛋白,1 g血红蛋白可结合1.34~1.36 mL氧。

除了血红蛋白外,动物界还存在不同的呼吸色素,有色褐蛋白(腕足动物、环节动物)、血绿蛋白(环节动物)、血蓝蛋白(软体动物、节肢动物)。还有许多无脊椎动物没有呼吸色素。血蓝蛋白是一种含铜的呼吸色素,相对分子质量为$(1\sim7)\times10^6$,许多性质与血红蛋白相似。血蓝蛋白的氧合形式是淡蓝色的,而脱氧形式是无色的,与血红蛋白不同,血蓝蛋白悬浮在血液中而不是包藏在血细胞内。

CO_2也主要是以化学结合的形式存在于血液中,在人体中物理溶解的量占6%。HCO_3^-形式约占88%,氨基甲酸血红蛋白占6%。CO_2能同水反应形成H_2CO_3,由于红细胞内存在着大量催化这一反应的碳酸酐酶,因此这一反应主要在红细胞内进行,并使H_2CO_3迅速解离成H^+和HCO_3^-,CO_2能直接与蛋白质的自由氨基结合,形成氨基甲酸化合物,血红蛋白中珠蛋白的

---

① 1 mmHg=133 Pa。

自由氨基很多，所以主要形成氨基甲酸血红蛋白，形成后又迅速解离，释放出一个 H^+。

气体交换主要是由气体分压影响，血液由肺动脉进入肺时，肺泡中的氧分压较血液中高，氧从肺泡进入血浆，血浆中氧分压升高促进氧扩散进入红细胞，红细胞氧分压促进氧与血红蛋白结合。由于氧与血红蛋白的结合，使血液中溶解氧的分压始终低于肺泡中氧的分压，氧能不断由肺泡扩散进入血液，直到血红蛋白饱和。在组织和毛细血管与细胞之间则进行的是一个相反的过程。由于细胞新陈代谢不断消耗氧，使细胞内氧分压低于组织液的氧分压，使组织液中的溶氧不断扩散入细胞，这样组织液氧分压低于血浆中的氧分压。这样一个与肺泡方向相反的氧分压梯度，促使氧合血红蛋白解离，释放出氧。

3. 呼吸运动的调节

在高等脊椎动物的中枢神经系统里有产生和调节呼吸运动的神经细胞群，称为呼吸中枢，即脑桥上部有抑制吸气、调整呼吸节律的调整中枢，脑桥中下部有加强吸气的长吸中枢，延髓有基本呼吸中枢。在肺的支气管和细支气管平滑肌里分布有肺牵张感受器。在吸气过程中，当肺内气量达到一定容积时，感受器兴奋，发放冲动增加，冲动沿迷走神经传入纤维传入延髓，抑制吸气中枢，促使吸气向呼气转化，以终止吸气。随着吸气的终止，发生呼气。呼气时肺缩小，对牵张感受器的刺激减弱，传入冲动减少，解除了对吸气中枢的抑制，吸气中枢再次兴奋，再次吸气。这种反射性的呼吸变化叫作肺牵张反射，在平静呼吸时自动控制呼吸节律。

二、循环系统

循环系统是动物运送血液和淋巴，使之运行于器官组织之间的管道系统。循环系统使身体各部分组织获得 O_2 和营养物质，排出 CO_2 和其他代谢产物，并有输送激素、调节体温等功能，从而保持机体的动态平衡，使体内的代谢和化学调节顺利进行，保持物质、能量、信息的交流畅通，内外协调。

动物的循环系统分为两大类，一类是开管式循环系统，另一类是闭管式循环系统。开管式循环系统中的血液从心脏搏出进入动脉，再散布到组织间隙，血流直接与组织细胞接触，然后再从静脉流回心脏，即血液不是完全封闭在血管里流动，在动脉和静脉之间往往有血窦。开管式循环由于血液在血腔或血窦中运行，压力较低，可避免附肢折断引起的大量失血。软体动物、多数节肢动物、棘皮动物、半索动物、尾索动物等都属于开管式循环。闭管式循环系统，血液从心脏搏出到动脉，经毛细血管到静脉流回心脏，完全封闭在血管系统中流动。这种循环方式效率高，血液不积于组织间隙中。闭管式循环系统伴有淋巴系统，它收集由毛细血管壁滤出的组织液回到血液循环系统中，环节动物、软体动物的头足类以及头索动物和脊椎动物均为闭管式循环系统。

1. 无脊椎动物的循环

从原生动物到线形动物都没有专门的循环系统，细胞与细胞之间的物质运输以扩散方式进行。纽形动物出现背血管、侧血管和横血管，血液流动通过身体的伸缩运动来完成，血流不定向。环节动物开始出现完善的循环系统。背血管能做节律性的蠕动，1 对或几对横血管稍微膨大，而且血管壁的肌肉层加厚，能搏动，起到类似心脏的作用，促使背血管的血液流向腹血管，其内有瓣膜以防止血液倒流，保证血液做单方向的流动。软体动物一般有 1 个发达的心脏，具有内在的起搏点，同时也受神经分泌的影响而改变其搏动节律，既接受兴奋性的神经纤维的支配，又接受抑制性的神经纤维支配。头足类有发达的闭管式循环系统，有 1 个体心和 1 对鳃心，有明显的动脉、静脉和毛细血管网，血液与组织液明显地分隔开，血液循环不仅与鳃呼吸有关，而且与肾脏的排泄功能相关。节肢动物是开管式循环，心脏和背血管是循环系统的主要部分，许多昆虫有副心，这些副心存在于翅、腿和触角等附肢内，对促进这些部位的血液循环有重要作用。

2. 脊椎动物的循环系统

脊椎动物根据肺的出现与否，循环路线分为单循环和双循环。鱼类的心脏只有1个心房和1个心室，用鳃呼吸，心脏内的血是缺氧血，心室泵出血液流到鳃进行气体交换，含氧血经动脉分送全身各处，缺氧血由静脉送回心脏，循环途径只有一条，为单循环。从两栖类开始出现肺，血液循环包括两条途径，一是肺循环(亦称小循环)，另一是体循环(又称大循环)，称为双循环。但两栖类和大多数爬行类属于不完全的双循环。爬行类的心脏具有2心房1心室，但心室出现了不完整的隔膜(鳄类心室已基本上分隔为2心室)，心脏中含有缺氧和富氧两种混合血，由心室泵出的血含氧量较低，低氧的内液环境造成动物体的代谢效率不高。鸟类和哺乳类是完全的双循环，心脏具4室，即2个心房和2个心室，由体循环进入右心房和右心室的是缺氧血，送到肺循环经气体交换后进入左心房和左心室的是富氧血，两个循环完全分开，输送到全身的是富氧血，机体的代谢效率显著提高。

凡是输送血液离开心脏的血管称为动脉(artery)。动脉的管壁由多层的弹性纤维和坚韧的无弹性的结缔组织纤维包围，管壁较厚。按管径粗细，动脉分为大、中、小3种类型。大型动脉管壁的弹性纤维(中层)丰富，能适应血量的增减和血压的高低而伸缩；中型动脉管壁的中层有发达的平滑肌；小型动脉管壁的肌层薄，在植物性神经的支配下做舒缩运动，以调节血流和血压。

血压是指流动在血管中的血液对血管产生的压力。血压的产生取决于两个因素：心脏将血液泵出心室的压力以及动脉特别是小动脉对上述压力产生的反作用力。血压用单位血管(测定出的一般是动脉压)面积受到的压力来表示。人的动脉压变动在80 mmHg(舒张压)和120 mmHg(收缩压)之间。管壁的组织随年龄而变化，老年人动脉弹性减退，对血压的调节能力下降，故血压比年轻人高。

凡是输送血液流回心脏的血管统称为静脉。静脉管壁也由3层构成，管壁较薄，平滑肌和弹性纤维较少，弹性小，血流较慢，这与静脉压低相适应。管腔内常有成对的半月形的内膜皱褶，称静脉瓣，能防止血液倒流。静脉有深浅之分，深静脉位于深筋膜之下，大多和动脉平行；浅静脉位于皮下或浅层，称皮下静脉，从体表能够看到或摸到。根据管径大小，静脉也分为大、中、小3类，小静脉管壁很薄，中层仅有分散的平滑肌纤维，大中型静脉的中层含有成层的平滑肌纤维。

毛细血管起于小动脉的末端，连接着动脉和静脉系统，是分布于各器官、组织和细胞间的微细血管，平均直径仅$7 \sim 9$ μm，数量很多，形成网状分布。在肌肉里每平方毫米就有2 000条。在静止休息时，不是所有的毛细血管都开放(骨骼肌中只有10%的毛细血管开放)，而当肌肉运动时，则全部的毛细血管都将开放以满足肌肉对氧和养分的需求和代谢产物的排出。毛细血管壁很薄，只有一层扁平的内皮细胞，具有选择性通透能力，能让溶解的物质滤过，血液中的氧和营养物质渗透到组织间，细胞和组织代谢废物则由此进入血液内。在电镜下，管壁内皮细胞有嵌入的孔隙，有的含有吞饮小泡，相邻的内皮细胞之间有较大间隙。这些都是微血管进行物质交换的形态学基础。血液中的血浆蛋白(血浆中最大的溶解性大分子)被阻止通过。这些蛋白质，尤其是清蛋白(在哺乳类)大约提供25 mmHg渗透压，对组织液间的平衡具有重要意义。毛细血管的小动脉端血压大约是40 mmHg。这一滤过压迫使水和溶解物质透过毛细血管壁时，血压降至15 mmHg。这种静压低于血浆蛋白渗透压，水分被重新回收入毛细血管。流体静压和蛋白质渗透压之间的平衡决定毛细血管血液流动的方向。当毛细血管小动脉端静压＞渗透压，水就从毛细血管渗出；小静脉端毛细血管渗压＞静压，水就被回收入毛细血管。那些遗留在毛细血管外的液体将由毛细淋巴管予以回收。

3. 心脏的射血机能

心脏由心肌构成，具有以下特性：①自动节律性，即心肌细胞能通过自身内在的变化而自动地有节律地兴奋。②机能合体性，两个相连的心肌细胞间连接部位叫作闰盘，闰盘部位有缝隙连接，此处电阻比心肌细胞膜的其他部位低很多，因此动作电位可以通过闰盘迅速传遍整个心脏，这种传导特性使心房肌和心室肌细胞几乎同时兴奋收缩。③心脏细胞具有不应期。心肌细胞在一次兴奋之后，心室肌有 250 ms 的绝对不应期，心房肌有 150 ms 的绝对不应期，在此期间，任何强度的刺激都不能引起心肌细胞的再次兴奋，因此心脏的收缩和舒张能够交替出现。

4. 淋巴循环

淋巴系统包括淋巴、淋巴管、淋巴结(和其他淋巴器官)。最小的淋巴管称为微(毛细)淋巴管，分布于组织细胞之间，其末端为盲管，收集组织细胞间的液体渗入管内，形成淋巴，所以淋巴的组成基本上和血浆相同，只是其中没有血红细胞。

淋巴循环是淋巴回流入血液的单向流。

组织液经毛细淋巴管滤入淋巴，汇流于各级淋巴管，最后形成左右两路淋巴管，分别通往左右锁骨下静脉与血液汇合。可以说，淋巴系统是血循环的辅助系统。

组织液是机体内细胞外围具有恒定理化特性的液体，是动物组织和细胞的浸润液和营养液，又称为细胞间隙液或组织间隙液。机体不同部位的体腔内，存在着特殊理化特性的液体，称为体腔液，如脑脊液、心包液、胸膜液、腹腔液等。扁形动物开始有组织液、体腔液、血液和淋巴等，共同构成了动物体的内环境。四者的关系如下：

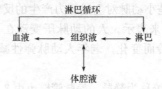

从广义上说，淋巴、脑脊液、体腔液也是组织液的一种，它们都来自血液，又回到血液中。从化学组成来看，组织液与血浆并无显著差异，但组织液中的蛋白质和其他有形物总量较少。这是因为介于血浆和组织间隙之间的毛细血管壁具有选择通透性。

淋巴是组织液进入毛细淋巴管后所形成，淋巴中通常没有红细胞，所含的白细胞绝大多数是小淋巴球。淋巴球的数量随身体的部位不同有很大差异。以犬为例，胸导管的淋巴中淋巴球数目为 $(1\sim20)\times10^3$ 个/mm³，周围淋巴则只有 550 个/mm³。淋巴中血小板极少，但含有纤维蛋白原、凝血酶原、抗凝血酶及钙盐等。所以，淋巴流出体外也会凝固，肠系膜淋巴的内容物与消化吸收情况大有关系，当小肠中有大量脂肪存在时，淋巴内就充满着乳化的呈乳白色的脂肪小点，称作乳糜。

两栖类、爬行类及少数鱼类和鸟类还具有一种称为淋巴心的结构，能搏动促进淋巴循环。其他淋巴器官如脾脏、扁桃腺和胸腺等，都有产生淋巴细胞的功能。脾脏又是一个血库，可以储藏和调节血量，还可以吞噬一部分衰老的红血细胞和血中的细菌等异物。

三、免疫

免疫(immunity)是指动物机体抵御入侵异物的防护反应。机体的免疫力来自免疫系统。免疫系统是由一系列器官(骨髓、胸腺、腔上囊、淋巴结等)、组织(淋巴组织)、细胞(淋巴细胞、巨噬细胞、T 细胞、B 细胞等)以及免疫分子(抗原、抗体、细胞因子等)构成的防御网络，使机体能够对入侵的微生物、寄生动物以及其他外来物质产生应答反应。免疫系统保证机体免受感染，对再次感染建立长久的特异性免疫，并且能够对移植组织或器官中的外来细胞产生识别和排斥。免疫包括非特异性免疫（或称为先天性免疫）和特异性免疫（或称为适应性免疫）。非特异性免疫通过体液中存在的非特异性细胞和分子攻击入侵的异物，这些非特异性细胞和分子包括非特异性的吞噬细胞，如巨噬细胞、组织溶菌酶与抗病毒的干扰素等。特异性免疫是由以往感染获得的或由疫苗诱导产生的免疫反应。特异性免疫补充了非特异性免疫的不足，两者构成了一个完整的防御整体。机体依靠特异性免疫的功能识别"自己"和"异己"成分，从而破坏与排斥进入机体的异己成分及机体本身所产生的异构物质（如老死和受损细胞）。特异性免疫有体液免疫和细胞免疫两种途径。

1. 抗原

抗原（antigen）是一类能够刺激机体免疫系统产生特异性免疫应答，并能够与相应应答产物在体内或体外发生特异性结合的物质。侵入动物体的物质多种多样，其中只有一部分能够诱发免疫。侵入的异物作为抗原必须具备下列 3 个条件：①它是动物体内所没有的异己物；②它是保持原生的不变性的蛋白质或与蛋白质结合的物质；③它在侵入机体中不被分解。

疫苗（vaccine）是经过人工处理的带有致病原（病原微生物及其代谢产物）信息的抗原。机体接种疫苗后，能够诱导产生针对特定病原的特异性抗体或细胞免疫，从而具有消灭该致病原的能力。疫苗制备过程需要经过人工减毒、灭活或基因工程等方法进行弱毒化改造。人工改造的关键是使毒性因子改变构形，使毒性下降，但不丧失其抗原活性。

2. 抗体

在抗原的刺激下，机体发生特异性免疫应答，其中浆细胞所产生的能够与相应抗原发生特异性结合的免疫球蛋白称为抗体（antibody）。抗体在淋巴系统合成后通过淋巴管进入血液，成为血浆中的成分。各种抗体都是 γ 球蛋白分子，它们能在体液中与抗原直接起专一的免疫反应，这是体液免疫的特点。

γ 球蛋白，也称为免疫球蛋白（immunoglobulin, Ig），有五类：IgG、IgD、IgA、IgM 和 IgE。IgM 是免疫反应中最先出现的成分，IgG 是较大量的成分，已知 IgG 含糖分 3%，分子由两条重链（H，446 个氨基酸）和两条轻链（L，214 个氨基酸）构成，分子中有可变区段（V）和恒定区段（C）。可变区段是抗体与抗原起反应的部分。

抗体对抗原的反应有 4 种方式：①抗体与抗原或毒素形成沉淀，称为沉淀素；②抗体将抗原凝聚，称为凝聚素；③抗体中和抗原的毒素，称为抗毒素；④抗体使病原菌发生溶化，称为溶菌素，溶菌素需要补体作为辅助因子。

抗体在免疫反应中消耗后，新的抗体分子可重新产生。抗体生产表现了再次免疫响应现象，即机体第二次接触抗原，诱发的抗体浓度必然超过前一次，且抗体浓度衰减也变慢了，这称为再次免疫。

再次免疫在医疗和实验工作中具有实用价值。在预防传染病时，疫苗接种常分若干次进行，间隔 2~3 周或更长时间。再次接种后，血清中抗体浓度升高很快，持续时间较长，免疫效果较好。实验工作中利用这一原理，在第二次接种后取血分离抗体，效价可以大为提高。医学上根据再次免疫的原理可制备免疫血清用于对症治疗各种急性传染病。

经过再次免疫处理之后几个月或几年，已有的抗体逐渐耗损，原有的淋巴细胞不再产生新抗体，但免疫作用仍有效，有的甚至可以终生免疫。长效免疫是由于免疫系统已经受过抗原敏化，记忆细胞已出现，它们可以通过细胞分裂长期保持敏化状态，或不分裂而保持在机体内达 20 年之久。当机体再次接触同类抗原时，老的细胞可重新分化出浆细胞和新的记忆细胞。

3. 细胞免疫和体液免疫

抗原侵入机体可诱发细胞免疫和体液免疫两类特异性免疫反应。免疫诱发是后天的过程，初生儿免疫力低，在生长过程中接受抗原诱发，免疫力逐步提高。诱发的中心内容是淋巴细胞分化为具有特定功能的成分。

细胞免疫和体液免疫的诱发过程很类似。先是骨髓产生干细胞，干细胞分化为巨噬细胞和淋巴母细胞。巨噬细胞能吞食和分解外来异物，暴露其抗原性质，对免疫的诱发起促进作用。淋巴母细胞进行增殖，形成淋巴细胞。巨噬细胞和淋巴细胞被释放至血液。淋巴细胞分两种途径分化，经过转化分别成为B细胞和T细胞。当抗原进入机体，在巨噬细胞作用之后，分别与B细胞、T细胞接触，分别使其敏化；敏化的细胞进行增殖，小部分分化为记忆细胞，大部分经过成熟过程，转化为功能发达的B细胞和T细胞。

细胞免疫是由T淋巴细胞中介的免疫，其特征是产生细胞因子及致敏T细胞。在细胞免疫的诱发过程中，部分淋巴细胞在胸腺中受到改造，分化为T细胞。T细胞在淋巴结或淋巴组织与抗原接触而得到敏化，分化为记忆细胞和具免疫功能的淋巴细胞。后者分泌细胞因子，发挥细胞免疫效能并能协助体液免疫。细胞因子是由活化的免疫细胞和某些基质细胞分泌的，调节免疫及炎症反应的小分子多肽，主要包括淋巴因子和单核因子。

体液免疫是由B淋巴细胞和抗体中介的免疫。抗体与体液中的致病原结合形成复合物，直接消灭致病原。在体液免疫的诱发过程中，另一部分淋巴细胞经过腔上囊或其他相当的组织，在其中受改造，分化为B细胞。B细胞在外周淋巴组织与抗原接触而得到敏化，分化为记忆细胞和浆细胞。成熟的浆细胞有发达的线粒体和高尔基体，能制造抗体，分泌于血液，在其中发挥免疫效能。

4. 机体特异性与组织器官移植

机体对异己物的排斥现象称为排异。生物个体由于遗传差异而产生特异性。这种特异性表现在其细胞膜上带有特异的糖蛋白等复合蛋白物。这些有特异性的细胞一旦被引入动物体内便被识别为异物，能够诱发受体产生有针对性的抗体。当抗体被诱发后，免疫反应必然产生，这就会引起对外来细胞或外来组织的排斥现象。动物机体的这种排异现象最引人注意的是组织和器官的移植。

(1)血型和输血。血型是人类血液的个体特征之一。人类红血细胞外表含A、B两种特异的寡糖蛋白，这两种物质具有抗原特性，通常将血液分为O、A、B、AB 4种主要类型。红血细胞上有A抗原者称A型，其血浆中只有抗B的抗体；红血细胞上含B抗原的，称B型，其血浆中只有抗A的抗体；红血细胞含A、B两种抗原的，称AB型，其血浆中无抗A也无抗B的抗体；红血细胞A、B抗原均无的，称O型，其血浆中有抗A、抗B两种抗体。血型是可以遗传的，决定于显性基因IA、IB与隐性基因i这3种复等位基因(表4-1)。

表4-1　ABO血型及其基因型

血型	血球抗原	血浆抗体	可输体	可受体	基因型
A	A	β	A、AB	O、A	IAIA 或 IAi
B	B	α	B、AB	O、B	IBIB 或 IBi
O	O	α β	A、B、O、AB	O	ii
AB	A B		AB	O、A、B、AB	IA、IB

除了 ABO 血型外，尚有 Rh＋、Rh－血型（Rh＋抗原能诱发溶血）、MN 血型等。它们均由基因决定。其中 Rh＋基因是完全显性，所以人类只有 Rh＋、Rh 两种血型；MN 则是由显性不全的一对基因决定的，所以可以有 M、N、MN 三种血型。此外，人的红细胞还有其他亚型。白细胞的血型比红细胞还要多而细，且亦受遗传因素决定。法医可根据红细胞的血型来侦断疑案或判决血缘关系。

血型不匹配的血液相混合会发生红细胞凝集的现象，即发生输血反应，危及生命。近年已发现可用血代供病人输血之用。血代是用化学方法合成的一种氟化物大分子颗粒，取代红细胞。氟化物大分子颗粒有携氧的功能，其悬浮液输入人体可以完成红细胞的呼吸作用。血代能够避免血源不足、血型不匹配及输血可能带来的传染病等问题。

（2）组织与器官移植。异体组织或器官移植是医学上抢救危急病的措施之一。组织和器官移植也有匹配的问题。每个人的组织都带有特性，外来的异体组织或器官具有抗原的作用，能诱发受体产生特异性抗体，这些抗体会排斥移植的异体组织或器官。所以，异体组织移植只有在抗原特性相同或十分相近的个体间才能成功。一卵双生个体间器官移植已有成功例子。长期近亲杂交的白鼠，遗传素质较为一致，移植排斥阻力相对较小。尽管如此，若将雄性（染色体组有 Y 染色体）组织移植于雌体（XX 染色体）也受排斥，但若雌体组织移植于雄体则不受排斥，这是因为雄体有 X 染色体。

遗传背景不一致的个体间组织移植，最初外来组织会被暂时接受，微血管也向外来组织伸长，但过一段时间，受体组织的抗体被诱发产生，外来组织就被排斥而出现坏死。若已被排斥的组织再次移植于同一受体，排斥将加速和加剧，这和再次免疫应答的情况相类似。

若以高剂量 X 射线辐射或服用抑制细胞增殖的药物，使受体的骨髓等造血器官降低细胞分裂率，难以形成淋巴细胞，则抗体不能产生。这种处理可以降低受体对外来组织的排斥，但这是一种危险的做法。糖皮质激素注射一般能压抑免疫响应，排斥现象推迟出现，但非万全之策。

组织排斥同抗体反应在细节上略有不同。抗体免疫反应由 B 细胞负责。据电镜观测，B 细胞外表有大量的绒毛状突起。组织排斥是 T 细胞变为"杀伤"细胞，破坏异己组织。T 细胞外表无绒毛状突起。

（3）过敏反应。过敏反应是一种突发性的免疫反应。有些人接触到生漆、芋头，或吃到某些海产品（如虾、蟹），吸入某些花粉或烟雾，会引起皮肤红肿、发痒、哮喘、喷嚏、皮下充水、疱疹等症状，这是由于接触到刺激物时，组织中的肥大细胞会突发释放出组织胺，组织胺刺激皮下组织引发的过敏反应。

第四节　营养与消化

一、营养与摄食

生物的代谢，是机体与外界环境之间不断进行的物质和能量交换的过程。动物从外界获得维持自身各项生命代谢活动必需的物质和能量就是营养。

动物不能通过光合作用自身制造营养物质，必须依赖已经合成的有机物来满足机体的营养需要。因此需要经常摄食，从食物获取能量以进行各种生命活动，又从食物获取蛋白质等原料以建造自己的身体和修补损耗的或被破坏的组织。因此，动物的营养方式是异养型。

食物的营养成分包括蛋白质、碳水化合物(糖)、脂类、维生素、纤维素、水和矿物质七大类。

蛋白质是生物体的主要有机成分。人体必需的氨基酸(苯丙氨酸、赖氨酸、异亮氨酸、亮氨酸、缬氨酸、苏氨酸、色氨酸和蛋氨酸)必须由食物中的蛋白质供给。蛋白质是机体重要的结构物质,也是机体紧急状态下的能源。据测定,氧化 1 g 蛋白质释放出的能量为 23.6 kJ。蛋白质的摄入量是营养的重要指标之一。人体每千克体重,每日摄入的蛋白质至少要 1 g,处在发育阶段或强体力劳动者每天则需要增加 20%～40%的蛋白质。

碳水化合物是能量的主要来源。氧化 1 g 糖产生 17.2 kJ 能量。动物的运动、产热和生活维持都需要通过糖的氧化来供给能量。糖又是合成脂类、蛋白质、核酸等的碳源,即间接成为机体的结构物质。

脂类也是能量的提供者,并且是动物储存能源的重要途径。脂肪的含能值为 39.5 kJ/g,是糖类的 2.29 倍、蛋白质的 1.67 倍。动物以脂肪形式储能所占体积最小。另外,磷脂是细胞膜、核膜等的重要结构物质,胆固醇也是细胞的构成物。近年研究表明:亚油酸($C_{18}H_{32}O_2$)是人体不能合成的必需脂肪酸。必需脂肪酸是动物细胞的组成成分,对于线粒体和细胞膜尤为重要,而且在体内参与磷脂的合成,对胆固醇的代谢也很重要。若必需脂肪酸缺乏,胆固醇将与饱和脂肪酸结合,不能在体内正常运转,并可能在体内发生沉积。

维生素是一类小分子有机化合物,动物体通常不能合成,必须由食物供给。维生素既不是能源,也不是机体的构成物,其主要功能是作为辅酶或辅酶的组分,对物质代谢起重要调节作用;缺乏维生素,机体的正常生理活动受阻。例如,缺乏维生素 A 会出现夜盲症、皮肤干裂、生长停顿;缺乏维生素 B 将出现贫血;缺乏维生素 C 会出现坏血病;等等。维生素种类很多,来源也多种多样,因此食物要多样化。

二、消化系统

消化系统的主要功能是摄取并分解食物,吸收营养物质,排出不能消化吸收的食物残渣。单细胞及低等无脊椎动物营细胞内消化,腔肠动物开始出现部分细胞外消化;高等无脊椎动物和脊椎动物均营细胞外消化。脊椎动物的消化系统明显地分为消化道和消化腺两部分。成体的消化道分化为口腔、咽、食道、胃、肠和泄殖腔。消化道上皮分泌消化液,行化学消化,消化道的平滑肌的收缩、蠕动行机械消化。

消化道各部分的结构和功能各有特点,但管壁的构造大同小异,从内到外分为黏膜、黏膜下层、肌层和浆膜 4 层。黏膜是消化道管壁最内层,表面为黏膜上皮,其下为结缔组织形成的固有膜。在黏膜层中,胃部有胃腺,小肠部有小肠腺。黏膜肌层是固有膜之外具有一薄层的平滑肌,黏膜可形成皱褶、绒毛。黏膜下层由疏松结缔组织构成,其中富有血管、淋巴管、神经,有的还含腺体。肌层为平滑肌,分内层环肌和外层纵肌。消化道的蠕动主要靠肌层的肌肉交替收缩。浆膜是消化道最外层的包膜,为结缔组织,表层有一层扁平上皮,能分泌浆液。

脊椎动物的消化腺主要是肝脏和胰脏等,分泌的消化液由导管输入消化道进行消化。消化腺还有唾液腺、胃腺和肠腺。肝脏能分泌胆汁、储藏糖原、调节血糖、使多余的氨基酸脱氨、合成血浆蛋白和分解有毒物质成为无毒物质。胰腺是双重性质的分泌腺,一部分分泌胰液,由胰管通入十二指肠;一部分细胞团(胰岛)分泌胰岛素进入血液。

各类动物的消化系统构造是不相同的。原生动物为单细胞,无消化系统可言,只有简单的细胞内消化;海绵动物靠领细胞进行细胞内消化。腔肠动物身体中央有一大空腔,即消化循环腔,内胚层细胞具有细胞外消化和细胞内消化的功能。但腔肠动物只有口而无肛门,食物消化后的残渣也由口排出。扁形动物虽然具有三层胚层,但仍为不完全消化系统,有口无肛门,肠是由内胚层形成的盲管，亦无明显的消化腺。从纽形动物和线虫动物开始具完全的消化系统，出现了口和肛门，但肠仍为一直管，无专门消化腺。环节动物的消化道开始分化为前肠（包括口、食道、嗉囊、砂囊、胃）、中肠和后肠，各有分工，肠管具有肌肉壁；咽部和胃均有腺体，盲肠也能分泌消化液；具有机械消化和化学消化两种功能。软体动物消化系统复杂，胃膨大，肠弯曲增长，消化腺成为独立的腺体；不同食性消化道变化大，其中腹足类、多板类、头足类的口腔中具有齿舌，头足类还有鹦嘴颚，加上口腕及其上吸盘，捕食能力大为增强。低等节肢动物（如丰年虫、栉蚕等）的消化系统与环节动物类似；高等甲壳类胃分化为贲门胃和幽门胃；蛛形纲不直接吞食固体食物，而以螯肢的毒腺将毒汁注入猎物体内，将其杀死，再由中肠分泌的酶灌入被螯肢撕碎了的捕获物的组织中，很快将其分解为液汁，吸吮这些液汁为食，所以其食道后端扩大为吮吸胃；昆虫纲消化道变化很大，如蝗虫有嗉囊，前胃有盲囊，胃和唾液腺能分泌消化酶。脊椎动物的消化系统明显得到完善，由消化道和消化腺两部分构成。

三、食物的消化吸收

任何食物在被身体利用以前，一般要经过消化作用，使大分子变为小分子，不溶的物质变为可溶的物质。消化是动物将摄入的食物分解成为可以吸收利用的营养物质的过程。食物的消化作用包括机械消化、化学消化和微生物消化 3 种类型。

低等动物行细胞内消化，腔肠动物开始细胞外消化。尽管如此，许多无脊椎动物，如腕足类、轮虫、双壳类、低等甲壳类以及头索动物也还有细胞内消化的功能。脊椎动物在进化过程中，先后出现上颌、下颌、槽生的异型齿和发达的咀嚼肌，使其机械消化的能力大为增强，可供取食的食物范围扩大，从而适应环境的能力和生存能力极大提高，食物在口腔咀嚼过程中被充分研碎并与唾液混合、润湿、软化，以形成食物团，食物团通过上咽括约肌进入食管后，食管产生蠕动推动食团前进。抵达胃时，贲门括约肌张开，食物入胃，贲门再关闭。空胃时胃壁有一定的紧张性，此时胃的容积只有 50 mL 左右，管腔直径只比小肠的稍大一些，当咀嚼和吞咽时，食物刺激咽部和食管上的感受器，反射性地引起胃底和胃体发生容受性舒张。这种容受性舒张使胃在容纳食物前松弛，在胃的容积增加到 1.5 L 时胃内压力都很少增加，进食后半小时，胃的蠕动逐渐加强，以 3 次/min 的蠕动波使食物充分与胃液混合并被送入十二指肠和小肠，通过肠蠕动将食物推向大肠。小肠的蠕动较慢，1～2 cm/min，而且只推进几厘米即消失。但小肠还有一种蠕动冲，速度快（2～25 cm/s），运动距离长，有时可由小肠起始端一直运动到末端。小肠另一重要的运动是分节运动。这是一种以环行肌为主的、有节律的收缩和舒张活动。一段有食糜的肠管的环行肌在许多点同时收缩，把食糜分成许多段。然后这些点的环行肌舒张，而其相邻部位原舒张的环行肌收缩，把食糜重新分段。如此反复进行，使食糜和消化液混合，并使混合物与小肠黏膜吸收表面充分接触。大肠运动少，有缓慢的分节运动和蠕动。还有一种集团运动，一天三四次，一个强收缩波迅速从结肠推向直肠，将肠内物质推送一段较长的距离。

摄食过程相应的消化腺受到刺激后释放出消化酶。唾液腺主要有淀粉酶，可将淀粉分解成麦芽糖。胃液除含有胃蛋白酶和脂肪酶之外，主要成分是胃酸，胃酸的成分是盐酸，使胃环境 pH 为 1.6～2.4。胃酸有以下作用：①为胃蛋白酶的作用提供合适的 pH；②强酸使蛋白质变性、易被消化；③有杀菌作用。胰腺分泌胰液，含有多种消化酶，并含有极高的重碳酸盐成分，胰液进入十二指肠时有效中和胃液，使液化的食糜 pH 从 1.6 变到 7 左右，因为肠内的各种酶必须在中性或略碱性的环境中才起作用。胰腺每天约分泌 1～1.5 L 胰液。肝脏分泌的胆汁输入十二指肠或储存于胆囊。胆汁中主要是水、胆汁盐和色素，不含酶。胆汁盐能减少脂肪表面张力，使大滴脂肪变为微小脂滴，使脂肪乳化，从而增加胰脂酶对脂肪的消化作用。肝脏还能储存糖原、对营养物质进行代谢以及具有解毒的功能。小肠腺也能分泌消化酶。有关各种消化酶的来源及作用见表 4-2。

表 4-2　人体各种消化液的主要成分和消化作用

消化液	分泌量/ $(mg \cdot d^{-1})$	pH	主要消化酶(来源)	消化作用
唾液	1 000~1 500	6.6~7.1	唾液淀粉酶(唾液腺)、舌脂肪酶(舌腺)	淀粉→麦芽糖、麦芽三糖、糊精脂肪→脂肪酸、甘油二酯
胃液	1 500~2 500	0.9~1.5	胃蛋白酶(胃)、脂肪酶(胃)	蛋白质→多肽脂肪→脂肪酸、甘油二酯
胰液	1 000~1500	7.8~8.4	胰淀粉酶(胰)、胰脂肪酶(胰)、共脂肪酶(胰)、胰蛋白酶(胰)、糜蛋白酶(胰)、羧肽白酶 A(胰)、羧肽酶 B(胰)、弹性蛋白酶(胰)、胆固醇酯酶(胰)、RNA 酶(胰)、DNA 酶(胰)、磷脂酶(胰)	蛋白质、多肽→短肽、氨基酸
胆汁	800~1 000	7.4(肝) 6.8(胆)	(肝细胞)	乳化脂肪
小肠液	1 000~3 000	7.6	肠激酶(小肠腺)、肠淀粉酶(小肠腺)、葡萄糖化酶(小肠黏膜)、乳糖酶(小肠黏膜)、蔗糖酶(小肠黏膜)、糊精酶(小肠黏膜)、核酸酶(小肠黏膜)、氨肽酶(小肠黏膜)、二肽酶(小肠黏膜)	胰蛋白酶原→胰蛋白酶淀粉→麦芽糖、麦芽三糖→葡萄糖、乳糖→半乳糖、葡萄糖、蔗糖→果糖、葡萄糖→葡萄糖、核糖→戊糖、嘌呤碱和嘧啶碱多肽→氨基酸二肽→氨基酸

(陈守良,1996)

　　吸收是指食物分解后的营养物质经消化管上皮细胞进入血液和淋巴的过程。营养物质的吸收主要在小肠,小肠的黏膜形成皱褶,皱褶上有大量的突起,叫作小肠绒毛,小肠绒毛表面有一层柱状上皮细胞,柱状上皮细胞的顶端还有许多细胞膜的突起叫作微绒毛。这样,黏膜的皱褶、绒毛和微绒毛共可使小肠的吸收面积增加 600 倍以上,所以小肠具有很大的吸收面积。小肠内壁的绒毛含有毛细血管网和毛细淋巴管网。食物被分解后的产物先通过肠黏膜上皮细胞吸收,然后再进入毛细血管和淋巴管(乳糜管),如氨基酸、单糖、脂肪酸、甘油、甘油三酯、矿物质、维生素和水等。毛细血管几乎吸收所有的单糖和氨基酸,乳糜管则吸收脂肪,而水分、酒精和某些药物能在胃中被吸收。

第五节　动物机体的协调及体温调节

　　动物机体是由各个器官系统所构成的生命系统,各个系统、器官既要各司其职,又要彼此配合,才能使动物整体维持正常的生命活动。神经系统(nervous system)和内分泌系统(endocrine system)在协调各个器官系统相互配合的过程中发挥着重要的作用,这两个系统也保证了动物体与自然环境的相互协调。

一、神经系统

动物要维持个体的生存，必须具备寻找食物和躲避敌害的能力；要保证种族的延续，绝大多数动物还必须具有寻找配偶和进行生殖活动的能力；各器官、系统要彼此配合协调，才能使整体维持正常的生命活动。在这些活动中，神经系统起着对信息进行接收、传导、处理、综合的作用，进化地位越高的动物，神经系统越发达，适应环境和生存竞争的能力也越强。

1. 无脊椎动物的神经系统

单细胞的原生动物没有神经系统，但是可以通过膜电位的变化来感觉外界的刺激；腔肠动物具有由双极和多极神经元和感觉细胞及其纤维组成的网状神经系统，神经元之间所形成的突触多数是非极性突触，少数是极性突触，神经细胞通过突触与外胚层中的感觉细胞和皮肤细胞相联系，形成感觉和动作的体系。自由生活的扁形动物出现梯形神经系统。这个系统已经具有传入和传出通路以及起协调作用的中间神经元的脑神经节。环节动物形成了由脑神经节、咽部神经节和腹神经索组成的链状神经系统，并分为中枢神经系统、交感神经系统和外周神经系统。出现反射弧，实现了外周反射。节肢动物体节数量有了很大的减少，中枢神经系统开始集中，腹神经链有愈合现象，出现了脑神经节和腹神经节。脑神经节在控制昆虫运动性活动方面起着很大作用，负责接收来自感觉器官的所有传入信息，保证昆虫作为一个整体进行活动。在较高等的软体动物（如腹足类）的神经索中，由于神经元集中的结果，形成了一些成对的神经节，即脑神经节、足神经节、侧神经节和腔壁神经节，某些头足类（如章鱼）的神经系统达到更加复杂化的程度，其神经节非常大，并且合并形成食道周围的神经节群。

2. 脊椎动物的神经系统

脊椎动物的神经索呈中空的管状，称为神经管（nerve tube），位于消化道的背侧，由外胚层下陷卷褶形成。高等脊椎动物中枢神经系统包括脑（brain）和脊髓（spinal cord）两部分。脑又分为 5 个部分：①端脑，即大脑，其背侧是大脑皮质；②间脑，又名丘脑，其下部是下丘脑；③中脑；④后脑，即小脑，包括腹侧的脑桥；⑤延脑，或称髓脑或延髓。延脑之后接脊髓。

神经系统的功能：①各器官都由神经支配，神经联络全身各部分使动物成为一个整体；②对外来信息进行分析、综合、储存和加工处理；③调控全身各器官，使其处于最佳工作状态，对外实现最适合的反应活动；④保障组织代谢和营养平衡。

（1）神经元是神经系统的构造和功能的基本单位，包括胞体和突起两部分。细胞体是神经元的主体代谢的中心，神经纤维的发出站和再生据点。树突呈树枝状，分叉短且分支多，接受冲动并将冲动传入神经元胞体。皮肤直接感受器的神经末梢即由树突组成。轴突一般较长，分支较少。一个细胞伸出一根轴突，亦称为神经纤维。轴突外通常包被着一层白色、柔软，含有髓磷的施旺氏细胞形成的绝缘髓鞘。

神经元按其连接方式和功能特点可分为 3 种基本类型：

· 感觉神经元（sensory neurone），又称传入神经元，其树突纤维起自感觉器官，轴突纤维终止于脊髓或脑干的背角。其神经纤维成束称为感觉神经，负责将感官发出的神经冲动传入神经中枢。

· 联络神经元，又称中间神经元，在其他神经元之间起联络作用，其神经元本体构成了脊髓或脑的灰质。神经系统的信息传导、交叉联络，大脑信息的综合与加工等功能，都以联络神经元为其结构基础。

• 运动神经元，又称传出神经元，细胞体起于脊髓，神经纤维终止于有关的效应器。它是支配肌肉、腺体活动的神经元。运动神经元的纤维是运动神经。

(2)中枢神经系统包括脑和脊髓。

• 脊髓是中枢神经系统的低级部分，为空心的长圆柱形，位于脊柱的椎管中，受脊柱的保护，前端接于延脑，后端止于终丝。在胸腹部的脊髓向两侧发出成对的脊神经。脊神经左右对称地支配躯体、四肢和尾部的运动。

脊髓灰质是支配部分身体(包括四肢和尾)对外反射活动的中枢和这些部位血管扩缩反射的调节中枢，同时又是这些部位所发出的冲动上传到脑，脑部发出的指令下传到这些部位的中继站。

• 脑是高级神经中枢，包括端脑(大脑和嗅脑)、间脑、中脑、小脑和延脑。以人为例，人脑平均质量在 1.4～1.6 kg，大脑随时消耗着身体 20％的氧气和 15％的血糖。缺氧超过 5 min 就会对大脑造成永久性的损伤。

脑是头部器官和内脏器官活动的反躯中枢。脑干的背部和两侧都有神经核(nucleus)，即神经元集中的地方。这些神经核有 12 对脑神经联系头部和内脏器官。这 12 对脑神经主持头部皮表、感官(鼻、口、眼、耳)的疼、压、触、冷、热、嗅、味、视、听、平衡等多种感受的传达，头、面、舌、颚部肌肉和腺体的应答反射活动；内脏器官包括心、肺、消化道及其附属腺体的反射活动等。其中嗅脑主管嗅反射；间脑的下丘脑部分主管交感和副交感神经系统和内分泌系统；中脑主管眼球对光反射、耳听反射和平衡反射；延脑是活命中枢，主管心、肺、舌、消化道、消化腺的反射。脑还承担传导功能，脑以下各部位的冲动必须经过脑才传入大脑皮层，大脑皮层发出的指令也必须经脑和脊髓才能到达效应器。

小脑在大脑两半球的后部，人的小脑大部分被大脑覆盖，并随着大脑的发达而发达。小脑皮质也由大量的神经细胞组成。大脑的运动中枢与小脑由神经联系。小脑主管机体运动的协调。小脑受到伤害，人的姿势和行动都会出现紊乱现象。

脊椎动物脑的分化见表 4-3。

表4-3　脊椎动物脑的分化

胚胎期脑节		成体中的主要成分
前脑	端脑	大脑半球：灰质、白质、胼胝体、纹状体；侧脑室(第一、二脑室)；嗅脑：嗅球、嗅束、梨状叶、海马
	间脑	丘脑；丘脑下部：灰结节、漏斗、视交叉、乳头体、脑下垂体；松果体；第三脑室
胚胎期脑节		成体中的主要成分
中脑	中脑	四叠体：前丘、后丘；大脑导水管；大脑脚
菱脑	小脑(后脑)	小脑半球、蚓部、小脑绒球；脑桥
	延脑(髓脑)	延脑，第四脑室

• 大脑的外层为灰质，即大脑皮层(或称为脑皮)，大脑皮层之下为髓质(又称白质)。高等哺乳动物的大脑皮层特别发达，是神经元集中区。人的大脑皮质估计有 100 亿个神经元，构成了无限数量的交叉联系。这种联系是人类知觉、领悟、联想、记忆、学习、思考、感性冲动、语言表达和技巧动作等大脑皮层所有功能的生理基础。这种联系因学习、锻炼而牢固建立。联系越多，经验越丰富，智力技能也就越发达。大脑的结构和功能是当代生命科学正在探讨的最大的自然奥秘之一。

大脑皮层承担着高级神经活动，在脊髓脑干反射的基础上，大脑对传来的各种信息进行分析、加工、综合并发出应答活动的指令，建立起条件反射。

(3)周围神经系统亦称外周神经系统。脑和脊髓借助于中枢以外的神经系统建立联系，这些神经系统即外周神经系统，包括脑神经、脊神经和植物性神经。

• 脑神经是由脑部腹面向两侧发出到达头部各个感受器的神经。鱼类和两栖类的脑神经为10对，爬行类、鸟类和哺乳类有12对(增加了XI脊副神经和XII舌下神经)(表4-4)。

表 4-4 脑神经起源、分布及功能

编号	名称	起源(中枢)	分布	功能
0	端神经	大脑前部	鼻区前部	感觉
I	嗅神经	大脑嗅叶	鼻腔黏膜	嗅觉
II	视神经	间脑	视网膜	视觉
III	动眼神经	中脑	眼肌、虹彩、晶状体等	眼部运动
IV	滑车神经	中脑	眼肌	眼部运动
V	三叉神经	小脑脑桥	颌肌、面部、口、舌等	舌、面的感觉；舌、颌的活动
VI	外展神经	延脑	眼肌	眼球转动
VII	面神经	延脑	舌、面肌、颌肌、唾腺等	味觉；面部表情、咀嚼运动
VIII	听神经	延脑	内耳	听觉与平衡
IX	舌咽神经	延脑	舌、咽、耳下腺等	味觉、触觉；咽部运动
X	迷走神经	延脑	咽、食道、胃、肠、心、肺等	内脏的感觉；内脏的活动
XI	脊副神经	延脑	咽、喉头、肩部肌肉	咽、喉、肩的活动
XII	舌下神经	延脑	舌肌	舌的活动

• 脊神经(spinal nerve)是由脊髓两侧(背侧和腹侧)发出的成对神经，其数目大体与脊椎骨总数相当，如兔脊神经有37对，猪为33对，人为31对。每一脊神经包含"背根"和"腹根"。从脊髓背侧发出的为"背根"，从腹侧发出的为"腹根"。背根包含传入神经纤维，这些纤维来自皮肤和内脏，能传导冲动进入中枢神经系统，又称感觉神经纤维。靠近脊髓处的背根有一膨大的神经节，称为脊神经节，内含神经元。腹根由传出神经纤维组成，分布到肌肉与腺体，将中枢发出的冲动传送到各效应器，又称运动神经纤维。

以人体为例，31对脊神经依所在的部位，分为颈神经8对，胸神经12对，腰神经5对，荐神经(或骶神经)5对，尾神经1对，分别分布到头、颈、上肢、胸、腰、腹壁和后肢。

• 植物性神经系统又称自主神经系统，一般指分布于内脏和血管的平滑肌、心肌及腺体的运动神经，支配动物体内脏器官的活动，不受人的意志支配。它包括交感神经和副交感神经。

植物性神经系统与脊神经和脑神经的主要不同在于：①中枢位于脑和脊髓的胸、腰荐段的特定部位；②传出神经不直接到达效应器，而是在外周的植物性神经节内更换神经元，再由更换后的节后神经纤维支配相应器官；③协调内脏器官、腺体、心脏、血管、平滑肌的感觉和运动。交感神经系统和副交感神经系统共同分布到同一器官上，但功能为互相拮抗，对立统一。交感神经兴奋引起心跳加快，血管收缩，血压升高，呼吸加快加深，瞳孔放大，竖毛肌收缩，消化道蠕动减弱，一些腺体(如唾液腺)分泌停止，使机体处于一种应激状态。副交感神经兴奋引起的效果与之相反。

二、感觉器官

动物通过从外界环境中不断获得信息来调节各项生命活动。感觉器官(sensory organ)是人和动物机体用来感觉各种刺激的结构,种类很多,结构的复杂程度也各不相同。复杂的称为感觉器官或感官,简单的称为感受器(receptor)。

感觉器官的作用是把其接收到的刺激(如电能、机械能、辐射能、化学能等能量)转变为神经冲动。从这个意义上说,感觉器官就是一个生物换能器。神经冲动在性质上都是相似的,动物都是依靠大脑理解并区别不同的刺激引起的感觉,感觉的真正理解是由大脑来完成的。每一种感觉器官在大脑中都有其对应的部位,到达大脑的某一特定感觉区的神经冲动只能以一种方式被翻译,每一种感觉器官对应一类神经冲动。

感觉器官依其所在位置,分为外感受器和内感受器。前者位于动物身体的表面,与外环境直接接触;后者位于身体内部,接受内部器官的刺激。肌肉和肌腱、关节为本体感受器,能感受肌肉的张力,为机体提供位置的感觉。依刺激的性质,把感受器分为感受物理刺激感受器和感受化学刺激感受器。前者有皮肤感受器、侧线器、平衡器、听觉器、视觉器、热感受器等,后者有味觉器、嗅觉器等。

1. 皮肤感受器

在动物的皮层中分布有一些神经末梢和由这些神经末梢形成的皮肤感受器,分别感受冷、热、触、压、痛等感觉。

腔肠动物的触手具有较敏感的触觉感受功能;昆虫体表有毛状突起的皮肤感受器感受触觉,该感受器位于膜质窝内,主干构造坚硬,故任何力量触及它,皆能传达至窝内。

哺乳动物具有专门的感受器,可以通过触觉小体来感受触觉,环层小体感受压觉,游离神经末梢感受痛觉。人类的皮肤有热感受器和冷感受器,鱼类的温度感觉器为皮肤中密布的神经末梢。蝮蛇在鼻孔和眼之间有一小窝,称为颊窝,是特殊的红外线感受器,能感受周围温度的细微变化。

2. 侧线器

板鳃鱼类、真骨鱼类及所有两栖类的幼体,其身体和头部两侧都有侧线,呈管状或沟状,管内充满黏液,感受器浸润在黏液里,感受器有许多毛细胞,水的运动能够刺激毛细胞,导致侧线神经纤维发放冲动,侧线器具有测定水的流速、波动、压力和方位的功能,鱼类越活泼,侧线系统越发达。

3. 平衡器

无脊椎动物中,从镌母直到甲壳动物、软体动物,具有检测与重力有关的体位变化和检测运动速度变化的最简单的平衡器,称为平衡囊。甲壳动物十足类的虾、蟹,在其触角的基部、腹肢的基部、尾肢、尾节上具有平衡囊,是由体表下凹形成的一个空腔,内有平衡石,腔的周围有机械感觉器细胞,上面有纤毛。平衡石是一些沙粒,为碳酸钙结晶体,有的是平衡囊上皮细胞的分泌物,有的是从体外进入平衡囊,但在蜕皮时全部脱落,然后重新形成。当动物向一侧倾斜时,平衡石就刺激该侧的机械感受器细胞,使细胞发出紧张性冲动,反射性地引起附肢的运动,使动物的身体恢复平衡。软体动物头足类的平衡囊在脑附近的软骨内,结构和功能相当复杂。脊椎动物的平衡器官在内耳前庭的膜迷路内,包括球状囊、椭圆囊和半规管,圆口类只有2个半规管,鱼类开始有3个半规管,并有椭圆囊、球状囊和听斑。椭圆囊有1个听斑,球状囊有2个听斑,3个半规管各有1个膨大部分为听嵴(壶腹嵴)。听斑和听嵴内都有毛细胞,听斑内的耳石借胶质固着在毛细胞上,体位改变时,也像平衡石那样牵拉毛细胞引起平衡反应,半规管则借助其中的内淋巴液的惯性流动刺激毛细胞引起平衡反应。

4. 听觉器

昆虫有两种感受器对声音有感觉作用，即毛状感受器和弦音感受器。这两种感受器对低频声音发生反应，少数昆虫能对高频声音发生反应。感受器位于鼓膜器内，鼓膜器位于气管系统入口处，鼓膜器包括一薄膜，以及连接内部气囊及一群弦音感受器，蝗虫在腹节有成对鼓膜器。声波使鼓膜产生振动，从而使与鼓膜相连的弦音感受器发生反应。每个弦音器包含一个双极感觉神经元，神经元的一端有 1 根纤毛，纤毛通过一个复杂的关节与鼓膜内侧面相连。此关节的不同结构和鼓膜的不同共振性质使不同动物的鼓膜器具有不同的频率特性。

鱼类有内耳，但没有特化的耳蜗，所以大多数鱼类听觉很差，在声音强度很高时，也只对低频率的振动起反应，但鲤科鱼类具有韦伯氏器官，介于球状囊与鳔之间，鳔的振动起到类似鼓膜的作用，将水中的振动通过韦伯氏器的 4 对小骨使振动得到加强并传至球状囊，可以感知高频声波。两栖类出现了中耳和鼓膜，中耳有一条耳柱骨把声音在鼓膜上产生的振动传到球状囊底部的小突起(也称瓶状束)上的听斑，听斑上方出现了原始的基底膜。爬行类的瓶状束和基底膜进一步发达；鸟类的听觉已经较发达，中耳虽然只有 1 块听骨，但其转换比(鼓膜面积与前庭窗面积之比)已经与哺乳动物相近，瓶状束延长成管状，其中有柯蒂氏器，基底膜约 0.5 cm，从基部到顶部的宽度变化为 25%，但柯蒂氏器官没有支柱，基底膜上只有 1 200 条横纤维；哺乳类则出现外耳来帮助收集声波，具有 3 块听小骨(锤骨、钻骨和镫骨)，耳蜗和基底膜长且卷曲而成为耳蜗管，基底膜基部到顶部的宽度变化为 400%，上有 20 000～30 000 条横纤维，有 4 行毛细胞，内侧 1 行，外侧 3 行。

5. 视觉器

视觉器也称光感受器。原生动物有感光的细胞器，称眼点；腔肠动物的触手囊上有眼点；扁形、环节、软体动物(头足类除外)等都有构造简单的眼，由色素细胞和感光细胞构成，只能感受光线的强弱；头足类的眼构造复杂，具晶体，与高等动物的眼很接近。节肢动物多数具复眼，有的复眼之外还有 1～2 个小眼。复眼能感知运动中的物体，但没有晶体，视距调节能力差。

脊椎动物眼发达，眼的构造基本相似，而眼的调节方法不同。鱼类无眼睑，靠晶体后方的镰状突来调节晶体和视网膜的距离，所以鱼类是近视眼；陆生脊椎动物具眼睑、瞬膜和泪腺。爬行类以横纹肌构成的睫状肌进行水晶体的调节；鸟类也有与爬行动物相似的横纹肌构成的睫状肌，还通过巩膜角膜肌改变角膜和水晶体的曲度，即双重调节；哺乳动物虹膜由平滑肌调节。

人眼的构造相当复杂，不仅感受光线，形成清晰的图像，还能感受物体的运动和颜色。老年人因水晶体失去弹性而成"老花眼"；近视眼因眼球变扁，图像落在视网膜前方；远视眼正相反，眼球偏短，图像落在视网膜的后方。因此需要戴眼镜予以矫正，使图像能恰到好处地落在视网膜上。

视网膜(retina)是感光成像部分，由视杆细胞和视锥细胞组成。人眼一个眼球的视杆细胞有1.25 亿个，视锥细胞有 700 万个。在充足的光线下，视锥细胞分辨颜色，感觉影像。在暗光下视杆细胞与无色视觉有关。中央凹是视觉最敏锐的地方，位于视网膜的中央，晶体和角膜中心的连线上。中央凹只含视锥细胞。动物眼的敏感度取决于中央凹视锥细胞的密度，人的中央凹每平方毫米含约 15 000 个视锥细胞，而鸟类达 100 万个。视杆细胞分布到视网膜的周围部分，人之所以夜晚通过眼角看东西能看得更清楚，就是视杆细胞(在昏暗的光线下能保持高度灵敏度)被使用的缘故。

视锥细胞有 3 类，每一类都有其特殊的色素，能强烈地与红光、绿光和紫光反应。通过比较 3 类不同的视锥细胞被激发的程度来感觉颜色。硬骨鱼类和鸟类有很好的色觉，哺乳动物中除灵长类和很少的其他种类如松鼠外，大部分是色盲。

6. 化学刺激感受器

原生动物用接触化学刺激感受器来确定食物和含氧丰富的水域，逃避有害的物质。无脊椎动物有各种口器，涡虫头侧的耳突、口和咽周围有许多司味觉和嗅觉的感觉细胞，对食物有正趋向性；蛔虫体前方的唇上乳突有化学感受能力；蚯蚓的口腔内侧附近有味、嗅的功能；软体动物鳃的基部有嗅检器，能辨别水质；虾类的小触角上有许多具嗅觉功能的刚毛；昆虫的舌、内唇和下唇须司味觉，触角某些节的关节上有嗅觉感受器。

脊椎动物的化学感受器发达，味觉主要集中在口腔和舌上的味蕾；嗅觉高度分化，圆口类只有一个外鼻孔和单个嗅囊；鱼类有成对的外鼻孔和嗅囊；陆生脊椎动物由于呼吸空气，其嗅觉器和口腔相通，出现了内鼻孔。两栖类内鼻孔开口于口腔前部，羊膜动物次生腭和硬腭出现，内鼻孔后移到咽部。内鼻孔扩大，鼻腔、鼻黏膜面积增加，嗅觉比较发达，鸟类和哺乳类有发达的鼻甲，其黏膜表面布满了嗅觉神经末梢。

三、内分泌系统

内分泌系统包含的腺体很多，如脑下垂体、脑上腺、甲状腺、肾上腺、胰岛等。

内分泌腺的活动受神经系统的调控。内分泌系统是协调机体活动的第二大综合体系。动物身上的腺体有两类：一类腺体是有管腺，腺体分泌的物质经导管输送到体表或内脏管腔中，这类腺体称外分泌腺；另一类腺体没有导管，分泌物由腺体细胞直接渗透到血液或淋巴，称为内分泌腺，其分泌物称激素。激素对于机体的代谢、生长、生殖等重要生理机能起调节作用。激素有很强的特异性，它只对特定的器官或组织（靶器官）起调控作用。与神经调节相比，激素调节方式的反应比较慢，作用持续时间较长，作用的范围比较广泛。

1. 无脊椎动物的内分泌系统

低等无脊椎动物的神经分泌作用主要是调节生长、再生、生殖和渗透压。水螅的神经分泌影响其生长、无性生殖和再生。涡虫脑内神经分泌细胞分泌的化学物质能促进生长、抑制性腺发育。涡虫再生过程中，脑内神经分泌细胞数量增加，表明与再生作用有联系。线虫纲中有些种类能产生影响角质形成和蜕皮的激素，蜕皮时，这些细胞的数量明显增加，神经分泌细胞的提取物能使线虫的隔离段发生蜕皮。环节动物中沙蚕食道下神经节内的神经细胞分泌活动激素，抑制性腺成熟，促进生长和再生；蚯蚓脑神经节内的神经分泌细胞分泌的激素能刺激配子生成和副性征的出现；蚂蟥食道上和食道下神经及腹神经索至少有 2 个类型的神经分泌细胞，能产生肾上腺素或类似肾上腺素的物质。

甲壳动物十足类有多个内分泌腺，在眼柄中段的内部，有 X 器官，是神经分泌细胞的集合体，产生的激素传递到眼柄中近脑处的窦腺储存和释放。X 器官—窦腺复合体参与蜕皮，色素变化和视网膜远段色素运动的调节，还产生性腺抑制激素，调节性腺的发育。我国许多对虾育苗单位采用眼柄切除手术，或挤出眼柄中的 X 器官，都能明显地促进对虾的性成熟（提前 3～15 天）和提高产卵率；在眼柄基部上方有 1 对 Y 器官，由食道下神经节支配，产生引起蜕皮的激素；位于鳃静脉前面，横跨围心腔上方，心包器官的提取物含有多肽激素，能使心率和心搏力增加。跳钩虾卵巢能产生促卵黄蛋白源卵巢激素（VSOH），能抑制卵黄蛋白源的合成。昆虫体内的重要内泌腺有脑神经分泌细胞、心侧体、咽侧体和前胸腺等。脑和腹神经索各神经节上的神经分泌细胞，能分泌促激素，在它的作用下，一些内泌腺得以活化并释放激素，前胸腺分泌蜕皮激素，促进蜕皮；心侧体的分泌物与昆虫色素变化及血管收缩有关；咽侧体能分泌保幼激素和卵黄形成激素（又称保幼激素Ⅱ）。在幼虫期分泌保幼激素，能抑制成虫特征的出现，使幼虫蜕皮后仍保持幼虫状态；

成虫期分泌的两种激素在不同生长发育期周期性地产生，起不同的作用。前胸腺分泌蜕皮激素，与保幼激素共同作用，控制幼虫和蛹的蜕皮活动。目前人们已经成功合成保幼激素和卵黄形成激素，若喷洒于昆虫幼虫，可增加幼虫蜕皮次数；喷洒于成虫，则产生不孕现象；喷洒在卵上，能阻止胚胎发育，引起昆虫各期的反常现象，故可用于防治害虫。昆虫分泌的激素亦可分为神经激素和腺体激素两类。分泌神经激素的器官主要是脑、咽下神经节及其他神经节内的神经分泌细胞，内分泌腺主要是咽侧体和前胸腺。目前已发现的昆虫激素及其作用列于表 4-5。

表 4-5 昆虫激素的种类、来源和生理作用

激素	来源	靶器官	生理作用
促蜕皮素	脑中央神经分泌细胞	蜕皮腺	刺激蜕皮腺分泌蜕皮素
鞣化激素	脑或神经节	皮细胞层	外表皮的鞣化作用和内表皮沉积
围蛹激素	脑间部、胸腹部神经节、心侧体	皮细胞层	加速蛹的形成和鞣化
羽化激素	脑（天蚕蛾）	中枢神经	成虫羽化、蜕皮
滞育激素	咽下神经节	卵巢	产生滞育卵，使糖原在卵巢内沉积
促性腺激素	脑中央神经分泌细胞	卵巢	卵黄沉积，卵黄成熟
利尿激素	脑神经分泌细胞或胸神经节	马氏管、直肠	刺激马氏管排泄，抑制直肠吸收
抗利尿激素	脑、心侧体、神经节	马氏管、直肠	刺激直肠吸收，抑制马氏管排泄
高血糖激素	心侧体	脂肪体	从脂肪体释放甘油二脂酸
促心搏因子	心侧体	背血管	促进心搏
蜕皮素	前胸腺	皮细胞层	蜕皮作用，表皮沉积和硬化、蛹化
保幼激素	咽侧体	皮细胞层和性腺	控制变态，卵黄沉积，体型分化等
雄性激素	睾丸端细胞	性腺	控制性分化

（李永材等，1984）

2. 脊椎动物的内分泌系统

脊椎动物从水生过渡到陆生，随着身体结构、机能和代谢的复杂化，内分泌系统也不断进化。其中人体的内分泌系统最复杂，包括脑垂体、甲状腺、甲状旁腺、胰岛腺、胸腺、肾上腺、性腺、松果体等。水生的硬骨鱼类没有甲状旁腺，有鳃后腺，肾上腺的皮质和髓质分开，还有斯氏小体和尾下垂体。

（1）脑垂体。脑垂体是脊椎动物身体中最重要的内分泌腺，除本身分泌多种激素调节身体的生长和代谢外，还分泌激素影响其他内分泌腺如性腺、肾上腺、甲状腺的活动。

脑垂体的活动受下丘脑的调节。一方面，下丘脑神经分泌细胞分泌各种释放因子（激素），经由正中隆起的毛细管网（下丘脑-垂体门脉系统）影响腺垂体。另一方面，下丘脑视上核和室旁核的神经细胞纤维通过漏斗柄与神经垂体相联系（下丘脑垂体束）；下丘脑由此调节垂体的激素分泌，继而影响其他内分泌腺的活动。下丘脑分泌的激素的作用见表 4-6。

表 4-6 下丘脑释放激素

激素	结构	靶组织	主要作用	调节
促肾上腺皮质激素释放激素（CRH）	41 肽	腺垂体	刺激 ACTH 释放	多种有害刺激增加分泌；ACTH 抑制分泌
促甲状腺素释放激素（TRH）	3 肽	腺垂体	刺激 TSH 释放和催乳素分泌	低体温引起分泌；甲状腺素抑制分泌

激素	结构	靶组织	主要作用	调节
生长激素释放激素 （CHRH）	多肽	腺垂体	刺激 GH 释放	低血糖刺激分泌
促性腺激素释放激素 （GnRH）	10 肽	腺垂体	刺激 FSH 和 LH 的 释放	雄性血液中睾酮水平降低刺激分泌； 雌性激素水平降低和神经输入都刺激分 泌；血中 FSH 或 LH 水平高都抑制分泌
生长激素释放抑制激 素（GIH）	14 肽	腺垂体	抑制 GH 释放，抑制 LH、 FSH、 PRL、 ACTH、TSH 释放	运动引起分泌，激素在身体组织中很 快失活

（陈守良，1996）

神经垂体释放两种激素：血管升压素（抗利尿激素）（ADH）引起体内小动脉的平滑肌收缩从而有升压作用，同时能够增加肾脏对水的重吸收；催产素（OT）有促进子宫平滑肌收缩的作用，并且能够作用于乳腺腺泡周围的肌上皮细胞，使之收缩将乳汁挤出。腺垂体的作用比较广泛，至少产生下列 7 种激素：促肾上腺皮质激素（ACTH），促甲状腺激素（TSH），尿促卵泡素（FSH），黄体生成素（LH），催乳素（PRL），生长素（GH），黑色细胞刺激素（MSH）。它们的作用见表 4-7。

表 4-7　腺垂体分泌激素

激素	结构	靶组织	主要作用	调节
促肾上腺皮质 激素（ACTH）	肽	肾上腺皮质	增加肾上腺皮质生成与分泌类固醇	CRH 分泌刺激释放；ACTH 抑制 释放
促甲状腺素 （TSH）	糖蛋白	甲状腺	增加甲状腺素的生成与分泌	TRH 刺激分泌；甲状腺素阻止释放
生长激素 （GH）	蛋白质	全部组织	刺激 RNA 合成，蛋白质合成和组 织生长；增加糖原和氨基酸转运入细 胞；增加脂解作用和抗体形成	胰岛素和氨基酸水平升高经过 GH- RH 刺激释放；GIH 抑制释放
尿促卵泡素 （FSH）	糖蛋白	曲精细管（雄） 卵泡（雌）	增加精子生成（雄）；刺激卵泡成熟 （雌）	GnRH 刺激释放
黄体生成素 （LH）	糖蛋白	卵巢间隙细胞 （雌）睾丸间隙 细胞（雄）	促使卵泡充分成熟、雌激素的分泌、 排卵、黄体形成和黄体酮分泌；增加 雄激素的合成与分泌	GnRH 刺激释放
催乳素（PRL）	蛋白质	乳腺	促进乳腺的生长和增加乳蛋白的 合成	雌激素增加则允许释放
黑色细胞 刺激素（MSH）	多肽	上皮色素细胞 内皮色素细胞	增加黑色素的合成，增加黑色素的 扩散（皮肤变黑）	

（陈守良，1996）

　　（2）甲状腺。从圆口类到哺乳类都有甲状腺，甲状腺分泌甲状腺素，需要碘作为原料。甲状腺素使肝、肾、心脏、胰腺、骨骼肌等组织代谢率升高，氧耗量增加，产热量增加，从而调节恒温动物的体温；促进葡萄糖和脂类的分解代谢；调节蛋白质的代谢；在各种脊椎动物的发育和成熟过程中，甲状腺素起重要作用。先天性甲状腺发育不全会引起呆小症。甲状腺机能减退会导致神经系统、骨骼、性腺发育明显迟缓，代谢率降低，对疾病的抵抗力减弱；甲状腺素激素对两栖类的变态过程有重要影响，缺乏甲状腺素的蝌蚪不能变态为蛙，给蝌蚪投喂甲状腺素，能加速其变态过程。在硬骨鱼处于渗透压变化的环境中，甲状腺素能促使进行渗透压调节所需的能量代谢增强。在广盐性鱼类的洄游过程中，甲状腺素对环境盐度变化的生理适应性起着重要作用。甲状腺分泌增强使某些硬骨鱼类选择海水、某些硬骨鱼类选择淡水。

(3)甲状旁腺和鳃后腺。除鱼类外其他脊椎动物均有甲状旁腺，两栖类以后的陆栖脊椎动物也有。甲状旁腺通常有两对，和甲状腺并列。甲状旁腺分泌甲状旁腺素(PTH)，促进骨钙溶解；促进小肠从食物中吸收钙以及肾小管对钙离子的重吸收，减少碳酸根在肾小管中的重吸收，从而使血钙水平上升，血磷含量下降。除圆口类外，所有脊椎动物都有鳃后腺。非哺乳类脊椎动物的鳃后腺一般位于心脏周围。哺乳动物的鳃后腺细胞在个体发育过程中，移到甲状腺内，成为甲状腺的滤泡旁细胞。滤泡旁细胞分泌降钙素直接抑制骨质溶解，还抑制肾小管对钙、磷等的重吸收，降低血钙的水平。由于甲状旁腺素和降钙素的相反又相成的作用，可以起到调节血浆和骨骼中钙、磷的含量，维持血液中钙离子和磷酸根的浓度水平。

(4)胰岛腺。胰岛腺中有两类组织，一类是腺泡组织，分泌消化酶；另一类是胰岛组织，分散在腺泡组织中。圆口类的胰岛组织只有分泌胰岛素的 B 细胞。有颌脊椎动物的胰岛组织含有 A、B、D 3 种细胞。A(α)细胞受低血糖刺激分泌胰高血糖素，促进肝糖原的分解，使血糖升高，此外还促进脂肪分解，增加心肌收缩力；B(β)细胞受高血糖以及胰高血糖素和生长激素的刺激而分泌胰岛素。胰岛素通过下列途径使血糖水平降低：胰岛素促进肝细胞摄取、储存和利用葡萄糖，增加细胞对葡萄糖的通透性，促进细胞内葡萄糖磷酸化，促进肝糖原的生成；在肌肉中转化为糖原储存；促进脂肪细胞吸收葡萄糖和形成脂肪，还抑制脂肪组织释放游离的脂肪酸；和生长激素一起促使氨基酸加速进入细胞，合成蛋白质；抑制氨基酸通过糖原异生作用转化成葡萄糖。

(5)肾上腺(包括髓质和皮质)。髓质是交感神经的一部分，也是内分泌系统的一部分。肾上腺髓质分泌的激素主要是产生"应急"反应，如疼痛、寒冷、激动、缺氧、恐惧等紧张性刺激会引起交感神经系统兴奋，促使肾上腺髓质分泌增加，低血压、低血糖和许多药物也能引起肾上腺髓质分泌活动加强。髓质激素刺激肝脏、肌肉分解糖原，提高血糖水平；促进血管平滑肌的收缩，使血压升高，引起心脏活动加强。此外还有分解脂肪的作用，增加血浆中游离脂肪酸。

肾上腺皮质可分泌盐皮质激素，能促进肾脏对水的重吸收；糖皮质激素能促进肝外组织蛋白质的分解代谢，促进脂肪的分解代谢，也有促进糖原异生作用和调节水盐代谢的作用，还能分泌性激素。

(6)性腺。雄性的性腺为精巢，分泌雄激素，主要是睾酮和雄烷二酮。雌性的性腺为卵巢，分泌雌激素和孕激素。雌激素由卵泡的颗粒细胞、卵泡膜的内膜细胞以及黄体细胞分泌，主要为雌二醇(E2)和雌酮(E1)；孕激素主要由黄体细胞分泌，以黄体酮作用最强，作用是使子宫内膜增生，腺体分泌增加，利于胚胎着床，降低子宫和输卵管平滑肌的兴奋性，减弱其活动，刺激乳腺发育。

(7)松果体。松果体所分泌激素主要是褪黑激素。褪黑激素能使皮肤色素细胞收缩，使体色变淡，还有抑制性腺发育的作用，切除雌鼠松果体会使卵巢肥大，而注射褪色激素会使卵巢重量减轻。松果体还与生物节律有关，褪黑激素的合成有明显的昼增夜减的节律，口服褪黑激素具有帮助睡眠的作用。

其他内分泌腺还有胸腺、消化道内分泌腺、前列腺等。胸腺位于胸部稍前方，是一种淋巴器官，在幼体时特别发达，其分泌物可促进生长及抑制性器官早熟。近年研究认为胸腺能增加体内产生抗体的能力。消化道内分泌腺分泌的激素有促胃液素、促胰液素、促肠液素等，分别促进胃液、胰液和肠液的分泌。前列腺见于高等哺乳类的雄体，是生殖系统的一种附属腺体，位于尿道基部近膀胱处。前列腺既是外分泌腺，分泌稀薄的碱性乳状液体，参加精液的组成，同时前列腺又是一个内分泌腺，分泌前列腺素，这种激素也存在于卵巢内，其作用还在深入研究中，主要功能有促进精子生长成熟，激发黄体酮分泌，加速黄体溶解，抑制胃腺分泌，增强利尿，降低血压等。

此外，鱼类的尾垂体分泌紧张素，与渗透压的调节有关。昆虫、鱼类、哺乳动物等还能分泌外激素，起传递信息的作用。

四、体温调节

地球上不同地区的气温存在着极大的差异。在极地地区、高海拔山区以及深海区域的环境温度常年趋于 0 ℃；赤道沙漠地区的气温往往都超过 40 ℃；而温带地区的气温则介于上述两种极端之间，其中不同地方的气温存在着广泛的波动范围。动物需要有完善的温度调节机制，才能够生存在这些不同的环境中。

动物被分为外温动物（也称为变温动物，或冷血动物）和内温动物（也称为恒温动物，或热血动物）两大类。内温动物通过肌肉收缩产生热量使体温能够得以维持恒定和迅速升高；外温动物的体温随环境温度的变化而变化，其体温升高则依赖于吸收环境中的光能或热能。外温动物包括无脊椎动物以及鱼类、两栖类和爬行类等脊椎动物。外温动物缺乏完善的内部温度调节机制，因此体温往往接近于环境温度，并随环境温度的变化而变化。环境温度对外温动物的作用明显地比内温动物显著，只有当环境温度合适时，外温动物才能正常地执行其生理机能。外温动物的体温调节主要是通过其适应性行为调节来实现。所谓适应是指生物从形态、生理、发育或行为各个方面进行调整，适应特定环境条件及其变化，更好地在某一环境中生存和繁衍。行为调节主要包括：躲避不利温度（如夜行性以避开过热的温度），选择温度适宜的空间或活动时间（如蜥蜴在早晨通过晒太阳以增加体温）、洄游或迁徙，建立适宜小气候的隐蔽所如蜂巢等。外温动物对环境温度也存在着原始的生理调节方式，如休眠的低体温和低代谢率等。

内温动物包括脊椎动物的鸟类和哺乳类。内温动物具有完善的内部温度调节机制，体温变化范围小，如大部分哺乳类的体温在 36～40 ℃。相对高而稳定的体温使内温动物的代谢速率稳定，能够输出大量能量用于捕食、生殖、防御等活动。因此，内温动物能够摆脱环境温度变化的约束，在行为和生理上保持活跃状态和主动性，在适应陆地环境方面比外温动物更为有利，能够利用更多的潜在栖息地。例如，进入冬季以后，青蛙或蛇的代谢几乎已经停止，而大多数哺乳类和鸟类则仍能够自由地活动。内温动物的体温调节包括代谢生理调节、行为调节和形态适应 3 种方式。在形态适应上，如东北虎和华南虎，两者为不同亚种的同类恒温动物，前者在北方寒冷地区的身体趋于大型，而后者在南方温热地区的身体趋于小型，恒温动物这种体型大小与环境温度的适应性关系称为贝格曼规律。内温动物体温调节的生理过程包括产热调节和散热调节两方面，当产热和散热相等时体温的恒定得到维持。颤抖性产热即骨骼肌的不自主性震颤或战颤可以迅速补充热源，是恒温动物的一种快速而且可变的产热调节方式。当肌肉收缩时，能源物质分解的 30％能量用于肌肉收缩，70％或更多的能量被转化为热量。在身体过热的情况下，皮肤的感受器以及一些内部结构激活反馈回路，使皮肤表面血管扩张，使更多的血液流向皮肤表面，热量从体表丧失。热量可以通过 3 种物理途径丧失：①辐射，以电磁波能量从体表流向空气中；②传导，热量通过与较冷的空气或水的直接接触而丧失；③对流，空气或水流不断地流经皮肤带走热量。内温动物的散热调节途径包括流汗（1 g 液态水的汽化可吸收 2 259 J 的热量）或增加呼吸频率（如狗的喘气、老鼠的舔舌）以增加散热，也可以通过春季更换绒毛含量较少的毛被以增加隔热覆盖层的散热作用。相反，秋季更换绒毛含量较多的毛被则能够增加隔热覆盖层的保温作用。

在进化过程中，大多数动物已经产生出各种不同的适应方式，以避免过热或过冷所带来的危害。在上述内温动物与外温动物的区别中，同样可以看出它们对环境的适应。内温动物属于温度调节者，其体温相当恒定，在一定程度上不随环境温度而改变，主要依靠生理上的调节。外温动物属于温度顺应者，其体温随着环境温度而相应改变。调节者和顺应者这两种适应类型的划分同样也适用于渗透压等因素。无论是调节者还是顺应者，都是对环境的具体适应方式，都具有生物学上的合理性，两者不存在适应性高低之分，因此都能够在地球上得以生存、发展和繁荣。

◉ 本章小结

1. 动物的皮肤系统具有保护、感觉、分泌、呼吸、运动、排泄、调节体温和辅助生殖等功能，哺乳动物的皮肤分为表皮和真皮两层。表皮由深向浅依次分为生发层、透明层和角质层。生发层细胞分裂能力强。真皮层分布有丰富的毛细血管和感觉神经末梢。

2. 单细胞动物及低等无脊椎动物具有流体静力骨骼，较高等的无脊椎动物具有外骨骼，脊椎动物具有内骨骼。骨骼系统包括中轴骨骼和附肢骨骼；中轴骨骼包括头骨、脊柱、胸骨和肋骨；附肢骨骼包括带骨和肢骨。随着脊椎动物从低等到高等、从水生到陆生的发展进化，其脊椎、脑颅、咽颅、肢骨和带骨发生了较大的变化。骨骼系统具有支持、保护、运动和造血等功能。

3. 动物的运动形式主要有变形运动、纤毛或鞭毛运动、肌肉运动。变形虫的变形运动是细胞质溶胶和凝胶之间相互转变所致，有"前部收缩动力说"和"尾部收缩动力说"。纤毛或鞭毛运动，目前一般接受"滑动微管模型"学说。肌肉运动最为复杂，从形态学到分子水平都有较详细的阐述，能较好地理解肌肉运动的过程和机制。

4. 无脊椎动物有多种排泄器官以适应在不同环境中生活的需要，其进化的路线主要是从原肾管到后肾管。脊椎动物的排泄系统则经历了前肾、中肾和后肾3个阶段。肾脏的基本结构和功能单位是肾单位。肾单位包括肾小体和肾小管，肾小体又分为肾小球和肾小囊。血液由肾小球的过滤作用形成原尿，原尿经过肾小管的"重吸收""分泌"和"浓缩"形成终尿。水生动物和陆生动物，淡水生活和海洋生活的动物具有一些独特的机制以维持体内水分和盐分的平衡，维持内环境的稳态。

5. 动物由于生活环境不同而有多种呼吸器官和呼吸形式。水生动物主要有皮肤呼吸和鳃呼吸，陆生动物主要有气管呼吸和肺呼吸。无脊椎动物的肺又称扩散肺，脊椎动物的肺结构复杂，换气效率高，称为换气肺。气体交换是由于肺部和组织之间气体分压不同决定的。血色素则起结合和携带气体的作用。呼吸节律受到肺牵张反射的控制，同时受到气体分压不同及其他因素刺激相应的感受器而通过神经系统进行调节。

6. 动物的循环系统分为开管式循环和闭管式循环两大类。脊椎动物由于出现肺呼吸，循环路线由单循环演变为双循环。心脏由1心室1心房逐渐演变成2心室2心房。动脉弓也同时发生较大的演化，血管分为动脉、静脉和毛细血管，具有各自的组织学特点。心脏由心肌构成，具有自动节律性、机能合体性和有很长的不应期等特点。心动周期和心脏的射血动力学是理解心脏履行泵血功能的基础。淋巴系统是循环系统的辅助结构，还具有吞噬、防御、储血等功能。

7. 免疫系统是由一系列器官（骨髓、胸腺、腔上囊、淋巴结等）、组织（淋巴组织）、细胞（淋巴细胞、巨噬细胞、T细胞、B细胞等）以及免疫分子（抗原、抗体、细胞因子等）所构成的防御网络，使机体能够对入侵的微生物、寄生动物以及其他外来物质产生应答反应。免疫包括非特异性免疫（先天性免疫）和特异性免疫（适应性免疫）。特异性免疫有体液免疫和细胞免疫两种途径。

8. 动物由于生活环境和生活习性的不同而有多种摄食和营养方式，但随着动物的进化发展，其摄食和消化能力不断提高。由细胞内消化到细胞外消化，不完全的消化系统到完全的消化系统，并出现消化腺。脊椎动物先后出现上颌、下颌、槽生的异型齿和发达的咀嚼肌，使其机械消化的能力大为增强，同时有多种消化腺和消化酶，小肠由于其结构特点，吸收面积极大地扩大，这些都使消化吸收水平达到一个较高的层次。

9. 动物从低等到高等、从简单到复杂的进化过程中，其神经系统得到了很大的发展，从网状神经系统到梯形神经系统到链状神经系统，并分化出脑和神经节，出现反射弧，产生中枢神经系统、外周神经系统和植物性神经系统。脊椎动物的脑得到进一步发展，分化为前脑、间脑、中脑、小脑和延脑，整个神经系统有复杂的联系。

10. 感受器依其所在位置分为外感受器和内感受器，依刺激性质分为物理感受器和化学感受器。无脊椎动物和脊椎动物的感受器在形态、结构和分布位置有较大的不同，感受器的种类丰富多样。脊椎动物的位听感受器和视觉感受器则有明显的进化，得到了较好的发展。

11. 低等无脊椎动物由神经节内的神经分泌细胞分泌激素来调节动物体的生长发育，高等无脊椎动物有内分泌腺体，能分泌多种激素。脊椎动物的内分泌系统复杂，包括脑垂体、甲状腺、甲状旁腺、胰岛、胸腺、肾上腺、性腺、松果体等，它们有各自的形态特征和组织学特点以及相应的功能，其中脑垂体是最重要的内分泌腺，对其他内分泌腺有调节作用，其本身通过漏斗柄与下丘脑联系，受下丘脑的调节。

12. 动物具有不同的体温调节机制，以适应不同环境。内温动物通过肌肉收缩产生热量使体温得以维持恒定和迅速升高；外温动物的体温随环境温度的变化而变化，其体温升高则依赖于吸收环境中的光能或热能。

◉ 复习与思考

1. 简述节肢动物皮肤的结构特点。
2. 简述动物中柱骨及附肢骨的基本结构。
3. 动物的运动有哪些方式？
4. 何谓动物的内环境？如何保持内环境的稳定？内环境稳定有什么重要意义？
5. 比较脊椎动物前肾、中肾和后肾的结构和作用。
6. 尿是如何形成的？
7. 比较海洋动物和淡水动物保持内外环境渗透压平衡的调节机制。
8. 何谓呼吸？动物的呼吸有哪些方式？阐明气体交换的机制。
9. 比较脊椎动物循环系统的结构和特点以及演化趋势。
10. 说明淋巴系统的组成、特点和作用及其在循环系统中的作用。
11. 何谓免疫作用？何谓抗原，何谓抗体？
12. 何谓营养？简述营养物质的营养作用。
13. 简述从低等动物到高等动物消化系统的基本结构和变化。
14. 简述神经系统的主要功能。比较无脊椎动物神经系统的进化过程。
15. 说明内分泌系统的组成和作用，举例阐明其辩证统一的关系。
16. 说明脑垂体的结构和作用，阐述下丘脑与内分泌系统的联系。
17. 比较视网膜上视杆细胞和视锥细胞的分布和功能。
18. 比较脊椎动物视觉器官和听觉器官的演化，说明其意义。
19. 外温动物和内温动物的体温调节机制有何不同？

第五章　动物的进化

　　知道生物进化的证据；了解生命的起源，掌握物种形成的机理，了解人类的起源及发展；掌握生物进化的基本概念、基本规律和主要学说，在结合动物系统树和复习以往生物类群知识的基础上，掌握主要动物类群的进化历程和亲缘关系。

　　生命在地球上已存在38亿年，自其诞生之日起就不停息地变化，在变化中延续、演进。那么，地球生命共同的祖先是如何进化出今天地球上如此多样的动物类群的呢？新物种又是如何产生的？

第一节　生物进化的证据

　　生物进化研究方法涉及比较解剖学、胚胎学、古生物学、生理生化学以及分子生物学等各个领域，它们为生物进化提供了有力的例证。

一、比较解剖学例证

　　比较解剖学采用比较方法来研究各种不同生物的器官位置、结构及起源。比较解剖学研究有助于从现存的生物中找到生物进化的线索。

　　同源器官（homologue organ）是说明动物进化的有力证据之一。同源器官是指起源相同、结构和部位相似，但形态和机能不一定相同的器官。其典型例子是脊椎动物四肢的结构比较。蝾螈和鳄的前肢、鸟和蝙蝠的翼、鲸的鳍、鼹鼠的前肢和人的手臂，虽然具有不同的功能和外部形态，但有相同的基本结构（图5-1）。这些前肢的骨骼都是由肱骨、前臂骨（桡骨、尺骨）、腕骨、掌骨和指骨组成的。这种一致性说明这些动物起源于共同的祖先；前肢外形的差异，则是由于适应不同的环境、执行不同的功能所致。

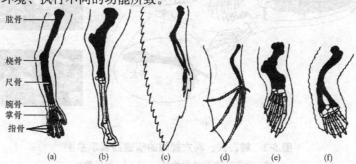

图5-1　脊椎动物前肢骨骼的比较
（a）人类；（b）马；（c）鸟；（d）蝙蝠；（e）海豹；（f）海龟

同源器官的例子可以列举很多。哺乳类的颈部具有 7 个颈椎，老鼠、人、象及长颈鹿，其至已失去了头部转动能力的海豚，都具有 7 个颈椎。各种哺乳类的头盖骨的构造形式也明显相同，都是由其他骨愈合而成的单一构造。脊椎动物的脑也呈现出共同的模式，由鱼类到人类，尽管各类脊椎动物脑的外形不同，但是基本构造十分相似，都是由嗅叶、大脑半球、视叶、小脑和延脑构成。同源器官的众多实例说明，许多动物在身体大小及生活方式方面存在明显的不同，但是，它们的一些器官在构造及发育上却相类似，说明它们具有共同的祖先及相似的遗传基础。

与同源器官相对应的是同功器官(analogous organ)，它是指功能相同、外表有些类似，但来源不相同、基本结构不相同的器官。例如，鸟、蝙蝠和昆虫都具有适于空中飞行的翅膀，但是这些翅膀的起源和结构不全相同。鸟类和蝙蝠的翅膀由前肢变态而成，而昆虫的翅膀则由胸板和侧板的一部分扩张而成。因此，鸟类和昆虫类的翅膀属于同功器官，但不是同源；而鸟的翅膀和蝙蝠的翅膀，既是同功器官，又是同源器官。同功器官并不说明在进化上有共同来源，而只说明执行相同功能的器官形成了相似的形态。

痕迹器官(rudimentary organ)也是进化的有力证据之一。痕迹器官是指生物体上已经失去用处，但仍存在的一些器官。痕迹器官在各类生物中普遍存在。例如，生活在海洋里的鲸和海牛，虽然后肢已经退化，但在体内仍保留着带骨和股骨的后肢骨痕迹，这些痕迹器官说明鲸和海牛起源于陆生动物(图 5-2)。蟒蛇的外表已看不见四肢，但在其泄殖腔孔两侧仍有一对角质的爪状物，即退化的后肢遗迹，如果解剖蟒蛇，还可以看到有退化的腰带(髂骨)和股骨。证明爬行类中的无足类型是由四足类型的祖先进化而来的。人体内也有许多痕迹器官，如腹直肌保留着残遗的肌肉分节现象，此外，动耳肌、尾椎骨、瞬膜、尖形犬牙(俗称虎牙)、体毛等都属于退化的痕迹器官。人类的盲肠和蚓突也属于退化的痕迹器官，它们都极度退化，已经完全失去消化的功能。而食草动物却有发达的盲肠，因为盲肠是食草动物消化植物性食物的重要器官。人类盲肠的退化，显然与进化过程中生活习性的改变有关。痕迹器官的存在说明具有痕迹器官的生物是从具有这些器官的生物进化而来。这些器官在它们的祖先体内是有用而存在的，后来由于无用而退化了。由于遗传的基础，这些器官没有完全消失，而是保留着各自的痕迹(陈小麟，2008)。

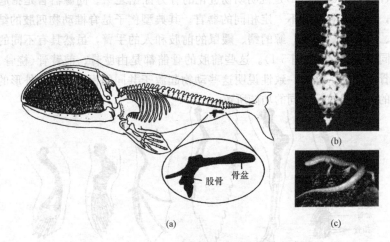

(b)

股骨 骨盆

(a)   (c)

图 5-2   鲸、人、洞穴蝾螈的痕迹器官示意图
(a)鲸(示退化的股骨和骨盆)；(b)人(示尾骨)；
(c)洞穴蝾螈(*Typhlotriton spelaeus*)(在眼部替代眼睛的是没有功能的球状组织)

二、胚胎学例证

胚胎学是研究个体发育规律的一门学科。胚胎学的研究表明，动物胚胎发育过程中有许多共同的特点。第一个特点是，所有高等动物的胚胎发育都从一个受精卵开始，而且其个体发育都有一定的阶段性。例如，青蛙的胚胎发育，从受精卵到囊胚，到原肠胚，形成蝌蚪变成青蛙，不仅形态上发生了许多变化，同时生理方面也发生着改变，尤其是环境条件的改变，由水中生活逐渐适应于水陆两栖生活。所有这些变化，都标志着动物界发展的阶段性，说明高等动物统一起源于低等的单细胞生物，是一个由简单向复杂发展的渐进过程。由蝌蚪到成蛙的个体发育过程反映了两栖类在系统发育过程中由水栖到陆栖类型的过渡。胚胎发育过程的第二个特点是，在胚胎发育过程中，性状的出现有一定的顺序性。首先出现的是门的性状（各种脊椎动物最共同的），以后顺次出现纲、属、种的性状，最后出现个体的性状。冯·贝尔（K. E. von Baer，1792—1876）通过比较多种脊椎动物的胚胎发育后，发现脊椎动物的早期胚胎具有如下共同特征：在一组动物中，属于所有动物共有的结构总是比用于区分不同动物种类的特征结构优先发生，称为冯·贝尔法则，如所有脊椎动物具有的结构，即脑、脊髓、脊索、体节、主动脉弓等都优先发生，而不同纲的特征结构，如四肢、羽毛、毛发则在后期发生。鱼类、两栖类、爬行类、鸟类及哺乳类的原肠胚及神经胚之后的早期胚胎都很相似。随着胚胎的进一步发育，它们走向各自不同的发育途径，胚胎开始依次具有各纲、目、属的特征，最终具有种和个体的特征，这种性状分化的顺序性反映了生物的演化过程，显现着它们的系统发育，标志着各纲之间的亲缘关系。第三个特点是，在胚胎发育过程中，高等动物胚胎发育阶段经历着低等动物胚胎发育的阶段。这种现象再一次说明了高等动物与低等动物之间的亲缘关系。

德国学者海克尔（E. Haeckel）1866 年提出了重演律（law of recapitulation），即生物发生律（law of biogenesis）："生物发展史可分为两个相互密切联系的部分，即个体发育和系统发育，也就是个体的发育历史和由同一起源所产生的生物群的发展历史。个体发育史是系统发育史的简单而迅速的重演。"

重演律指出，通过个体发育史可以反映出系统发育史，生物的胚胎发育过程重演了该种生物的进化历程。重演律从胚胎发育方面为生物进化提供了有力的证据，在生物进化研究中具有重大意义。研究表明，重演现象可以表现在形态结构、生理机能或生活习性上，是生物界的普遍规律。

在形态结构方面，如所有脊索动物，无论是水生还是陆生，在胚胎发育期间都有鳃裂。鳃裂后来成为水生脊椎动物的呼吸器官的一部分；对于陆生脊椎动物，鳃裂的出现似乎是无意义的，但如果从重演律的观点来看，胚胎期鳃裂的出现证明了陆生脊椎动物在其进化历程中，曾经历过鱼的阶段（图 5-3）。

在生理机能方面，从鸡胚发育过程含氮废物的排泄情况可以看到生理上的重演现象。鸡在胚胎发育早期（4 天左右）排泄氨，与鱼类的排泄物相似，稍后（6～8 天）以排尿素为主，很像两栖类，最后（10 天以后）才与鸟类一样排泄尿酸。

重演现象也可以表现在动物的生活习性方面。如常见的河蟹（*Eriocheir sinensis*），它的一生有很长一段时间在淡水中生活，但成熟的蟹每年要到江、湖、河口附近的浅海中去产卵生殖，孵化出的幼体也在浅海中生活，直到长成幼蟹，才又返回江河。这种生活习性表明，河蟹的祖先原来是在海里生活，后来才转到江河中生活。这种个体发育的重演现象同样反映出其祖先的发展历史。

个体发育的重演现象除了可以反映出该种生物的进化历程以外，还可以用来衡量不同生物之间的亲缘关系。亲缘关系越近的生物，胚胎发育过程中相似的阶段越长；亲缘关系越远的生物，相似的阶段越短。

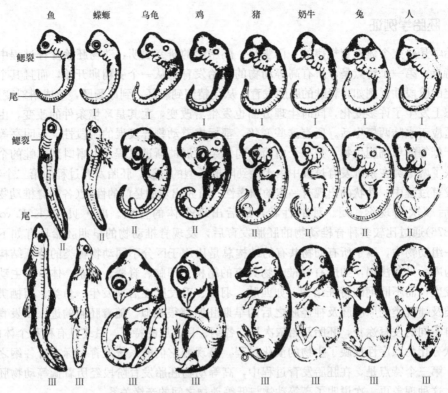

图 5-3　不同的脊椎动物胚胎在相等的发育时期鳃弓的比较

（阶段 Ⅰ、Ⅱ 各种胚胎都有鳃弓）

三、古生物学例证

古生物学是研究各地质时期不同地层中的古代动植物遗体与遗迹的科学。其具体研究对象是化石。化石（fossil）是保存在地层中的古代生物的遗体、遗迹和生命有机成分的残余物。

地球历史中的生命是以化石的形式保存下来的。研究表明，层位越低，地层中的化石越古老；层位越高，所保存的化石越进化，结构越复杂。这称为"生物层序律"。根据地层形成的历史顺序及生物出现的先后，人们将地球的历史分为 6 个代：冥古代、太古代、元古代、古生代、中生代和新生代。每代又分为若干纪，每纪下又分若干世，世下又分若干期。早古生代是指以海洋无脊椎动物和高级藻类植物为主，以及低级脊椎动物无颌类及高等植物的裸蕨类出现的阶段；晚古生代是指以海洋无脊椎动物为主，脊椎动物向陆地侵入（从出现于早古生代的无颌类逐步演化出鱼类、两栖动物及原始爬行动物，如总鳍鱼、坚头类及兽形类等），以及植物占领陆地（从裸蕨发展到石松类及其他蕨类、种子蕨类及原始裸子植物）的阶段；中生代是指爬行动物的恐龙类盛极一时，裸子植物大发展，鸟类、哺乳类及被子植物出现的阶段；新生代指哺乳类和被子植物大发展的阶段。人类出现于新生代末期。地质学的证据表明地球和太阳系在 46 亿年前开始形成，地球表面在 40 亿～38 亿年前才逐渐固结成不稳定、不连续的地壳。从 46 亿年前至 38 亿年前这段时间为地球的化学进化阶段，学者称冥古代（Haden）。前寒武太古代和元古代地层中很少发现化石。从古生代开始，有了国际公认的统一的纪。纪是用动物的某些科或属以及植物的科、属或种出现或绝灭来划分的；世是根据动物的亚科或属以及植物属种划分的；期的划分一般用化石带（表 5-1）。

表 5-1 地质时代、生物演化简表

地质时代			同位素年龄/Ma(百万年)	生物演化阶段
新生代	第四纪	全新世	0.01	
		更新世	2	真人(Homo)出现
	晚第三纪	上新世	5.2	人类祖先出现
		中新世	23	近代哺乳类出现
	早第三纪	渐新世	35	哺乳类、鸟类适应辐射，各种祖先类型出现
		始新世	57	
		古新世	65	被子植物出现
中生代	白垩纪		146	鸟类出现
	侏罗纪		208	恐龙时代开始
	三叠纪		245	龟鳖类、鱼龙出现
晚古生代	二叠纪		290	似哺乳爬行类、裸子植物出现
	石炭纪		363	两栖类开始繁盛，种子蕨出现
	泥盆纪		409	鱼类，节蕨、石松、真蕨植物
早古生代	志留纪		439	维管植物，裸蕨出现
	奥陶纪		510	有胚植物苔藓类
	寒武纪		540	硬壳动物，寒武纪生物大爆发
元古代	晚	震旦纪	850	埃迪卡拉生物群，无硬壳
	中		1 000	高级藻类出现
	早		1 600	
			2 500	真核生物出现(绿藻)
太古代			3 800	原核生物出现(菌类及蓝藻)
冥古代			4 600	生命现象开始出现

(陈小麟，2008)

　　古生物学不仅从大的类群方面证明了生物的进化，而且在物种进化方面提供了许多证据。在这方面研究得比较清楚的有马、象和骆驼等。

　　关于马的进化要回溯到大约 6 000 万年前始新世的北美洲地区。马的整个进化过程存在着广泛的适应辐射，具有大量的分支进化，而大多数的分支现已绝灭。在马的进化过程中，有 3 个方面的形态特点的变异较为重要，即体型增高、变大；趾数减少，中趾加强，侧趾退化；口齿由低冠变为高冠，齿面加大，齿面构造复杂化(图 5-4)。

　　马的进化与气候及其栖息地生态学上的改变是紧密联系的。随着栖息地的改变，马也相应发生改变，由吃有汁的嫩叶变成吃草，身体尺度及足的构造的进化有助于快速地奔跑。

　　古生物学研究有力地证实了生物的进化，并从以下方面反映了生物界进化的主要特点：第一，生物进化的总趋势是从低等到高等，从简单到复杂，从水生到陆生。第二，生物的进化与自然条件的改变是分不开的。生物类群的相互更替，某些类群和物种的出现、繁盛或灭绝，都是与外界条件密切相关的。第三，在生物类群和物种的进化过程中，都有许多中间的过渡类型。例如，最初的哺乳类和鸟类，与爬行类相似；从始新马到现代马，其中也具有许多过渡类型。

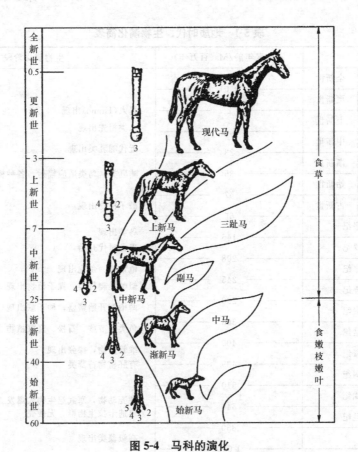

图 5-4 马科的演化

注：示由食嫩枝嫩叶过渡至食草及前肢的演化。在演化的许多系中只示其中的几个。

随着古生物学研究实例的不断增加，人们从不同地质年代发现不同于上述结论的动物群化石：

(1)埃迪卡拉"动物群"(Ediacarian"fauna")化石，最早由比林斯(Billings, 1872)发现于加拿大纽芬兰，终因由斯普里格(Sprigg, 1947)发现于澳大利亚中南部埃迪卡拉地区(Ediacara)庞德石英岩(Pound Quatzite)中的动物群化石而得名。世界各地发现的埃迪卡拉"动物群"的层位均介于晚元古代末期冰碛层之上，距今 5.8 亿~5.6 亿年前(C. Morris, 1993)，这些化石都是一些软躯体的印痕。

关于埃迪卡拉"动物群"的性质，目前主要有两种相互矛盾的解释。格拉斯纳(Glassner)学派认为，尽管很独特，但是埃迪卡拉"动物群"的化石与寒武纪开始后出现的化石类型，甚至还有一些现生的种类，显然是有联系的，这些化石大部分可以归入现存门类。其中腔肠动物刺细胞动物门占大多数(67%)，其他主要为体腔动物，包括环节动物门中的多毛类(25%)和节肢动物门的代表(5%)。塞拉赫(Seilacher)学派认为，埃迪卡拉"动物群"不是自寒武纪后生动物分异大爆发以来出现的各种主要形体结构的先驱；相反地，埃迪卡拉"动物群"所代表的是一场广泛的但是最终失败了的生物实验，因此，埃迪卡拉"动物群"不能按现代生物学的模式来解释。塞拉赫学派将埃迪卡拉"动物群"视为一个奇异的生物类群，即文德动物门(Vendozoa)(Seilacher, 1989)。由此看来，文德动物门代表了一个随着巨噬捕食动物(macrophagous predator)的出现而失败了的演化尝试。但塞拉赫学派也认为，埃迪卡拉"动物群"中并非没有真正的后生动物，但不是由印痕化石，而是由遗迹化石所代表。

(2)"寒武纪大爆发"(Gambrian explosion)。寒武纪是古生代的第一个纪。寒武纪开始大约是在距今 5.44 亿年前，结束大约是在距今 5.05 亿年前，寒武纪持续时间为 3 900 万年。最新的科学研究表明，地球上最早的生命时代与地球上最早的沉积岩的年龄相同，大约为 38 亿年，即从太古代一开始就有生命存在。推测最早的生命是在难以想象的恶劣条件下形成的。但是从 38 亿年前到 6 亿年前，在长达 32 亿年期间生命的演化十分缓慢。最早的原核生物可能出现在 35 亿年前，最早的真核生物可能出现在 20 亿年前，但直到埃迪卡拉动物群出现以前(距今 5.6 亿至 6 亿年前)，地球上生存的几乎都是简单的单细胞生物。埃迪卡拉动物群出现在晚元古代末的文德期。但从 5.6 亿年前埃迪卡拉动物群的消失至寒武纪开始 5.44 亿年之前的 1600 万年期间都没有多细胞生物的化石记录，表明这一期间可能是埃迪卡拉动物群集群绝灭的时期。而从寒武纪开始，突然出现大量多样性很高的多细胞动物，其面貌与埃迪卡拉动物群迥然不同。学者们把这个现象称为"寒武纪大爆发"。早在 140 年前，达尔文就已注意到这个现象。但是，科学家们普遍关注"寒武纪大爆发"还是最近 20 年左右的事。这是因为，前寒武系/寒武系界线附近的小壳化石在世界各地普遍被发现。布尔吉斯页岩型化石宝库(Burgess-type fossil Lagerstätte)在北美大陆和中国又有 8 处被发现(Butterfield, 1995)，其中，云南早寒武世澄江生物群的发现震惊了国内外科学界。

澄江生物群产于早寒武世玉案山组中的帽天山泥岩段，玉案山组相当于阿特达伯阶(Atdabanian)。阿特达伯阶的时限大约是 5.275 亿年至 5.25 亿年(Bowring 等，1993)，比中寒武世布尔吉斯页岩动物群早 1 000 多万年。澄江生物群包括藻类、叶足类、纤毛环超门类群(包括软舌螺类、水母状动物、帚虫类、腕足类)、环节动物类、节肢动物类以及脊索动物群等。

"澄江生物群所展示的演化模式与达尔文所预示的模式完全不同。它不但证实了大爆炸式演化事件在 5.3 亿年前确实发生过，最令人震撼的则是这一事件发生在短短数百万年(可能只有一两百万年)期间，几乎所有现生动物的门类和许多已灭绝了的生物，突发式地出现于寒武纪地层，而在更老的地层却完全没有其祖先型的生物化石发现。在这一个瞬间性突发的大事件中，不仅建立了所有现生动物门类(包括脊索动物在内)的结构蓝图，另外还有二十几个已经灭绝了的生物种，且每一个种均代表一个相当于门一级的结构蓝图。因此，'寒武纪大爆发'可看成动物门类结构蓝图诞生的大事件"(陈均远等，1 996)。

关于"寒武纪大爆发"的成因，学者们提出了收成原理说、含氧量上升说、发育调控机制说、广义演化论等许多假说加以解释，但没有一个清晰的、确凿的和令人信服的解释，至今仍是一个未解之谜。

四、生理生化学例证

生理学的研究同样为生物进化提供了证据，通过比较生理学研究，能够确定生物之间亲缘关系的远近程度。

生理学证明生物进化的经典试验就是血清(serum)鉴别法：把某种动物血液的血清注射到另一种动物的血液里，被注射动物便产生一种抗体(antibody)，从而减弱异种血清的有害影响。用这种具有抗体的血液制成的血清，叫抗血清。在这种定量的抗血清上加上另一些不同种动物的一定比例的血清，液体中就会发生沉淀现象。所取血清和抗血清的两个动物的亲缘关系越亲近，沉淀就越多；反之，则越少。因此，根据沉淀的多少，可以确定不同动物亲缘关系的远近。例如，沉淀牛血的血清，同样也可以沉淀绵羊、山羊、猪、狗、马和人的血清，但有强弱之分：对牛的最强，对于绵羊、山羊的次之，对于猪狗、马和人的反应更次之。由此说明，牛和羊的亲缘关系较近，与其他动物猪、狗、马等动物的亲缘关系较远。沉淀人血的血清也一样，对于高等猿类（如猩猩等）的血清的反应很强，对低等猴类的血清，反应极弱，说明人与猿具有较近的亲缘关系。

生物化学方面的研究也能够反映出生物的系统发展。生化分析表明：构成一切生物体的元素，基本上是一致的；构成生物体蛋白质的氨基酸均属 L 型氨基酸；生物所具有的遗传物质——核酸的结构也极为相似。这些都证明了生物是起源自共同祖先的。从不同物种的蛋白质结构的分析，可以看出它们的亲缘关系。例如，对不同物种的胰岛素（insulin）结构进行分析，胰岛素是由两条多肽链组成，其中 B 链的氨基酸是一致的；而 A 链中有一部分氨基酸在以下几种动物中有差别：

……胱—丙—丝—缬……（黄牛）

……胱—苏—丝—异亮……（猪）

……胱—丙—甘—缬……（绵羊）

……胱—苏—甘—异亮……（马）

……胱—苏—丝—异亮……（鲸）

以上几种动物胰岛素 A 链氨基酸差异的分析结果说明：黄牛和绵羊的亲缘关系是相近的；而鲸、马、猪等也具有较近的亲缘关系，这说明鲸的祖先是一种陆生哺乳动物。在利用蛋白质的结构来证明生物进化方面，除了胰岛素以外，研究得比较多的还有细胞色素 C 和血红蛋白。已有不少研究根据各类生物在细胞色素 C（cytochrome C）氨基酸组成上的差异程度，推断生物之间的亲缘关系，从而得出反映生物进化的细胞色素 C 系统树，这种进化系统树和根据形态及其他特征所绘成的系统树相比基本一致。

五、分子生物学例证

随着生物化学和分子生物学研究技术的发展，可以从分子水平研究生物的进化，直接分析遗传物质本身——核酸，揭开生物进化的内部奥秘。

研究已经证实，不同类型的生物，其 DNA 的含量存在着差别。简单、低级的生物，DNA 含量少；复杂、高级的生物，DNA 含量多。这是因为生物越复杂、越高级，就需要有越多的基因去传递复杂的遗传信息。因此，生物的进化一般伴随着 DNA 含量逐渐增加的趋势（图 5-5），DNA 含量的增加可以作为衡量生物进化的某种指标。

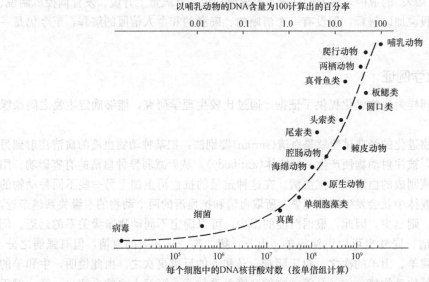

图 5-5　各种动物的 DNA 含量（Nei）（横标尺度和曲线形状是任意的）

在进化过程中，核酸除了发生量的变化以外，还发生了质的变化，即核苷酸顺序的变化。

两个种间亲缘关系越近，核苷酸的差别就越少；反之，亲缘关系越远，差异越大。人和黑猩猩的亲缘关系较近，核苷酸顺序的差异是 2.5%，而人与狐猴的亲缘关系较远，核苷酸顺序差异达 42%。

此外，动物地理学、免疫学实验、遗传学等也有一些证据证明生物的进化。

第二节　物种起源

一、生命的起源

生命是主要由核酸和蛋白质组成的具有不断自我更新能力的多分子体系。生命是一个开放系统，具有自我更新能力，与外界环境之间不断地进行着物质和能量的交换。

生命起源的过程可追溯到宇宙形成之初，通过"大爆炸"(big bang)产生碳、氢、氧、氮、硫、磷等构成生命的主要元素。可见，生命的起源及演化是和宇宙的起源与演化密切关联的。构成生命的元素如碳、氢、氧、氮、硫、磷等都来自"大爆炸"，接着在地球表面的一定条件下产生了多肽、多聚核苷酸等生物大分子。通过若干前生物系统的过渡形式最终在地球上生成了最原始的生物系统，即具有原始细胞结构的生命。至此，生物的演化正式开始，致使地球上产生了无数复杂的生命形式(图 5-6)。

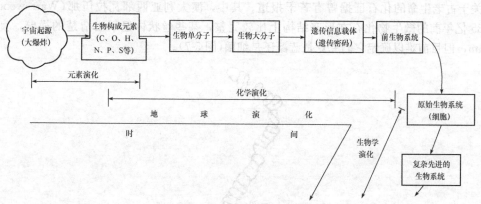

图 5-6　生命的演化历程

(一)前生物的化学演化

前生物的化学演化是指最简单的生命(有细胞结构的原始生命)出现之前的演化过程。

前生物的化学演化主要涉及化学过程，包括：①简单的生物单分子的形成，例如氨基酸、嘌呤、嘧啶、单核苷酸、ATP 等高能化合物、脂肪酸、卟啉等的非生物合成；②由生物单分子聚合为生物大分子(多聚化合物)，如由氨基酸聚合为多肽或蛋白质，由单核苷酸聚合为多核苷酸；③由生物大分子演化为多分子体系，多分子体系再演化为原始生命。

实验证明，在放电或高温条件下氨基酸可以聚合成多肽。如在混合气体(氨与甲烷)的放电试验中，不仅形成了各种氨基酸，还得到疑为多肽的粉红色聚合物。多肽的另一种合成途径是用脱水的氰化氢为原料，经脱水的液态氨处理从而发生聚合反应，产物中包含有由 12 个 α-氨基酸残基组成的多肽。这个实验的意义在于，证明了在地球早期大气圈中即使没有氨基酸也可以合成多肽。氰化氢在原始大气圈中可能是重要的组成成分。

核酸是由核苷酸聚合而成的大分子，核苷酸由核苷(核糖＋碱基)与磷酸构成。由核苷酸聚合为低聚和多聚核苷酸的实验研究在许多国家都取得了很大的进展。实验室的聚合反应的条件在早期地球表面是否具备是该研究更具说服力的关键。

(二)最古老的原始生命

1. 最早生命的生存环境

地球上最老的沉积岩有 38 亿年之久，这表明在 38 亿年前地球上已有了一个固化的地壳，地表有许多小的稳定地块，有了液态的水圈，可能存在类似湖或海的水体，生命生存的条件已基本具备。但当时的大气圈是缺氧的甚至是完全无氧的。由于没有臭氧层的保护，地球表面接受着强烈的源自太阳的紫外线辐射。地表的火山活动和岩浆活动也比现在的地球广泛且强烈得多，陨石撞击频繁，地表的温度可能比今天的地表温度高得多。来自地球化学的证据表明，太古宙早期的地表存在着热的，甚至是沸腾的海洋。

2. 原始生命及代谢方式

学者们普遍认为最早的生命是厌氧异养的、以非生物合成的有机物为营养的菌类。因此，现生的极端嗜热的古细菌和甲烷菌可能最接近地球最古老的生命形式。最原始的代谢方式可能是化学无机自养的，以二氧化碳为唯一的碳源进行硫呼吸。

3. 原始生命的古生物证据

关于古老生命的化石证据曾有若干报道。其中，澳大利亚西部瓦拉伍那(Warrawoona)群中，35 亿年前的微生物化石在形态结构上比较完整，某些丝状体显示出清楚的横壁，直径达 $9.5~\mu m$，但目前难以确定它们究竟是蓝藻还是细菌(图 5-7)。

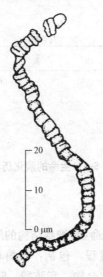

图 5-7　35 亿年前的最古老的生命化石示意图

(三)原核细胞到真核细胞的演化

经过前生物的化学演化阶段，接着又通过若干前生物系统的发展，最终在地球上产生了具有原始结构的生命，最原始的生物系统。至此，生物学演化开始，直到在地球上产生了无数复杂的生命形式。其中，细菌和蓝藻这类结构比较简单的细胞称为原核细胞。其他比较复杂的具有真正细胞核，并具有双层膜或多层膜构成的细胞器的细胞类型称为真核细胞。

不少学者认为真核细胞是通过遗传、变异和自然选择逐步由原核细胞演化而来（图 5-8）。但细胞核和细胞器是如何从细胞内分化出来，尚缺乏有力证据。

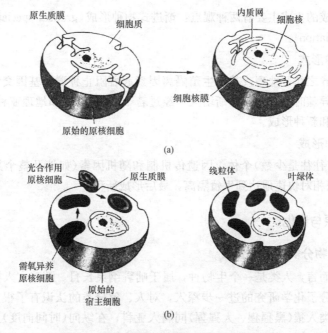

图 5-8　原核细胞到真核细胞的演化示意图
（a）直接渐进式的演化示意图（示通过原生质膜的折叠而产生由质网和核膜）；（b）细胞内共生说示意图

二、物种形成

一个物种内部分异而形成新种的过程，称为物种形成（speciation）。

现代生物学在物种形成研究中所涉及的对象主要是有性生殖的真核生物，迄今，物种形成的研究多集中于生殖隔离的起源问题。生殖隔离有很多方式：①生态隔离，如体虱和头虱是同种的两个生态亚种，由于寄生部位不同，已形成不同的适应特征；②季节隔离，如产卵季节的不同；③行为隔离、机械隔离等。

(一)物种形成的模型

1. 异域性物种形成（allopatric speciation）

与初始物种由于完全的地理隔离而进化形成新种。地理隔离是产生动物种群之间生殖隔离的最普遍的方式，如海洋与陆地、海洋与海岛、陆地与淡水水系的相互阻隔、山系、峡谷、沙漠等。

2. 邻域性物种形成（parapatric speciation）

分布区相邻，仅有部分地理隔离的种群分化形成新种。地理环境的差异导致形成渐变群（cline），它可以作为基因交流的最初隔离机制，造成不同渐变群的进一步分化，逐步形成亚种和种。

3. 同域性物种形成（sympatric speciation）

没有地理隔离的情况下发生的物种形成。这种方式往往与种群内个体间存在食性、居住小环境等方面的差异有关。

（二）物种形成方式

目前，物种形成的方式主要有两种观点：渐进式物种形成（gradual speciation）和量子式物种形成（quantum speciation）。

1. 渐进式物种形成

在物种内部分异之初，地理或其他生殖隔离因素起着阻止种群间基因交流的作用，从而促进了种群间遗传差异随时间推移而逐渐增大，经过若干中间阶段（如地理亚种），最后达到种群间完全的生殖隔离和新种形成。

2. 量子式物种形成

种群内一部分（往往是少数）个体，因遗传机制和随机因素（如涉及整个染色体组的系统突变、遗传漂移等）而相对快速地达到生殖隔离，最后形成新种。

三、人类起源与进化

（一）人类在生物分类中的位置

就生物学观点而言，人类是一个生物种，属于哺乳纲灵长目。随着古人类化石的形态学特征及现代人、猿的分子化学研究的进一步深入，对人、猿分类的认识有了很大的改变。在横向上，人类与现存的类人猿（黑猩猩、大猩猩）同属人亚科；在纵向（时间向度）上，现代人类与若干化石构成人族（图 5-9）。

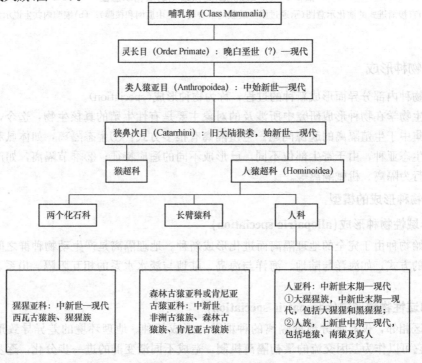

图 5-9　人、猿分类示意图

（分类方法引自郝守刚等，2000）

(二)人类的起源及发展

根据现有化石的研究，人族包括 3 属：地猿(Ardipithecus)、南猿(Australo pithecus)及真人(Homo)。

一般认为，真人是由南猿演化来的，并将人类的演化发展分为 4 个阶段：南猿、能人(Homo habilis)、直立人(Pithecanthropus erectus)及智人(Homo sapiens)。这 4 个阶段之间并不是完全的线系进化，其中有些阶段之间的过渡在不同地区参差不齐，例如直立人向早期智人的过渡，在不同地区的演化过程最大相差几十万年，较早的始于 50 万年前，较迟的约在 20 万年前。

(1)南猿。又称南方古猿，以具有粗壮的颌及厚层珐琅质的齿为特征，其他形态上具有猿和人的混合特征，生存的时代在 400 多万～100 万年前，主要分布在南非和东非。

(2)能人。能人发现于东非，生存时代为 250 万～160 万年前，已能完全直立行走。能人可能是由南猿中的阿法南猿(Australo afarensis)进化产生的。古人类从树林到永远走到地上可能与250 万年前北非从湿润森林到较干旱的草原气候环境的转变有关。能人已出现了许多真人的特征，如下颌向后扩展，犬齿及门齿小型，珐琅质薄，前白齿、白齿变窄，脑量较南猿显著加大等。能人的食性也更加杂化(肉类更多)，可以用砾石打制粗制石器(东非，距今 2.5 万年)，尚无用火证据。190 万年前，有 4 种古人类生活于非洲，其中 2 种为副人南猿，另 2 种为形态相似的能人和鲁道夫人(Homorudolfensis，距今 190 万～250 万年)。之后，由能人演化为直立人，到100 万年前，就只剩下直立人了。

(3)直立人。直立人即俗称的猿人，直立人的生存时代大致为距今 180 万～30 万年。直立人已完全失去了树栖的形态特征，可以两足奔跑，同时，两性双形现象更加变弱，鼻梁突伸。直立人已能猎取大型动物。我国已发现的直立人化石比较多，其中，元谋直立人牙齿化石于 1965年 5 月在云南元谋县上那蚌村发现，1976 年根据古地磁学方法测定，生活年代约为 170 万年前(也有学者认为其年代不应超过 73 万，即可能为距今 60 万至 50 万年或更晚一些)。根据出土的两枚牙齿、石器、炭屑，以及其后在同一地点的同一层位中，发掘出少量石制品、大量的炭屑和哺乳动物化石，证明他们是能制造粗陋的石器捕猎和使用火的原始人类。元谋人的发现，对于揭示人类演化和发展的历史具有重要的意义。北京周口店是世界上至今已发现的材料最丰富的猿人遗址，对这一阶段人类体质形态、生产活动、生活环境、物质文化和社会形态的了解具有重要价值。北京猿人(71 万～23 万年)是已知肯定的用火者，时代距今约 60 万年。

(4)智人。智人发现于亚、非、欧等许多地区，包括早期智人和晚期智人。

早期智人又称远古智人(Archaic Homo sapiens)，生活于 30 万～10 万年前，发现于非洲、欧洲和亚洲。早期智人的脑量已达到现代人的水平，他们制造的石器有很多改进，能够猎取巨大的野兽；他们能以兽皮为原料制作粗陋的衣服，不仅会使用天然火，而且可能已会取火。我国发现的早期智人化石有辽宁金牛山、北京周口店新洞人等。与此同时，生活于欧洲的早期智人称为尼安德特人(Homo sapiens neanderthalensia，简称尼人)，因其最早发现于德国尼安德特河谷而得名。

晚期智人(相当于具有现代人解剖特征的智人)在形态上已非常像现代人，出现的时间约为10 万年前，晚期智人化石最早在 1868 年发现于法国的克罗马农村，所以晚期智人最初被称为克罗马农人(Cro-Magnon man)。现在认为，现代人的亚种从 30 万年前就开始分化了。我国发现的晚期智人化石包括广西柳江人、北京周口店山顶洞人等。在晚期智人阶段，除了石器比早期智人加工精细外，还有不少骨器、角器；此外，晚期智人用石头和骨角制成的矛头，加在木棒上，制成长矛等复合工具，甚至会用陷阱捕获大的野兽，已有相当好的捕鱼技术，能够摩擦取火。

(三)现代人的起源

从肤色上，现代人分为黑种人、白种人、棕种人和黄种人4种基本类型，目前还不确定这4种类型的具体分化时间。目前，关于人类起源的诸多细节尚不确定，仍有待深入研究。

第三节　动物进化理论及进化阶段

一、动物进化理论

(一)拉马克学说

拉马克(J. B. Laluarck，1744—1829)是一位法国博物学家，科学进化论的创始人。其进化学说主要阐述在《动物哲学》(1809年)一书中。他的进化学说后来被称为拉马克学说。

拉马克学说认为生物具有变异的特性，主张生物由进化而来，生物的变异和进化是一个连续的缓慢的过程。其学说的内容可分3个部分。

1. 环境对生物体具有影响作用

拉马克认为，环境的改变能够引起生物的变异，环境的多样性是生物多样性的主要原因。拉马克还认为环境对于低等动物，对于没有神经系统和习性简单的动物，具有直接的影响。但是对于有神经系统和习性复杂的动物，环境的影响则是间接的。首先，环境发生大变化，环境的大变化引起动物需要上的大变化，需要上的大变化引起行为上的大变化。如果新的需要是经常的，那么动物就形成新的习性，而新习性导致器官机能的变化，机能的改变又引起形态构造的改变。当然，这一系列的过程都是经过许多世代的连续作用和变化，最终才形成新类型动物。

2. 用进废退和获得性状遗传

拉马克认为，动物经常使用的器官就会发达增大，不经常使用就会退化或消失；环境引起的性状的改变是可以遗传的，只要所获得的变异是两性所共有，或者是产生这两性的个体所共有，那么这一切变异就能通过繁殖而保持在新生的个体上，从而把这些改变了的性状传递给下一代，使生物逐渐发生演变。其学说的核心是用进废退和获得性状遗传。例如，对于长颈鹿的长颈的形成，他认为，"生活于非洲干旱地带，牧草稀少，它们势必摄取树叶充饥；为了达到这一目的，便伸长头颈用力获得高出的树叶，久而久之，前肢便能特别伸长，高出后肢，它的头颈也越长越长，这种获得的长颈性状遗传给下一代，逐渐积累进化出了现代的长颈鹿"。根据同样的论点，拉马克还解释了游禽类的蹼足、涉禽类的长腿长脚、食蚁兽的细长舌头、食肉动物的锐牙利齿以及海狸、水獭、海龟、蛙等的趾膜等，这些性状都是"用进"的结果。相反，器官如果经常是废而不用，则会发生退化。拉马克认为，鼹鼠长期营地下穴居生活，视觉很少使用，于是两眼就退化了。同样，食蚁兽的牙齿、鲸的牙齿、盲螈的眼睛、蛇类的四肢以及动物的大量的痕迹器官，都是废退造成的。

3. 生物按等级向上发展

拉马克不仅肯定了生物的进化，而且认为进化具有一定的方向，即由低级向高级逐渐发展。拉马克指出，生物按照正规的等级而发展的现象，只见于重要的器官，而不重要的器官则容易接受环境的影响而呈现多样性。他认为物种和属就是这样形成的。由此可见，拉马克认为生物进化的原因和动力，一是生物按等级向上发展的趋势，二是外界环境的影响。

拉马克学说在神创论占统治地位的时代背景下，推翻了物种不变论，奠定了科学进化论的基础。但是，由于科学水平和时代的局限性，拉马克在说明进化原因时，把环境对于生物体的直接作用以及获得性状遗传给后代的过程过于简单化了，成为缺乏科学依据的一种推论，并错误地认为生物天生具有向上发展的趋势，以及动物的意志和欲望也在进化中发生作用。

(二)达尔文学说

马尔萨斯(T. R. Malthus，1766—1834)的人口论，叙述了动物及植物种群，包括人口，其数量不断地以几何级数率增长，超出了环境所能供养的范围，因为环境中的生活资料只是以算术级数率增加。1838年，达尔文(C. R. Darwin，1809—1882)受到了马尔萨斯著作的启发，他认识到由于生殖过度引起的生存竞争、自然选择，是野生物种进化的强大动力。1859年，达尔文发表了著名的《物种起源》，提出了以自然选择学说为基础的进化学说。认为生物进化的主导力量是自然选择，生物进化在本质上是通过变异、遗传与选择3种因素综合作用的过程。即生物经常所发生的微细的不定变异，通过累代的选择作用，适者生存，并逐渐累积有利的变异发展成新种。相反，不适于外界环境条件的就被淘汰。

达尔文学说的核心内容包括两方面，即人工选择和自然选择。

1. 人工选择

所谓人工选择，就是人类根据自己的需求和爱好把符合要求的个体变异保存下来，并让它们传宗接代，把不符合要求的个体淘汰。通过遗传与变异的累积，逐渐形成各种品种。达尔文注意到，家养动物品种繁多，不同品种彼此差异很大，有的比自然界中的不同种甚至属还要明显。他认为，家养生物的品种是由人工造成的；野生动植物在外界条件影响下发生变异，经人类长期无意识或有计划地按照自己的需要进行选择，变异累积加强，成为家养动物和栽培植物；通过同一途径可得到它们的新品种。这便是人工选择的含义。可以看出，新品种的形成包括3个因素：变异、遗传和选择。变异是选择的原材料；选择保留了对人有利的变异，淘汰对人不利的变异，选择使变异定向地发展；遗传起着保持巩固变异的作用，没有遗传，就没有变异的积累。

2. 自然选择

其核心要点为：

(1)过度繁殖。在自然界中，一切有机体所产生的子代数远比能够活下来的要多得多。

(2)生存竞争。过度繁殖带来生存竞争，包括生存资源的竞争、种间竞争和种内竞争。其中，种内竞争更为激烈。同种个体，居住在同一地域，存在争夺食物、生存空间等的竞争。

(3)一切有机体都存在变异。自然中不存在两个个体完全相同的现象，它们的大小、颜色、生理、行为及其他情况都不相同。达尔文认为这种变异大部分是可以遗传的，虽然当时还不知道遗传的基础是基因。

(4)适者生存。适应环境的变异在生存竞争中占优势，被保留下来和生育后代；不适应的被淘汰。

在生存竞争中，具有有利变异的个体得到最好的机会保存自己；相反，那些具有不利变异的个体在生存竞争中就会被淘汰，这个过程就是自然选择。

(5)新种来源于自然选择。通过长期的、一代一代的自然选择，物种的变异被定向地积累下来，逐渐形成了新的物种，推动着生物的进化。

达尔文学说对生物进化做出了具有说服力的、规律性的论证，是人类对生物界认识的伟大成就，对推动现代生物学的进展起到了巨大的作用。由于当时科学水平的局限，达尔文学说也有某些错误观点。例如，过分强调生存竞争是由生殖过剩引起的；强调生物进化的"渐进性"，完全否认"跳跃性"进化；其所强调的许多类型变异是不能遗传的（非基因突变的改变）等。但总的来说，达尔文学说在当时是有史以来最完满的进化理论。

目前，自然选择的理论已进一步完善。

从进化角度来看，只有与生殖相关联的生存才是有意义的，因而实际考虑的不应当是生存，而是生殖。因此，自然选择是指生物与环境相互作用的结果，是有差别的生存，即个体的生存或死亡，有许多情况下以牺牲自己为代价，这种情况称为亲属选择（kin selection），获救的一方往往与自己有着密切的血缘关系，这也是类群选择（group selection）的一种形式，如工蜂失掉毒针后就会死亡，即牺牲自己来驱赶侵入者，挽救蜂王和更多的卵。在没有生死存亡的情况下，单是个体生殖机会的差异也能造成后代遗传组成的改变。那些留下最多后代的个体才是"最适者"。例如，强壮的雄鹿因得到较多的交配机会而把自己的基因更多地贡献给下一代；雄鸟竞相显示自己的美丽来获得雌鸟的青睐，从而获得更多的交配机会，这是性选择（sexual selection）。选择只作用于表型，而且只作用于与生殖直接或间接有关的表型变异；对于没有表型效应的任何遗传改变选择不起作用；选择所作用表型特征必须是遗传的，即由基因型的改变造成的表型变异，否则不能造成进化的改变。因此，自然选择所导致的进化包括两个过程：一是自然选择作用于由基因型造成的表型变异；二是表型变异又造成基因型有差异的延续。所以，综合进化学说认为选择是"不同基因型有差异的延续"。

自然选择造成的种群进化改变的方向和后果，因种群内个体适应度的分布状况不同而不同。①单向选择（directional selection），即如果种群内被选择性状的某一极端类型的适应度大于其他类型时，选择将导致该极端类型表型频率的增长，引起种群定向的（单向的）进化改变；②稳定选择（stabling selection），即如果种群内占多数的中间类型的适应度大于任何极端类型时，则选择将剔除各种极端类型的个体，导致种群在所涉及性状上的稳定和遗传上的均一化；③分异（分裂）选择（disruptive selection），即如果种群内两种或多种极端类型的适应度大于中间类型时，选择将导致种群内类型的分异和种群多向的进化改变，如果有其他因素起作用，最终有可能导致新亚种的形成（图 5-10）。

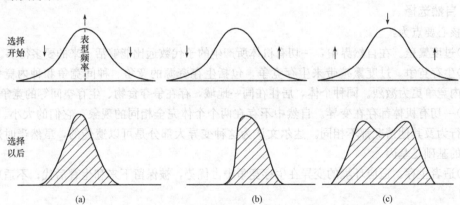

图 5-10　在自然选择的淘汰（↓）和固定（↑）作用下的种群表型频率分布变化
（a）稳定选择；（b）单向选择；（c）分异选择

（三）近代生物进化学说

1. 新达尔文学说

新达尔文学说（neo-Darwinism）是由德国生物学家魏斯曼（A. Weismann，1834—1914）、孟德

尔、德弗里斯(Hugo de Vries，1848—1935)、约翰森(W. L. Johnson，1859—1927)和摩尔根(T. H. Morgen，1866—1946)提出的生物进化学说之一。该学说否认达尔文的"获得性遗传"与"融合遗传"，将基因引入用以解释生物的遗传与变异，揭示了生物遗传变异的机制。

新达尔文学说在20世纪对进化论最有影响的工作是通过对基因的研究，揭示遗传变异的机制，克服了达尔文学说的主要缺陷；同时，又通过遗传学的手段从事进化论的研究，为进化论进入现代科学行列奠定了基础。但是，新达尔文学说是在个体水平上研究生物进化的，而进化是群体范畴的问题。因此，这一学说在解释生物进化时，在总体上具有一定的局限性。同时，这一学派中的多数学者，漠视自然选择在进化中的重要地位。因此，他们不可能正确地解释进化的过程。

2. 综合进化论

综合进化论(theory of synthetic evolution)也有人称之为现代达尔文学说。该学说是生物进化学说的主流。综合进化论是在达尔文的自然选择学说和群体遗传学理论的基础上，结合生物学其他学科(如细胞学、生态学、分类学、古生物学等)的新成就，来论证生物的进化和发展。该学说认为种群是生物进化的基本单位，进化机制的研究属于群体遗传学的范围；在物种形成及生物进化的过程中，突变、选择、隔离是3个最基本的环节；基因突变和染色体畸变是进化的原始材料。环境的变化、突变率的高低、选择的强度、群体的大小、异质合子优势(杂种优势)、自然选择模型的不同等因素的相互作用，促使在地理隔离中的生物群体渐次分化，相互间表现不同形式的生殖隔离，最终形成亚种，由此可能逐渐发展成新物种。

综合进化论不仅科学地总结了自然选择学说和基因学说等多方面的成就，而且提出了自然选择模型(保守选择和革新选择)的概念，丰富和发展了达尔文的自然选择理论，并否定了获得性遗传是进化普遍法则等流行很久的假说，使生物进化论进入了现代科学的行列；此外，综合进化学说引入了群体遗传学原理，弥补了基因论的不足。因此，综合进化论丰富和发展了进化理论，进一步揭示了生物进化的机制。

3. 分子进化的中性突变学说

20世纪60年代以来，在生物体内分子或基因的内部结构被初步揭示后，即开始了分子进化的研究。日本群体遗传学家木村资生(Kimura Motoo)于1968年首次提出"中性突变漂变假说"(neutral mutation-random drift hypothesis，简称"中性学说")。此后，美国学者稚克·金(J. L. King)、托马斯·朱克斯(T. H. Jukes)于1969年提出了支持中性学说的"非达尔文主义进化说"(non-Darwinism evolution)。

其主要内容为：

(1)突变大多是中性的，它不影响核酸和蛋白质的功能，对生物个体的生存既无害处，也无好处。这类突变有同义突变、非功能性DNA顺序中发生的突变以及结构基因中的突变。

(2)中性突变通过随机的遗传漂变在群体里固定下来，在分子水平进化上自然选择不起作用。中性学说认为，当一个生物体的DNA分子出现中性突变，既不提高也不降低它在生活环境中的生存适合度，它是通过群体中的随机交配，使这些突变在群体里得到固定、发展或者消失。许多不同物种的功能相同的蛋白质，如血红蛋白、细胞色素C、胰岛素、免疫球蛋白等，它们的氨基酸组成有很大的区别；另外，两种可以交配并产生子代的蛙(*Xencpus leavis* 或 *Xenopus mulleri*)，它们的DNA中的一些重复序列的差异达到10~100倍。上述事例表明，不受自然选择压力的中性突变，通过随机的遗传漂变在群体中得到固定和逐渐积累，从而实现种群的分化，导致新种形成。

(3)进化的速率由中性突变的速率决定，即由核苷酸和氨基酸的置换率决定。木村资生认为，在表现型水平的进化中，进化速度既有非常快的，也有像所谓"活化石"那样进化极慢的类型。但是，在基因水平上，进化速度几乎是一定的；分子种类不同，分子的置换率不同，进化的速度也不同；但是，同一分子的进化速度在不同物种中却是相同的，而且与世代时间的长短无关。

由此可见，达尔文主义、现代达尔文主义和中性学说是在不同的层次上研究生物进化问题。达尔文主义、现代达尔文主义是从个体或群体的层次出发，中性学说则是从分子水平的层次出发。两者之间的主要区别是：前者认为生物进化的主导因素是自然选择，后者则认为是中性突变；前者认为生物进化的方向与环境有必然的联系，后者则认为生物进化的方向纯粹源于生物分子随机的自由组合；前者认为生物进化的速率受环境和生物世代等因素的制约，后者则将生物进化速率的一致性、恒定性是分子进化的主要特征。由于中性突变不受自然选择的作用，中性突变的速率就等于分子进化的速率。

中性说以分子生物学的技术和数学方法的精确验证，促进了生物进化定量研究的发展。但是，中性说的进化的偶然性、中性突变是否会随环境的变化而成为"有利"或"有害"、表现型水平的进化和分子水平的进化的各自规律如何联系起来，这些问题仍然是学术界的争议之点。因此，中性学说被视为对达尔文选择学说的补充，而不是否定。

如今，除分子生物学外，古生物学研究的发展所揭示出的大进化的规律、进化速度、进化趋势、种形成和绝灭等，大大增加了人们对生物进化实际过程的了解。目前，对达尔文学说的新认识主要有：①古生物学研究表明大进化过程并非匀速、渐变的，而是快速进化与进化停滞相间的；②大进化与分子进化都显示出相当大的随机性，自然选择并非总是进化的主因；③遗传学的深入研究揭示出遗传系统本身具有某种进化功能，进化过程中可能有某种内因的"驱动"和"导向"。

二、动物进化规律

生物进化是多种多样的，进化发展的方向也是多方面的。进化发展的主流是纵向上升的发展过程，即生物从低等到高等，由简单到复杂的过程。另外，进化发展过程又存在着分支发展，分支发展是横向发展，是从少到多、分化进化的过程。进步性发展和分支发展的进化都有共同的基础——适应。生物体只有能够很好地适应于生活条件，才能得到自然选择的保存。因此，在目前的自然界当中，生存着由低等到高等的多种多样的生物种类。

随着进化研究的发展，人们发现生物的大进化具有一些规律。

(一)线系渐变与间断平衡

线系渐变(phyletic gradualism)模式认为生物逐代的微小变化可以随时间积累导致主要的进化。因此，物种形成是个缓慢过程，新种形成于老种的较大种群，在这种大种群内基因漂移及突变基本上不起作用，自然选择在物种形成中起主要作用。

间断平衡(punctuated equilibrium)模式认为大进化的主要方式包括进化停滞期(stasis)和短期的快速进化期。物种形成主要出现于种群分布范围边缘的小型、分离的种群。由于互交，突变可以迅速地在小种群内扩散开来；在这种小型、分离种群内，随机基因漂移及基因突变起主要作用，而自然选择起次要作用。主要进化出现于物种形成时期，当新种形成后，就很少有进化改变。

(二)适应辐射

适应辐射(adaptive radiation)是指从一个共同祖先类群，由于适应不同生态环境而进化成为许多新物种。适应辐射包括以下三种情况。

1. 一个类群产生了一种进化革新

这使得它们能更好地适应环境或开拓新的生活方式。例如鸟类，由于出现了羽毛并开发了飞翔功能，在白垩纪得到初步发展并从新生代初开始了适应辐射，占据了整个空中领域。

2. 集群绝灭（mass extinction）发生

由于种间竞争压力减小，使得某些生物在腾空的生态环境中得以适应辐射。地质史中有许多这样的例子，如中生代末期爬行动物尤其是恐龙的绝灭，使得哺乳类在新生代开始辐射演化，形成了约 30 目的哺乳动物，哺乳动物从原始的类型逐渐发展成适应于各种环境的特殊类群，有适应奔走的马和鹿，适应树栖的松鼠和树懒，适应水栖的鲸和海豹，适应飞翔的蝙蝠和飞狐，适应地下生活的鼢鼠和鼹鼠等。类似的例子还有生物迁移到一个新的地区并得以适应辐射，如有袋类在澳大利亚的适应辐射以及加拉帕戈斯地雀的适应辐射（图 5-11）。

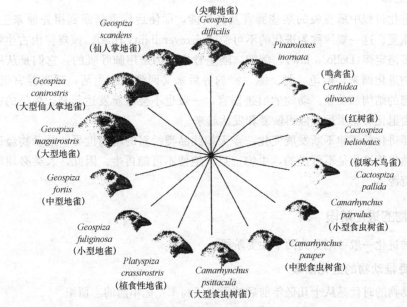

图 5-11　加拉帕戈斯地雀的适应辐射示意图

3. 趋同与平行演化

趋同（convergence）是指不同祖先的生物类群，由于相似的生活方式，整体或部分形态构造向同一方向改变。例如，哺乳类的海豚、爬行类的鱼龙及鱼纲的鲨鱼因适应在水中的快速游泳，均具有流线型的体形。

平行演化（parallel evolution）与趋同有时不易区分，它也是指不同类型的生物由于相似的生活方式而产生相似的形态，但平行演化往往指的是亲缘关系较近的两类或几类生物。例如，当有袋类在渐新世末期最终迁移到澳大利亚后，由于缺乏真兽类（有胎盘类）的竞争而得到辐射发展，产生了与旧大陆哺乳动物相似的类型，包括袋狼、袋猫、袋飞鼠、袋鼹、小袋鼠等。但也有人把这作为趋同演化的例子。

4. 重演律

生物在个体发育（这里指其胚胎发育）过程中，重演其祖先的主要发育阶段。例如，哺乳动物的早期胚胎都很相似，都有鳃裂，似乎重现了它们远古生活于水中的共同祖先的特征。德国比较解剖学家冯·贝尔认为，在大部分动物个体发育中，一般性状比特化性状出现要早，即高等动物的胚胎根本不是与低等动物的成体形态相同，而只是与低等动物的胚胎相似。

5. 重复进化

重复进化(iterative evolution)是在一个演化支系的历史中，在不同时间重复衍生出形态相似的分支，在每个重复分支之间常有上百万年的间隔。重复演化常常是从一个不太特化而且形态往往很少演化的基干线系发生，分支出来的相对特化种容易绝灭。但当环境允许时，可以从基干线系再重新演化出来。

6. 协同进化

协同进化(coevolution)指的是密切联系的不同物种之间的互补性的进化，如许多寄生动物与宿主的关系(如动物肠胃中的一些细菌)。

7. 不可逆律

动物在进化过程中所丧失的某些器官及其功能，即使后代重新回到祖先原来生活的环境，也不会重新恢复。这一规律称为进化的不可逆律(irreversibility rule)。该规律由古生物学家多洛提出，也称多洛定律(Dollo's law)。例如，陆生脊椎动物是用肺呼吸的，它们是从用鳃呼吸的水生脊椎动物进化而来，但龟、鳄、鲸、海豹等后来又回到水中生活，呼吸器官仍只能是肺，不能再恢复鳃的结构和功能。动物的痕迹器官，一般也不会重新发达起来。鸟类的祖先原是有牙齿的，牙齿退化后就永远不能再恢复和发达起来。

动物按照进化的规律不断发展变化。今天如此品类纷繁的动物世界，是动物经过长期进化的结果。既然生物进化是不可逆的，生物一旦灭绝便不可能再生。因此，人类必须珍惜并保护好现有生物资源。

三、动物的进化阶段

动物界的进化一般可划分为两个主要阶段。

(一)无脊椎动物的进化阶段

无脊椎动物的时代是从十几亿年前后的元古代到4.4亿年前的志留纪。

1. 从单细胞到多细胞

多细胞动物是由原始的单细胞动物演变而来。一般认为多细胞动物起源于原始的鞭毛虫类，因为后者有许多种类表现出向多细胞状态发展的倾向，如团藻、空球藻等。

2. 从二胚层到三胚层

原始的多细胞动物是双胚层的，类似于现代的海绵动物和腔肠动物。海绵动物和腔肠动物具有内外两胚层。内胚层是由囊胚细胞内陷或移入而成。内胚层中的腔称为原肠腔。海绵动物的原肠腔不具有消化能力，只有细胞内消化，被认为是进化过程中的一个侧枝，不再进化发展成其他高等的三胚层动物，因此海绵动物被称为侧生动物，并与其他后生动物相区别。

3. 从辐射对称到两侧对称

原始两侧对称动物和腔肠动物可能有共同的远祖——浮浪幼虫状祖先。由原始两侧对称动物再演化成为两条主支，即原口动物和后口动物。

原口动物是指胚胎发育中，胚胎的原口后来发展成为成体的口的一类三胚层动物。包括扁形动物、纽形动物、线形动物、环节动物、软体动物和节肢动物。

后口动物是指胚胎发育中，胚胎的原口后来成为成体的肛门，或原口封闭，在相反的一端(成长后前端或口面)由外胚层内陷而形成口的一类三胚层动物。包括毛颚动物、棘皮动物、须腕动物和脊索动物等。

软体动物和节肢动物都是由原始的环节动物演化而来。环节动物与软体动物不仅在个体发育上（如卵裂方式）和幼体形态（都有担轮幼虫期）等有不少类似之处，而且成体的结构也颇为相似，都有真体腔和后肾管等。环节动物与节肢动物也有许多共同特点，如体形相似，两侧对称，有分节现象等，神经系统也很相似。

此外，还有从无性到有性，从水生向陆生的进化。

一些无脊椎动物类群的进化到目前为止，还很不清楚。它们在动物界的进化位置及其亲缘关系难以确定，争论颇多，如软体动物与环节动物进化地位的分歧等。

（二）脊椎动物的进化阶段

半索动物和棘皮动物可能是由同一原始祖先分支进化而成的。一方面，半索动物和棘皮动物都是后口动物；两者的中胚层都是由原肠凸出形成；半索动物柱头虫的幼体（柱头幼虫）与棘皮动物的幼体（如短腕幼虫）形态结构非常相似；柱头虫和海胆的肌肉中都含有肌酸和精氨酸。另一方面，半索动物又具备脊索动物的性状，例如有雏形的脊索（口索）和背神经管（背神经索），以及鳃裂；脊索动物的肌肉也含有肌酸。因此脊索动物和半索动物又有其共同的祖先，即原始无头类（acrania）。

原始无头类出现在 5 亿多年前的古生代早期，它们生活在海里，身体两侧对称，蠕虫状，具有脊索、背神经管和鳃裂。后来由部分原始无头类演化出现存的无头类，即半索动物、尾索动物和头索动物；另一部分原始无头类继续进化发展成为原始有头类（Craniata），即脊椎动物的祖先。原始有头类以后向两方面发展，一支成为无颌类（Agnatha），即甲胄鱼类（Ostracodermi）（因身披甲胄而得名），另一支成为颌口类（Gnathostomata，也称为有颌类）。由于原始鱼类是在晚志留纪出现的，因此，从 4 亿多年前到现在，是脊椎动物的时代。鱼类开始出现于古生代的志留纪，距今约有 4.4 亿年。现在已知的最早期的鱼类，亦即最早的颌口类，叫作盾皮鱼（Placodermi），分化发展为各种鱼类，其中，古代的总鳍鱼类（Crossopterygii）是陆生脊椎动物的祖先。由总鳍鱼演变为四足登陆的两栖类，是脊椎动物发展史中的一个重要阶段。

大约在泥盆纪末期，最早的两栖动物坚头类（Stegocephalia）（如鱼石螈）出现了。两栖类的繁盛时代在古生代的泥盆纪，距今约有 4 亿年。

爬行类的直系祖先为古代两栖类中的坚头类。最早的爬行动物杯龙类（Cotylosauria）出现于石炭纪末，杯龙类是爬行纲进化的主干。中生代三叠纪晚期是恐龙崛起的时代。恐龙（Dinosauria）是蜥龙类（Saurischia）和鸟龙类（Ornithischia）的俗称。蜥龙类既有肉食性也有植食性，而鸟龙类全都是植食性。爬行类在中生代蓬勃发展，当时陆地上跑着恐龙，天空中飞着翼龙，水中游着鱼龙。因此，中生代也被称为爬行动物时代。

鸟类是从中生代侏罗纪 1.8 亿年前的古爬行动物进化来的，这种古爬行动物可能是类似于鸟龙类的假鳄类（Pseudosuchia）。侏罗纪开始出现古代鸟类，叫始祖鸟（Archaeopteryx lithographica）。至白垩纪，已出现类似现代鸟类结构的类群，其中少数尚残留牙齿，如黄昏鸟（Hesperornis regalis）。新生代以后是鸟类的大发展时期。

哺乳类也起源于古代爬行类，可能是兽孔类（Therapsids）。根据化石的记录，哺乳类比鸟类出现得早，在距今约 2.3 亿年的中生代三叠纪，即已演变出哺乳类。现代的哺乳类起源于原始的哺乳类，即兽齿类（Theriodontia）。至中生代白垩纪，出现了有袋类和有胎盘类。从新生代初期开始，哺乳类迅速分化发展，繁荣昌盛，新生代被称为哺乳动物时代。

（三）系统树

动物从共同的起源出发，逐渐演化成整个动物界的各个类群。动物的进化历程和亲缘关系可以用系统树(phylogenetic tree)表达。系统树又称为系谱树或进化树(evolutionary tree)。生物分类学家和进化论者根据各类生物间的亲缘关系的远近,把各类生物安置在有分支的树状的图表上,这种树状图表就称为系统树(图5-12)。树的基部是最原始的种类,沿着树干发出若干分支,越往上走,排列的动物越高等。各分支的末梢,就是现存的分类群。由于动物界的进化历史长,关系错综复杂,科学资料又不齐全,因此,系统树的设计,在各研究人员之间并不完全一致。

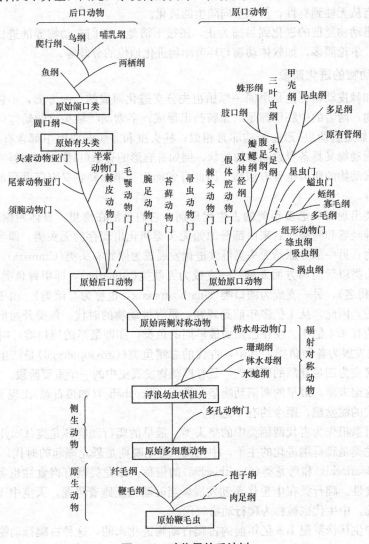

图 5-12 动物界的系统树

◉ 本章小结

1. 生物进化研究方法涉及比较解剖学、胚胎学、古生物学、生理生化以及分子生物学等各个领域,它们为生物进化提供了有力的证据。

2. 生命起源的过程可追溯到宇宙形成之初,通过"大爆炸"(big bang)产生碳、氢、氧、氮、硫、磷等构成生命的主要元素。前生物的化学演化始于宇宙空间,经历了元素到生物小分子再到生物大分子，形成多分子体系的原始生命；由原始生命进化为原核细胞，原核细胞演化为真核细胞。人类起源和进化经历了南猿、能人、直立人、智人到现代人等阶段。

3. 拉马克学说认为，环境的改变能够引起生物的变异，环境的多样性是生物多样性的主要原因；动物经常使用的器官就会发达增大，不经常使用就会退化或消失；环境引起的性状的改变是可以遗传的，只要所获得的变异是两性所共有，或者是产生这两性的个体所共有，那么这一切变异就能通过繁殖而保持在新生的个体上，从而把这些改变了的性状传递给下一代，使生物逐渐发生演变。其学说的核心是用进废退和获得性状遗传。承认生物由低级向高级逐渐发展。

4. 达尔文学说认为，生物进化的主导力量是自然选择，生物进化在本质上是通过变异、遗传与选择3种因素综合作用的过程，即生物经常所发生的微细的不定变异，通过累代的选择作用，适者生存，并逐渐累积有利的变异发展成新种。相反，不适于外界环境条件的就被淘汰。

5. 新达尔文学说在20世纪对进化论最有影响的工作是通过对基因的研究，揭示遗传变异的机制，克服了达尔文学说的主要缺陷；同时，又通过遗传学的手段从事进化论的研究，为进化论进入现代科学行列奠定了基础。

6. 综合进化论是在达尔文的自然选择学说和群体遗传学理论的基础上，结合生物学其他学科（如细胞学、生态学、分类学、古生物学等）的新成就，来论证生物的进化和发展。该学说认为，种群是生物进化的基本单位，进化机制的研究属于群体遗传学的范围；在物种形成及生物进化的过程中，突变、选择、隔离是3个最基本的环节；基因突变和染色体畸变是进化的原始材料。

7. 分子进化的中性突变学说，是在生物体内分子或基因的内部结构被初步揭示后，即开始了分子进化的研究。其主要内容：①突变大多是"中性"的，它不影响核酸和蛋白质的功能，对生物个体的生存既无害处，也无好处；②中性突变通过随机的遗传漂变在群体里固定下来，在分子水平进化上自然选择不起作用；③进化的速率由中性突变的速率决定。

8. 生物进化发展的主流是纵向上升的发展过程，即生物从低等到高等，由简单到复杂的过程。另外，进化发展过程又存在着分支发展，分支发展是横向发展，是从少到多、分化进化的过程。进步性发展和分支发展的进化都有共同的基础——适应。生物体能够很好地适应于生活条件，才能得到自然选择的保存。因此，在目前的自然界当中，生存着由低等到高等的多种多样的生物种类。其进化规律有线系渐变与间断平衡、辐射对称、趋同与平行演化、重演律、重复进化、协同进化及不可逆律。

9. 动物界的进化可划分为无脊椎动物进化和脊椎动物进化2个主要阶段。系统树（进化树）可以表示出各类生物间的亲缘关系的远近及进化关系。

◉ 复习与思考

1. 生物进化的证据有哪些？
2. 总结达尔文的进化论与拉马克进化学说的意义和不足之处。
3. 比较"新达尔文主义""综合进化论"及"分子进化的中性突变学说"的异同。
4. 动物进化有哪些规律？
5. 同源器官是怎样证明生物进化的？
6. 举例说明胚胎学是如何证明生命起源于共同祖先的。
7. 简述马的进化过程。
8. 比较鸟类和哺乳类的进化关系。
9. 举例说明动物的适应辐射进化现象。

第六章　动物与环境

🌋 **学习目的**

掌握动物地理学、生态学和保护生物学的基本概念，了解动物分布和自然条件的联系，世界和我国动物地理的区系及分布格局；掌握环境中各主要生态因子对动物的作用及其动物的适应，种群的动态，群落的结构组成和演替变化，以及生态系统的组织、结构、一般特征、能量流动和物质循环；了解动物社会行为的特征和社群行为的利与弊；掌握常见的一些动物社群行为；了解世界和我国的生物多样性现状，掌握生物多样性层次的概念及内涵，生物多样性的价值及其面临的危机，保护生物多样性的基本途径。

第一节　动物地理

大部分动物都有自己的分布区，即使是世界性分布的种类，例如我们人类本身，也不能随意生存于世界的任一角落，如在两极或沙漠地区，就极少有人类居住。生命在地表空间分布的不均匀性和生命的形态、生理、生化都是生物的特征。我们将某种动物物种在地表的分布区域称为动物分布区(species distribution zone)，在此区域内，该物种能进行个体发育并繁衍后代(左仰贤，2010)。

一、动物的栖息地(生境 habitat)

动物与环境之间有着作用和反作用的关系，动物与各种环境非生物因子(如空气、水、土壤、阳光、地形等)之间经过长期的共同进化和发展，共同形成了一个有机的整体。动物栖息地又称为生境，是一个或多个动物种群维持其生存所必需的全部条件的具体地区，如海洋、河流、森林、草原和荒漠等。对于某些体内寄生虫来说，宿主的内脏器官就是它们的栖息地。

地球上的栖息地类型非常多样化，从赤道两端的热带雨林一直到两极，从高空到深海，从宏观的地球生物圈到微观的生物器官都有可能成为动物生存的栖息地。大体来说，动物的栖息地可以分为陆地和水域两大类。陆地栖息地包括苔原、草地、荒漠、针叶林、温带落叶林、热带雨林等生态系统，水域栖息地包括淡水和海水两大类生态系统(左仰贤，2010)。

栖息地内各种要素会对动物的生活产生制约，而生活于其中动物的各种生命活动也能影响和改变栖息地，二者之间是一种动态平衡的关系。如北美的河狸(*Beaver*)就是一种对栖息地有巨大改变能力的典型生物。它们能够将一整片森林"砍伐"干净，也能够改变天然溪流的流向，并筑起"水坝"等。栖息地和生物间的平衡关系一旦被打破，超过动物的耐受限度，动物将无法在原地继续生存下去和进行繁殖，栖息地也会失去自然生产力，将无法再为生存于其中的动物提供食物和庇护等。

不同的动物类群经过长期发展演化，在生活方式、表现性状和躯体结构上都会发展出与环境相适应的特征。如长期生活在干旱炎热的荒漠地带的鼠类、蝉及昆虫，白天干燥时，他们会待在相对湿润的地洞里，直到夜间凉爽时才钻出地面进行觅食活动（牛翠娟，娄安如，孙儒泳，李庆芬，2007）。再比如北极狐为了适应北极极端的气候条件，在夏季具有薄的棕色皮毛，而冬季就换上厚厚的白色皮毛（牛翠娟，娄安如，孙儒泳，李庆芬，2007）。不同动物对栖息地的适应能力不同，有的动物对栖息地的要求不严，适宜区限较宽，栖息地的范围较大，这类动物称之为广适应性的动物，如鲤鱼、鲫鱼、鼹鼠、狐、黄鼬、喜鹊、蝮蛇、大蟾蜍等。而有的动物对栖息地的要求严格，适宜区限狭窄，栖息地的范围也小，这类称之为窄适应性的动物，如河狸、大熊猫、扬子鳄和白鳍豚等。我国的大熊猫在世界上就仅分布于四川、甘肃和陕西山区。

二、陆地自然条件和世界大陆动物分布

(一)陆地自然条件

动物区系是指某一地区在历史发展过程中形成，并在现代生态条件下存在的动物群，主要分为大陆动物区系和海洋动物区系（许崇任，程红，2008），其中岛屿和大陆水域的动物归属于大陆动物区系。由于人类对陆地高等动物的研究较为全面，对陆地动物区系的了解相对较多，因此陆地动物的数目相对较多，但这一状况会随着现代动物学对海洋动物了解越来越多而有所改变。此外，海洋环境条件相对大陆稳定，因此海洋动物的结构相对简单。

从水平面上，由于地球是一个接近于圆形的椭圆球体，太阳投射到地球表面各个区域的热能分布不均匀，使得地球陆地表面由赤道向南北两极有规律地呈现地带性的分布。即从赤道附近的热带雨林、稀树草原、亚热带温湿海洋性气候的阔叶林（deciduous forest）地带，过渡到常绿硬叶林、温带落叶阔叶林、针叶林、温带草原、荒漠、一直到极地附近的冻原地带（张恒庆，张文辉，2009）。而在垂直面上，陆地自然条件也有类似纬度带的更替，称之为垂直分布。生物分布的垂直性最根本的原因也来自太阳能量，不同海拔接受太阳能量不同，海拔每升高 1 000 m，气温下降 6.5 ℃，因此导致了不同的温度范围有不同的生物与之相适应。不同的陆地自然条件，分布着与之相适应的代表性的动植物类群。如国家级重点保护动物大熊猫、金丝猴、华南虎、云豹、扭角羚、金猫、红腹角雉等主要生活在我国秦岭和长江流域以南的亚热带常绿阔叶林和针叶林中（张恒庆，张文辉，2009）。

(二)世界大陆动物分布

魏格纳（A. L. Wegener）于 1912 年提出大陆漂移说（continental drift hypothesis），并得到了后来的板壳理论（plate tectonic theory）及其他学科的有力支持。根据大陆漂移学说，全世界的大陆在古生代石炭纪以前，曾是一个统一的整体，为一片原始大陆，称为泛大陆（pangaea），在它周围则是辽阔的海洋。后来，原来的大陆分裂，慢慢漂移分离，经过了几亿年的变迁，逐渐形成了今天的七大洲、四大洋的分布状况。原来起源于原始大陆的动物随着板块的分裂漂移，之间渐渐产生了地理隔离，并在各自陆地的地理气候条件下，最终产生了生殖隔离，产生新物种，形成了现在我们地球生物多样性的局面。如脊椎动物原来起源于北方大陆，后逐渐向南侵入才广泛分布到全世界。地球上的动物也随同原有大陆的破碎、漂流，以及地壳运动的变化，在各大洲分别参与组成不同的动物区系。科学家将世界陆地脊椎动物的分布划分为 6 个界（fauna realm）：澳洲界、新热带界、埃塞俄比亚界、东洋界、古北界和新北界。

(1)澳洲界（Australian realm）包括澳大利亚、新西兰、塔斯马尼亚以及附近的太平洋上的岛屿。

澳洲界动物区系是现今所有动物区系中最古老的，很大程度上仍保留着中生代晚期的特征。最为突出的是保存了现代最原始的哺乳类——原兽亚纲（单孔目）和后兽亚纲（有袋目）的动物。在白垩纪晚期和第三纪早期，澳洲界的有袋类可能遍布于世界的很多地方，在其他地区的有袋类随着高等哺乳动物真兽类的崛起，在生存竞争中慢慢被淘汰，然而大陆漂移使得大洋洲分离出来，形成一个"世外桃源"般的岛屿，其他高等哺乳动物未能入侵，幸存发展至今。

澳洲界有很多特有种，显示出较高的生物多样性。如鸟类中的鸸鹋（澳洲鸵鸟）、食火鸡和无翼鸟（几维鸟）、营鸟、琴鸟、极乐鸟、园丁鸟等均为本界所特有。现存最原始的爬行动物——楔齿蜥，仅产于本界新西兰附近的小岛上。蛇、蜥蜴以及两栖类均奇缺，特有种有鳞脚蜥科（Pygopodidae）的种类和极原始的滑跖蟾（Liopelma）等。澳洲肺鱼也为本区某些淡水河流中的特有种。

（2）新热带界（Neotropical realm）包括整个中美、南美大陆、墨西哥南部以及西印度群岛。

新热带界以中南美洲为主要区域，由于南美洲在第三纪以前与南极大陆、非洲和大洋洲联系在一起，因此这些地区动物区系上的特征在新热带界还得到了一定的体现（许崇任，程红，2008）。之后新热带界与上述几个大陆的分离，使得许多新的种类又得以发展壮大（许崇任，程红，2008）。因此新热带界拥有世界最大的热带雨林——亚马孙河流域的热带雨林，该区域拥有世界现存热带雨林面积的 1/3 之多，而且其间生活的动物也非常具有特色。如鸟类中有 25 个特有科生活于此，蜂鸟科虽不是本界的特有科，但种类及数量均异常丰富，达 300 多种。兽类中的贫齿目、灵长目中的新大陆猿猴、有袋目中的新袋鼠科等均为本界所特有。爬行类、两栖类和鱼类的特有种也很多，如美洲鬣蜥、负子蟾、美洲肺鱼、电鳗和电鲶等。

（3）埃塞俄比亚界（热带界）（Ethiopian realm）包括阿拉伯半岛南部、撒哈拉沙漠以南的整个非洲大陆、马达加斯加岛及附近岛屿。

埃塞俄比亚界和东洋界具有某些共同的动物群，如哺乳类中的鳞甲目、长鼻目、灵长目中的狭鼻类猿猴、懒猴科和犀科；鸟类中的犀鸟科、太阳鸟科和阔嘴鸟科等，这些反映了两界在历史上曾经有过密切的联系（左仰贤，2010）。由于长期地理隔离，旧大陆广泛分布的（如哺乳类中的鹿科、鼹鼠科和熊科）却未能在该界分布。

埃塞俄比亚界拥有丰富的特有类群和多样性的区系组成。特有的动物有 30 个科，包括哺乳类的蹄兔、长颈鹿、河马等科，黑猩猩、大猩猩、狐猴、斑马、大羚羊、非洲犀牛、非洲象和狒狒等种类则仅分布于本界。鸟类中的非洲鸵鸟和鼠鸟（Coliiformes）为本界特有种。爬行类中的避役、两栖类中的爪蟾、鱼类中的非洲肺鱼和多鳍鱼均为本区代表种类。

（4）东洋界（Oriental realm）包括亚洲南部喜马拉雅山以南和我国南部、印度半岛、斯里兰卡岛、中南半岛、马来半岛、菲律宾群岛、苏门答腊岛、爪哇岛和加里曼丹岛。

东洋界位于热带和亚热带区域，气候温暖湿润，所以植物种类丰富，植被茂密，生活于该界的动物种类繁多，特别是大型食草动物比较繁盛，如印度象、马来貘、犀牛、多种鹿类及羚羊等。

东洋界内不仅物种数目多，特有性也高。该区域的很多地方被称为世界生物多样性的热点地区。特有科包括哺乳类中的长臂猿科、眼镜猴科和树鼩科；爬行类中的平胸龟、鳄蜥、食鱼鳄等；鸟类中的和平鸟科（Irenidae）。还有为本界特著物种，如猩猩、猕猴、懒猴、灵猫、鼯狗、犀鸟和阔嘴鸟等。

（5）古北界（Palearctic realm）包括欧洲大陆、北回归线以北的非洲与阿拉伯半岛以及喜马拉雅山脉以北的亚洲（包括我国长江下游以北、日本及冰岛等）。

本界是 6 个动物区系中最大的一个。古北界与新北界（北美洲）有着相似的纬度位置，冰期时更是在两大区域间的白令海峡形成冰桥，使得两个区域的动物得以相互迁移交流，这两大区域的动物区系有许多共同的特征，因而有人将古北界与新北界合称为全北界。鼹鼠科、鼠兔科、河狸科、潜鸟科、松鸡科、攀雀科、洞螈科、大鲵科、鲈鱼科、刺鱼科、狗鱼科、鲟科及白鲟科等均为两界所共有。古北界本身也具有不少特有动物，如鼹鼠、熊猫、狼、狐、貉、鼬、獾、骆驼、獐、狍、羚羊、旅鼠以及山鹑、鸨、毛腿沙鸡、百灵、地鸦、岩鹨、沙雀等。

(6)新北界(Nearctic realm)包括墨西哥以北的北美洲。

本界动物区系和古北界的脊椎动物有很多相似的类别，且科别总数不及古北界，但新北界也有一些特有科和种，如叉角羚羊科、山河狸科、美洲鬣蜥科、北美蛇蜥科、鳗螈科、两栖鲵科、弓鳍鱼科和雀鳝科等；特有种有美洲麝牛、大褐熊、美洲驼鹿、美洲河狸和白头海雕等。

三、地球水域环境和水生动物分布

地球是一个蓝色的星球，地表有72%的面积被水覆盖，其中97.5%是海水。这个蓝色的星球上有大量的水生动物存在，然而由于人类对水生生物的研究没有陆地动物多，特别是对生活于深海的动物，研究和了解有待深入。

(一)淡水水域环境和淡水动物分布

在地球表面所有的淡水中，有87%被封存在两极冰雪、高山冰川和永冻地带的冰雪陆地里，淡水湖和河流的水量不到地球总水量的1%，而淡水动物就主要分布在这些淡水水体中。

陆地上淡水资源的多少主要和降水量有关系，降水的形式主要有降雨、降雪和露。降雨量是陆地上最主要的降水量，在高纬度地区，降雪是主要水分来源之一。

降水量直接决定了地球表面的淡水环境。首先，降水量随地球的纬度有很大的变化。在赤道南北两侧20°范围内，降雨量最大，造就了低纬度丰富的淡水环境；南北纬20°～40°范围是地球上降雨量最少的地带，使得这一区域淡水水域环境差，水资源稀缺，全球的大沙漠、戈壁滩等都位于此；南北纬40°～60°范围内，时有气旋雨，使得该区域有湿润的水域环境；极地地区降水稀少，成为干燥地带。其次，陆地上的降雨量还受到海陆位置、地形和季节的影响(牛翠娟，娄安如，孙儒泳，李庆芬，2007)。如迎风坡降雨量多，而背风坡则少；离海洋越近的大陆降雨越多；夏季降雨多冬季降雨少。

与陆地淡水环境相对应，动物也形成了各种生态适应特征和分布差异。生活在淡水中的主要动物有鱼类、两栖类、爬行类和一些中小型水生哺乳动物，还有轮虫类、软体动物、甲壳动物的鳃足类、环节动物的寡毛类和蛭类以及所有的水生昆虫等。

陆地淡水水域可分为流水水体(lotic)及静水水体(lentic)两个类型。流水水体是指沿一定方向不断流动的水体，如河流、溪流、山泉等。流水水体在不断运动的过程中能够为生活于其中的动物提供充足的氧气，并能通过水流不断带走动植物残体和代谢产物。一条河流的不同位置由于水流速度不同，沉淀于其中的底泥物质不同，决定了生活在其中的生物类别也有差异。在河流上游由于流速快，水流搬运能力强，因而河流底部的物质主要是石质，同时水中的含氧量高。与之相适应的动物是一些不畏激流的鱼类，营固着生活的海绵动物、苔藓动物和软体动物等；河流中游水速减缓，沉积作用加强，底质变为砾质或砂质，常见的动物变为一些虾类和寡毛类环节动物等；河流下游水流更加缓慢，氧气不足，沉积物更多，底质变为淤泥底质。栖息在此的动物变成适应能力强的寡毛类环节动物、蚌类、摇蚊幼虫、水生昆虫和浮游生物等。

静水水体则指不沿一定方向流动，相对静止的水体，如湖泊、池塘和沼泽等。比起流水水体，静水水体的水流平缓或不具水流，因此植物容易扎根生存。但也因为水体的不流动性，使得空气中的氧气不能在水中得以充分溶解和循环。一般来说，越靠近水面含氧量越高。因此从水面到高等水生植物生长的下限区域(称之沿岸带),具有高溶解氧、阳光足等良好的环境条件,适合各种生物在这个区域繁衍生存,是整个湖泊内生物量最大的地带。有的湖泊深度较浅,受热条件好,溶解氧含量高,因此水生生物十分丰富;有的湖泊深度较深,越接近湖底,含氧量越少,水温低,透光性也越差,不适应动植物生存,所以生物较为匮乏。

(二)海水水域环境和海水动物分布

地球表面有71%的面积被海水覆盖,海洋平均深度可以达到3 800 m,最深处甚至能达到11 000 m。人们将全球的海洋分为四大洋:太平洋、大西洋、印度洋和北冰洋。其中太平洋的面积最大。海洋不仅是生命起源的地方,也是地球上生命最旺盛的区域,海洋能提供给生物的生存空间远大于陆地和淡水,是二者总和的300倍。根据现有的科学研究,海洋里栖息有20万种以上的生物,其中90%以上是无脊椎动物。

在同一海域的不同位置,其生物的种类和数量分布有较大的差别。

首先,就水平层次来看,海洋一般可以分为沿岸带(littoral zone)、浅海带(neritic zone)和远洋带(pelagic zone)三个带。沿岸带由于每天受到海洋冲击较大,因而缺乏海洋生物;浅海带是沿岸带过渡到远洋带的海与陆地交接的区域,每天会有规律地经受2次涨潮和落潮的影响,动物的生存环境极不稳定,因而动物种类较少,只有具备特殊适应能力的动物(沙蚕、寄居蟹、柱头虫等)才能生存;远洋带由于离海岸较远,受到潮水涨落和海水飞溅等的影响较少,理化条件相对稳定,是海洋生物主要繁衍生存的区域。

其次,海洋从垂直结构来看可以分为浅海带和深海带。①浅海带是深度200 m以内的区域,这个区域一般阳光充足,盐度变化大,水运动显著,食物丰富,成为很多水生动物的良好栖息地,因此生物多样性程度高。浅海带是一些远洋鱼类的产卵区,也是浮游生物等多种动物,特别是绝大多数海洋鱼类的主要栖息地。原生动物中的放射虫和有孔虫类、腔肠动物中的水母类及桡足类、甲壳动物等是浅海带动物群落中的优势种类,鲸类、海豹、海蛇、海龟及各种头足类软体动物也能在浅海带生存。海洋的沿岸浅海区只占整个海洋总面积的2.5%,但集中了大量的海洋动植物,是人类开发和保护海洋生物资源的重点区域。②深海带是深度200 m以上的区域,海洋中有86%的洋区深度超过2 000 m,因此这个洋区可以称得上是世界最大的动物生物区域。这个区域阳光缺乏,温度低,盐度变化小,其他物理条件也十分恒定,水运动相对平缓,水压高(水深每增加10 cm,流体静压就相应地增加一个大气压),植物和食源匮缺,因此动物种类及数量都很稀少,只有少数具有特殊适应能力的动物类群才能在深海区生存下来,海绵、棘皮动物以及叉齿鱼、柔骨鱼、树须鱼、宽咽鱼等深海鱼类是常见的优势生物种群。很多深海动物的体色黝黯。随着水深加深,水压加大,深海动物为了适应这一物理条件,通常在发育过程中,骨骼骨化过程不完全,肌肉组织不发达,身体十分柔软,皮肤松弛,以承受巨大的水压。为适应深海底缺乏光照的黑暗条件,有的生物还发展出了发光能力,如有些海星、鱼类、海鳃(Pennatula)、海百合等,而大多数深海鱼类的眼睛视觉退化变成大晶体外凸的鼓眼,以更好地感受其他光源,如长须鱼。

最后,还有两种特殊的热带海洋沿岸的环境:红树林和珊瑚礁。

(1)红树林(mangrove forest)通常占据热带地区海岸区咸水淹没的地带,是热带地区一个重要的湿地群落,是海鸟、虾类和鱼类重要的繁殖和捕食场所,也是很多其他动物的栖息地。此外,红树林还具有极高的生态价值,被称作"海岸卫士",保护海岸线免受海浪侵蚀。常见生活于红树林的动物包括藤壶、海葵、牡蛎、虎鱼、弹涂鱼、海蛙、海蛇、鸟和鼠类等。形成红树林的时间十分漫长,大概需要4 000年的时间,但为了修建养鱼养虾场和开发旅游,几年来,红树林被大规模砍伐,正如国际绿色和平组织的官员布拉德·史密斯所说:"红树林曾经覆盖了热带和亚热带 3/4 的海岸线。现在只有一半得以幸存。"这对以红树林为栖息地和繁殖场所的海洋生物来说是致命的破坏。

(2)珊瑚礁(coral reef)是由成千上万的碳酸钙组成的珊瑚虫的骨骼在数百至数万年的生长过程中形成的,为许多动物提供了栖息地,如蠕虫、多毛环节动物、软体动物、海绵、棘皮动物、脊椎动物和甲壳动物,同时也是其他鱼类幼鱼的生长地,其生物物种数估计占海洋物种数的25%(M. D. Spalding, A. M. Grenfell, 1997; M. Mulhall, 2009)。在地球上的分布十分广泛。分布在南、北纬28°范围内的热带浅海沿岸区。

四、我国动物地理区系概述

我国大部分地区位于北温带气候区,有少数地区属于热带,没有寒带。该区域地形复杂,从最高的世界屋脊青藏高原到最低的吐鲁番盆地的艾丁湖之间的高差达 8 000 m 以上;海岸线长达 32 000 km,河流众多;加之第四纪冰期对我国的影响相对较小,动物区系的变化不像欧亚北部那么剧烈,因此造就了我国的动物种类极其丰富,有众多的特有种,并保留了一些古老和珍稀的物种。据调查,我国现代陆栖脊椎动物区系的起源至少可以追溯到上新世。此外,第三纪后期,青藏高原的抬升对我国动物区系的地区分化也产生了重大的影响。我国现代动物区系的轮廓是在全新世初期基本成形的。

(一)中国陆地动物区系

中国陆地动物区系可以分为 7 个大的区域:东北、华北、蒙新、青藏、西南、华中和华南区。

1. 东北区

东北区包括大小兴安岭、张广才岭、老爷岭、长白山地、松辽平原和新疆北端的阿尔泰山地。

该区气候寒冷,冬季漫长,夏季短促潮湿。植被主要由针叶林和针阔混交林构成。与之相适应的生活在该区域的动物主要是各种耐寒性好的寒温带针叶林动物群,如偶蹄目的麝、马鹿、驼鹿、驯鹿、野猪;啮齿目的灰鼠、花鼠、小飞鼠;食肉目的紫貂、猞猁、白鼬;鸟纲鸮形目的黑啄木鸟、三趾啄木鸟;鸡形目的黑琴鸡、花尾榛鸡、松鸡、雷鸟;雀形目的戴菊莺、交嘴雀、星鸦;爬行纲的极北蝰、棕黑锦蛇、胎生蜥;两栖纲的极北小鲵、爪鲵、史氏蟾蜍、东方铃蟾、黑龙江林蛙等。

2. 华北区

华北区北邻东北区和蒙新区,向南延伸至秦岭、淮河,东临渤海及黄海,西止甘肃的兰州盆地,包括西部的黄土高原、北部的冀北山和黄淮平原。

该区位于暖温带,冬季寒冷,但夏季高温多雨。因此植物在夏季生长旺盛,在冬季则落叶枯萎。区域内原有的植被类型包括各类温带森林植被、针阔混交林、针叶林、森林草原,但由于大部分地区被开垦为农田,所以现有植被主要为草地和灌丛。华北区的动物种类比较贫乏,特有种少。为了适应不断缩小的森林面积及逐渐扩张的草原、草甸环境,在草甸、灌丛、农田、荒山沟谷等环境中分布有岩松鼠、社鼠、复齿鼯鼠、沟牙飞鼠等小型兽类,代表动物为麝鼹、大仓鼠、北方田鼠、长尾仓鼠、黑线仓鼠、原鼢鼠、草兔、巢鼠等。

3. 蒙新区

蒙新区东起大兴安岭西麓,往西沿燕山、黄土高原北部、祁连山、新疆昆仑山一线,直至新疆西缘国境线。

蒙新区大部分地区为典型的大陆性气候，寒暑变化大，土质贫瘠，昼夜和季节温差剧烈，雨量少，干旱。在这样的气候条件下，高大的乔木不能生长，耐旱的草本植物十分繁盛，因而形成的生态系统不是森林，而是草原和荒漠生态环境。与之相适应的动物区系主要由温带荒漠、半荒漠动物群组成。有蹄类动物、鸟类中的百灵科和蜥蜴目中的沙漠生种类是构成动物群的主体。代表动物有黄羊、达乌尔黄鼠、草原旱獭、各种跳鼠（如五趾跳鼠）、蒙古羽尾跳鼠、草原田鼠、狭颅田鼠、草原鼢鼠、草原鼠兔、背纹毛足鼠、长爪沙鼠、蒙古百灵、沙百灵、云雀、地鸦、毛腿沙鸡、大鸨、蓑羽鹤、灰伯劳、草原沙蜥和丽斑麻蜥等。中小型食肉目动物较多，常见种类有黄鼬、香鼬、艾鼬、雪鼬、伶鼬、石貂、黄喉貂、狼、狐等。有蹄类代表动物为双峰驼、野马、野驴、黄羊及羚羊等。

4. 青藏区

青藏区包括青海（柴达木盆地除外）、西藏和四川西北部和青藏高原。

该区域大部分地区的海拔达到 4 500 m 以上，气候寒冷，冬季漫长，没有夏天。在这样的气候条件下形成的主要是高山草甸、高山草原和高寒荒漠生态系统。与之相适应的动物区系主要由高地森林草原、草甸草原、寒漠动物群组成。典型的动物有哺乳纲中的白唇鹿、野牦牛、藏羚羊、藏盘羊、藏驴、喜马拉雅旱獭、白尾松田鼠、根田鼠、藏仓鼠、高原各种鼠兔；鸟纲中的雪鸡、雪鸽、黑颈鹤、藏马鸡、蓝马鸡、西藏沙鸡、雪鹑、虹雉、雉鹑、高原山鹑、岭雀等；两栖及爬行动物中的温泉蛇、高原蝮、西藏竹叶青、喜山鬣蜥、红尾沙蜥、高山蛙、倭蛙和西藏蟾蜍等。青藏高原哺乳动物特有种多达 33 种，白唇鹿、马麝等是青藏高原的特有种（张恒庆，张文辉，2009）。此外，高原的隆升对鼠兔的多样性产生的影响最显著，16 种鼠兔中，有 9 种仅分布于青藏高原（冯祚建等，1986）。

5. 西南区

西南区包括四川西部、贵州西缘和昌都地区东部，北起青海和甘肃的南缘，南抵云南北部，向西包括喜马拉雅山南坡针叶林以下的山地。

该区域境内的气候主要为亚热带湿润性气候，少部分地区有热带季雨林气候，降水较多，夏季炎热多雨，冬季降水少，由于海拔高差大，自然条件的垂直差异显著。地形地貌和气候的多样性使得西南地区拥有极为显著的生物多样性，是全世界生物多样性热点地区之一。其植被类型除不含高寒草原、高寒荒漠和西北区的温带、暖温带荒漠、荒漠草原外，几乎包括了如热带雨林、热带季雨林、亚热带常绿阔叶林、亚热带针叶林、针阔混交林等十余种从东部季风区海南岛再到东北北端的几乎所有地带性植被类型。与之相适应的动物区系也丰富多样，且垂直变化显著。主要是高地森林草原、草甸、寒漠动物群和亚热带森林、林灌草地、农田动物群。高地森林草原、草甸草原、寒漠动物群代表动物有鼠兔、林跳鼠、喜马拉雅旱獭、斑尾榛鸡、戴菊莺、旋木雀和青海沙蜥等；亚热带林灌、草地、农田动物群代表动物有世界珍奇动物大熊猫、金丝猴、牛羚和小熊猫以及灵猫、竹鼠、猕猴、黑麂、鹦鹉、太阳鸟和啄花鸟等，而最具代表性的动物则为塔尔羊、长尾叶猴、红胸角雉、棕尾虹雉、血雉、南亚鬣蜥、喜山小头蛇、喜山蟾蜍、齿突蟾等。

6. 华中区

华中区西半部北起秦岭，南至西江上游，除四川盆地外地区。相当于四川盆地以东的长江流域。

该区域除部分地区气候较干寒外，大部分地区是亚热带季风气候，温暖湿润，降水和热量都比较充沛。山地、高原、平原和丘陵等地形在该区都可见，植被类型有森林、灌丛和农田，三种类型常常交错在一起。与这些生态系统相对应，分布在本区的动物类群主要是亚热带林灌、草地、农田动物群。如狗獾、黄喉貂、日本雨蛙、黄胸鼠、褐家鼠、鼹鼠、金腰燕、画眉、大山雀、蜡嘴雀、白头鹎、泽蛙、饰纹姬蛙、红点锦蛇、乌梢蛇等。华中区大部分区域位于东洋界，因此东洋界的代表性动物都在本区可见，如红面猴、大灵猫、食蟹獴、豪猪、穿山甲、华南兔、黄嘴白鹭、牛背鹭、白颈长尾雉、火赤链、眼镜蛇、尖吻蝮、竹叶青、斑腿树蛙。该区的特有动物并不多，主要是獐、黑麂、白鳍豚、白颈长尾雉、扬子鳄、大头平胸龟、隆肛蛙、东方蝾螈、中国雨蛙等。

7. 华南区

华南区包括云南及两广的南部、福建东南沿海一带以及台湾、海南岛和南海各群岛。

该区地处南部亚热带和热带地区，气候炎热多雨，年均雨量一般在 1 500 mm 以上。植物在该区生长繁茂而多层次，属热带雨林和季雨林气候。但由于人类的砍伐，原始森林所剩不多，变成了次生林灌、芒草坡和农田。丰厚的植被和自然条件孕育了种类繁多的动物类群，主要的动物区系是热带森林、林灌、草地、农田动物群。在西部的滇南山地被称为"动物王国"，是全国动物种类最多的地区，包括鹦鹉、犀鸟、懒猴、长臂猿、鼷鹿、原鸡、绿孔雀、飞蜥、蛤蚧、蟒蛇、滇蝾螈、黑蹼树蛙等典型的热带动物。华南区的特有动物也比较多，有闽广沿海地区的黑叶猴、果蝠、白额山鹧鸪、鹊色黄鹂、鳄蜥、崇安地蜥、红吸盘小树蛙、瑶山树蛙；海南岛有黑长臂猿、白臀叶猴、孔雀雉、原鸡、海南兔、海南闭壳龟、粉链蛇、海南树蛙等。

(二)中国海洋动物区系

中国海域面积达 473 余平方千米，海岸线长达 32 000 km，大陆架占世界大陆架总面积的 27.3%。海域气候多样，横跨温带、亚热带及热带。此外，成千上万条大大小小的河流最终汇入大海，带来各种丰富的营养物质，使得我国海域的动物资源十分丰富。据记录，我国有 1 500 多种的海洋鱼类。据刘卫霞等人在 2007 年对我国北黄海大型底栖动物的研究，北黄海海域大型底栖动物就有 322 种，包括多毛类 147 种，软体动物 62 种，甲壳动物 82 种，棘皮动物 15 种和 16 种其他动物(刘卫霞，于子山，曲方圆，隋吉星，张志南，2009)。

我国的海洋动物调查研究中对鱼类的研究相对较多，以下三个区域为我国海洋鱼类的地理分布区：①黄、渤海区。位于太平洋西部，北起鸭绿江，南至长江口。该区有很多江河汇入，因此水质营养丰富且盐度低，是许多鱼类的产卵场所，有暖温性鱼类 120 种，暖水性鱼类 60 余种，冷温性鱼类 20 余种(张春霖等，1955)，是我国冷温性鱼类最多的区域。代表性的鱼类有小黄鱼、比目鱼、鳕鱼、高眼鲽、牙鲆等。②东海区。包括浙江、福建沿海海域。该区域包含有 800 多个岛屿，水深较浅(一般不超过 200 m)。分布在该区域的鱼类中暖水鱼约有 230 种，暖温性鱼有 160 多种，冷温性鱼类 10 多种(朱元鼎，张春霖等，1963)。主要鱼类有大小黄鱼、带鱼、鳓鱼、鲳鱼、鲷及鳗类等。③南海区。我国广东以南海域。该区地处热带及亚热带，区域内虽然有 400 多个岛屿，但海水较深，地形复杂。沿岸有很多江河(如珠江)流入，带来了丰富的营养物质，成为很多鱼类栖息和产卵的地方，共有 810 种鱼类，以亚热带和热带鱼类为主(中国科学院动物研究所，中国科学院海洋研究所，上海水产学院，1962)。如海鲶、红鳍笛鲷、鲱鲤、东方旗鱼、灰旗鱼、白枪鱼、大眼金枪鱼、黄鳍金枪鱼等。

第二节 动物生态

随着经济社会的高速发展，人类对自然资源的不合理和过度利用，以及对生态环境破坏的加剧导致了生态系统的结构和功能严重失调，已威胁到了人类的生存和发展。致使人们渐渐地将更多注意力转向生态学的研究和发展，因此生态学在近几十年来得到了空前的发展。

德国生物学家 Ernst Haeckel 在 1966 年最早提出了生态学（ecology）的概念，他认为生态学是研究有机体与其周围环境相互关系的科学。这个定义强调的是有机体与非生物环境之间，有机体之间的相互作用（孙儒泳，李庆芬等，2002 年）。之后各国的生态学家给生态学也下了多种不同的定义，但是大多数学者还是采用 Haeckel 的定义。生态学的研究对象主要有个体、种群、群落和生态系统四个层次。生态学是一个较大的学科体系，按照不同的标准划分有不同的分支科学。按研究对象的生物类型划分，可以分为动物生态学、昆虫生态学、植物生态学、微生物生态学和人类生态学等（孙儒泳，李庆芬等，2002 年）。

动物生态学是生态学的分支，是从生物种群和群落的角度研究动物与其周围环境相互作用和关系的科学。研究对象主要包括动物与生存条件的关系；不同的环境条件下，动物种群的变化，动物种内和种间，动物群落的形成、结构和动态等（冯江，2005）。

一、动物与环境

环境（environment）是指某一特定生物体或生物群体周围一切的综合，包括空间及直接或间接影响该生物或生物群体生存的各种因素（孙儒泳，李庆芬等，2002）。环境需要有一个特定的主体，相对于主体的其他物质就是环境因素。在动物生物学中，动物就是相对于其他条件和物质的主体。

动物的生存和发展需要依赖环境，而动物的生存及生活行为又反过来影响环境。二者之间是互动和辩证的关系。环境对动物的影响是直接的，不同的光、热、水环境造就了不同的动物栖息地，而这些环境因素直接影响了动物的形态、生长发育、种群分布、繁殖策略和生存策略等。如大部分在热带雨林里生存的动物，适应了高湿热水平的环境，就无法在寒冷的极地等环境生存。如雨蛙科的大部分物种分布在美洲的热带地区。然而动物也并非消极的适应环境，动物会根据环境的特点，从各种生理形态和行为上产生不同的适应性行为。如生存在寒冷地区的动物通常会有厚厚的皮下脂肪层或是较厚的皮毛来抵御寒冷。长期生活在海洋里的哺乳类动物海豚、蓝鲸、白鳍豚等为了适应水中快速的游泳，长期趋同进化出了流线型的体型（张恒庆，张文辉，2005）。

动物反过来对环境又会有一定的影响和作用。动物的生长、发育、繁殖和死亡等行为和过程都会对环境造成一定的影响。如动物在呼吸作用过程中释放出的二氧化碳进入大气就变成了其他绿色植物光合作用的原料。动物在生命活动过程中排泄出的有机代谢物和动物的残体经分解者分解后最终又进入土壤环境，改善土壤的养分状况。个别动物对自然环境的作用是非常明显的，如北美常见的河狸（Beaver）能够用自己的牙齿咬伐周边的森林，用树枝和泥土等将当地的河流和溪流围堵起来，建成水坝，俗称河狸坝，然后用树枝搭建住所，外表涂上泥浆，完全封闭，防止其他动物的侵扰。此外，河狸坝的水库还可以储存树枝等越冬的食物。河狸对自然环境的改造作用是巨大的，建造河狸坝能大大提升原本的溪流或河流的水位，使得原本的陆地变成了湿地，而河狸的咬伐行为会让周边的森林渐渐消失。人类对环境的影响和作用更加巨大，人类自产生和发展几百万年来，对地球地貌的改造程度令人瞠目，将森林、草原、山地都一一改造成了人类生产生活和娱乐的场所，且这种改造愈演愈烈。随着经济的发展，人类对自然资源过度的利用和对环境过度的改造引发了一系列的环境污染、生态破坏等后果，这些后果已反过来开始影响人类的生存和发展。

生物的生存离不开环境，凡是有机体生活和发育所不可缺少的外界环境因素统称为生存条件。生态因子（ecological factor）是对生物起作用的各种环境因子。生态因子通常可以分为非生物因子和生物因子两大类。非生物因子又可分为气候因子、土壤因子、化学因子、地形因子4种类型。生物因子包括生物之间（同种或异种生物之间）的各种相互作用，如竞争、捕食关系等。气候因子包括光、温度、湿度、降水、风等。土壤因子主要是指土壤的各种特性，如土壤结构、有机物和无机物的营养状态等。化学因子主要包括气体（氧、二氧化碳、氢等）、盐度和酸碱度（pH）等。地形因子包括各种地面特征，如海拔高度、坡度、坡向。

人为因子是指人类对生物和环境的各种作用。人类活动对各种生物的影响和对环境的改变作用越来越大，因此，人类对生物的作用是其他生物所不可比拟的。

任何生物的生活总会受到生存在同一地方的其他生物的影响，存在相互关系。生物与生物之间的相互关系是多种多样的，同种生物内部不同个体之间的关系称为种内关系（intraspecific relationship），不同物种生物体之间的关系则称为种间关系（interspecific relationship）。生物因子与非生物因子比较，对动物的影响具有以下几个特点：①通常生物因子的影响。只涉及一部分个体，例如，只有个别个体被捕食等。而非生物因子，如温度、降水等，对所有个体的影响基本是相等的。②生物因子的作用大小，通常与个体数量的多少即密度的高低有关，因此，生物因子也称为密度制约因子（density dependent factor），而非生物因子则称为非密度制约因子（density independent factor）。例如，当个体数量越多，密度越大，则相互之间的竞争也就越激烈。③虽然有机体与非生物因子的影响也是相互的，但生物之间的相互影响、相互依赖程度更加密切和复杂（陈小麟，2005）。

生态因子与生物之间的相互作用是复杂的。第一，每个生态因子在环境中对生物的作用并不是单独的，而是与其他生态因子一起共同影响生物的。如动物的生长发育是依赖于水分、光照、土壤和其他环境因子的综合作用；第二，生态因子对生物的作用并非均等的，其中有一个会起到决定性的作用，这个因子称之为主导因子；第三，生物在生存的不同时期，各种生态因子对其的作用强度也不同，有阶段性；第四，一个生态因子的缺少不能由另一个来替代，但可以依靠相近的生态因子来补偿，获得相似的生态效应（孙儒泳，李庆芬等，2002）。

1. 生态因子作用的基本规律

生态因子对生物起作用的方式有一定的规律可循，最小因子定律、限制因子定律和耐受性定律就是其中几个基本的规律。

（1）利比希最小因子定律（Liebig's law of the minimum）。利比希最小因子定律最初由德国的农业化学家利比希（Liebig）提出。他在研究各种生态因子对作物产量的影响时，发现作物的生长并没有受到自然环境中大量存在的物质（水、二氧化碳）等的限制，而是受到植物需要量小，且在自然环境中也微量存在的（如硼、镁、铁等元素）的限制，从而提出了"植物的生长取决于处在最小量的必需物质"的定律。即在决定生物生长的各种因子中，决定某种生物生存和分布的根本因素是低于该种生物需要的最小量的因子，而非最大量的因子（沈国英，施并章，2002），这就是利比希最小因子定律。但需要注意的是，该定律只有在严格物质和能量的输入和输出处于平衡稳定的状态下才能应用，如果稳定状态受到破坏，各种物质的需要量都会不断变化，这时就没有最小量可言。

(2)限制因子定律(laws of limiting factor)。Blckman 在 1905 年发展了利比希最小因子定律，提出了限制因子定律。他认为生态因子不仅在低于生物正常生长所需的最小量时能够限制其生长，而且生态因子高于生物正常所需的最大量时也能限制和影响生物。此外，Blackman 还指出，在外界光、温度、营养物等因子数量改变的状态下，生理现象（如同化过程、呼吸、生长等）的变化通常有 3 个要点：生态因子处于最低状态时，生理现象全部停止；在最适状态下，显示了生理现象的最大观测值；在最大状态之上时，生理现象又停止(孙儒泳，李庆芬等，2002 年)。

(3)耐受性定律(laws of tolerance)。美国生态学家谢尔福德(V. E. Shelford)于 1913 年提出来耐受性定律："任何一个生态因子在数量上或质量上的不足或过多，即当其接近或达到某种生物耐受限度时会使该种生物衰退或不能生存。"许多学者在后来根据谢尔福德的耐受定律做了一定的扩展。任何一个物种都会对每一种生态因子有一个耐受限度的范围（在耐受上限和耐受下限之间），这一范围称为生态幅或是生态价。而在这个耐受范围当中包含有一个最适区，生物的生长发育、生殖、数量或分布在这一区域内处于最佳。

谢尔福德的耐受性定律表明，不同物种对同一生态因子的耐受性是不一样的，而同一物种对不同生态因子也有不同的耐受性。对生态因子具有较大耐受范围的种类，分布比较广泛，这些种类被称为广适性生物(eurytropic organism)，反之则称为狭适性生物(stenotropic organism)。例如，根据动物对温度因子的耐受性相应可分为广温性动物(eurythermal animal)和狭温性动物(stenothermal animal)，对盐度因子相应又有广盐性(euryhaline)和狭盐性(stenohaline)动物之分，等等。

研究表明，动物或植物极少生存在它们的最适环境中。大部分生物由于受到其他物种的竞争而生存在非最适环境，在非最适环境中它们的竞争更有可能获胜。例如，许多沙漠动物在非干旱环境中能够生活得更好，它们生活在干旱环境是因为在该环境条件下能够获得最大的生态利益。生物极少生存在它们的最适环境中的另一种解释是环境总是不断改变着。如果生物要一直生活在最适环境，那么，它们就必须不断地改变其分布地点。目前，许多生态学家已经认识到，应当更多地从进化的角度探讨生物如何开拓、适应特定栖息地。在生存竞争中能够获胜是生物产生其特定耐受性的主要原因。强调进化重要性将有利于人们能够更好地了解物种与栖息地环境的相互关系。

2. 地球能量环境对动物的作用及动物对地球能量环境的适应

太阳以电磁波的形式向宇宙不断地释放能量，即太阳辐射。虽然地球所接受到的太阳辐射量仅为太阳释放能量的二十亿分之一，但却是地球上最根本的能量来源。太阳辐射所带来的光和温度构成了地球上的能量环境。绿色植物通过光合作用将太阳能和二氧化碳转化成氧气和化学能，而氧气和植物体内的化学能是地球上各种生物繁衍生息的基础。

太阳辐射到达地球大气圈时，经过大气圈的吸收、反射和散射，仅有一部分以光的形式投射到地球表面。地球表面的太阳辐射受到太阳高度角、海拔高度、纬度、季节等因素的影响。第一，太阳高度角与太阳辐射强度成正比。太阳高度角是太阳光束与地面的交角，因而太阳高度角越大，太阳辐射穿过大气层的路程越短，太阳辐射强度越强。赤道地区达到最大值，呈 90°角。第二，随着海拔高度的上升，大气密度越来越小，大气对太阳光的吸收、反射和散射等作用也逐渐减弱，因而地球表面接收到的太阳辐射能量也增强。第三，随纬度逐渐加大，太阳辐射量也在逐渐减少。纬度每增加 1°，地表平均气温约下降 0.5 ℃。第四，夏季接受太阳辐射量高于冬季。

地球表面的物体吸收太阳辐射后温度升高，同时释放出热能，热能的吸收与散发之间的平衡决定了地球表面的温度变化。太阳辐射、地表的水陆分布和地表物体的性质共同决定了地球表面的温度。影响太阳辐射的主要因素同样影响地球表面的温度变化，地表的水陆分布和地表介质的性质也影响地表的温度变化。由于水的比热大，相较于陆地，水域的温度变化幅度小。如海水温度的昼夜变化不超过 4 ℃，而沙漠地区的昼夜温差可以达到 30～50 ℃。此外，地球表面覆盖有不同物质，如沙漠表面覆盖有沙子，森林表面是各种层次的植被，城市表面主要是人造的建筑物，农田表面覆盖的是低矮的农作物等，这些表面覆盖物对地表温度的影响也很大。同一纬度范围内，森林和农田等表面覆盖有植被的地区温度变化较小，而表面覆盖有沙石和大量人造建筑物的地区温度变化较大。

(1)温度对动物的作用及动物对温度的适应。任何动物都是在一定的温度范围内活动的，而且这一温度范围相对较窄，大约在零下几摄氏度到 50 ℃ 之间。根据动物和环境温度的相互关系，通常将动物划分为常温动物和变温动物，常温动物在环境温度变化时能大致维持恒定的体温，变温动物的体温会随着环境温度变化而变化。

温度影响生物的生长和发育，而地球上生物群系的分布和温度带一致的事实也证实了温度和生物密不可分的联系。生物体内各种酶催化反应的速度会随着温度的升高而加快，但每一种酶的活性都有一个最适宜的温度范围，低于或高于这一温度范围都会导致酶的活性降低。温度对生物的作用可以用三基点温度来概括，即最低温度、最适温度和最高温度。动物在最适温度下生长发育迅速良好，在最低或最高温度以内仍然能维持生命但停止生长发育，若温度低于最低温度和高于最高温度，酶的活动受到制约，将会对动物的生存产生危害，甚至死亡。温度对生物生长和发育的影响主要是通过对酶的影响而产生的。

①低温对动物的伤害以及动物对低温的适应　低温对生物的伤害主要有两种：冻害和冷害。冻害是当温度低于−1 ℃时，细胞间隙间形成冰晶，使得原生质失水破裂，最终使蛋白质失去活性或变性。冷害或寒害是温度在 0 ℃以上对喜温生物在低温条件下受害或死亡。长期生活在寒冷气候的内温动物(通过自己体内氧化代谢产热来调节自身的体温)经过长期的进化和适应，发展出一系列适应低温生活的在体表、生理和行为上的适应性特征：

a. 减少体表散热。寒冷地区生活的内温动物往往有较小的体表面积，表现为个体更大，以减少热丧失。这一现象也称作贝格曼定律。此外，寒冷地区内温动物身体突出的部分(尾巴、耳朵和四肢)也有变短变小的趋势，也是为了减少热损失。这一规律称为阿伦规律。

b. 增强自身的保暖机制。通过增加羽毛或皮毛的密度及质量，或增加皮下脂肪的厚度等来达到隔热保温的效果。如藏羚羊为了适应寒冷干燥的气候条件，发展进化出了细腻和高密度的皮毛，其羊绒的平均直径是 13.40 μm，其皮毛被称为"软黄金"。再如，海豹为了适应水里低温的生活，体脂肪的面积达到了躯干横切面积的 58%。

c. 自身生理调节来抵御寒冷。首先，内温动物肢体中动静脉血管呈几何排列，以增加逆流热交换，从而减少体表散热。其次，有些内温动物为了抵御寒冷会表现出空间异温性，表现在动物身体主要部分的温度和局部部位的温度是不同的，通过降低局部体温来减少热散失。最后，有的动物通过增加基础代谢或通过非颤抖性产热来增加热量。其中，非颤抖性产热主要是小型哺乳动物冷适应产热的主要途径。非颤抖性产热是小型哺乳动物体内的褐色脂肪组织的线粒体内膜上独特的蛋白质质子通道受到冷刺激时会打开，使得氧化磷酸化解偶联，由呼吸链生物氧化产生的跨膜质子梯度通过质子通道回到膜内，而全部能量以热的形式释放(孙儒泳，李庆芬等，2002 年)。

d. 行为上适应低温。最常见的两种方式是迁徙和集群。动物通过迁徙来选择在适应温度的地区生活，如候鸟在冬天一般会向南迁徙。集群是动物依靠身体彼此紧贴聚集在一起的方式减少热散失。最典型的皇企鹅靠集群的方式度过冬季 100 天左右的禁食期。

变温动物一般通过冬眠来渡过寒冷的冬季。

②高温对动物的伤害以及动物对高温的适应　温度超过生物适宜温区的上限后就会对动物产生有害影响。高温会导致有机体脱水，破坏酶的活性，促使蛋白质凝固变性，造成缺氧、排泄功能失调和神经系统麻痹等。动物对高温的适应也表现在形态、生理和行为等几个方面。在形态上有些动物会在夏季高温的时候减少体脂肪量，换上薄而短的皮毛或改变皮毛的颜色来适应高温。如北极狐在冬季具有厚而白的毛，而到了夏天则是薄的棕色毛。在生理上，主要是适当地放松以恒定体温。此外，动物还主要通过出汗和喘气蒸发降温。在行为上，动物主要通过及时补充水分和到阴凉的地方等行为避免高温伤害，有的动物还会表现出昼伏夜行和穴居等适应行为，夏眠或夏季滞育等也是有些动物适应高温的方式。

(2)光对动物的作用及动物的适应。动物所需要的能量都直接或间接地来源于太阳光，光作为生态因子，主要从光质、光照强度和光照长度三个方面来作用于动物，而动物也从这三个方面做出对应的适应。

①光质对动物的影响及动物的适应。太阳光谱成分可以看作光质。根据光的波长长短，太阳辐射可以分为短波光(波长小于 380 nm)、可见光(波长在 380～760 nm 之间)和红外线(波长大于 760 nm)三类。光质在空间和时间上有一定的变化规律。在空间上，短波光随着海拔的升高而增加，随着纬度的增加而减少；在时间上，夏季短波光多，冬季长波光多，中午短波光多，早晚长波光多(丁圣彦，2004)。不同波长的光对动物的影响不同。大多数脊椎动物和人类只能看得见可见光，因而可见光的强度及其照射长度对动物有显著的影响。短波光的紫外线能够促进体内维生素 D 的合成，但可能引发人类皮肤红疹甚至皮肤癌。而昆虫则能够看见短波光，且许多昆虫对紫外光具有趋光性，它们的新陈代谢依赖于紫外线。因此在农业上，人们常常利用这种趋光现象来诱杀农业害虫(丁圣彦，2004)。

②光照强度对动物的影响及动物的适应。光照强度是地表单位面积上可以接收到的光。因此，地理位置、海拔高度、地形特点、季节等都会影响地表所能接受到的光照强度。光照强度在地表的变化在时间和空间上有一定的规律：在时间上，夏季光照强度最强，冬季最弱，中午最强，早晚较弱；在空间上，随着纬度的升高，光照强度减弱，随着海拔的升高，光照强度增强。在北半球，南坡的光照强度大于平地，平地的光照强度大于北坡。南半球则相反。

光照强度主要影响动物的生长发育和体色。有的动物在有光的环境下发育生长较快，有的动物的生长发育则需要在黑暗的环境中进行，也有的动物的生长发育需要光暗交替的条件。如蛙和鲑鱼的卵在有光照的条件下，孵化和发育的速度较快。海洋深处的浮游动物在黑暗的环境下能更快地生长。而蚜虫在光暗交替的条件下，能产生较多的有翅个体。但适当的光照强度能促进很多昆虫卵的发育，而过强的光照会延缓或抑制其发育。有些动物的体色也会随着光照强度的变化而变化，一般来说，动物的被光面体色浅而朝光面体色深。

为适应不同的光照强度，动物在行为、外部形态等方面都产生了适应性的变化。首先，动物的行为和活动时间与光照强度有直接联系。有的动物适应白天强光下活动(昼行性动物)，有的则适应傍晚或黑夜的光线条件下进行活动(夜行性动物或是晨昏性动物)。其次，有的动物活动的时间也会随着季节变化、光照时间的变化而有所改变。最后，在外部形态上，动物为适应不同的光强也产生了一定适应性的变化特征。习惯在黑暗条件下生活的动物，如夜行性动物(如深海鱼等)最明显的是在视觉器官上产生了遗传的适应性特征。夜行性动物的眼睛较大，眼球较为突出。很多深海鱼类具有发达的视觉器官或者本身具有发光器官。

③光照长度对动物的影响及动物的适应。光照长度随着季节和地理位置的不同有一定规律的变化。除两极外，在北半球，日照时间随着纬度的升高而昼长增加。在季节上，春分和秋分

昼夜相等，夏至昼最长，冬至昼最短。春分至秋分昼长夜短，秋分至春分昼短夜长。因此位于不同地理空间的动物，由于光照时间长度不等，其生长和繁殖的规律也不同。

许多动物的活动行为、体温变化、能量代谢以及激素变化等都表现出 24 小时循环一次的现象，即昼夜节律的现象。如人类通常白天活动，夜晚休息。动物的昼夜节律是动物随着各种环境因子(光、温度、湿度等)和食物、天敌等因子的昼夜变化而适应的表现。

生物对地球光照长度周期性的变化，经过长期的进化，产生了一系列的有规律的变化反应，即生物的光周期现象。如植物在春天开花，秋天结果，候鸟在冬天向南飞行等现象。动物为了适应地球有规律性的光照长度的变化，在迁徙、繁殖、换毛换羽等都表现出光周期现象。首先是迁徙，鸟类的迁徙最明显，很多鸟类的迁徙都是光照时间长度的变化引起的。如大雁在冬季向南飞行越冬，春季向北飞行繁殖。其次，很多动物(高纬度地区的哺乳动物，如雪貂、野兔、刺猬等)的繁殖跟光照长度有着密切的关系。有些动物(如羊、麝、鹿等)随着春季白昼的延长开始繁殖，而有些动物则随着秋季白昼的缩短开始繁殖。此外，研究表明，鸟兽的换羽换毛也是受光周期的控制，大部分兽类在春天和秋天换毛以适应气候冷暖的转换。

3. 地球物质环境对动物的作用及动物对地球物质环境的适应

水、大气和土壤构成了动物生活的栖息地和空间，存在于其中的各种常量元素和微量元素共同组成了地球的物质环境，物质环境为动物的生存和繁衍生息提供了基本条件。

(1)水分对动物的影响及动物的适应。水是构成所有生命体的基本介质，生物体内一般含水量为 60%～80%，有的水生生物(如蝌蚪等)含水量可以高达 93%(孙儒泳，李庆芬等，2002)(表6-1)。生物体内的新陈代谢和各种物质的输送也必须在水溶液中进行。水的特性决定了它是一切生命物质的基础。水的主要特性有高比热、三态变化、特殊密度变化和具有极性。第一，水的比热容达到 4.2 kJ/kg，高比热意味着水在升温和降温时需要吸收或释放出大量的热量，从而使得生物能够在外界温度的急剧变化时保持一定的体温，免受伤害。第二，水具有三态变化。水有固、液、气三种形态，在三种形态的转化过程中需要释放或吸收大量的热量，这一热量转化过程对生物系统的能量利用起到了重要的作用。第三，水具有特殊的密度变化。水温为 4 ℃时，水的密度最大；在高于 4 ℃时，水的密度随着水温的下降而增加；0～4 ℃时，水的密度随着温度降低而减少。0 ℃的液态水比固态冰密度更大。因而在冬天，冰块可以漂浮在上面，有阻止水温继续下降、保温的作用，从而保护了水生生物不受冻害。第四，水具有极性，是最好的溶剂，能够保证生物体内各种物质的溶解和转运。

表 6-1　部分动物体内含水量

动物种类	含水量/%
水母	95
软体动物	80～92
鱼类	80～85
鸟类和兽类	70～75

(丁圣彦，2004)

由于周围水环境的不同，陆生动物和水生动物对水的适应有着不同的适应机制。但总体来说，所有动物对水的适应策略就是保持体内的水平衡，就是将体内的水分量和外环境的水分量保持在一个动态平衡的状态。其中，陆生动物依靠水分的摄入和排出达到水平衡，而水生动物则依赖水的渗透调节作用。

①陆生动物。陆生动物对水的适应策略主要是通过摄水和失水，让体内水分保持在一定量上的平衡。由于水在陆地环境上不容易得到，因此大部分陆地动物获得水分最直接的方法就是通过饮水、代谢水、进食获取食物中的水分等。有些两栖类和无脊椎动物可以通过皮肤吸收潮湿环境中的水分来获得水分。也有些生活在缺水环境下的动物常利用身体自身代谢过程中产生的水分（代谢水）来补充体内水分。

失水的主要途径包括皮肤蒸发、呼吸失水和排泄失水等。生物暴露在外的皮肤会因蒸发作用失水，一般情况下，温度越高，皮肤蒸发失水量越大（夏素素，2014）。动物在有氧呼吸的第二个阶段会消耗掉一定的水分。动物通过排泄、流汗等方式也排出一定的水分。不同的陆生动物失水的主要途径不同。小型鸟类失水的主要途径是呼吸失水和皮肤失水，如戴胜、百灵和角百灵等小型鸟类在 25 ℃的条件下通过蒸发失去的水分占所有失水量的 70%以上（W. R. Dawson，1982）。在干旱的生存环境下，陆生动物的摄水量变得有限，因而主要靠减少失水的方式保持体内水平衡。陆生动物主要从行为、生理两个方面来适应干旱环境。在行为上，通过昼伏夜行和迁徙等方式减少失水。如沙漠地区的动物（啮齿类、爬行类和昆虫）通常在白天躲在洞内，夜间再出来活动。有些动物在遇到水分和食物不足的旱季时，为了躲开干旱环境直接迁徙到别处。在生理上，动物减少水分丧失的方式更加多种多样，但主要包括三类：通过改变体表的生理结构减少蒸发失水，如爬行动物有很厚的角质层，鸟类具有羽毛，哺乳动物具有皮脂腺和体毛，昆虫的体壁具有几丁质等；通过呼吸过程中的逆流交换机制减少呼吸失水，如在荒漠中生活的骆驼能通过逆流交换回收呼出气体中 95%的水分；通过肾脏对水分的重吸收和减少蛋白质代谢产物排泄失水。在荒漠生活的鸟兽，如更格卢鼠尿中盐浓度比血浆高出 17 倍。有些陆生动物（两栖类、兽类、蜗牛、爬行类和昆虫等）为了减少排泄失水，在排泄蛋白质的代谢产物时不排耗水量大的氨，而排耗水量低很多的尿素或尿酸（丁圣彦，2004）。

②水生动物。水环境根据盐度的不同，分为淡水和海水两种，由于水生动物体通常具有渗透性，周围不同盐度的水环境与水生生物体内的水环境之间就会产生一定的渗透压，因此，水生动物为了适应水环境，就需要通过调节渗透压来达到平衡。

在淡水环境下，水的盐度通常为 0.02‰～0.5‰，水生生物的渗透压通常高于周围水环境，因此水会通过各种途径从环境中进入有机体。如淡水硬骨鱼在呼吸时，水经鳃和口腔扩散到体内，而多余的水分通过肾脏排出，体内的盐离子通过鳃和尿排出，以保持水平衡。在海水环境中，海水盐度为 32‰～38‰，海洋动物的渗透压通常低于周围环境，动物体内的水分会不断通过鳃流出，而盐通过鳃进入动物体内。因此海洋动物需要排出多余的盐分补偿丧失的水。如海洋硬骨鱼通过吞海水补充水分，通过少排尿降低水分丧失。有的水生动物比较特别，它们既能够适应淡水环境，又可以适应海水环境。如一些洄游于淡水和海水之间的鱼类则能够通过在淡水中增大排尿量和多摄取盐，而在海水中减少排尿量，吞海水和多排盐的方式达到水分平衡（孙儒泳，李庆芬等，2002）。

(2)大气组成及生态作用对动物的影响和动物的适应。大气的主要成分有氮气、氧气、二氧化碳、水蒸气和其他一些稀有气体。其中氮气、氧气和二氧化碳在干燥空气中所占的比例较高，分别为 78%、21%和 0.03%。在这些组分中，氧气和动物的关系最为密切。氧气是大部分动物（除厌氧生物外）呼吸反应的原料，动物生存消耗的能量直接来自食物的氧化过程，动物的生存一刻都离不开氧气。大气中的氧气主要源自绿色植物的光合作用，氧气的含量在不同的环境下会有一定的变化。氧分压会随着海拔的增高而降低，地面的含氧量通常高于水里。因而生活在高海拔地区和水里的动物发展了更多的方式以适应低氧环境。

氧气是生活在水里的动物的限制因子。动物的代谢率会随着氧气含量的高低变化而改变。

一般情况下，动物的代谢率随着氧气分压的下降而下降。在缺氧环境时，有些鱼类可以生存一段时间，依赖于无氧代谢，但溶解氧长时间持续下降最终还是会导致鱼类不能生存。此外，水中溶解氧的含量还会随着温度的升高而降低，因此夏季高温的夜间，在小的水域里容易导致水生动物缺氧死亡。

生活在高海拔地区的动物为了适应高海拔低氧环境，会提高自身利用氧的能力，如提高血红蛋白的结合能力，增加骨骼肌中的肌红蛋白浓度和增加深度呼吸等方式来适应低氧环境。

（3）土壤对动物的影响及动物的适应。土壤指的是地球表面的一层疏松的物质，由各种颗粒状矿物质、有机物质、水分、空气、微生物等组成。土壤为植物生存提供了必需的养分，也为动物提供了各种生存必需的元素和栖息地。土壤是地球各圈层很多能量物质交换的介质和场所，如固氮作用和各种动植物残体的分解都是在土壤中进行的。土壤也是各种水、空气和固体废弃物的最终去处，有的污染物通过土壤中各种有机物和无机环境之间的相互作用得以分解和转化；有的污染物则不能降解，将长期累积在土壤中危害土壤及其生物。

土壤中的动物包括无脊椎动物和脊椎动物，常见的土壤动物类别包括蚯蚓，部分大型节肢动物，多数线虫、螨类、弹尾虫等节肢动物，原生动物和少数脊椎动物（如鼹鼠等），其中原生动物在土壤中的分布数量较多，可达到 $10^6/g$ 土，但这一数量随着季节和时间波动较大。在种类、数量和对土壤的影响力上面，无脊椎动物都占了绝对优势。

总体来说，土壤相较于大气环境，其温度和湿度的变化幅度较小，因此更加稳定。为土壤动物提供了避高温、干旱、大风和阳光直射的生活环境。不同土壤具有不同的理化性质，而这些性质直接影响了在其间生活的动物，而各种土壤动物的生命活动又反过来影响土壤的理化性质。土壤动物经过长期的进化适应发展出了与周围土壤环境相适应性的特征。

①土壤的物理性质对动物的影响及动物的适应。土壤的物理性质主要包含土壤结构质地、水分、空气和温度几个因子。第一，土壤结构质地。根据土壤颗粒质地不同，土壤可以分为砂土、壤土和黏土。这三类土保湿能力依次增加而透气性依次降低。土壤质地直接影响生活于其中的动物的分布。有的动物更适应高保湿低透气性的壤土，有的更适应高透气低保湿性的土，而有的则喜好介于中间的土壤。如很多原生动物喜欢质地湿润的土壤，细胸金针虫多出现在黏土中，沟金针虫多发现于壤土和粉砂黏土中，蝼蛄喜欢湿润且含沙量较多的土中等（丁圣彦，2004）。此外，大部分土壤都有一定的结构，包含土壤颗粒的排列形式、孔隙度及团聚体的大小和数量，其中最好的结构是团粒结构。良好结构的土壤有利于土壤动物和微生物的活动和生长，而无结构或结构不良的土壤则起到抑制作用。第二，土壤水分。土壤水分是存在于土壤缝隙和颗粒间的水分，其主要来源于降水和灌溉水。土壤水分不仅为动物生存提供了直接的水分，而且能够调节土壤温度。土壤水分过多或过少都对动物生存不利。过多会导致土壤缺氧，过少则让生物面临干旱威胁。各种土壤动物对湿度有一定的要求。如等翅目白蚁就需要土壤湿度不低于50％的环境，叩头虫幼虫要求土壤空气湿度不低于92％等。第三，土壤空气。土壤空气存在于土壤空隙间，主要来源于大气，但由于土壤动植物的呼吸作用不断消耗氧气，释放二氧化碳，因此土壤空气相对于大气而言，其中二氧化碳含量较大，约为0.1％。土壤动物长期在地下生活，为适应土壤中高二氧化碳和低氧的环境，发展出了相应的适应性特征。如长期在土壤中栖息的地下兽（如鼹形鼠、鼢鼠）通过增加血红蛋白的氧结合力，降低能量代谢和体温等方式减少氧需求量，同时降低脑中枢对二氧化碳的敏感性，减少通气量等方式以代偿性地适应高二氧化碳的环境。第四，土壤温度。土壤温度随着太阳辐射的变化，也有时间和空间上的变化，致使生活在其间的土壤动物也产生了适应性的变化。由于土壤的温度在垂直方向上，上层高于下层，因此土壤无脊椎动物通常在夏季向下层移动，春季往上层移动。有些土壤动物在短时间内会垂

直运动来适应温度变化。

②土壤的化学性质对动物的影响及动物的适应。土壤的化学性质主要表现在酸度、有机质和无机物上：第一，土壤酸度。土壤酸度会影响微生物的活动和土壤动物的分布。土壤微生物适宜活动的 pH 范围都比较窄。如细菌在酸性土壤中的分解作用会减弱，固氮菌和根瘤菌只能在中性土壤中生存等。土壤动物的分布也和酸度有关。研究表明，一些酸性较高的土壤，如灰化土和苔原沼泽中，土壤动物区系贫乏，只有一些喜欢酸性或弱酸性的动物生存，如金针虫、大蚊科昆虫和某些蚯蚓生存(孙儒泳、李庆芬等，2002)。相应地，土壤碱度太高也会限制土壤动物的活动和分布。第二，土壤有机质。土壤有机质主要包括腐殖质和非腐殖质两类。其中腐殖质为土壤动物提供了重要的养分。一般情况下，在有机质丰富的土壤中，土壤动物的种类和数量也丰富。第三，土壤无机物。土壤无机元素主要是来自地壳中的 90 多种矿质元素，这些元素对动物的生长和数量有重要影响。这些元素在环境中的含量甚至有可能成为某种生物发展的限制因子。如很多草食有蹄动物需要舔食土壤中的氯化钠来补充生理所需的盐分，因此土壤中氯化钠丰富的地区往往能大量地吸引它们；蜗牛更喜欢生活在钙丰富的土壤中，生活在石灰岩地区的蜗牛数量明显高于花岗岩地区。

二、种群生态学

(一)种群及种群生态学的概念

种群(population)指的是在一定时间内分布在同一空间区域的同一物种组成的群体集合。如丽江老君山上的滇金丝猴，一个池塘中的鲫鱼。种群是一个有机的系统，并非由个体简单叠加组成。这个系统还具备自我调节、信息传递、行为适应、数量反馈等功能，因此种群是一个动态稳定的统一体。自然种群通常具有 3 个基本特征：①空间特征，种群具有一定的分布范围，种群内部的个体之间具有一定的距离；②数量特征，种群由若干数量的个体组成，而且单位面积或空间范围内的个体数量(种群密度)是变动的；③遗传特征，种群具有一定的基因组成，即是一个基因库，以区别于其他物种，但基因组成同样也处于变动之中。动物种群还具有许多个体所没有的群体特征。

种群生态学(population ecology)是研究种群内部各成员之间，种群(或其成员)与其他生物种群之间，以及种群与周围环境中生物和非生物因素之间相互作用的规律的一门学科。种群生态学的核心内容是种群动态，即研究种群数量在时间上和空间上的变动规律及其变动原因。

(二)种群动态

种群动态主要研究种群数量在时空上的变化规律，具体来说，主要研究几个问题：①种群数量和密度；②空间上的数量变动；③自然种群的数量变动；④种群调节机制。

1. 种群数量和密度

种群数量统计中最常用的指标是种群密度。密度可以分为绝对密度和相对密度。绝对密度是单位面积或空间的实有个体数，相对密度是能获得表示种群数量高低的相对指标。动物种群密度通常采用标记重捕法来测定。这种方法是在调查样地上随机捕获一部分个体，对其进行标记，然后释放，经过一定时期后再在样地上捕获一部分个体，并查看重新捕获个体中标有记号的动物个体数，从而计算出调查动物的总数的方法。计算公式为：$N:M=n:m$。M 表示标记个体数；m 表示再捕样中标记的个体数；N 表示样地中调查动物的总数；n 表示再捕样的个体数。

出生率、死亡率、迁出率和迁入率 4 个参数决定了种群数量的大小，而这些参数又受制于种群的年龄结构、性别比率等因素。科学家将出生率、死亡率、迁出率和迁入率称之为初级种群参数，将年龄结构、性比和种群增长率称之为次级种群参数。

(1)出生率、死亡率、迁入和迁出。出生率是指在单位时间内种群的每一个个体产生后代的平均数量。一个物种的生殖次数、性成熟的快慢、食性、环境因素(气候、疾病、食物、捕食者)等因素都会影响其实际出生率。死亡率是在一定时间内，某一种群死亡的个体数在该种群总个体数所占的比率。在野生条件下，由于捕食、疾病、气候、食物等环境因素，种群中只有一部分的个体能活到生理寿命(种群处于最适条件下的评价潜在寿命)，相当一部分个体会较早死亡。迁入是个体由别的种群进入新的领地，而迁出是种群内个体离开原本的领地。动物的迁入和迁出行为主要与环境的变动有关。

(2)年龄结构和性比。种群的年龄结构描述的是不同年龄组的个体在种群中所占的比例。老、中、幼三种类型个体在种群中所占比例的高低直接影响了种群的出生率和死亡率。

在同样的条件下，中青年个体在种群中所占比例越大，种群的出生率越高，而老年个体所占比例越大，死亡率越高。年龄椎体是从下到上的一系列不同宽度的横柱绘制成的图，横柱的高低位置表示由幼年到老年的不同年龄组，横柱的宽度表示各个年龄组的个体数或其所占的百分比(图 6-1)。动物种群的年龄锥体有 3 种基本类型：金字塔形(增长形)、壶形(下降形)和钟形(稳定形)。金字塔形椎体代表种群中幼年个体比例高，老年个体比例低，因此有高出生率和低死亡率，说明该种群数量处于增长的状态。壶形椎体代表中幼年个体比例低，老年个体比例高，因此有高死亡率和低出生率，说明该种群数量处于下降的状态。钟形椎体代表幼、中、老年的个体比例介于前面两者之间，出生率和死亡率大致平衡，种群数量处于相对稳定的状态。

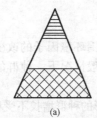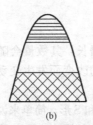

生殖后期

生殖期

生殖前期

(a)　　　　　(b)　　　　　(c)

图 6-1　年龄椎体的类型(仿 Kormondy，1976)
(a)增长型种群；(b)稳定型种群；(c)下降型种群

性别比率简称性比，指的是种群中雄性个体和雌性个体数的比例。不同物种，种群具有不同的性比特征。大部分动物种群的性比接近 1：1，如人、猿等高等动物。有的动物的雌性个体数更多一些，如轮虫、枝角类、鸭科的一些鸟类以及一些昆虫；也有的动物的雄性个体比例更高，如蜜蜂、蚂蚁等营社会生活昆虫种群。也有一些动物的性比有可能随着环境条件和个体发育阶段的变化而改变。盐生钩虾会随着温度改变性比，黄鳝在幼年都是雌性，繁殖后大部分会转为雄性。性比直接影响着种群的出生率，从而影响动物种群数量的变动。

2. 空间上的数量变动

由于自然环境条件有各种差别，每一种生物适应的能力和特性也千差万别，因此每一种群生存的空间都有各自的特点。每一个种群都有若干个个体组成，而这些个体在其生活空间中的布局或位置状态称为种群的内分布格局。需要注意的是，物种的地理分布和种群的内分布格局是两个不同的概念。物种的地理分布是物种内种群的分布，一个物种有若干种群，这个物种的所有种群的区域性分布的总和构成了该物种的地理分布区。种群的内分布格局主要可以分为 3 种类型：随机分布、成群分布和均匀分布(李博，杨持等，2000)(图 6-2)。

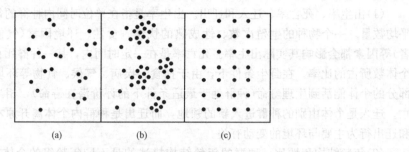

图 6-2　种群的内分布格局

(a)随机分布；(b)成群分布；(c)均匀分布

随机分布种群内个体的分布格局是随机的，且其分布不受其他个体分布的影响。随机分布在自然界是罕见的，如森林中地面上的某些蜘蛛类以及海岸潮汐带的一些蚌类具有随机分布的格局(李博，杨持等，2000)。随机分布只有在资源分配均匀，而且种群内部个体之间没有相互吸引或排斥时才能出现。成群分布种群内个体的分布格局通常是一群一群出现的，这种方式是自然界中最常见的内分布型，如鱼群、鸟群、兽群以及人类都是成群分布的典例。环境差异和种间相互关系等是动物成群分布的主要原因。在均匀分布格局中，个体在空间中的分布比较均匀，彼此之间保持一致的距离。在自然界中均匀分布的情况比较少见。如在海岸悬崖上营巢生殖的海鸥，其巢与巢之间就保持着一定的相对均等的距离。其通常是在资源均匀的条件下，由于种内竞争引起的。

3. 自然种群的数量变动

自然种群不可能在野外无限制地持续增长，其数量会随着周围环境因子的改变、种群内竞争以及与其他物种之间的竞争等各种因子的改变而发生变动。一般情况下，种群的数量变动会出现以下几种情况：

(1)增长。种群的增长有两种模型：J形和S形。简单来说，J形的种群增长不受种群自身密度变化的影响，而S形的种群增长受到自身密度的影响。因为环境资源条件是有限的，生物的生长和发展也是有限的，因此大部分种群在早期资源丰富、自身密度低的条件下，会以J形增长，但随着密度增大、资源缺乏、环境压力等原因，种群的增长速度会变缓，趋于平衡，向S形发展。除了种群自身的密度以外，种群的增长模型和环境条件有较大的联系。昆虫学家 Andrewartha 对蓟马种群 14 年的研究表明，蓟马种群在环境条件好时呈 J 形增长，在环境条件不好时则呈 S 形增长。

(2)季节消长。随着季节和年份的不同，自然环境条件也会不同，种群生长随着环境的变化，会表现出季节消长和年变动。此外，种群季节性繁殖的特点也是种群数量季节消长的另一个原因。如温带湖泊中的藻类数量往往在春秋两季达到高峰，蚊子和苍蝇的数量在夏季随着温度的升高而增长。

(3)不规则波动与周期性波动。种群会随着环境的随机变化造成不可预测的数量波动。如我国学者马世俊在 1985 年的时候对东亚飞蝗的 1 000 年的资料研究表明，东亚飞蝗在我国的大发生没有周期性现象，其数量变化是不规则的。一般来讲，小型短寿命的生物比大型长寿命的生物更容易在数量上发生巨大的变化(孙儒泳，李庆芬等，2002)。在有的情况下，种群数量会出现周期性的波动。如我国某地区的棕背鼠和以它为食的黄鼬的种群数量变化就表现出具有三年以上的周期，加拿大的猞猁和美洲兔的种群数量表现出 10 年的周期。有些种群周期性波动的原因不是太清楚(J. L. Chapman，1998)，但有的种群数量的波动可能跟捕食或食草作用导致的延缓的密度制约有关。

(4)种群的爆发。种群长时间在有利于个体繁殖和生存的环境下，到了一定的时间有可能会发生种群数量的突然爆发。如随着含有富营养物质的污染物不断地排入海洋，一些浮游生物(裸甲藻、腰鞭毛藻等)会发生突然的数量爆发，从而引发赤潮。种群的爆发不仅在不规则波动的种群中会出现，在周期性波动的生物种群中也会出现。

(5)种群的平衡。把种群在较长时间内，其数量维持在一定的稳定水平上的现象称为种群的平衡。这种平衡是一种相对稳定的动态平衡，并不是种群数量不会波动，而是种群数量也有一定的偏离和波动，但总是有返回到平衡点的趋势。一般情况下，个体大、寿命长的种群数量相对稳定和平衡。

(6)种群的衰落与灭亡。种群如果长期生活在不理想的生活环境和条件下，数量会持续下降，导致种群衰落，甚至灭亡。在自然条件下，种群的衰落和灭亡是缓慢的，但近代由于人类活动(生境破坏，过度猎杀和捕捞，环境污染，生态破坏等)的干扰大大加快了这一进程。特别是一些个体大、生长慢、出生率低、晚熟，对人类有较高经济价值的动物更容易出现这种状况。如鱼翅，其较高的经济价值导致全世界每年有近7 300万头的鲨鱼惨遭捕杀，藏羚羊绒高昂的价格致使每年有2万多只藏羚羊被捕杀，这些动物都濒临着衰落与灭亡。

(7)种群的生态对策。生物与环境的相互作用是进化改变的动力，生物对生物环境和非生物环境的适应则是进化改变的结果，而作用于生物的生态压力又决定着进化改变和适应的方向。

各种生物的生长和生殖时期有长有短，生物的生长和生殖的阶段性变化方式称为生活史。生活史是生物在生存斗争中获得生存的对策。生态对策(bionomic strategy)或生活史对策(life-history strategy)是生物在进化过程中形成的各种特有的生活史(life history)特征，是生物适应特定环境所具有的一系列生物学特性的设计。生活史的关键内容是生物的大小、生长率、生殖和寿命。一些物种可以生存几百年甚至几千年(如海龟)；有些物种的个体巨大(如蓝鲸)而另一些物种的个体则很小；还有一些物种生殖数量多且具个体小的后代(如远洋鱼类)，而另一些物种生殖数量少但后代的个体大(如油蝠的两个后代的体重可以达到雌亲产后体重的50%)。

在生态对策问题上，许多学者(Lack，1954；McaArthur & Wilson，1967；Pianka，1970)根据生物的栖息环境和进化对策把生物分为r对策者和K对策者两大类。r对策者适应不可预测的多变环境(如干旱地区和寒带)，具有高生育力、早发育、早熟，但个体小、寿命短，且单次生殖的生物学特性。一旦环境条件好转，就能以其高增长率(r)迅速恢复种群，使物种能得以生存。K对策者适应于可预测、稳定的环境(如热带雨林)，但由于种群数量经常保持在环境容量(K)水平上，竞争较为激烈，因而K对策者具有个体大、发育迟、迟生殖、产仔(卵)少，但多次生殖、寿命长、存活率高的生物学特性。K对策者以高竞争能力使自己能够在高密度条件下生存。因此，在生存竞争中K对策者是以"质"取胜，而r对策者则是以"量"取胜(陈小麟，2008)。

昆虫可以看作r对策者，它们的快速进化是在二叠纪和三叠纪，当时的气候条件非常多变；脊椎动物可以看作K对策者，其进化过程中的盛发期是侏罗纪，下白垩纪、始新世和渐新世是温暖潮湿气候稳定的地质期。

哺乳类的啮齿类大部分是r对策者，而象、虎、熊猫则是K对策者。r和K对策理论在生产实践中具有一定的指导意义。在有害动物防治方面，由于大部分有害动物属于r对策者，仅靠一两次突击性捕杀行动只能暂时控制其数量，一旦捕杀行动停止，由于r对策者的高r值，能迅速增殖，种群群量将很快恢复到原有水平。因此，有害动物防治应该以减少其环境容量为主，缩小有害动物的滋生地。在野生动物保护方面，由于大部分珍稀动物属于 K 对策者，生殖能力低，一旦种群数量下降到一定下限，则难以逃脱灭绝的危险，因此应当加以保护（陈小麟，2008）。

（8）生态入侵。由于人类有意或无意地将某种生物带入新的地区，若这种生物适应新地区的环境，将会不断地扩大数量，有时会剥夺当地物种原有的生存空间，造成当地生物多样性的巨大危害。这种过程称为生态入侵。最典型的例子是欧洲兔子被澳大利亚农场主带到澳大利亚后，因为没有天敌，使其大量繁殖，造成巨大的生态灾害。

4. 种群调节机制

种群数量变动的机制主要有两大类别的理论：外源性种群调节理论和内源性种群调节理论。

外源性种群调节理论认为，种群数量的变动主要是外部因素作用的结果，其中又分为气候学派和生物学派。气候学派认为，种群数量的变动受到气候条件的强烈影响。由于气候的不稳定性，因此种群数量的变动也不具备稳定性。最典型的例子是以色列学者 F. S. Bidenheimer 在对昆虫的研究中发现，昆虫早期的死亡率有 80％～90％是由于不良的气候条件引起的。生物学派则认为，各种生物构成和食物因素对种群数量调节起着决定性的作用。生物间通过捕食、竞争和寄生等使得捕食者和被捕食者、竞争者、寄主和寄生虫的数量保持一个相对动态平衡的状态。如高数量的捕食者使得被捕食对象越来越少，几年后，缺乏食物的捕食者数量也会随之减少，使得缺乏天敌的被捕食者数量上升，反过来再影响捕食者的数量……以此类推，捕食者和被捕食者的数量之间形成了一个相互制约的循环机制。此外，生物学派中的一些学者强调食物是决定种群数量的关键因素。当种群数量不断升高时，食物资源会被大量消耗，导致食物的质和量都逐渐下降，从而使种群数量因缺乏食物而下降。而生物量的减少给食物资源的恢复带来机会，使得食物的质和量逐步恢复，又促进种群数量的上升。

内源性种群调节理论认为，种群数量的变动主要是内部因素作用的结果，其中又分为行为调节学说、内分泌调节学说和遗传调节学说。行为调节学说是由温·爱德华（Wyune-Edwards）提出的，他认为动物的社群行为，包括社群等级、领域性等是调节种群密度的机制。通过这两种社群行为使得食物、繁殖场和栖息地等资源在种群内实现最合理的分配，且限制种群中个体的数量、领域的占领者会抵抗新个体的进入，并把剩余个体从适宜生境中排挤出去，让种群密度保持在一定限度内。Christian 在 1950 年提出内分泌调节学说，他认为当种群数量大增时，种群内个体社群压力增加，会使得自身内分泌系统产生一系列的反馈，如生殖激素、生长激素的减少，使得种群出生率降低和死亡率增加。可通过增加促肾上腺皮质激素使生物机体抵抗力减弱等方式来调节种群数量。Chitty 提出的遗传调节学说认为，种群的遗传型和组成对种群数量的调节也起到了作用。他认为有两种遗传型现象：基因型 A 具有高进攻行为，低繁殖力，更适于高密度的基因型；基因型 B 具有低进攻行为，高繁殖能力，适宜低密度的基因型。在种群数量少时，自然选择会有利于基因型 B，使得种群个体不断繁殖，数量上升；当种群密度高于一定值时，自然选择会有利于基因型 A，使得个体繁殖能力下降，数量下降。

三、群落生态学

群落指的是在相同时间内，生活在同一范围内的各种生物种群的集合。这些生物群落可以是动物、植物和微生物。群落生态学就是研究群落和环境相互关系的科学（C. Schroter，1902），包括生物群落的组成、结构、机能、动态（演替）、排序和分类等。群落具有一些独有的特征：由一定的种类组成，群落中各物种之间是相互联系的；具有自己的内部环境和结构；具有动态特性；具有一定的分布范围；具有边界特征；群落中各物种不具有同等的群落学重要性（孙儒泳，李庆芬等，2002）。

（一）群落的组成和结构

群落具有一定时间和空间结构。群落的空间结构可以分为垂直结构和水平结构。植物群落的垂直结构最直观的是成层性。如一个寒带针叶林群落的层次有 3 层：乔木层、灌木层和草本层。而热带雨林的层次就比较复杂，可达 7 层以上。动物的分布在垂直结构上也有分层现象，动物的分层现象与食物和微气候有密切的关系，特别是草食动物的垂直结构和植物的垂直结构有很大的相关性。很多动物可以同时利用几个层次。如在森林中，能够飞行的鸟类在草本层、灌木层和林冠层都有栖息分布，一些移动能力强的松鼠和猴子等动物会出现在灌木层和草本层。一些兽类、爬行类和两栖类通常多出现在草本层。水生动物分层现象也很明显，它们通常会根据对阳光、温度、含氧量和食物的喜好分布在不同的水层。如浮游动物喜欢弱光环境，因此它们在白天喜欢在较深水层活动，而夜间会逐步移到表层上。植物群落水平结构最明显的是镶嵌性，也就是植物个体在水平方向上的分布并不是均匀的，而是由一群群、一簇簇不同的小群落镶嵌组成。形成这种镶嵌特征的原因是在同一时间、同一区域内，构成土壤的基质不同，地形有变化，群落内部环境差异以及外部影响因子等因素不同。动物群落在水平方向的分布也主要与食物来源以及微气候有关，但由于其可移动性，水平结构的镶嵌性不如植物明显。群落在生态系统中的边界是模糊的，边界的划分只是为了方便人类研究。各个群落的边界之间会有一些过渡地带，这些过渡地带通常有较高的生物多样性，但同时也是相对脆弱易受干扰的地带。

群落的个体在不同的时间会有不同的生命活动，从而引起群落的组成和外貌随时间发生有规律的变化，这就形成了群落的时间结构。如北方的落叶阔叶林在春天开始发芽，夏天变成一片片茂密的绿色，到秋天转换成各种颜色，而到了冬天就一片枯黄。动物群落在时间上的变化也十分明显，且这种变化往往与食物、光照、温度和其他环境因子联系在一起。由于对光线和温度的适应，在白天出来活动的是昼行性动物（灵长类、有蹄类和蝴蝶、禽类等），而在夜间出来活动的是一些夜行性动物（蝙蝠和蛾类等）。春秋气候温暖，食物充沛，大部分动物都出来觅食和繁殖，十分活跃；炎热的夏季，动物们会适当地躲到遮阴性好的环境中，有的动物甚至进入夏眠；到了冬天，有的动物迁移到相对温暖的南方过冬，有的则进入冬眠。这些都是动物群落为适应环境，在时间上分布和结构的变化。

此外，影响群落结构的因素还包含一些如竞争、捕食和干扰等因素。特别是人类活动对群落结构的干扰越来越明显，甚至破坏了群落的生态功能和平衡，给群落生物个体带来不可逆转的伤害。

（二）群落的演替

生物群落随着时间和自然条件推移并非固定不变，而是在不断地发展和变化。在某一区域中，生物群落由一种类型转变为另一种类型，并向着稳定的群落形态发展演变的现象称为生态演替或群落演替。这一演替过程在植物群落的发展变化中更为明显。植物群落的演替开始于原生裸地（原来没有植物覆盖，或曾有植物覆盖却被彻底消灭了）或是次生裸地（原有植被已不存在了，但基本保留了土壤条件）上，首批先锋植物（如松树、沙柳等）开始在裸地上定居，随着时间的推移，定居的植物种类和个体数量逐步增加，以这些植物为食的动物也开始出现，并逐渐增多，动植物个体之间出现了对各种生存资源（阳光、空气、水和营养物质等）的竞争，使得竞争能力强的物种发展成为优势种，竞争力弱的物种成为伴生种，有的甚至消亡。整个生物群落随着时间的推移会不断地发展和演变，虽然对于一个生物群落是否能够达到最终的演替顶级阶段在生态学界还存在着争论，但每个生物群落的演替发展方向总是有趋于稳定和平衡的趋势，一直到有新的干扰的出现。

人们将从植物定居开始到形成稳定的植物群落这一过程称为演替系列，一般分为旱生和水生演替系列。旱生演替系列通常始于岩石或是砂地表面，最先出现的是地衣植物群落，然后是苔藓植物群落，接下来是草本和灌木群落，最后是乔木群落（孙儒泳，李庆芬等，2002）。水生演替系列开始于淡水湖泊的湖底，自由漂浮植物首先出现，随后是沉水植物、浮叶根生植物、直立水生植物、湿地草本植物，最后是木本植物（孙儒泳，李庆芬等，2002）。

人们对群落演替发生的机制还了解得不够透彻，但是对控制演替的几种因素相对比较了解。首先，环境因子的变化。环境因子的不断变化有可能有利于有些植物的发展而不利于另一些植物的发展，使得群落中的植物种群所占的比例发生变化。而以这些植物为食和为栖息地的动物种群的数量和分布也会随着改变。特别是一些大的自然灾害（洪水、旱灾、森林火灾、气温剧变等）会对生物群落的演替进程产生巨大的影响。其次，群落内部环境的变化。植物种群自身的不断变化，如植物自身不断的繁殖、种子的散布，以及新的植物分类单位的不断发生都会改变植物群落中不同植物种群的数量和分布。再次，生物之间的相互作用。生物之间的相互作用会使得种间关系不断发生变化，从而影响演替进程和方向。最后，人类的各种活动（污染、森林砍伐、放牧、毁林开荒、各种人造建筑的建设等）会极大地干扰和控制演替进程。如发生一场人为的森林火灾可能把即将达到中生状态的一个生物群落变为次生裸地。

四、生态系统生态学

1935 年，英国的生态学家 A. G. Tansley 首先提出了生态系统（ecosystem）的概念，他认为生态系统是一个系统的整体。"这个系统不仅包括有机复合体，而且包括形成环境的整个物理因子复合体……"（Carson，1962）。生态系统就是生活在共同空间和时间内的所有的生物和周围环境，它们之间不断地进行着能量、信息的流动和物质的循环，这些生物和环境之间相互作用、相互联系，共同构成了一个整体的系统。生态系统生态学就是研究生态系统的组成、结构、功能、动态以及生物与非生物环境之间相互作用关系的科学。

按照生态系统不同的基质划分，地球上的生态系统主要类型包括陆地生态系统、淡水生态系统和海洋生态系统。其中陆地生态系统中主要的类型有热带雨林、亚热带常绿阔叶林、夏绿阔叶林、北方针叶林、草原、荒漠、冻原和高原高寒植被。此外，生态系统还可以根据人类的影响程度划分为自然、半自然和人工生态系统三类，根据开放程度可划分为开放、封闭和隔离系统三类。

(一)生态系统的一般特征

1. 生态系统的组成和结构

生态系统由非生物环境（阳光、空气、土壤、各种营养物质和元素等）与生物环境构成。其中生物环境又分为生产者、消费者和分解者。

生产者是指能够利用太阳能和简单的无机物合成自身所需要的营养物质，同时也能为其他生物提供食物的植物。植物在自养过程中不但制造出了碳水化合物供自身和其他动物生存外，在光合作用中制造的氧气也是动物生存的基本保障。此外，植物还能够为其他动物提供栖息地以及调节微气候等。

消费者则不能够像植物一样自己生产食物，而需要直接或间接地依靠植物为食。按照营养方式，消费者可以分为草食动物（一级消费者）、肉食动物（二级消费者）和顶级肉食动物（三级消费者）。草食动物直接以生产者——植物为食，肉食动物以草食动物为食，顶级肉食动物以肉食动物为食。

分解者是指以分解各种动植物有机体，释放出无机物，并在这一过程中获得能量的生物，通常是细菌和真菌等微生物，也有一些小型的无脊椎动物，如蠕虫、蚯蚓、螨等。分解者分解出来的各种无机物通常能够被植物再利用。分解者在生态系统中起到非常重要的作用，所有的动植物残体如果没有分解者的分解就会全部堆砌起来，这些残体中包含的各种能量和物质就不能够重新回到生态系统被循环利用，生态系统的功能和平衡就会坍塌。

生态系统中生产者利用各种无机物和太阳能制造出自身及其他生物需要的食物，而消费者直接或间接地以绿色植物为食，所有的动植物死亡后的残体都依靠分解者分解重新将物质和能量返回到生态系统中，再为植物新一轮的制造食物和氧气提供原料。生产者、消费者和分解者以及非生物环境之间相互依存、相互作用，为生态系统源源不绝的循环和平衡做出了不同的贡献，缺一不可。

2. 食物链、食物网、营养级和能量椎体

生态系统中的各种生物之间通过吃与被吃的关系链接而成的链条状的摄食关系称为食物链，如草地生态系统中的草→羊→狼→细菌，水体生态系统中的浮游植物→浮游动物→鲸→细菌等。在同一生态系统中不止一条单一的食物链，各条食物链纵横交织在一起，形成了一张复杂的网络结构，被称为食物网。食物链和食物网是生态学家们为了便于研究生态系统中生物之间关系而提出来的概念，并不是在自然界中存在着一条条看得见的链，或者一张网。在自然生态系统中，生物之间的食物关系结构是复杂的，同一个生物可以是一条食物链上的捕食者，也可能是另一条食物链上面的被捕食者，动物在不同的生长发育阶段在食物链中的位置也会随着改变，自然环境的改变也有可能使得食物网的结构发生变化，因此，食物链和食物网的结构是一种动态稳定的结构。此外，食物网是一个统一的整体，每个物种在食物链和食物网上连接各种生物，有时看似不重要的一种生物的消失或受损有可能会牵动到整个食物网的稳定性。一般情况下，复杂性高的食物网相对稳定性高。

食物链中的每一个环节即营养级，处于同一营养级上的生物往往具有相同的营养方式或取食习性。如生产者为第一营养级，以生产者为食的草食动物属于第二营养级，以草食动物为食的动物为第三营养级，再以二级消费者（肉食动物）为食的肉食动物为第四营养级，以此类推还有第五营养级。一般情况下，自然生态系统中的营养级为4～5个，很少超过6个。因此，食物链并非可以无限加长，而是有一定的限度。

生物之间通过吃与被吃的食物链关系，前一营养级生物中的能量被传递到下一营养级的生物个体中，然而这种能量并不是百分百地被传递下去，而是只有一部分能量被传递到了下一营养级。能量在营养级当中的流动不但是单向的，而且是逐级递减的。通常，在自然生态系统中，能量从一个营养级传递到另一个营养级的能量转化效率大约是10%，这就是十分之一规律。能量流动经过食物链时会急剧减少，这也是食物链不可能太长的原因。如果将这些营养级的能量流动由低到高绘制成一张图，这张图一般呈金字塔形，称之为能量椎体或金字塔。营养级生物之间能量的流动和耗散是维持生命体生命活动和生物之间有序平衡的必要条件，而这些能量最终的来源要依赖于太阳能源源不绝的输入。

3. 生态系统的生物生产

生态系统中的生产者或消费者在生命活动过程中会吸收和利用生态系统中的能量和物质，制造出新的有机物质维持生命活动，并储存能量的过程称为生态系统的生物生产。在这一过程中，在一定时间段内，单位面积或体积的生物所生产出的有机物的量或固定的能量称为生物生产力。其主要分为初级生产力和次级生力。简单来说，绿色植物（自养生物）通过光合作用生产

有机物和固定能量的能力称为初级生产力，而消费者和分解者利用绿色植物或其他生物已产生的有机物维持自身生命活动和储存能量的能力称为次级生产力。而所产生对应的能量就是初级生产量和次级生产量。如森林里各种植物的生长量是初级生产量，草食动物的生长量是次级生产量。

在初级生产量中，植物通过光合作用制造出的有机物和能量总和称为总初级生产量，其中一部分用于植物的呼吸作用消耗，另一部分是植物用于生长、繁殖和储存起来的净能量——净初级生产量。用公式表示为：总初级生产量＝净初级生产力＋植物呼吸量。

在动物获取食物获得能量和制造有机物的过程中，一部分食物被消化吸收了，这部分能量称为同化量；一部分食物未被生物吸收，而是通过粪便和尿液的形式代谢损失掉了；还有一部分在呼吸和其他新陈代谢过程中消耗掉了，这部分能量称为呼吸量；最后剩余的部分以有机质的形式累积在生物体内供其生长和繁殖称为次级净生产量。

科学家们对初级净生产力的研究相对较多，地球上的各种陆地生态系统的初级净生产力的分布具有地带性的规律。对于陆地生态系统来说，生产力和地球表面的土壤、营养元素、阳光和水热条件密切相关。热带雨林的初级净生产力最高，依次是常绿林、温带落叶林、北方针叶林、热带稀树草原、温带草原、寒漠和荒漠。在水生生态系统中，海藻床和珊瑚礁的初级生产力最高，其次为淡水沼泽和沼泽湿地，然后为河口湾、上升流水域、大陆架、湖泊和河流、大洋等。这可能和水流带入水体中的营养物质的多少、光和捕食情况相关。

(二)生态系统中的能量流动和物质循环

1. 生态系统中的能量流动

生态系统中的生物在进行各种生命活动时都伴随着能量的产生、转化、利用和耗散，能量在生态系统中无时无刻不在流动。进入生态系统中的能量根据来源途径可以分为太阳辐射能和辅助能两大类。太阳以辐射能的形式源源不绝地向地球传递着能量，地球上所有生态系统的能量最初都来源于太阳。除了太阳辐射能以外，其他任何形式进入生态系统的能量都是辅助能。包括各种自然过程产生的能量，如潮汐能、风能、降水、蒸发作用等，以及各种人类在生产生活中投入生态系统中的能量，如农药、化肥、人力、畜力等。

对于生物个体来说，绿色植物获得能量的方式主要是依靠光合作用将太阳能固定成为生物能，而动物主要靠吃绿色植物或其他动物来获取能量。这些进入生态系统的太阳能和其他形式的能量可沿着多条食物链流动，并在食物网中流动和传递开来。转移、利用和消耗的能量主要是用于维持基本生命活动，如呼吸作用，有机体的生长发育和繁殖，对动物来说还需要消耗在完成移动负荷时做功以及排泄废弃物等。对于生态系统来说，能量的流动是借助食物链和食物网实现的。在一条食物链上，能量随着生物间的捕食与被捕食的关系，从一个营养级传递到相邻的下一个营养级。这种能量传递的效率主要取决于消费效率、同化效率和生产效率的乘积。

生态系统的能量流动和转化严格遵循热力学第一定律和第二定律。根据热力学第一定律，能量既不会消失，也不会创生，只会从一种形式转化成另一种形式。因而能量进入生态系统后，会在系统内经由各种生物和理化作用，在生态系统的各组成部分中间传递和转化，但不会凭空消失。根据热力学第二定律，在能量传递和转化的过程中，除了一部分可以继续传递和做功的能量外，总有一部分不能继续传递和做功，以热的形式消散掉，这部分能量使系统的熵和无序性增加。生态系统中的能量以食物的形式在生物间传递时，相当一部分能量被降解为热而损失掉，其余部分才被用于合成新组织储存在生物体内。因此，在食物链中能量传递时有逐级递减的规律。

研究表明，生态系统的形式和组成不同，能量流动的方式和效率也有差别，且各类生态系统中的能量转化效率差别很大。陆地生态系统的能量转化效率有时比海洋生态系统低。

2. 生态系统中的物质循环

生态系统中除了能量在不停地转化和流动外，其各种化学元素及其化合物也在生态系统各组成要素之间及其各地球圈层之间不断地流动和循环变化，这个过程是生态系统中的物质循环。物质循环和能量流动往往是同时发生不可分割的，能量流动是物质循环的驱动力。如阳光是绿色植物光合作用的原动力，光合作用把二氧化碳和水合成为葡萄糖储存于植物体内，并释放氧气到空气中，完成了植物和环境之间的物质循环。

地球生态系统主要几种重要的物质循环为水循环、碳循环、氮循环。

(1)水循环。水是生态系统中生命活动得以不断进行的必要介质。在地球的海洋、河流、湖泊、土壤、冰川、大气和生物体内都含有水分，太阳辐射将这些地表的水分蒸发，使其以气态的形式进入大气，这一蒸发过程中会消耗热量使得周围空气的温度降低，而空气中水汽的增多使得气压变化流动，并且使得在大气中的水汽凝结，并以降雨的形式将水分重新落回到地球表面。到达地表的水分有些直接进入地表径流，最终汇入海洋，一部分渗透到土壤中，其中少部分被植物吸收利用，大部分再通过地下径流汇入海洋。这些水分会再随着太阳辐射强度的增强，以水蒸气的形式进入大气，再以降雨的形式回到地表，无限循环。地球水循环的平衡主要靠蒸发和降雨来调节，但地表的覆盖物和地理位置也会影响地球表面水资源的含量。如覆盖有茂密森林的地表比没有森林覆盖或植被覆盖率低的地表，降雨量可以增多 30% 左右，且夏季为降雨期，截留雨水量也可以达到 $20\%\sim30\%$。

(2)碳循环。所有有机体的构成骨架元素是碳，碳循环是生态系统能量流动的核心。碳在自然界中的循环主要是二氧化碳通过植物的光合作用被转化成有机物固定在生物体内，生物间再通过食物关系将其在生态系统中传递循环，同时生物的呼吸作用也会将生物体内的碳以二氧化碳的形式重新释放到大气中。此外，大气和海洋之间也有二氧化碳的交换，碳酸盐的沉淀作用也会将碳固定下来。在地球几亿年的进化历史中，储存在生物有机体内的碳以石油和煤等形式深埋于地下，但随着人类大规模的使用石化燃料，使得埋于地下的碳被大量地释放到大气中，对碳循环产生了重大的影响，这一行为也是全球气候变化的重要原因之一。

(3)氮循环。氮气是大气中最多的组分，约占 78%，然而氮气不能被大部分生物直接利用，只有转化为硝酸盐或氨才能被利用。空气中的氮气通过根瘤菌生物固氮，闪电、火山爆发、人工固氮等方式被固定下来，植物再从土壤中吸收硝酸盐，摄取氮合成氨基酸，氨基酸彼此联合成蛋白质分子，再与其他化合物一起构成植物有机体，进一步通过食物链转变成动物体内的蛋白质，而动植物的残体或是排泄物会被分解者分解成各种含氮物质返回环境，这些含氮物质再重新进入氮循环。

此外，地球上生态系统的物质循环还有磷循环、硫循环、有毒物质循环、放射性核素循环等。各种物质元素的循环并不是彼此孤立的，它们有着密切的相互作用，如在光合作用中碳循环和氧循环就是密切联系的。正是由于这些物质循环之间的链接，人类活动对其中一种循环的干扰很有可能对其他物质循环也带来巨大的影响。降低人类活动对各种物质循环的干扰将是人类解决各种生态危机和生态系统失衡问题的重要切入点。

第三节 动物的社会行为

有的动物一生都是独自生活度过的，如蜗牛、海龟，也有的动物个体会在性成熟后繁殖季节找一个伴侣结对，过了这一时期就会回到独立生活的状态，而大部分的动物个体会和同种物种(有少数会和不同种物种)共同生活，形成暂时性或永久性的群体。动物群体可以分为聚集和社会两大类。聚集在一起生活的动物个体往往因为自身的需要(如躲藏、休息和越冬等)来到同一个地方聚集，这种集会是偶然的，并没有真正的社会意义。社会群体的形成则是因为同种个体之间具有相互吸引力，有分工协作，能相互作用和影响，群体成员共同维持着群体生活，这种行为也称为动物的社会行为，而这些具有分工协作等社会性特征的集群动物称为社会动物。

动物社会群体可分为封闭性和开放性两种。封闭性群体有较为严格的自我保护机制，群体成员间能够相互识别，不同群体之间难以进行成员交换，对待自己的成员是温和的，而对待外来成员则是攻击性的，有时甚至会给予伤害。白蚁、蚂蚁、蜂等昆虫以及猴、猿、犬科动物等哺乳类都属于封闭性社会群体。开放性群体则相对开放一些，不同群体的成员可相互交换，某些个体的消失或新成员的加入不会明显干扰或改变整个社会群体的行为。

一、社会行为的动物学特征

具有社会行为的动物，群体内部往往有一定的组织，成员之间有明确的分工，有的群体甚至还形成一定的等级。

(一)群体内部有一定的组织

具有社会行为的动物群体内有一定的组织性，群体活动会按组织有序地进行，如大雁在向南迁徙飞行时，会在领头雁的带领下，非常有组织地排成"一"字形或"人"字形，以便更快、更省力地飞行，同时可以防御敌害，相互照应。

(二)群体成员之间有明确的分工

很多动物群体内部都有十分明确的分工，不同的个体负责不同的工作，各司其职，使整个社群更加有序、有效率运作的同时，也最大化和最合理化地利用了有限的资源。如在白蚁社会中，有大量的工蚁和兵蚁以及少数蚁后和雄蚁，工蚁负责采集食物、养育后代和修建巢穴；兵蚁负责防御保卫工作；蚁后则专门负责产卵；雄蚁负责与蚁后交配授精。这些分工协作保证了社会群体的正常生存。

(三)群体内有等级次序

由于自然界中弱肉强食的生存竞争，为了更好地管理和统一动物社群，很多高等动物群体内部都形成了明显的等级次序。等级的形成有利于避免群体内不必要的自相残杀和争斗，同时也更加有利于统一防御敌人并更好地保护下一代。在狒狒的社会群体中就有明显的等级：有一只最有威望和力量的雄狒狒是最高的等级——首领，它能够优先享有食物和配偶，还能够优先选择筑巢场地。与此同时，作为首领的雄狒狒也需要负责领导和管理整个社群，并与其他雄狒狒一起保护它们的群体免受外来侵害和干扰。其他的雄狒狒则是下一级，再次是雌狒狒，最后是幼狒狒。

二、社群生活的利弊

动物的社群生活方式有利也有弊，利主要表现在 3 个方面：有利于食物的获取、有利于繁衍后代，以及更好地保护群体成员并防御敌害。首先，社群生活有利于食物的获取。很多食肉动物捕食猎物时都是依靠合作和群体攻击来完成，如狼、狮子和北美小野狼等。北美小野狼个体虽然不大，但是它们群体捕食协作的能力很强，常常十几只集体出动，将个体比它们大许多的猎物围起来，进而将其猎杀。而一些动物，如鸟类会将它们寻找到的食物资源信息分享给其他社群成员。在食物来源不稳定的自然界，这些食物资源信息对同伴食物的获取至关重要。其次，社群生活更有利于繁殖后代。群体生活的动物个体不需要为了寻找配偶，在自然界中冒险，走出自身安全区域寻找，只需要在自己熟悉的区域内就能找到群体中合适的配偶，完成求偶、交配、产仔/卵、育幼等一系列行为。特别是在育幼期的动物体力消耗大，抵御敌害的能力相对较弱，在集体中生活就可以得到同伴的帮助。最后，生活在一起的动物群体更有利于共同抵御外敌。多个个体比起单个个体有更多的感觉器官，能够更快、更敏捷地发现捕食者，从而起到共同警戒的作用。此外，社群生活还具有稀释效应。社群中个体数量越多，捕猎者在攻击时，社群中每个个体被捕杀的概率就越小。同时，个体成员在被攻击时会四处逃窜引起混乱，也会增加捕食者的捕食难度。因此，在动物界中也有不同种的动物会生活在一起形成一个个体数量相对较多的群体来共同抵御捕食者。如麝牛、野羊遇到捕食者，成年个体会联合在一起形成自卫圈保护幼小个体。而有些鸟类（鸵鸟、秋沙鸭等）常常试图偷其他鸟类的幼鸟扩大自身群体数量来减少亲生幼鸟被捕食的概率。这种保护作用并不是随着个体数量的增多而无限增大的，因为动物社群过大，不利于群体所有成员一起快速移动逃离，会增加捕食者增加捕食到一些弱小个体的机会。

社群生活的弊端主要表现在各种生存资源的竞争和生殖竞争。生活在同一社群的动物往往是同一物种或生活习性相似的物种，它们都需要相似的生活资源，如食物、水分、栖息地等，然而这些资源都是有限的，更多的个体意味着更多的生存资源的竞争。这些种间和种内的竞争往往会带来各种压力，导致社群内一些老弱病残的个体无法生存。此外，在社群中有优势的个体往往会拥有较多的生殖机会，而弱势个体就会丧失生殖机会。因此在自然界中有的动物为了避免这些竞争关系，选择只在生殖期生活在一起，而其他时期则独立生活，也是对社群生活弊端的一种适应。

三、动物社群行为

动物社群如同一个社会，由各个成员组成，分工协作共同完成获取食物、防御敌害、繁衍后代等生存的任务。要使动物社群可持续地长期存在下去，就需要一系列的机制解决社群内部有可能出现的各种问题，以维持动物社群的存在和发展。动物社群稳定和生存的维持机制在于其社会内部存在着各种社会行为，动物通过各种社会行为来解决问题。常见的动物社群行为有优势等级序列、通信行为、求偶行为、利他行为和亲杀行为。

（一）优势等级序列

在动物社会里恃强凌弱的行径代表着不同的个体有不同的等级地位。动物个体凭借自身的实力在竞争中由强到弱来排序，获得不同的优势顺序称为优势等级序列。这种社会优势顺序主要是通过攻击行为后的排名来确定，胜利者自然就占有优势序列，会支配和控制比其低序列的个体，并且优先占有各种食物、配偶、栖息地等资源；失败者则只能在排序中位列后面，处于从属地位，且一般会服从比其高序列的个体。在短时间内，这种序列关系是相对稳定的，但这种关系有可能改变，处于较低等级序列上的个体可能随着年龄和体格的变化战胜优势个体，夺取优势地位。

优势等级序列一般有 3 种基本类型：单线式，优势等级序列呈直线关系，A 支配 B，B 支配 C，C 支配 D，以此类推；循环式，优势等级序列呈环状循环关系，A 支配 B，B 支配 C，C 又支配 A；独霸式，群体中只有一个处于优势等级，其余个体都是相同等级并附属于优势等级。

(二)通信行为

群体生活时，动物个体之间需要通过接触、鸣叫、释放化学物质等方式来互通信息，即使是独居生活的动物，个体之间的通信也是必不可少的。只有互通信息，个体之间才能彼此了解，各司其职，在共同行动中协调一致。根据信号传导的途径不同，社群动物的通信行为一般有以下几种基本类型：①听觉通信，是动物个体用发声器官或物体发出信号，由其他个体用耳朵感觉器官接收信号的过程。这是动物最普遍和直接的通信手段。同一种类的动物会发出不同的声音来传递报警、召唤、求偶、炫耀等信息。如母猫在求偶时就会发出比平时更响亮和急促的叫声。②视觉通信，是信号发出者发出可见的姿势、光亮等成像系统，使接受者用眼睛感受并做出相应反应的通信方式。视觉信号包括光照度的变化、物体的移动、图形和颜色等。萤火虫就是最典型的利用视觉通信寻找配偶的动物，它们能依据发光器官发出的冷光信号寻找配偶。③触觉通信，是通过身体直接或间接地接触进行信息交流的过程。如鸟类常常通过互相梳理羽毛增强个体之间的社会联系和信任感。猴子之间会透过相互理毛的方式传递信息。地位平等的猴子之间相互理毛表示友好，较弱的猴子为较强的理毛表示讨好，年长的猴子为年幼的理毛表示的是一种关爱等。④化学通信，是动物通过释放能引起同种的其他个体产生特异性反应的化学物质来传递信息的通信方式。动物释放的分泌物一般是针对其他物种的。如很多动物通过把自己的尿液排到标记物上的方式来划分领地。动物释放的分泌物散布出来的信息对感受者的影响有的是瞬时的，有的则需要在很长时间以后才发生。⑥电通信，是动物靠自身产生的电场变化来测知周围环境中的物体，感受周围信息的通信方式。这些电信号可用于传递求偶、召集同种个体或表示顺从等信息。如当电鳗捕到猎物时，会以极高的频率和极大的电量放电，其他电鳗会依据电信号赶来共同猎取食物(陈小麟，2008)。

(三)求偶行为

求偶行为是动物为完成生殖，事先相互进行雌雄识别、选择、接近等交配前的准备行为。这是促进动物性行为同步的重要手段或调节因素。求偶行为有多种方式：求偶炫耀、欢迎行为、修好礼行为、同性恋、婚配制度等。求偶炫耀是动物通过各种行为来吸引异性，排斥同性的行为模式。求偶炫耀还能促进异性的个体性腺发育，防止与异种个体杂交，引开敌害等。如雄孔雀开屏，向它的配偶炫耀雄姿美态从而吸引对方的注意。欢迎行为是在配偶暂时分离后重逢时，动物所表现的频率超常的某些特定的求偶行为。修好礼行为是家庭成员之间以一种近似求偶的抑制攻击的行为，常常表现为食物交换，物品互予等。动物之间为了缓解紧张释放能量，并结成同盟还会有同性恋行为。动物群体内的婚配制度也十分多样，有一夫一妻制、一夫多妻制等。

(四)利他行为

利他行为是指动物以降低适合自己生存、繁衍后代的条件为代价而使群体中其他个体受益的行为。利他行为表现在防御、生殖、分食等多个方面。如雄螳螂为了繁衍下一代，宁愿牺牲自我在交配后作为食物被雌螳螂吃掉。白蚁、蚂蚁、蜜蜂、黄蜂等社会性昆虫，一个群体中只有一只或少数几只生殖个体，其余多数非生殖个体则分工进行专门的防卫、觅食或护幼，为整个群体的繁衍生息做利他的贡献。Hamilton 认为，亲缘关系越近，动物彼此合作的倾向和利他行为就越强烈。

（五）亲杀行为

在自然界中，捕食与被捕食的关系主要发生在种间，但由于各种生存压力和竞争，在种内的个体之间，甚至是有亲缘关系的个体之间也存在着杀戮，这种种内的杀戮行为叫亲杀行为。亲杀行为常见的有杀婴行为、遗弃行为和幼体相残几种。杀婴行为是成年动物杀死甚至吃掉幼崽的行为。如雄狮会在雌狮的哺乳期杀死小狮子，终止雌狮的哺乳期。动物群体或家族对行为反常、表现怪异的个体也会予以驱逐或遗弃的行为。此外，有的动物幼崽间为了竞争各种生存资源会展开生死搏斗的竞争行为。

此外，动物社群还会有领域行为、攻击行为等社群行为。

第四节　生物多样性及其保护

一、生物多样性的概念

生物多样性（biodiversity）是指全部物种、生物的所有遗传变异以及完整的生物群落和各种各样的生态系统（Richard B. Primark，2009）。它包括遗传多样性、物种多样性和生态系统多样性三个层次。

遗传多样性是指存在于生物个体内、单个物种内以及物种之间的基因多样性（张恒庆，2009）。任何一个物种都具有其独特的基因库和遗传组织形式，且物种内的遗传变异性越高，该物种适应环境变化的能力就越强（Richard B. Primark，2009）。

物种多样性包括地球上所有的生物（Richard B. Primark，2009），是地球上所有生物物种及其各种变化的总体。若这个区域内物种数目丰富，物种数目和区域面积之比大，区域内特有的物种占了较高的比值，就可以认定此地域拥有较高的物种多样性（张恒庆，2009）。

生态系统多样性指生物群落和生境类型的多样性（张恒庆，2009）。生态系统是多种多样的，如从丽江玉龙雪山底部到顶部，动植物种类表现出渐变的趋势，植被从高大的乔木林转变为长满苔藓的矮树林，再过渡到高寒草甸，直到山顶最高处附着岩石生长的稀疏的苔藓和地衣植被，呈现出多样的变化格局。在此过程中，不同景观中的物理因子（如土壤类型、温度和降水）和生物因子都在发生变化，动植物物种也随之变化。这种景观的生物多样性的变化是对环境变化的响应。

生物多样性是一个综合的概念。任何一个物种独特的基因库和遗传组织形式，促成了物种的多样性，而形形色色的物种构成了各种生物群落，进而组成多种多样的生态系统。

二、生物多样性概况

（一）世界生物多样性

全世界有 1 300 万～1 400 万个物种，经科学描述过的仅约有 175 万种（V. H. Heywood，1995）。在各种生物中，人类对高等植物和脊椎动物了解得比较清楚，而对原生生物、真菌类、线虫动物门、节肢动物门等则了解得少（图 6-3）。

在全世界，无论是在陆地生态系统，还是海洋生态系统都分布有各种各样的生物，但就物种数目而言，最为丰富的环境是热带雨林、热带落叶林、珊瑚礁、深海和大型热带湖泊（Groombridge，2002）。特别是热带雨林里拥有全球最多的物种多样性，仅占全球陆地总面积 7%（这一比

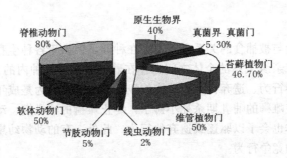

图 6-3 世界已知物种结构比例(V. H. Heywood,1995)

例正在不断减少)的热带雨林里可能包含了世界上一半以上的物种(Primack,2005)。一般来讲，接近热带地区，所有生物类群的多样性都表现出增加的趋势。如靠近云南的泰国属于热带地区，它拥有的哺乳动物的种类是与之国土面积相当的法国的 2.8 倍(马克平,2009)。除了热带地区，地形复杂的环境(如高山和峡谷)也可能拥有高的生物多样性，丽江和云南西北部(滇西北)就属于这种地形环境。通常位于这些地区的生态系统在很小的地域面积内包含了极其丰富的物种多样性，英国生态学家诺曼·麦尔将这些地方称为生物多样性热点地区。保护国际(CI)于 2000 年在全球确定了 34 个物种丰富度高且受到威胁最大的生物多样性地区，中国的西南山区就是其中之一。

(二)中国生物多样性

中国国土面积宽广，地势西高东低，海拔从东部沿海海平面到西部青藏高原上升了 5000 多米，气候横跨寒温带、中温带、暖温带、亚热带、热带、高原气候区。多样独特的地质地貌和气候条件，以及第三纪后受到冰期影响较小，致使中国拥有了丰富的生物多样性。在 12 个生物多样性特丰富的国家中位列第八位(J. A. McNeely,1990)。

中国生物多样性有以下几个特点(张恒庆,2009)：首先，中国生物物种数目较为丰富。中国的哺乳动物、鸟类动物、两栖动物、燕尾蝴蝶和被子植物都位于世界前十(Heywood V H,1995)。特别是我国的被子植物有 24 357 种，占世界比例的 10.8%，位居世界第三(张恒庆,2009)(图 6-4)。

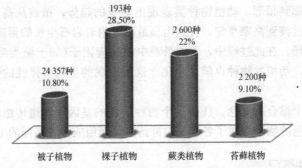

图 6-4 中国植物种数与世界种数比例(吴征镒,1991；傅德志,左家铺,1995)

中国的无脊椎动物总数约占全球总数的 10%左右(张恒庆,2009)，但由于调查不足，无脊椎动物的多样性并未在科学数据上得以体现。中国的脊椎动物占世界总数的 11.4%，共有 5 200 种(宋延龄，杨亲二，黄永青,1998)。且脊椎动物的特有性高，特有种占中国脊椎动物总数的 12.8%。其次，中国拥有高比例的特有物种。如中国的高等植物特有比例高达 57.7%，其特有程度位列世界第七(WCMC,1992)。我国动植物特有比例虽然较高，但特优物种的分布并非均匀分布于全国，相对来说，中南部、西部和西南部地区的特优物种比例较高。最后，生物多样性面临较高的威胁。中国是世界上发展较快的发展中国家之一，虽然自然资源丰富，但人口众多，加之经济的高速发展加剧了对生物多样性资源的消耗速度，我国各类具有经济价值和观赏价值的动植物资源遭到严重的破坏。材质优良的森林树种作为优质的木材被过度采集，如东北的大小兴安岭、西南横断山区的天然林等都相继被过度开采(张恒庆，2009)。具有经济价值的动植物在各地都面临着不同程度的威胁。如近年来，滇西北地区各种野生菌资源由于较高的市场需求，等级较好的松茸的价格最高可以达到每千克上千元，因此被当地村民过度及不合理地采摘，导致野生菌资源日益枯竭，对其造成了巨大的破坏。具有药用价值的动植物资源也都是开发的重要对象，许多种类的分布区面积急剧缩减，处于濒危状态(张恒庆，2009)。

中国有14个具有国际意义的陆地生物多样性关键地区：吉林长白山地区，河北北部山地地区，陕西秦岭太白山地区，四川西部高山峡谷地区，云南西部高山峡谷地区，湖南、贵州、四川、湖北边境山地地区，广东、广西、湖南、江西南岭山地地区，浙江及福建山地地区，台湾中央山脉地区，西藏东南部山地地区，云南西双版纳地区，广西西南石灰岩地区，海南岛中南部山地地区，青海可可西里地区(陈灵芝，1993)。这些地区保存了较好的植被，生物种类丰富，且特有程度较高，无疑是需要重点保护的地区。

(三)滇西北生物多样性

几千万年前，青藏高原在我国西部边缘慢慢被抬升起来，青藏高原在抬升的过程中也同时雕塑着滇西北的地形地貌。在多重高山地貌的演化过程中，造就了金沙江、怒江和澜沧江三条伟大的江河，构成了并驾齐驱的奔流景象，构成了世界上绝无仅有的高山纵谷自然景观。印度大陆与欧亚大陆板块相互碰撞抬升了滇西北境内海拔最高的梅里雪山。最高峰卡瓦格博峰顶(6 740 m)到滇西北区域内最低的隆阳区境内怒江河谷(648 m)，高差达到6 092 m。如此巨大的高差使得滇西北地区拥有了6个气候带谱(亚热带、暖温带、温带、寒温带、亚寒带、寒带)和相应的生物带谱，全球罕见。在起伏巨大的地貌区域内，有着众多高耸山系和深切河谷，成了各种生物纵向迁徙的走廊和横向交汇的屏障。复杂的地理环境和多样的气候条件，孕育了该区独特而丰富的生物多样性景观。加之第四季冰期又使许多了遗物种在此避难，保留了众多的古老物种。据调查，滇西北拥有中国1/3以上的高等植物和动物种数，是世界上分布海拔最高的珍稀灵长类动物——滇金丝猴的主要栖息地，也是全球景观类型、生态系统类型和生物特种最丰富、特有物种最集中的地区。根据《滇西北生物多样性保护规划纲要》，滇西北的生物多样性主要有以下几个特点：

(1)丰富的地理景观类型、生态系统类型和生物物种，是全球生物多样性最为丰富的地区之一。滇西北山地发育了从亚热带河谷到寒温带高山的各种森林、灌丛、亚高山草甸、湿地、高山流石滩和冰川雪山等景观类型；在滇西北，除了沙漠和海洋生态系统类型外，几乎可以找到在北半球所有的生态系统类型，如森林、湿地(高原湖泊、沼泽等)、灌丛、草甸和流石滩等；此外，滇西北地区丰富的物种多样性也令人叹为观止。滇西北有高等植物10 198种，占云南的55.7%，其中国家重点保护植物49种。滇西北大型真菌种类丰富，特有种多，包括180多种食用菌。有脊椎动物1 017种，占中国种数的24.3%[《滇西北生物多样性保护规划纲要》(2008—2020年)，2009]。

(2)物种特有性高，是中国三大特有物种起源和分化的中心之一。在滇西北分布的高等植物中，中国特有种超过50%。878种陆生脊椎动物中，有200种属于喜马拉雅——横断山区特有种。全球海拔分布最高、最为珍稀的灵长类动物——滇金丝猴就主要分布在滇西北。此外，滇西北地区还是世界野生花卉和观赏植物的分布中心[《滇西北生物多样性保护规划纲要》(2008—2020年)，2009]。

(3)丽江生物多样性。丽江地处"三江"并流世界自然遗产地的核心区域，总面积2.06万平方千米，其中95%的面积是山地，是一个四面环山的地区。与滇西北区域的地理和气候条件一致，丽江境内海拔高差大，造就了独特的垂直立体气候，在方圆2万平方千米的范围内，就有亚热带、温带和寒带三种气候。特殊的地理位置和气候条件，加之保留了第四季冰期来此避难的许多孑遗物种，丽江也是全球生物多样性丰富的热点地区之一。

丽江植物物种资源十分丰富，是中国种子植物的三大特有中心之一。据不完全统计，区域有植物13 000多种，占云南省植物种类的70%(杨桂芳，2009)。据昆明植物研究所考察证实，丽江玉龙雪山和老君山的高等植物有145科、78属、3 200余种。如在丽江的老君山地区，该地区面积不到中国国土面积的0.4%，却拥有中国20%以上的高等植物和25%以上的动物种数(华模，2002)。其次，丽江植物的特有种类繁多，是中国三个特有植物分区中重要的组分。丽江特有的植物中以长苞冷杉、丽江云杉为代表。丽江还拥有众多的珍稀濒危物种，玉龙雪山有20多种国家珍稀濒危植物(如云南红豆杉、玉龙蕨、天麻、丽江铁杉、香水月季等)，老君山地区有51种国家重点保护植物(杨桂芳，2009)。丽江还拥有众多高山花卉，海拔2 400米至4 000余米的地带，生长数百种高山花卉，包括云南八大名花(山茶花、杜鹃花、木兰花、报春花、百合、龙胆花、兰花、绿绒蒿)中的全部种类(杨少华等，2008)。丽江独特的自然环境还为各种珍稀药用植物的生长创造了条件。据统计，丽江盛产木香、当归、附子、秦艽、川芎等264科2 010种药材，此外还有天麻、半夏、虫蝼、草乌等数百种野生药用植物(华模，2002)。

丰富的植物资源和良好的生态系统为动物提供了优质栖息环境。据统计，丽江境内共有兽类8目21科83种，占云南省兽类总数的29%(华模，2002)，其中有许多是国家保护野生动物，如滇金丝猴、雪豹、熊猫、林麝、红腹锦鸡等。此外，丽江有大量珍贵的高山蝴蝶资源。丽江还是鸟类的天堂，共有鸟类17目、46科、290多种(华模，2002)，特别是丽江拉市海高原湿地省级自然保护区，是全国41个"国际重要湿地"之一。每年入秋后至次年春天，大量候鸟迁飞来拉市海过冬，2011年记录到的国家Ⅰ、Ⅱ级保护鸟类达34种，国家保护的鸟类120多种。

三、生物多样性的价值

生物多样性水平高低和人类的生存息息相关，正是地球上千千万万的生物支撑着现代人类丰衣足食的生活。在自然生态系统中，生物与生物之间、生物与环境之间有一条条无形的线将其连接在一起，而这一条条的线又无形地编织成一张网络，将生物与生物、生物与环境紧紧地联系在一起，人类也是这张生命网中的一员，同样和其他生物紧密联系。生物多样性对我们人类有着极为重要的价值。

(一)为人类提供衣食住行的直接原材料

人类的衣食住行离不开各种生物资源。衣：人类穿的衣服来源于棉花、动物皮毛和竹子等动植物，即便是现在的化纤原料也间接来源于生物；食：人类的食物直接来源于各种生物，包括大米、小麦、蔬菜、水果、食用菌、肉类等；住：建筑材料也大多来自生物，丽江传统的建筑材料就是木材和秸秆；行：各种交通工具制造的原材料以及让交通工具运转起来的动能也都直接或间接地来源于生物。

(二)提供现代世界经济和社会运作最重要的物质——能源

世界能源的基础：石油、煤、天然气、薪柴、生物能等都来源于生物。世界能源和经济的基础——石油，源自亿万年前储存在地壳中的生物能，而煤也是大量的植物遗体在亿万年前被埋于地下，经过长期的生物化学和物理化学作用转变成的沉淀物质。未来新能源的代表物质——各种生物能，就更加直接地取自生物本身。

(三)为人类提供医疗保障

据调查，世界上约80％的人口依靠上万种动植物衍生的传统医药治病(Shanley，2003)。中医是中国人信赖的治病方式，而中医就是最直接利用丰富的动植物资源作为配方来治病救人的模式。据调查，我国中药资源12 772种，其中药用植物10 000多种，药用动物800多种(高海龙，2010年4月)，这些动植物资源为我们提供了强有力的医疗保障。为人类提供医疗保障的西方医药体系中，很多通过化学途径合成的药物也是首先在用于传统医药的野生物种中发现的(Cox，2001)。

(四)为人类提供各种间接的生态服务功能

各种生物和由它们构成的生态系统为人类提供了强大的生态服务功能：气候调节、制造氧气、干扰调节、水调节、供水、控制侵蚀和保持沉积物、土壤保护和形成、养分循环、保护海岸线、减少洪涝灾害、减少水土流失、吸收固着各种有毒有害物质、传粉、生物控制、基因资源等(Robert Costanza，1999)。根据Costanza等13位科学家的估算，地球上的生态系统每年提供给人类的服务总价值至少是33万亿美金(Robert Costanza，1999)。在气候调节方面：植物群落对调节小范围、大区域，甚至是全球的气候都非常重要(Foley等，2007)；在小范围内，树木能为人类和其他生物遮阴庇护，也能像屏风一样减少土壤流失，在冷天减少建筑物热量的损失；在较大的区域水平内，树木能够截留雨水，并通过蒸腾作用使得水分以雨水的形式重返地面。

(五)是人类文化、审美、娱乐、教育和研究的源泉

生物多样性资源不仅是人类文化的源泉，青山绿水、蓝天白云这些美好的环境更是人类享受大自然的巨大精神财富。同时，健康的生态系统可以为人类提供许多种休闲、娱乐和旅游服务，并创造巨大的低污染的经济价值。此外，生物多样性和各种生态系统本身就是一本最有趣也是最智能的教科书，它能提供给人类源源不绝的鲜活的教育素材。现在所使用的以教育和娱乐为目的的教材、杂志、电视节目和电影大都直接取材于大自然和各种生物。此外，大自然和生活于其中的各种生物一直是科学家们进行各类科学研究最宝贵的对象和场所，各种生物多样性相关的研究成果在人类的科技进步、解决人类社会进步与自然生态平衡之间的矛盾等问题上都起着重要的作用。

四、生物多样性面临的危机

自地球产生，经发展演化至今，全球的生物多样性水平并非一直处于上升状态。在一定的时期内，在多个大范围的生物地理区内，也会有大量生物类群受到重创或灭绝，造成全球的生物多样性水平大大降低的情况发生，我们将这种现象称为大灭绝(张恒庆，2009)。地球先后经历过五次大灭绝：晚奥陶纪大灭绝、晚泥盆纪大灭绝、晚二叠纪大灭绝、晚三叠纪大灭绝和晚白垩纪大灭绝。每次大灭绝发生后，全球的生物多样性水平会大大降低，如最严重的晚二叠纪大灭绝导致近50％的科，80％的属和95％的种级分类单元永远消失，让占领海洋近3亿年的主要生物从此衰败消失。这五次大灭绝虽然导致了全球生物多样性水平的大幅度降低，但这种自然灭绝的速度相对较慢。然而，自人类开始工业革命200年以来，近代物种的丧失速度比自然灭绝速度快1 000倍，比物种形成速度快100万倍(E. Mayr，1969)。很多科学家认为，由于人类活动干扰，将可能会引发第六次现代物种大灭绝。前五次大灭绝诱发的原因仍然有待研究考证，但主要是各类自然原因，如天体撞击地球、超新星爆炸导致紫外线直射地球、全球气候巨变、火山爆发、海平面上升等。然而有99％的近代物种灭绝事件是由人类活动造成的(张恒庆，2009)。下面是几个主要生物多样性降低的人为原因。

(一)人口膨胀

生物多样性水平的降低有多方面的原因，但是造成这一切损失的罪魁祸首是人口膨胀。全世界人口达到 100 万是在 1 850 年，人口总数达到这一数值共经历了 1 万年的时间，但从 1850 到 2008 年，全世界人口达到约 66 亿，仅仅花了 158 年的时间。换而言之，近 100 多年来地球人口的增长速度是 1 万年前的 6 600 多倍，这样的速度是惊人的。高人口数量就意味着需要消耗更多的自然资源。世界自然基金会用生态足迹这一概念估算一个人生存所需要的自然资源的用量，即要维持一个人生存所需要的或能容纳人类所排放的废物的、具有生物生产力的地域面积。中国人均生态足迹是 1.5 公顷，但中国人口有 13 亿，其土地和自然资源所能承受的仅为 0.8 公顷。不难看出，人口的膨胀已经让地球不堪重负，而不合理的消费方式和经济体制更加剧了生物多样性资源的急剧降低。

(二)人类过度和不合理的土地使用

根据联合国环境署估计，目前全世界每年损失的土地约 600 万公顷。土地丧失的主要原因是人类对土地的过度和不合理的使用。如各类化肥农药的过度使用导致土壤的盐碱化和贫瘠；各种城市建筑、交通、工业、娱乐用地的过度扩张导致耕地和动物栖息地面积减少；各类化学污染、非法过度采矿及乱砍滥伐等。

土地的丧失和生物多样性的减少有最直接的关系。有研究表明，生境面积减少 90%，生存于其中的物种减少 50%(张恒庆，2009)。野生动物栖息生境的消失意味着它们因此失去了食物来源和隐蔽场所，对这些野生动物的生存来说是巨大的威胁，有的动物可能因此而灭绝。特别是生物多样性丰富的热带雨林等生态系统，这些地域的土地丧失对全球生物多样性水平带来的打击十分巨大。因为占全球陆地面积 7% 的热带雨林拥有全世界 50% 以上的物种(《联合国粮食及农业组织》，1997)。令人触目惊心的是全世界每分钟有 25 公顷相当于 50 个足球场的热带雨林在消失(《课外阅读杂志》，2011 年 21 期)，还有一种情况是生境破碎化。生境破碎化并不像生境丧失那样严重，可能只是人类活动将一些大的、连续的生境分割成两个或多个片段(张恒庆，2009)。这一碎片化的生境会扩大生活在其中生物的危险区域，有可能限制一些物种潜在的散布，对植物扩散也有影响，还会降低动物的觅食能力(张恒庆，2009)，同样会导致生物多样性水平的降低。

(三)人类的不正确消费观念

人类对自然资源的过度及不合理的利用，如过渡采集和捕杀行为也是对生物多样性的一大威胁。许多动物的灭绝都源于此，如杜杜鸟在非洲毛里求斯岛生存了千百万年，但欧洲探险者在踏足这片土地后的短短几百年就因过度捕杀而致使杜杜鸟灭绝；旅鸽也是如此，旅鸽在 1914 年前的数量可达到 30 亿只，多于当时世界人口 27 亿，然而因人类的过度捕杀，短短的 50 多年就导致这种生物灭绝。

这样的例子举不胜举，但人类这一行为背后的原因往往是巨大的经济利益和人类越来越不正确的消费观念。据统计，每年全球与野生动物有关的非法走私贸易额至少达到 60 亿美金，如一条藏羚羊绒围巾的价格是 35 000 美元，1 kg 麝香的价格为 50 000 美元，1 kg 犀牛角能买到超过 20 000 美元……利益驱动下，导致人类对这些生物资源大肆破坏，也导致生物多样性资源在日益枯竭。

现代人类消费能力越来越高，消费的产品数量也越来越多，很多产品随便用一用就扔了再买新的，购买更多不需要的产品来满足无止境的物质欲望，但这样的消费方式只会导致人类开发破坏更多自然资源，生产更多产品，产生更多的废物……这样的恶性循环只会带来越来越多的环境问题和对生物多样性的破坏。

(四)外来物种入侵

外来物种入侵有可能影响新迁入地的生态系统，损害当地的生物多样性。据调查，全球每年因外来物种入侵造成的经济损失超过 4 000 亿美元(顾忠盈，2006)。外来物种对生物多样性的影响是巨大的。各种生物在长期的进化发展过程中，和当地的生态环境相互协调发展，组成了一个相对平衡稳定的系统。但很多外来物种具有较强的适应和建群能力，会排斥和挤压当地一些相对脆弱的物种，破坏当地物种的基因和物种多样性水平，并打破原有的生态平衡关系，给当地的生态系统和生物多样性带来较大的破坏。云南省已成为我国外来入侵物种入侵最严重的区域之一。有 70 多种危害严重的外来入侵植物，占全国入侵植物的 77%。其中危害严重的包括紫茎泽兰、凤眼莲、飞机草、空心莲子草、薇甘菊、万寿菊、红花月见草、三叶鬼针草、野茼蒿、小白酒草、水葫芦等。常见的外来入侵动物有巴西红耳龟、下口鲇、克氏原螯虾等。

五、生物多样性的保护

(一)就地保护

就地保护，顾名思义，就是在生物多样性丰富和受威胁严重的地区就地建立保护区域，对该区域加以科学的管理和保护，各类自然保护区就是生物多样性就地保护最重要的形式和场所。在中国环境保护法中将自然保护区定义为："自然保护区是指对有代表性的自然生态系统、珍稀濒危野生的动植物种的天然集中分布区、有特殊意义的自然遗迹等保护对象所在的陆地、陆地水体或海域，依法划出的一定面积予以特殊保护和管理的区域。"自然保护区保护的不仅仅是一两个生物物种，而是多个生物物种及它们生存的栖息地和生态系统。生物个体与其他生物以及自然界和生态系统之间有着千丝万缕的联系和内在机制，现代科学不可能将所有的机制了解得一清二楚，因此自然保护区这种系统的保护方式大大地弥补了单一物种保护的局限，是保护生物多样性最有效的方式之一。同时，现代自然保护区在建设时对其进行了功能分区，通常将其分为核心区、缓冲区和过渡区，让自然保护区不仅成为保护野生动植物和生态系统的地方，也让其成为科学研究的天然实验室，部分区域成为生态旅游地，让自然保护区为所在区域的人民带来替代收入，这样的自然保护区建设、保护、发展和管理模式才是更加可持续的。

自然保护区在世界和不同的国家有不同的分类模式。IUCN(世界自然与自然保护联盟)将自然保护区按照功能分为八大类别：科学研究保护区和严格保护区、国家公园、国家自然遗迹和标志、野生生物管理庇护地、景观保护区、自然资源保护区、自然生物区和人类学保护区、多重用途管理区。我国自然保护区则分为国家级、省级、市级和县级自然保护区 4 级。

自然保护区的有效性使得这种方式在全世界得以大力推广。世界上第一个自然保护区建立于 1872 年，是美国的黄石国家公园。我国的第一个自然保护区是建立于 1956 年的广东肇庆鼎湖山自然保护区。到 2008 年年底，我国已建有 2 538 个不同级别的自然保护区，占国土面积的 15.1%(张恒庆，2009)。国家各级政府和相关部门机构也十分重视自然保护区的建设工作。特别是在生物多样性特丰富的滇西北和西南山地开始了国家公园体系的建设。2006 年在云南香格里拉地区建立了中国的第一个国家公园——普达措国家公园，并计划建设大香格里拉国家公园群，包含普达措、梅里雪山、虎跳峡、塔城滇金丝猴、香格里拉大峡谷等国家公园。这些自然保护区的建设极大地促进了我国生物多样性保护工作。

(二)迁地保护

迁地保护是指将各种因丧失了生境、生存条件不复存在、物种数量减少、繁衍受到严重威胁等濒危的物种迁出原地，移入各类动物园、植物园、水族馆等地进行保护和管理(张恒庆，

2009)。不同于就地保护的形式，迁地保护不可能将物种生活的整个环境搬到人工的环境。因此能够保护的物种种类和数量有限。但迁地保护能够在最短和最快的时间内，通过调整种群结构、遗传改良、疾病防治、营养管理、人工繁育等方法使得一些野生状态下即将灭绝的物种得以保护下来，是对就地保护最有力的补充。迁地种群保护在其种群数量足够大时，要放归自然。

动物园、水族馆和植物园是现在最常见的迁地保护场所，这些地方都是以展示、保存、繁育动植物个体，对公众进行生物多样性和自然保护教育，进行相关科学研究为主要目的。全世界的动物园饲养的动物超过 3 000 种，约有 50 万只（W. G. Conway，1988）。我国约有 175 个动物园，饲养了 600 余种 10 万余只动物（张恒庆，2009）。全球约有 1 600 家植物园，其中栽培的植物占世界植物区系成分的 25％以上，至少 7.5 万种（P. H. Wen lei，1989）（张恒庆，2009）。这些迁地保护场所对保护种群数量急剧下降的野生生物物种、遗传基因库的建立和公众生物多样性教育有着重要的意义。

(三)科学研究支撑——保护生物学

生物多样性的保护离不开科学研究的支撑，保护生物学就是应运而生的一门学科。根据 Souel 的定义，"保护生物学是一个用科学解决由于人类干扰或其他因素引起的物种群落和生态系统问题的新途径，其目的是提供生物多样性保护的原理和工具"（M. E. Souel，1986）。保护生物学完整知识体系的形成是在 20 世纪 80 年代初，1987 年《保护生物学》杂志的创刊标志着这门学科的诞生。保护生物学是一门综合交叉的学科，其内容主要以生物学为主，融合了自然和社会科学中的其他学科知识和理论。保护生物学主要研究的内容包括灭绝、进化潜能、群落和生态系统、生境的恢复、物种的回归自然、圈养繁殖和各类生物技术问题（张恒庆，2009）。现代生物多样性的保护离不开保护生物学各项研究成果的支撑，它能为生物多样性保护提供更广泛的理论基础，同时让生物多样性保护工作的进行更富有成效。

(四)法律保障体系建设

生物多样性的保护不仅需要通过各类自然保护区、动植物园的建立，也需要有强大和完善的法律保障体系的支撑。在 1992 年巴西里约热内卢的地球高峰会上，共有 193 个国家签署了《世界生物多样性公约》，还有一系列如《波恩准则》《吉隆坡部长宣言》等一系列国际关于生物多样性保护地法律法规公约的签署，这些都标志着生物多样性的保护已经在政府层面上受到了各个国家的重视。

我国也制定了一系列与生物多样性保护相关的法律法规，如《环境保护法》《海洋环境保护法》《森林法》《草原法》《野生动物保护法》等。但仍然存在着针对性强的法律法规立法不足、执法力度不够、相关法律法规细化不够等问题。因此有必要加强专门生物多样性保护的各类法律法规的建设，将这些法律法规更好地与国际法规接轨，加强执法力度，从法律层面上为生物多样性保护给予最强有力的支持。

(五)环境教育和公众参与

生物多样性的保护离不开公众的参与，而将尽可能多的人纳入生物多样性的保护过程中就需要依靠环境教育。国外很多成功的自然保护区、动植物园的一项核心工作就是环境教育，并安排各类活动尽可能多地纳入公众的参与。这些地方拥有完善的环境解说系统，并定期开展各项丰富多彩的环境教育活动。如在美国黄石国家公园不仅随处可见各类完善的环境标识，游客可以随时学习国家公园的各种动植物、自然生态系统、历史和文化方面的知识，而且游客中心也随时有专业的环境教育讲解员在进行各类主题讲解。此外，各个露营地附近还有专门的活动场所，定期开展各类环境教育主题活动。就是这样完善的环境教育和解说系统，让黄石国家公园成了全球成功进行非正式环境教育的典范保护地。近年来，我国加快了自然保护区和动植物园的建设，并能够将各类先进的理念融汇到这些保护生物多样性地区的建设过程中，取得了很好的成效。但对于环境教育和公众参与重视度不够，虽然很多自然保护区和动植物园都设有游客中心，然而由于缺乏大量的高素质的讲解员和环境教育人才，游客中心并没有起到真正的环境教育的作用，因此有必要进一步加强各类生物多样性保护教育人才的培养，加强环境教育和公众参与力度。

◉ 本章小结

1. 大陆动物分布和陆地自然条件有直接的联系，地球上多样化的栖息地造就了不同的动物分布区域。科学家将世界陆地脊椎动物的分布划分为 6 个界(fauna realm)：古北界、新北界、埃塞俄比亚界、东洋界、新热带界和澳洲界。在水生生态系统中，水体的盐度、深度、水体离大陆的远近、海拔、纬度等因素都影响动物的分布。中国陆地动物区系可以分为 7 个大的区域：东北、华北、蒙新、青藏、西南、华中和华南区。广阔的海域面积、较长的海岸线、多样的气候使得我国拥有丰富的海域动物资源。

2. 动物生态学是从生物种群和群落的角度研究动物与其周围环境相互作用和关系的科学。环境中的各种生态因子对动物有各种影响，动物反过来对环境又会有一定的反作用。动物经过长期的进化产生了一系列对地球的能量环境和物质环境(温度、阳光、水、大气、食物、土壤等各种环境因子)的适应机制。种群生态学的研究核心是种群动态，即种群的数量和密度，在空间上的数量变动，自然种群的数量变动以及种群的调节机制。在相同时间和空间范围内的生物种群的集合构成了群落，不同的生物群落有着独特的组成、结构和机能。生物群落在不停地发展变化和演替，但都有向稳定和平衡状态发展的趋势。生活在共同时空内的所有生物和周围的环境通过各种相互作用联系在一起构成的统一系统就是生态系统。生态系统主要的生物环境包括生产者、消费者和分解者，而这些组分之间通常是通过捕食与被捕食的食物链联系在一起的。伴随着生物进行各种各样生命活动，会有能量的不断流动和物质的循环。

3. 在自然界中，大部分的动物个体会和同种物种(有少数会和不同种物种)共同生活，形成暂时性或永久性的群体。生活在动物社会群体内的个体之间具有相互吸引力，有分工协作，能相互作用和影响，它们共同维持着群体生活。群体内部往往形成一定的组织，成员之间会有明确的分工，有的群体甚至还形成一定的等级。动物的群体生活有利也有弊，好处主要是群体生活有利于食物的获取，有利于繁衍后代，并能更好地保护群体成员防御敌害。而坏处主要是群体生活会加大成员间在各种生存资源和生殖上的竞争。动物社群的稳定发展需要一定的机制来解决社群内部可能出现的各种问题，而维持机制在于其社会内部存在着各种社会行为。常见的动物社群行为有优势等级序列、通信行为、求偶行为、利他行为和亲杀行为等。

4. 生物多样性包括遗传多样性，物种多样性和生态系统多样性 3 个层次。全世界有 1 300 万～1 400 万个物种，但人类对高等植物和脊椎动物了解得相对比较清楚。

5. 我国的生物多样性有物种数目丰富和拥有高比例特有物种的特点。地球上千千万万的生物支撑着现代人类丰衣足食的生活，然而人口膨胀、资源过度利用、外来物种入侵等因素导致地球上的生物多样性日益降低。人类需要行动起来，通过各种有效途径来共同维护地球上的生物多样性。

◉ 复习与思考

1. 什么是动物区系？

2. 简述世界大陆动物分布格局。

3. 地球水域环境和水生动物分布有什么关系？水生动物分布的格局受到地球水域环境哪些因素的影响？

4. 我国大陆动物分布主要可以划分为哪几个地理区系？每个区系有哪些主要特点？

5. 地球的能量环境和物质环境主要由哪几个环境因子组成？这些因子是如何对动物作用，而动物又是如何对这些因子进行适应的？

6. 种群生态学的核心内容是什么？请具体说明。

7. 比较 r 对策者和 K 对策者的生物学特性及其适应意义。

8. 简述群落生态学的时间和空间结构。

9. 什么是群落演替？其发展变化特征是什么？

10. 生态系统的一般特征有哪些？

11. 生态系统中能量是如何流动的？

12. 生态系统中有哪几个主要的物质循环？

13. 什么是动物的社会行为？

14. 社会行为的动物特征有哪些？

15. 简述社群生活的利弊。

16. 常见的动物社群行为有哪些？请详细描述。

17. 简述生物多样性的概念。

18. 世界和我国生物多样性的概况如何？

19. 生物多样性的直接和间接价值主要有哪些？

20. 生物多样性面临哪些危机？

21. 保护生物多样性的主要途径有哪些？

参 考 文 献

[1] 左仰贤. 动物生物学教程[M]. 2版. 北京：高等教育出版社，2010.

[2] 蔡英亚，张英，魏若飞. 贝类学概论[M]. 上海：上海科学技术出版社，1979.

[3] 许崇任，程红. 动物生物学[M]. 2版. 北京：高等教育出版社，2008.

[4] 陈小麟. 动物生物学[M]. 3版. 北京：高等教育出版社，2006.

[5] 成令忠. 组织学与胚胎学[M]. 3版. 北京：人民卫生出版社，1989.

[6] 刘卫霞，于子山，曲方圆，等. 北黄海冬季大型底栖动物种类组成和数量分布[J]. 中国海洋大学学报(自然科学版)，2009(S1)：115-119.

[7] 牛翠娟，娄安如，孙儒泳，等. 基础生态学[M]. 2版. 北京：高等教育出版社，2007.

[8] 张春霖，成庆泰，郑葆珊. 黄渤海鱼类调查报告[M]. 北京：科学出版社，1955.

[9] 张恒庆，张文辉. 保护生物学[M]. 2版. 北京：科学出版社，2009.

[10] 中国科学院动物研究所，中国科学院海洋研究所，上海水产学院海洋渔业研究室. 南海鱼类志[M]. 北京：科学出版社，1962.

[11] 朱元鼎，张春霖，成庆泰. 东海鱼类志[M]. 北京：科学出版社，1963.

[12] 陈小麟，方文珍. 动物生物学[M]. 4版. 北京：高等教育出版社，2012.

[13] 丁圣彦. 生态学：面向人类生存环境的科学价值观[M]. 北京：科学出版社，2006.

[14] 冯江，高玮，盛连喜. 动物生态学[M]. 北京：科学出版社，2005.

[15] 李博，杨持，林鹏. 生态学[M]. 北京：高等教育出版社，2000.

[16] 沈国英，施并章. 海洋生态学[M]. 2版. 北京：科学出版社，2002.

[17] 孙儒泳，李庆芬，牛翠娟，等. 基础生态学[M]. 北京：高等教育出版社，2002.

[18] 吴征镒. 中国植被[M]. 北京：科学出版社，1980.

[19] 夏素素，俞呈呈，沈丽玉，等. 白头鹎的体温调节与蒸发失水[M]. 动物学杂志，2014(6)：831.

[20] 陈灵芝. 中国的生物多样性现状及其保护对策[M]. 北京：科学出版社，1993.

[21] 云南省林业调查规划院自然保护区研究监测中心. 滇西北生物多样性保护规划纲要(2008—2020)[M]. 昆明：云南省林业调查规划院，2009：5-20.

[22] 傅德志，左家哺. 中国种子植物区系定量化研究：Ⅲ. 区系指数(Flora Index)[J]. 热带亚热带植物学报，1995(4)：23-29.

[23] 高海龙. 中药资源综合利用与可持续发展的探讨[J]. 健康必读月刊，2010(4)：121.

[24] 顾忠盈，吴新华，杨光，等. 我国外来生物入侵现状及防范对策[J]. 江苏农业科学，2006(6)：418-421.

[25] 华模. 丽江——生物多样性的宝库[J]. 大自然，2002(6)：41.

[26] 课外阅读杂志编辑部. 全球每分钟有25公顷热带雨林消失[J]. 课外阅读，2011(21)：2.

[27] 联合国粮食及农业组织. 世界森林状况(1997—2003)[Z]. 陈永红，等，译. 美国，1997.

[28] 宋延龄，杨亲二，黄永青. 物种多样性研究与保护[M]. 杭州：浙江科学技术出版社，1998.

［29］杨桂芳，李小兵，和仕勇．丽江古城园林植物文化［M］．昆明：云南人民出版社，2009．

［30］张恒庆，张文辉．保护生物学［M］．2版．北京：科学出版社，2009．

［31］〔美〕Richard B Primack，马克平．保护生物学简明教程［M］．北京：高等教育出版社，2009．

［32］Mulhall M．Saving rainforests of the sea：An analysis of international efforts to conserve coral reefs［M］．Duke Environmental Law and Policy Forum，2000，42(1)：895-934．

［33］Spalding M D，Grenfell A M．New estimates of global and regional coral reef areas［J］．Coral Reefs，1997，16(4)：225-230．

［34］Rachel Carson．Silent Spring［M］．New York：New Yorker，1962．

［35］Chapman J L，Reiss M J．Ecology-principle and applications［M］．London：Cambridge University Press，1998．

［36］William R Dawson．Evaporative losses of water by birds［J］．Comparative Biochemistry and Physiology Part A：Physiology，1982，71(4)：495-509．

［37］Conway W G．Can technology aid species preservation？［M］．Washington D C：National Academy Press，1988．

［38］Levin S A．Encyclopedia of biodiversity［M］．San Diego：Academic Press，cop，2001．

［39］Foley J A，Asner G P，Costa M H，et al．Amazonia revealed：Forest degradation and loss of ecosystem goods and services in the Amazon Basin［J］．Frontiers in Ecology and Environment，2007，5(1)：25-32．

［40］Groombridge B，Jenkins M D．World atlas of biodiversity：earth's living resources in 21st century［M］．Berkeley：University of California Press，2002．

［41］Heywood V H，Watson R T．Global Biodiversity Assessment［M］．Cambridge：Cambridge University Press，1995．

［42］Mayr E．Principles of Systematic Zoology［M］．New York：McGraw-Hill Inc，1969．

［43］Mcneely J A，Miller K R，Reid W V，et al．Conserving the world's biological diversity［M］．Prepared and Published by the International University，1990．

［44］Soulé M E．Conservation Biology：The science of scarcity and diversity［M］．Sunderland，MA：Sinauer and Associates Inc，1986．